Las siete maravillas del cosmos

Las siete maravillas del cosmos

JAYANT V. NARLIKAR

Traducción de Dulcinea Otero-Piñeiro
y David Galadí-Enríquez

CAMBRIDGE
UNIVERSITY PRESS

Publicado por The Press Syndicate of the University of Cambridge
The Pitt Building, Trumpington Street, Cambridge, United Kingdom

Cambridge University Press
The Edinburgh Building, Cambridge CB2 2RU, UK
http://www.cup.cam.ac.uk
40 West 20th Street, New York, NY 10011-4211, USA
http://www.cup.org
10 Stamford Road, Oakleigh, Melbourne 3166, Australia
Ruiz de Alarcón, 13, 28014 Madrid, España
Título original *The Seven Wonders of the Cosmos* ISBN 0 521 63087 8
publicado por Cambridge University Press 1999

Edición española como *Las siete maravillas del cosmos*
Primera edición en Cambridge University Press, 2000

Ruiz de Alarcón, 13
28014 Madrid, España
ISBN 84 8323 087 9 rústica

Producción: YELTES, Soluciones Gráficas, S. L.
Impreso en España por LAVEL, S. A.
Depósito legal: M-19.817-2000

Contenidos

A Geeta, Girija y Leelavati
para que encuentren el cosmos real mucho más maravilloso
que los cuentos fantásticos que les contaba antaño.

Prefacio

La idea de escribir este libro surgió de mis conferencias públicas sobre astronomía. Siempre he pensado que los auditorios legos en la materia son muy receptivos a los temas relacionados con el universo en general, si se les exponen del modo menos técnico posible, una condición que he tenido muy en cuenta al ofrecer estas siete maravillas del cosmos al público no especializado.

Los criterios que he seguido para escoger las siete maravillas, incluido el orden en que las presento, tal vez merezcan una explicación. El viaje cósmico parte desde la Tierra y el Sistema Solar para, progresivamente, ir alejándonse hacia el exterior. Las maravillas no aluden a un objeto particular, sino más bien a un tema de estudio.

Así, la primera maravilla comprende algunos fenómenos inesperados con los que topamos en cuanto abandonamos los confines más cercanos de nuestro planeta. La segunda maravilla guarda relación con la evolución de las estrellas, los objetos más comunes del firmamento observado a simple vista. La tercera maravilla se centra en las explosiones estelares y la cuarta concierne a lo que queda tras ellas.

La quinta maravilla abarca el papel cada vez más dominante que desempeña la fuerza de la gravedad a medida que se consideran objetos más y más masivos, como pueden ser los agujeros negros, los cuásares y las galaxias con núcleos activos. La sexta maravilla corresponde a los extraños ardides que la naturaleza puede estar tendiendo a los astrónomos al crear espejismos a gran escala.

La séptima maravilla se refiere al universo en expansión y a los esfuerzos de los astrónomos por encajar la historia del mismo con los pronósticos acerca de su futuro. ¿Nació de una Gran Explosión? ¿Acabará disolviéndose en la nada o fenecerá con una Gran Implosión? En este apartado combinamos hechos y especulaciones.

Aunque en el epílogo se enumeren ciertos misterios sin resolver, considero que la mayor maravilla la constituye el éxito conseguido por el método científico al enfrentarse a los misterios cósmicos. ¿Por qué tendrían que encajar las leyes científicas descubiertas a lo largo de tres siglos en este planeta diminuto con la historia de un vasto universo cuya edad asciende a miles de millones de años? Lo apasionante es que encajan, y espero que esta obra me permita compartir mi estremecimiento con el lector.

Quisiera manifestar mi agradecimiento a Adam Black, de CUP, por animarme a escribir este libro, a los tres revisores anónimos por sus útiles sugerencias sobre el estilo y los contenidos, a Santosh Khadilkar, Ram Abhyankar y Prem Kumar por su ayuda en la preparación del manuscrito y de las ilustraciones, y a mi esposa, Mangala, por aportar sus criterios de lectora y por su colaboración en la confección de ilustraciones.

Asimismo agradezco la ayuda prestada por Somak Raychaudhury para obtener algunas de las imágenes más recientes que contiene este libro.

Jayant V. Narlikar
Centro Interuniversitario de Astronomía y Astrofísica
Pune (India)

Prólogo

El presente libro tiene por objeto ofrecer alguna que otra visión de las ramas más interesantes de la astronomía y la astrofísica de la actualidad.

Las siete «maravillas» que se describen aquí no consisten en objetos concretos, sino en una serie de fenómenos misteriosos, cierto tipo de acontecimientos espectaculares o toda una población de objetos cósmicos destacados, cuya comprensión ha planteado enormes retos a la curiosidad y al ingenio humanos.

Aunque un tema concreto sirve de hilo conductor entre las siete maravillas, también es posible leer de manera independiente cada una de ellas.

Espero que estas maravillas permitan al público compartir la emoción de indagar en el cosmos con los astrónomos profesionales que lo observan y elaboran teorías sobre él.

Primera maravilla
Al dejar tierra firme

El día que vi salir el Sol por poniente

Fue un día de invierno, el 14 de diciembre para ser exactos, cuando vi salir el Sol por poniente.

¡No, no es que pretenda engañar a nadie! De verdad ocurrió tal como digo, pero para restablecer la credibilidad de mi afirmación describiré en qué circunstancias. Ahí va la historia completa...

Sucedió durante un vuelo con British Airways de Heathrow a Chicago. En aquella ocasión me asignaron un asiento en ventanilla dentro del Boeing 707 y a mi lado viajaba el astrónomo David Dewhirst, de los observatorios de la Universidad de Cambridge. Ambos nos dirigíamos a Dallas, Tejas, para asistir a un simposio internacional sobre colapso gravitatorio y astrofísica relativista.

Como es natural, el cielo aparecía despejado a más de mil metros de altitud y yo había estado contemplando los tonos púrpura que me brindaba el horizonte del suroeste y la puesta de Sol. El sopor de la sobremesa fue inundándome y estaba a punto de vencerme el sueño cuando David Dewhirst me dijo de repente: «Mira, está saliendo el Sol. Estoy seguro de haber visto hace pocos minutos que se ocultaba bajo el horizonte.» El tono neutro que empleó al hablar no impidió que denotara cierto entusiamo de sorpresa.

Miré por la ventana. Era más que seguro que el Sol había emergido por el horizonte del suroeste, y aún se elevó algo más durante los minutos siguientes que ambos continuamos mirando. Pero aquel espectáculo único no duró demasiado: el Sol interrumpió su subida y finalmente descendió cuando el avión cambió de trayectoria en dirección sur. Estaba muy entrada la noche cuando iniciamos el descenso hacia las instalaciones del aeropuerto de O'Hare.

Ese fue el espectáculo que presenciamos David Dewhirst y yo aquella tarde. Una experiencia que jamás olvidaré.

¿Por qué salió el Sol por el oeste?

La respuesta a este interrogante no se basa en milagros ni en ilusiones ópticas. El espectáculo que contemplamos se debió a un acontecimiento real y natural que posee una explicación muy lógica. Pero además, este ejemplo ilustra lo diversas que pueden ser nuestras experiencias en cuanto abandonamos la Madre Tierra.

En primer lugar, intentaremos comprender por qué vemos a diario que el Sol sale por el este y se pone por el oeste. O, un hecho relacionado con esto mismo, por qué observamos que las estrellas se desplazan de este a oeste por el firmamento nocturno. Hoy en día, cualquier estudiante de primaria sabe la razón: la Tierra gira alrededor de un eje que la atraviesa de norte a sur y al contemplar el cielo estrellado desde esta plataforma en movimiento, el firmamento parece desplazarse en sentido contrario. Ocurre lo mismo cuando, cabalgando sobre un caballo de tiovivo, percibimos que los árboles y las casas de alrededor se mueven en dirección opuesta a la de nuestro giro. Vemos que el Sol y las estrellas se desplazan de este a oeste porque la Tierra actúa como un tiovivo gigante que gira de oeste a este.

¡Qué fácil! Con la ayuda de una esfera, cualquiera puede entender este argumento, pero la humanidad tardó milenios en aceptar la validez de esta explicación. Divaguemos un poco y echemos una mirada a la historia escrita.

«Eppur si muove»

Hace más de dos mil años, los griegos, que entonces constituían la civilización más avanzada de Europa, creían que la Tierra se mantiene inmóvil y que todo el cosmos gira alrededor de ella. Imaginemos que el cielo consiste en una esfera de la que penden las estrellas y cuyo centro lo ocupa la Tierra. Asimismo, pensaban que el Sol y los planetas giraban alrededor de nuestro planeta, aunque a menor distancia que las estrellas.

Si examinamos de manera superficial lo que se percibe desde la Tierra, esa interpretación de la realidad observada parece del todo razonable. La figura 1.1 ilustra las trayectorias circulares que dibujan las estrellas cuando se toma una fotografía manteniendo abierto durante toda una noche el objetivo de la cámara. Adviértase que al observar una estrella normal en un momento concreto, esta aparece como una fuente puntual de luz. Su posición va cambiando poco a poco, pero resultará muy difícil apreciarlo si solo se la contempla durante algunos minutos. En cambio, si volvemos a mirar dos horas más tarde, tanto esa estrella como las otras habrán cambiado de lugar. La cámara de la figura 1.1 ha captado el cambio continuo de posición que experimentan las estrellas, por eso muestra sus trayectorias circulares en lugar de fuentes puntuales de luz. Compárese esta imagen con, por ejemplo, la figura 1.2, donde se ven los faros de coches que circulan por una ciudad ajetreada. Durante el día también notamos que el Sol se desplaza de este a

Figura 1.1.
Trayectoria circular de las estrellas del hemisferio austral, fotografiadas como telón de fondo del Telescopio Anglo-Australiano. Si el firmamento del sur contara con una estrella polar, esta aparecería como un punto bien definido en el centro de estos arcos estelares (fotografía realizada por David Malin; *copyright*, Observatorio Anglo-Australiano).

oeste siguiendo una trayectoria circular, aunque brilla demasiado para fotografiarlo con una cámara. Por tanto, es muy natural que un observador situado en la Tierra considere que esta se encuentra fija y que todo el cosmos gira a su alrededor.

Sin embargo, hubo un pensador que lo interpretó de un modo diferente. El sabio griego Aristarco de Samos (aprox. 310–230 a.C.) explicó que los hechos observados podían entenderse con mucha más facilidad si se supone que es la Tierra la que gira de oeste a este y que el cosmos, en realidad, se mantiene quieto. Aristarco, cuya obra se perdió tras la destrucción de la célebre Biblioteca de Alejandría, creía además que la Tierra gira alrededor del Sol y no al contrario (véase la figura 1.3). Pero sus ideas apenas encontraron seguidores, y había buenas razones para rechazarlas. Veamos por qué.

En primer lugar, retomemos el ejemplo del tiovivo. Cualquier persona que monte en él experimenta una fuerza hacia fuera que tiende a alejarla del centro. Se trata del mismo efecto que actúa cuando un coche toma una curva a mucha velocidad... sus ocupantes experimentan un empuje que los aleja del centro de la curva. Entonces, si nos encontramos sobre un planeta que

Figura 1.2.
Los faros de los coches dibujan líneas rectas en una calle concurrida. (Compárense con las trayectorias estelares de la figura 1.1.)

gira, ¿por qué no notamos un empuje en dirección contraria al eje de giro? Esta cuestión no podía resolverse en la época de Aristarco.

En segundo lugar, atendamos al siguiente experimento sencillo dentro de un parque. Observemos un árbol a, digamos, 50 metros de distancia. Desplacémonos después unos 10 metros hacia uno de los lados de nuestra posición inicial con respecto al árbol y volvamos a mirarlo. Parecerá que ha cambiado de posición con respecto al fondo de árboles que se hallan más alejados. De igual modo, si hoy observamos una estrella y volvemos a contemplarla seis meses más tarde, deberá parecer que ha cambiado de posición con respecto al fondo de estrellas más alejadas que ella, *en caso de que la Tierra hubiera cambiado de lugar a lo largo de esos seis meses*. De hecho, Aristarco esperaba que así ocurriera y hasta intentó captar este fenómeno para consolidar su hipótesis, pero no lo logró.

Por tanto, su teoría fallaba en ambos casos. Pero hoy sabemos que estaba en lo cierto al fin y al cabo. La razón de que no sintamos un empuje en dirección contraria al eje de rotación de la Tierra radica en que la magnitud de esta fuerza es minúscula en comparación con el empuje que ejerce la Tierra sobre todos nosotros, el empuje de la gravedad. La fuerza de la gravedad nos mantiene sujetos a la superficie de la Tierra y tiende a hacernos caer cuando intentamos saltar o zafarnos de ella. Se trata de la fuerza que nos hace «sentir nuestro peso». Comparada con la gravedad, la fuerza inducida por el giro de la Tierra y que tiende a desplazarnos hacia el exterior de su eje resulta despreciable: solo tres partes por millar en el ecuador y aún menos en latitudes mayores.

Figura 1.3.
Aristarco de Samos (fotografía cedida por Spiros Cotsakis, de Samos).

En lo que atañe al segundo efecto, Aristarco subestimó sobremanera la distancia a la que se encuentran los cuerpos estelares y, en consecuencia, los cálculos que efectuó sobre los cambios esperados en la posición aparente de las estrellas excedían con mucho los cambios reales. (En nuestra analogía sobre la observación de árboles desde diferentes ubicaciones, sabemos que la posición aparente de un árbol muy alejado apenas cambia cuando varía nuestro lugar de observación, mientras que un árbol muy cercano sufre un cambio posicional manifiesto.) Por tanto, es cierto que la posición aparente de las estrellas varía al observarlas al cabo de seis meses, pero no se hallan tan próximas a nosotros como pensó Aristarco, y los cambios que se producen en las posiciones aparentes de las estrellas resultan tan minúsculos que las técnicas de observación a simple vista disponibles en aquella época eran incapaces de detectarlos.

El efecto que esperaba captar Aristarco se conoce hoy en día como *paralaje estelar*, y los telescopios modernos han permitido medir la paralaje de estrellas relativamente cercanas. De hecho, la primera persona que midió paralajes estelares fue el astrónomo alemán Friedrich Wilhelm Bessel, en 1838, con la estrella 61 Cygni, ¡más de dos mil años después de Aristarco! ¿Qué variación mínima registró en la posición aparente de dicha estrella? Expresado en grados, la unidad de medida habitual para un ángulo, dicho cambio de posición rondó de lado a lado *¡la diezmilésima parte de un grado!* Tal desplazamiento insignificante quedaba muy lejos de la capacidad de medición de los antiguos griegos en la época de Aristarco. No es de extrañar que los contemporáneos de Aristarco no apreciaran los cambios que él predecía en la posición de ninguna estrella. La historia de la ciencia contiene no pocos casos de científicos que emitieron hipótesis correctas, aunque opuestas a la creencia imperante en la época, y que por adelantarse a su tiempo tuvieron que soportar mofas y desaires. Lo irónico estriba en que cuando al fin se comprueban y aceptan sus ideas, la identidad de estas personas ya puede haberse perdido en las brumas de la historia.

Algo similar iba a ocurrirle al astrónomo hindú del siglo V, Aryabhata, quien intentó explicar el desplazamiento hacia poniente que se observa en los cuerpos celestes mediante la analogía de una embarcación que desciende por el cauce de un río. El navegante percibe que los objetos fijos de ambas orillas se mueven hacia atrás, al igual que las estrellas fijas cuando se observan desde una Tierra que gira. El registro histórico es más bien vago, pero, según parece, las burlas obligaron a Aryabhata a exiliarse de su tierra natal, Bihar, en el norte de la India, y lo forzaron a acudir a la región de Gujarat, en el oeste, de la cual tuvo que volver a emigrar para acabar estableciéndose en la provincia sureña de Kerala. Pero ahí no quedó todo. Durante los siglos siguientes, sus sucesores se afanaron por ocultar las propuestas de Aryabhata bajo la alfombra, bien rechazando su autenticidad o bien «reinterpretándolas» en términos más convencionales.

Las barreras culturales que existían entre Europa y Asia impidieron que la concepción moderna se aceptara antes del siglo XVII. Durante la Edad Media, el concepto de una Tierra fija adquirió el carácter de dogma religioso. Los trabajos de Nicolás Copérnico y de Galileo Galilei acabaron desencadenando una revolución de pensamiento, pero, de nuevo, en épocas posteriores a las suyas. Copérnico (1473–1543) afirmó que la Tierra no solo gira en torno a su eje, sino que además lo hace alrededor de un Sol fijo. Su obra *De Revolutionibus Orbium Celestium*, que ofrecía una descripción completa de la órbita que siguen todos los planetas, incluida la Tierra, alrededor del Sol fijo, recibió una acogida adversa en tanto que en general se la consideró contraria a los principios religiosos.

Galileo (1564–1642) sostuvo una defensa aún más enérgica de la teoría copernicana y fue llevado ante la Inquisición por propagar herejías. Galileo se retractó de sus afirmaciones para preservar la vida, pero en privado continuó creyendo en la hipótesis copernicana de una Tierra en movimiento. Se cree que tras retractarse ante la Inquisición musitó para sí «Eppur si muove»: *pero (la Tierra) se mueve.*

La explicación del misterio

Retomemos, después de esta digresión, el problema de la salida del Sol. Para ello seguiremos a Copérnico y Galileo y nos basaremos en el modelo de una Tierra que gira. La figura 1.4 (*a*) representa el paralelo terrestre que pasa por Chicago, el cual recorre todo el globo terráqueo de oeste a este y atraviesa el lugar donde se encuentra la ciudad de Chicago. Tracemos una línea tangente a ese círculo. A medida que gira la esfera terrestre, esta tangente cambia de posición en el espacio. En la figura 1.4 (*a*) el Sol está debajo de la línea, es decir, se halla bajo el horizonte oriental y por tanto no queda visible. Algo más tarde, tal como ilustra la figura 1.4 (*b*), la línea tangente roza el Sol, de modo que este está saliendo, mientras que en la figura 1.4 (*c*) el Sol luce por encima de la línea, es decir, se encuentra por encima del horizonte. Así pues, el hecho de que el Sol salga por el este se entiende a la perfección mediante el movimiento de giro que ejecuta la Tierra de oeste a este. Las puestas de Sol se explican de manera análoga como consecuencia del movimiento del horizonte local desde abajo hacia arriba.

Consideremos ahora que el sentido de giro ¡se invirtiera! O lo que es igual, que en lugar de girar de oeste a este, la Tierra se desplazara de este a oeste. En tal caso, a partir de una argumentación idéntica a la anterior, cabría deducir que en una Tierra tal el Sol saldría por el oeste y se ocultaría por el este.

Pero el razonamiento anterior presenta una pega. En realidad no se puede invertir el sentido de giro de la Tierra. ¿Y entonces de qué sirve exponer esa argumentación imaginaria? ¿Cómo usarla para explicar una experiencia real como la que vivimos David Dewhirst y yo? Podemos hacerlo si incorporamos una información a la que aún no hemos recurrido: *viajábamos en un avión que recorría un trayecto de este a oeste*. ¿Y qué ocurriría si la velocidad de un avión que viaja hacia el oeste excediera la velocidad del movimiento de giro de la Tierra en dirección este?

Recurramos a otra analogía. Al subir a las cintas transportadoras de los aeropuertos nos desplazamos en la misma dirección que la cinta sin necesidad de caminar sobre ella. En caso de tener prisa, basta con caminar por la cinta siguiendo la dirección de su movimiento para incrementar nuestra velocidad efectiva. Pero supongamos que solo por ser díscolos decidimos caminar en la dirección opuesta. En tal caso, a menos que caminemos (o corramos) lo bastante deprisa, seguiremos desplazándonos en la misma dirección que la cinta. Sin embargo, si corremos lo bastante deprisa logramos, en efecto, invertir la dirección de nuestro movimiento.

Si sustituimos la cinta transportadora por la Tierra en movimiento y las piernas que corren por un avión, tendremos la clave. Si el avión consigue sobrepasar la velocidad a la que la Tierra gira de oeste a este, percibiremos el mismo efecto que si la Tierra girara en el sentido opuesto. ¿Pero qué velocidad debe alcanzar un avión para conseguir este efecto?

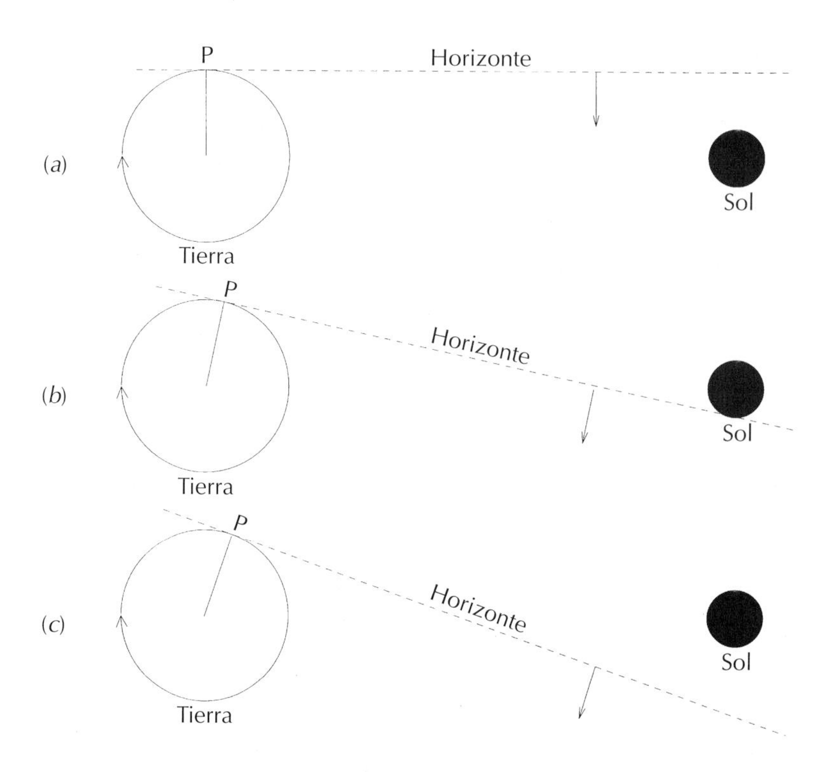

Figura 1.4.
Vistos desde el eje surnorte de la Tierra, los paralelos terrestres rotan en sentido horario. En (*a*) se ha prolongado hacia el este una línea tangente al paralelo elegido. Esta línea representa el horizonte y, en este caso, el Sol se encuentra por debajo de él. En (*b*), momento de la salida del Sol, el astro rey se halla justo en el horizonte, mientras que un poco más tarde, en (*c*), el horizonte ha seguido desplazándose y el Sol se encuentra por encima de él. El observador se encuentra en el punto *P*.

Imaginemos que sobrevolamos el ecuador terrestre. La geografía dice que la circunferencia ecuatorial de la Tierra mide alrededor de 40.000 km. Si la Tierra emplea un día en completar una vuelta sobre su eje, entonces un punto fijo del ecuador recorrerá 40.000 km en 24 horas. Un cálculo aritmético sencillo revela que eso equivale a una velocidad media de 1.667 km/h. Un aeroplano supersónico como el Concorde puede superar ese valor, pero resulta imposible para un mero Boeing 707 o un jumbo. Los aviones comerciales no sobrepasan los 1.000 km/h, de modo que un jumbo no puede igualar ni exceder la velocidad del movimiento de rotación terrestre mientras se desplace sobre la circunferencia del ecuador.

En cambio, a latitudes más altas disminuye la dificultad. Para cubrir el trayecto entre Londres y Chicago, nuestro avión sobrevoló el extremo sur de Groenlandia. La ruta que siguió el avión pasó por latitudes más altas que las de Londres y Chicago, de modo que al atravesar Groenlandia superó los 60 grados de latitud. Tal como se ilustra en la figura 1.5, a dicha latitud, B, los paralelos terrestres miden unos 20.000 km y, por tanto, la velocidad de giro oeste-este de un punto fijo en uno de esos círculos no llega a alcanzar los 850 km/h, velocidad fácilmente superable por un avión que viaje de este a oeste.

Eso es lo que ocurrió con mi avión aquella tarde de diciembre; eso es lo que me permitió contemplar un amanecer por poniente.

Tinieblas a mediodía

La fotografía de la figura 1.6 muestra el Sol brillando contra el fondo de un cielo oscuro. Sí, la bola de luz que refulge en la fotografía es el Sol. ¿Qué ha ocurrido con la luz que acostumbra a teñir todo el cielo de azul? ¿Acaso ha perdido el Sol su capacidad para iluminar el entorno?

Aunque se dé en ocasiones contadas, conocemos un caso en que el entorno permanece oscuro a pesar de que el Sol se encuentre en el cielo: los eclipses totales de Sol. Pero en tales ocasiones el disco solar queda oculto por la Luna, el cual bloquea el paso a la luz y, por tanto, no percibimos el brillo del Sol, pero sí lo vemos en esta fotografía. ¿Cómo explicar entonces esta imagen admitiendo su autenticidad?

Antes de responder la pregunta y desvelar el secreto de cómo se tomó la fotografía, profundicemos en la causa de que en los días despejados veamos brillar el Sol sobre un cielo azul. Y, ¿por qué razón ese mismo cielo adquiere un color rojizo cerca del horizonte durante las puestas de Sol? Hasta el disco solar se tiñe de rojo al atardecer. ¿Por qué?

¿Por qué el cielo es azul?

La respuesta a este interrogante radica en una propiedad de la luz llamada *difusión*. Cuando un rayo lumínico incide sobre una partícula de polvo diminuta pueden ocurrirle dos cosas: quedar absorbido por la partícula de polvo o alterar su trayectoria igual que una pelota que bote contra el suelo. A este último efecto se le denomina difusión de la luz. Así, cuando los rayos lumínicos viajan a través de un medio pulverulento, una parte de los mismos sufre un fenómeno de absorción y la parte restante se difunde a medida que los rayos tropiezan con las partículas de polvo que encuentran a su paso. No obstante, el fenómeno de la difusión de la luz no solo altera la trayectoria de los rayos, sino que provoca un efecto adicional: la *dispersión*.

El efecto de la dispersión lumínica no es más que la descomposición de la luz en los colores que la conforman. Otro contexto en el que se produce este efecto se da cuando la luz solar atraviesa un prisma de vidrio (véase la figura 1.7). Al pasar por un prisma, el rayo de luz cambia de dirección al entrar en el vidrio y vuelve a hacerlo al salir de él. A diferencia de la difusión, que altera la dirección de los rayos de luz de manera aleatoria, los cambios de trayectoria que ocurren cuando la luz atraviesa el vidrio se producen de forma muy ordenada y reciben el nombre de *refracción*. La refracción depende de las propiedades del medio inicial por el que viaja la luz (aire), del medio en el que entra (vidrio) y del *color* del rayo. Esta última propiedad es la responsable de que la luz solar se desconponga en siete colores al atravesar un prisma.

Los colores guardan relación con una característica básica de la luz denominada *longitud de onda*. Así, puede decirse que de los siete colores mencio-

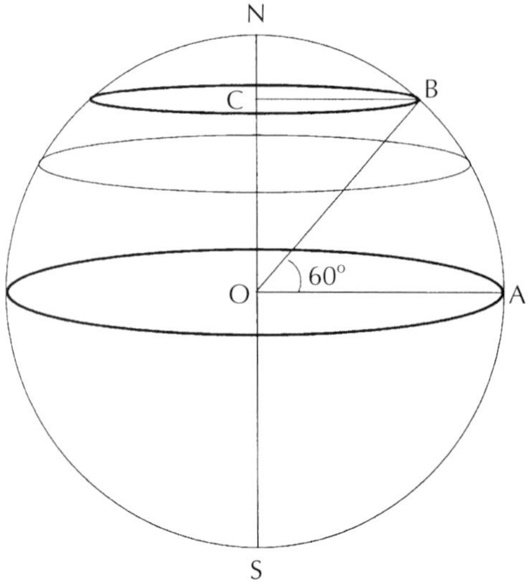

N
C
B
O
60°
A
S

Figura 1.5.
Los paralelos terrestres disminuyen de tamaño a medida que se alejan del ecuador en dirección hacia los polos. A una latitud de 60 grados, los paralelos terrestres tienen la mitad del tamaño del ecuador. En la figura, la longitud $CB = 1/2\ OA$.

Figura 1.6.
El Sol luciendo en un cielo oscuro (fotografía cedida por la NASA).

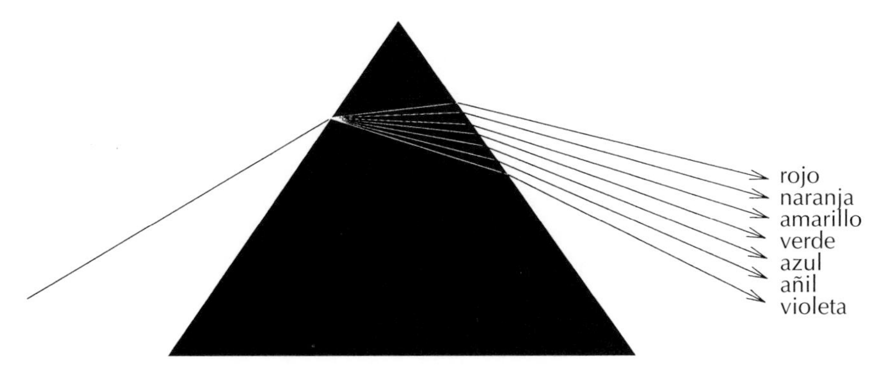

Figura 1.7. Descomposición de la luz del Sol en siete colores al atravesar un prisma de vidrio.

nados, al rojo le corresponde la longitud de onda más larga, y al violeta la más corta. ¿Qué es la *longitud de onda?* Retomaremos esta característica fundamental a lo largo del presente capítulo. Por el momento nos centraremos en la propiedad del color, cuya apreciación visual resulta inmediata.

Sabemos que los colores que componen la luz del Sol son esencialmente rojo, anaranjado, amarillo, verde, azul, añil y violeta. La luz roja es la que experimenta el mínimo de desviación al refractarse y la luz violeta sufre el máximo, mientras que la deformación del resto de colores se mantiene entre ambos extremos. El ángulo de desviación de cada color puede evaluarse en términos matemáticos, lo cual nos permite comprender por qué un rayo de luz solar que incide sobre un prisma de vidrio sale de él descompuesto en una banda de siete colores.

Este mismo proceso tiene lugar en la naturaleza cuando la luz solar atraviesa las gotas de lluvia y nos depara el espectáculo de un arco iris. Aparte de sufrir el fenómeno de la refracción, los rayos lumínicos que inciden en las gotas de lluvia también se reflejan al alcanzar el borde exterior de las mismas, tal como se aprecia en la figura 1.8. La forma circular del arco iris se debe a que la luz de cada color alcanza nuestra vista formando un mismo ángulo con la posición en que se halla el Sol, lo cual nos hace ver un color concreto distribuido en un arco circular alrededor de la dirección opuesta al Sol. Como cada color experimenta distinto grado de refracción, percibimos arcos de distintos tonos, de los que el violeta se encuentra en la parte más interna y el rojo ocupa la zona más externa.

Una pequeña porción de los rayos lumínicos se refleja dos veces dentro de las gotas de lluvia. Cuando salen de ella, esos rayos forman un segundo arco iris más delgado con una secuencia de colores invertida (debido a la segunda reflexión).

La difusión provocada por las partículas de la atmósfera produce, en buena medida, el mismo efecto en la luz del Sol, la cual se descompone en colores diversos, de los que el rojo experimenta la mínima difusión y el violeta sufre la difusión máxima. La difusión inducida por las partículas atmósféricas solo se diferencia del paso a través de las gotas de lluvia en que, cuando actúan aquellas, la alteración de la trayectoria se produce de manera aleatoria y, por tanto, no apreciamos el orden de tonalidades característico del arco iris. En lugar de eso percibimos los colores que experimentan una difusión mayor, la familia de los violetas, añiles y azules, esparcidos por todo el cielo, mientras que el resto (los colores menos difundidos) no se esparce tanto. De todos los colores que experimentan la máxima difusión, el azul es el que domina.

Desviándonos un tanto del hilo del discurso, podemos comentar por qué los vehículos portan luces de color rojo para avisar de su detención o por qué las luces rojas se emplean en general para advertir de peligros en la calzada. En pos de una conducción segura es indispensable cerciorarse de que una señal de peligro resultará fácilmente visible desde la lejanía, de tal suerte que los vehículos que circulen a gran velocidad tomen las medidas oportunas para detenerse. Como la luz roja sufre el mínimo de difusión, también es la que se desplaza más lejos sin sufrir alteraciones en la dirección original. Así, en un entorno pulverulento, la señal de detención es la más fácil de divisar a distancia debido *a que es de color rojo*.

Ahora podemos responder la cuestión referente al tono rojizo que adquiere el Sol durante sus puestas. Cuando el Sol se encuentra próximo al horizonte, la luz que emite atraviesa una porción de atmósfera mucho mayor que cuando luce alto sobre el horizonte, tal como ilustra la figura 1.9, y es entonces cuando sufre el máximo de difusión en su recorrido hacia nosotros. Además, cuando el astro se encuentra cerca del horizonte, los rayos rozan la superficie terrestre, por lo general bastante pulverulenta, antes de alcanzar nuestros ojos. En ese trayecto, el color menos afectado por la difusión es el rojo, lo cual le permite cubrir todo el trayecto hasta nosotros y confiere al Sol un aspecto rojizo.

¿Puede brillar el Sol en un cielo oscuro?

Imaginemos ahora la situación contraria: la luz del Sol atravesando un medio libre de partículas. En tal caso no se difunde, sino que sigue una trayectoria directa hasta llegar a nosotros. Solo veríamos el disco brillante del Sol y nada más aparecería iluminado... puesto que no habría objetos sobre los que la luz del Sol pudiera incidir y difundirse. Así, si la luz solar viajara por un medio completamente libre de partículas, no sufriría difusión y ofrecería un aspecto igual que en la figura 1.6.

Pero vivimos rodeados por una cubierta atmosférica pulverulenta y por tanto es evidente que toda la luz solar que alcanza la superficie debe experimentar difusión. Tal vez alguien se pregunte cómo podría darse en la Tierra la situación que acabamos de describir. La respuesta sería que «¡en la Tierra es imposible!». La situación descrita solo se da fuera de la Tierra, más

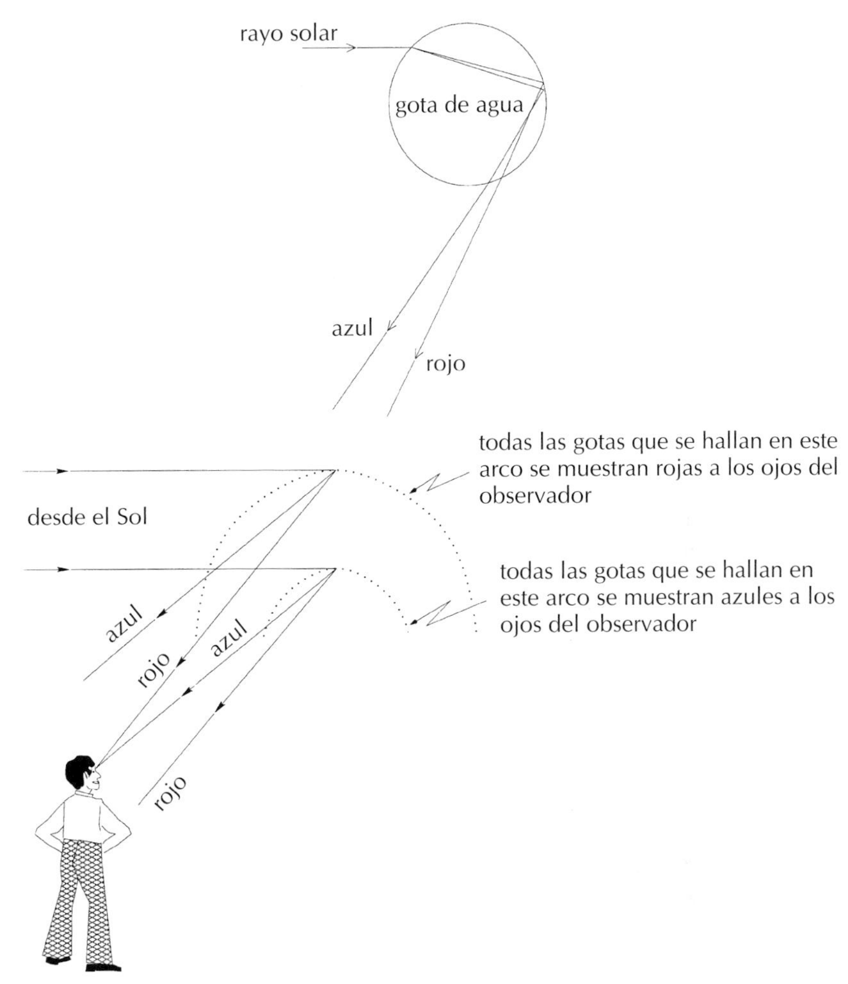

Figura 1.8. Un rayo lumínico procedente del Sol penetra en una gota de lluvia y se descompone en diferentes colores, todos los cuales se reflejan en el lado opuesto de la gota y emergen de ella en diferentes direcciones. El observador percibirá arcos circulares concéntricos de colores diferentes y que de fuera hacia dentro parten del rojo, pasan por el azul y acaban en el violeta.

allá de la cubierta atmosférica. Solo ahí encontramos un medio realmente libre de partículas.

Ahora puedo desvelar que la fotografía aludida fue tomada en 1993 por un astronauta desde el transbordador espacial *Endeavour*, a una altura muy superior a la atmósfera terrestre. Son obvias las ventajas de esos lugares estratégicos para los astrónomos. Desde allí puede emplearse un telescopio espacial para observar estrellas o galaxias con un cielo oscuro aunque el Sol esté presente. En cambio, los astrónomos que trabajan desde la Tierra tienen que aguardar a que se ponga el Sol para iniciar sus observaciones, y deben concluirlas bastante antes de la aurora.

Pero los telescopios espaciales, por encontrarse por encima de la atmósfera, ofrecen otras ventajas que se comentarán en detalle a la luz de nuestra próxima aventura.

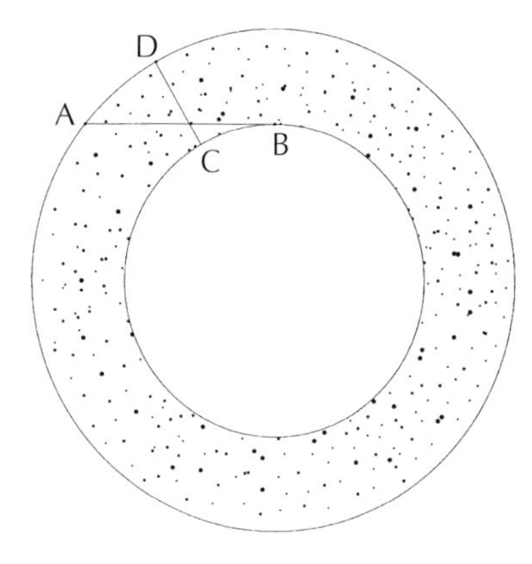

Figura 1.9.
Cuando el Sol se encuentra próximo al horizonte, su luz atraviesa una franja mayor de partículas atmosféricas que cuando luce alto sobre nuestras cabezas. En la figura, el recorrido *AB* es más largo que el recorrido *CD*. (La parte moteada equivale a la zona pulverulenta de la atmósfera.)

Vistas curiosas desde la luna

Para ver salir el Sol por el oeste había que embarcar en un avión. Para ver brillar el Sol en un cielo negro necesitamos sobrepasar la atmósfera de la Tierra. Para acometer la próxima aventura nos marcharemos más lejos y *aterrizaremos en la Luna*. ¿Cómo se ve el cielo desde la Luna? ¿Podrá divisarse la Tierra desde allí igual que se contempla la Luna desde aquí, desde nuestro planeta?

La imagen de la figura 1.10 responde la pregunta. Se trata de una fotografía de la Tierra tal como se observa desde la Luna, una imagen obtenida por los astronautas de la misión *Apollo 11*. La Tierra creciente se parece bastante a la Luna contemplada desde aquí, solo que en comparación es más grande y nítida. *Más grande* porque el diámetro de la Tierra casi cuadruplica el de la Luna y, por tanto, vista a la misma distancia, la Tierra se muestra cuatro veces mayor que su satélite natural. *Más clara* porque la Luna carece de atmósfera.

La atmósfera que circunda la Tierra impone dos inconvenientes desde un punto de vista astronómico. En primer lugar, absorbe y difunde, al menos en parte, toda radiación cósmica que arriba a la Tierra y, en segundo lugar, el movimiento del aire que contiene torna inestable y borrosa la imagen de cualquier fuente de luz procedente del espacio.

En cambio, la ausencia de atmósfera en la Luna motiva que la luz solar no experimente difusión alguna y que el cielo de la Luna se muestre oscuro aun cuando brille el Sol, como en la figura 1.6. Las zonas lunares encaradas al Sol se iluminan al recibir su luz, ¡pero lo hacen bajo un cielo oscuro! La figura 1.10 da una idea de este hecho tan inusual. Inusual cuando se considera desde lo que constituye la normalidad terrestre. Una atmósfera tan tenue impide además que el sonido se propague por ella con facilidad, de modo que en la Luna dos personas no pueden oírse.

Permítanme mencionar, aunque lo haga por encima, otro aspecto curioso observado por los astronautas de la misión Apollo al contemplar la Tierra desde la Luna: *durante su estancia allí, la Tierra no salió ni se puso en el horizonte lunar, se mantuvo quieta, suspendida en el mismo lugar del cielo*. Más adelante retomaremos este extraño fenómeno de explicación perfectamente lógica. Pero aún queda otra característica inusual del cielo lunar: vistas desde allí, las estrellas no titilan. No obstante, para apreciar y comprender este aspecto habrá que ahondar un tanto en la naturaleza verdadera de la luz y a eso dedicaremos las próximas líneas.

La luz como una onda

La luz se manifiesta de muchas maneras. La forma más frecuente en que se nos presenta es la luz solar, la cual captamos a través del sentido de la vista. Tal como se mencionó antes, esta luz consta de siete colores. Pero, ¿cómo describiríamos los diferentes colores de la luz a una persona invidente? ¿Qué otra propiedad, además del color, distingue por ejemplo la luz roja de la azul?

En lenguaje técnico, se dice que tal diferencia estriba en la *longitud de onda:* la luz roja posee una longitud de onda mayor que la luz azul. El término *longitud de onda* se asocia aquí al hecho de que la luz presenta la forma de una onda. Pero ¿a qué nos referimos exactamente con la palabra *onda?* La figura 1.11 reproduce la forma típica de una onda, la misma que surge al arrojar una piedra al agua en calma de un estanque. Las olas que provoca la piedra en la superficie del agua parecen desplazarse hacia fuera en forma de ondas. Sin embargo, un examen más detenido del agua de la superficie permite apreciar que las partículas de la superficie se limitan a moverse en vertical, de arriba abajo, aunque la perturbación ondulatoria en su conjunto parezca desplazarse hacia el exterior.

Figura 1.10. Fotografía de la Tierra vista desde la Luna obtenida por los astronautas de la misión Apollo 11 (cortesía de la NASA).

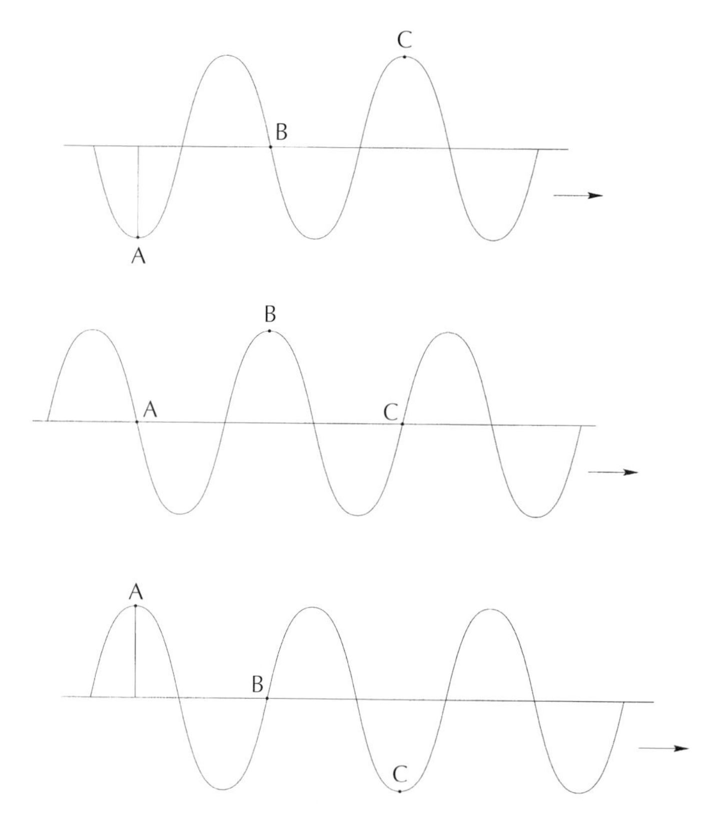

Figura 1.11.
Los puntos en *A*, *B*, *C*, ... se mueven hacia arriba y hacia abajo *manteniéndose en sus lugares de origen*, sin desplazarse a la derecha o a la izquierda. En cambio, al comparar el perfil de la curva en estadios sucesivos, da la impresión de que se aprecia la forma de una onda desplazándose hacia la derecha. La distancia que en cualquier momento dado separa dos puntos sucesivos de desplazamiento máximo ascendente se denomina *longitud de onda*. Asimismo, el número de movimientos ascendentes y descendentes que se producen en un punto por cada unidad de tiempo recibe el nombre de *frecuencia* de la onda. Los tres diagramas muestran medio ciclo completo, durante el cual cada onda avanza media longitud de onda.

Se trata de una característica propia de las ondas transversales. A medida que una onda se propaga a través de un medio, va causando en él movimientos periódicos ascendentes y descendentes. Cada movimiento de subida-bajada-subida que se registra en un punto concreto se denomina un *ciclo*. Elijamos una unidad de tiempo, digamos *un segundo*, y contemos ahora cuántos movimientos de subida-bajada-subida se dan en un punto concreto. El número de veces por segundo que se produzca cada ciclo recibe el nombre de *frecuencia* de la onda.

Otra característica del movimiento ondulatorio simple consiste en que esas subidas y bajadas en el medio se producen en todo momento separadas por intervalos uniformes, tal como se aprecia en la figura 1.11. La distancia entre dos *ascensos* (o *descensos*) sucesivos se denomina *longitud de onda*. Justo ese espaciamiento entre dos puntos de ascenso o de descenso y el modo en que ondulan en el tiempo es lo que crea la impresión de que la onda se desplaza. La figura 1.11 ilustra este principio. Algo similar ocurre en los rótulos luminosos, donde el encendido y apagado de las luces de neón crea el efecto de que las letras se desplazan.

Pero ¿qué es lo que ondula hacia arriba y hacia abajo cuando una onda luminosa se desplaza por el espacio? La comunidad científica ha creído durante mucho tiempo que las ondas necesitan un medio mecánico para propagarse. Así, por ejemplo, las ondas que se producen en el agua provocan movimientos ascendentes y descendentes en el agua, las ondas de sonido surgen a partir de vibraciones en el aire, las ondas elásticas se propagan mediante vibraciones en los cuerpos sólidos, etc. Entonces, ¿qué ondula cuando la luz se propaga por el espacio? En cierto momento se aceptó que las ondas luminosas se desplazan a través de un medio llamado *éter*. En cambio, todos los intentos acometidos para detectar esa sustancia misteriosa acabaron en fracaso. De hecho, la respuesta verdadera provino del trabajo que realizó James Clerk Maxwell durante la década de 1860, del cual se dedujo que las ondas de luz no son más que la transmisión de perturbaciones eléctricas y magnéticas ondulatorias a través del espacio: *ondas electromagnéticas*. En este caso, los ascensos y descensos se producen en la intensidad que muestran esas perturbaciones a través del espacio y del tiempo (véase la figura 1.12). Y la longitud de onda de la luz consiste sencillamente en la distancia que existe entre dos máximos sucesivos de la intensidad eléctrica (o magnética) en el espacio.

Cada color de onda luminosa se corresponde con diferentes longitudes de onda, las cuales resultan demasiado pequeñas para medirlas con la unidad que solemos emplear a diario, el metro. La unidad de medida más adecuada es el *nanómetro*, el cual se obtiene de dividir un metro en mil millones de partes. La luz roja es la que presenta la longitud de onda más larga, entre 620 y 770 nanómetros (nm), mientras que la luz violeta y la azul poseen unas longitudes de onda de entre 390 y 450 nm. Las longitudes de onda del resto de colores tienen valores intermedios.

Entonces, ¿qué queda más allá de ese intervalo de longitudes? Seguro que la naturaleza no está limitada al intervalo de 390 a 770 nm. Lo cierto es que la limitación a dicho intervalo de longitudes no viene impuesta por la naturaleza, sino por la psicología humana, puesto que la naturaleza presenta formas muy diversas de ondas electromagnéticas indetectables por el ojo humano. Así, las ondas con longitudes algo más largas que la del color rojo se denominan *infrarrojas* y las ondas algo más cortas que la del color violeta se llaman *ultravioletas*. La figura 1.13 muestra los diversos tipos de ondas electromagnéticas, desde las ondas de radio, que presentan la mayor longitud de onda, hasta los rayos gamma, que registran las longitudes más cortas. Cuando encendemos el transistor para escuchar un programa radiofónico, las ondas de radio lo traen hasta nosotros desde la emisora en cuestión.

¿Qué relación existe entre la frecuencia y la longitud de onda? En la figura 1.11 puede apreciarse que a lo largo de un ciclo la forma de la onda recorre un espacio equivalente a su longitud de onda. La frecuencia revela el número

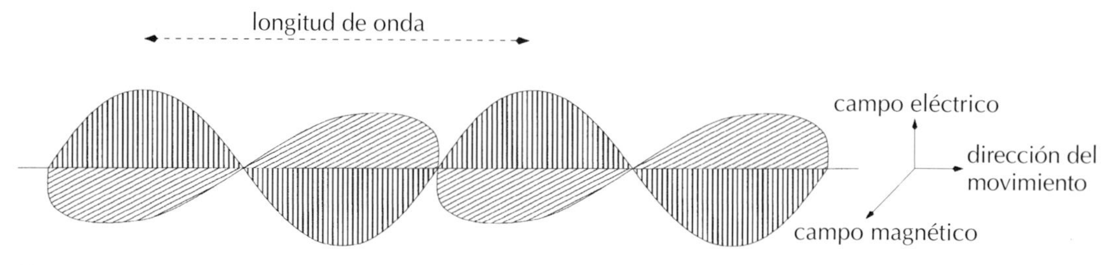

Figura 1.12.
Representación esquemática de una onda electromagnética. Las perturbaciones ondulatorias eléctricas y magnéticas se representan como una serie de líneas paralelas. Las perturbaciones eléctricas y magnéticas son perpendiculares entre sí y perpendiculares además a la dirección en que se propaga la onda.

de ciclos que se producen por segundo. Por tanto, en un segundo, la forma de la onda avanzará la distancia resultante de multiplicar la frecuencia por la longitud de onda. Como la distancia que recorre una onda luminosa por segundo no es más que la velocidad de la luz, obtenemos que el producto de la frecuencia por la longitud de onda equivale a la velocidad de la luz. Maxwell demostró que *la luz de todas las longitudes de onda se propaga a la misma velocidad a través del espacio vacío*, a unos 300.000 kilómetros por segundo.

Entonces, si conocemos la longitud de onda de la luz podemos calcular su frecuencia mediante la regla sencillísima que acabamos de deducir. Por ejemplo, una longitud de onda de 500 nm (la de la luz verde) tendrá una frecuencia de unos ¡600 billones! Lo cual significa que siempre que una onda de luz verde atraviesa el espacio vacío, las pequeñas perturbaciones eléctricas y magnéticas que lleva asociadas realizan sus oscilaciones de ascenso-descenso-ascenso 600 billones de veces cada segundo. (Durante una de esas oscilaciones la onda avanza 500 nm, de modo que en un segundo, es decir, durante 600 billones de oscilaciones, avanzará una distancia de 500 nm x 600 billones = 300.000 km.)

Retomando la atmósfera de la Tierra, y la influencia que ejerce en los diversos tipos de luz, cabría mencionar que bloquea la mayor parte de las longitudes de onda a excepción de las que conforman la luz visible, las ondas de radio y algunas bandas estrechas en el infrarrojo (consúltese la figura 1.13). Para observar el espacio con telescopios capaces de detectar esos otros tipos de longitudes de onda, es necesario elevarse hasta las capas más altas de la atmósfera terrestre o incluso salir de ella. Tales telescopios se lanzan en globos, cohetes o satélites y, como veremos más adelante en esta obra, con ellos contemplamos muchas otras maravillas del cosmos.

¿Por qué titilan las estrellas?

La segunda repercusión de la atmósfera en la visión de las estrellas, ya mencionada con anterioridad, consiste en que perturba sus imágenes. La figura 1.7

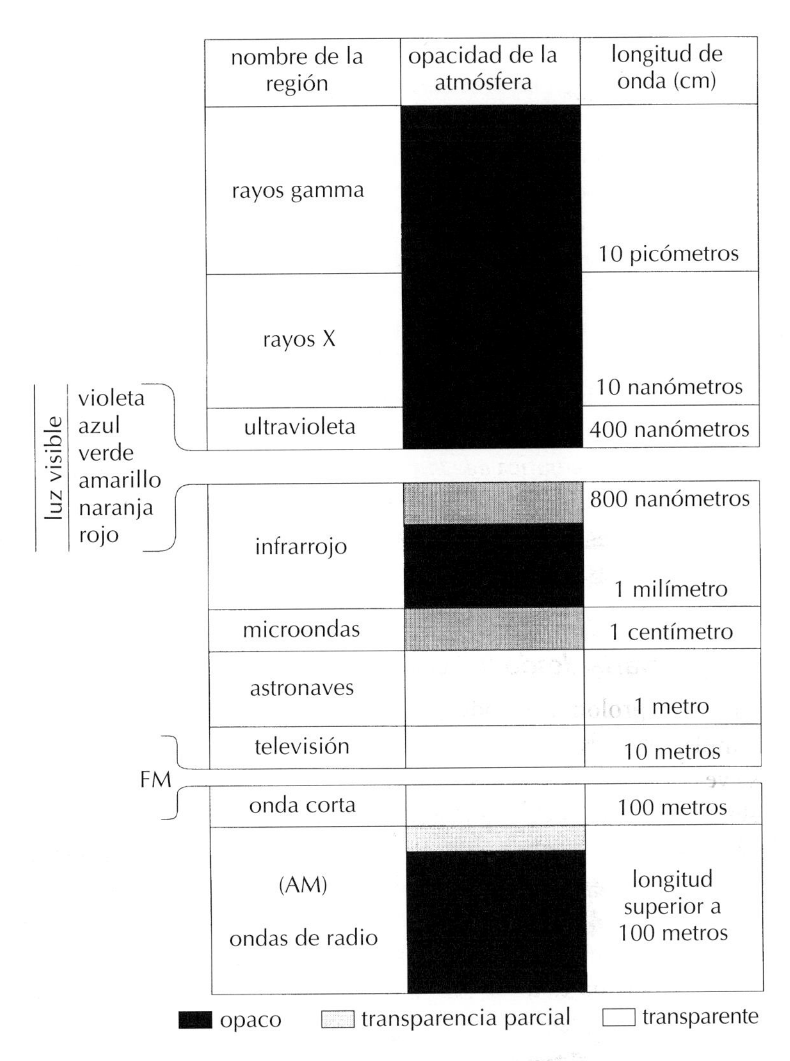

Figura 1.13.
Esquema de ondas electromagnéticas de diferentes longitudes. Nótese que la luz visible, aquella a la que es sensible nuestra vista, yace en el centro del intervalo, que las longitudes más largas corresponden a las ondas de radio y las más cortas a los rayos gamma. El cuadro muestra además la absorción que sufren estas ondas procedentes del espacio exterior al atravesar la atmósfera.

mostraba la desviación que experimenta un rayo luminoso al pasar de un medio (el aire) a otro (el cristal). Este efecto de refracción también actúa, aunque de manera más sutil, cuando la luz procedente del exterior entra en la atmósfera. Como la atmósfera se vuelve más densa a medida que desciende la altitud, la luz que la atraviesa se mueve en realidad por un medio que cambia, lo cual va ejerciendo una refracción gradual. Como resultado, los rayos cambian de dirección, puesto que la intensidad total de la refracción atmosférica es muy ligera y provoca un desplazamiento sutil de las imágenes estelares.

Supongamos ahora que en la atmósfera hay corrientes de aire que alteran un tanto la distribución de su densidad y la vuelvan turbulenta. El efecto, de nuevo muy sutil, imprime cierto temblor a las imágenes estelares. De modo que en lugar de divisar una estrella inmóvil, vemos una estrella que *titila*. Aunque ese temblor vuelve las estrellas más impresionantes a los ojos del poeta, también las convierte en objetos de estudio más complejos para los astrónomos.

Un método directo para eludir este inconveniente consiste, naturalmente, en marcharse fuera de la turbulenta atmósfera e instalar allí los telescopios. Eso es lo que hace que el telescopio espacial Hubble aventaje a sus iguales que residen sobre la superficie terrestre. Este telescopio no solo evita el debilitamiento de las imágenes debido al polvo atmosférico, sino también su borrosidad. Y, como es natural, también en la Luna, carente de atmósfera, las imágenes estelares se muestran brillantes y claras (véase la figura 1.14).

Con todo, los avances tecnológicos que se han producido a lo largo de los últimos años han permitido que los telescopios instalados en la Tierra empleen la denominada óptica *adaptativa*, técnica que detecta las alteraciones debidas a la atmósfera y deforma el espejo telescópico para compensarlas. Esas medidas correctoras permiten mejorar considerablemente la estabilidad de la imagen.

¿Por qué la Tierra parece encontrarse quieta al observarla desde la Luna?

Tras este prolongado rodeo, regresemos al espectáculo que ofrece la contemplación de la Tierra desde la Luna (figura 1.10). Ahora sabemos por qué se ve con tanta nitidez que hasta podrían reconocerse algunos rasgos de su superficie, en especial el color azul de los océanos. Sin embargo, si la observáramos detenidamente durante varias horas percibiríamos que no cambia de posición en el firmamento, un comportamiento extraño en tanto que desde la Tierra estamos acostumbrados a ver que la Luna recorre nuestro cielo de este a oeste.

Con todo, no es difícil comprender la causa de este peculiar fenómeno. Conozcamos un aspecto importante del movimiento de la Luna alrededor de la Tierra. Al tiempo que la Luna recorre una órbita circular, también efectúa un movimiento de rotación alrededor de su propio eje que la hace mostrar siempre la misma cara a la Tierra. Ahí radica el motivo de que la otra cara de la Luna permaneciera oculta a los ojos de la humanidad hasta que la tecnología espacial nos permitió enviar naves para descubrirla. La figura 1.15 contiene una fotografía obtenida por una sonda enviada a la cara oculta de la Luna.

Este comportamiento de la Luna se parece al de un atleta corriendo alrededor de un poste. Si se desplaza en sentido horario, esa persona siempre tendrá el brazo derecho más cercano al poste que otra parte del cuerpo. El hecho de que así sea se debe a que el atleta rota todo el tiempo alrededor de un eje vertical y completa una vuelta sobre sí mismo cada vez que recorre un círculo en torno al poste. Así, dicha persona siempre se encuentra con el poste en la misma dirección, por ejemplo, a su derecha.

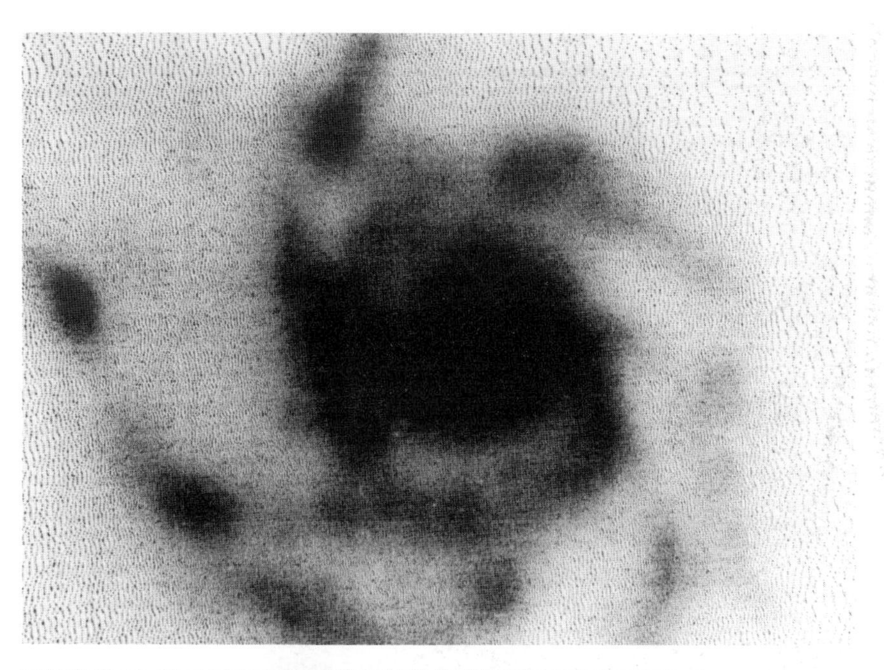
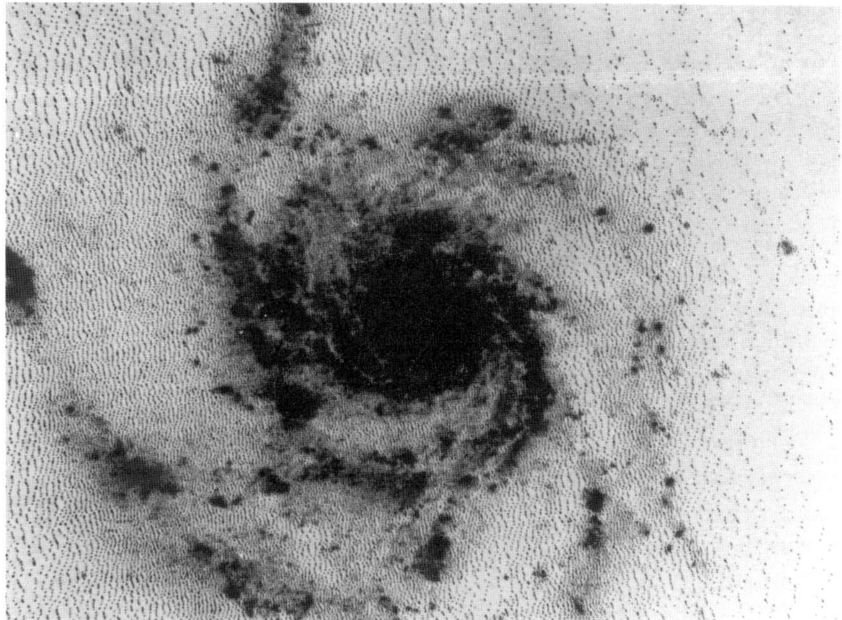

Figura 1.14.
La borrosidad de la imagen debida a las turbulencias atmosféricas se muestra de manera exagerada en esta simulación. En la figura superior se aprecia la imagen de una galaxia espiral obtenida con el telescopio Hale, de 5 metros, mientras que la figura inferior muestra una imagen obtenida con el telescopio espacial Hubble (HST).

Eso le ocurre a la Luna y, por tanto, *si la Tierra es visible desde la Luna*, siempre se verá en la misma dirección. ¡El *si* condicional es importante!, porque si resulta que nos encontramos en la otra cara de la Luna, *no divisaremos la Tierra en ningún momento*.

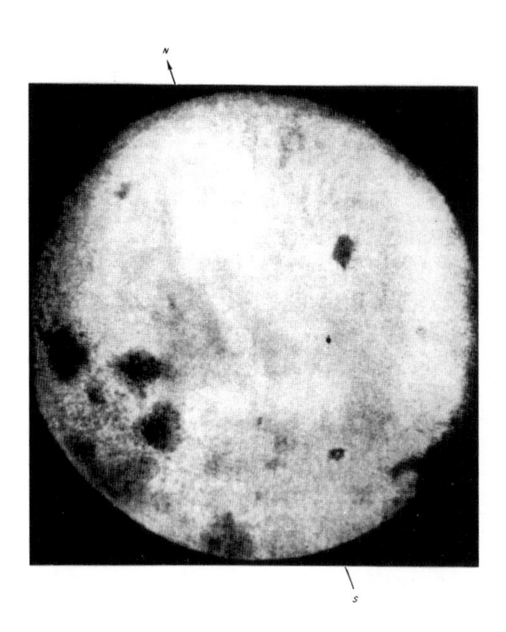

Figura 1.15.
La cara oculta de la Luna, fotografiada por primera vez en 1959 por la sonda soviética *Luna 3*. La Luna gira sobre su eje de tal modo que siempre muestra la misma cara a la Tierra mientras orbita a su alrededor.

Visiones singulares dentro del Sistema Solar

Cuando la Tierra se observa desde la Luna parece cuatro veces más grande que la Luna al contemplarla desde la Tierra. Pero se trata tan solo de un ejemplo, bastante modesto además, de la gran variedad de visiones que puede deparar este Sistema Solar de nueve planetas y todos sus satélites. Si tuviéramos la capacidad de obtenerlas, dispondríamos de imágenes mucho más espectaculares que aquellas a que nos tiene acostumbrados la vida en la Tierra.

En una charla titulada «The astronomer's luck» (La suerte del astrónomo), el astrofísico William H. McCrea expone los diversos factores accidentales que han intervenido en la astronomía. El trabajo comienza comentando los tamaños aparentes que muestran el Sol y la Luna al observarlos desde la Tierra. El disco solar y el lunar parecen tener el mismo tamaño, y ello podría llevar a la conclusión de que son iguales desde un punto de vista físico. En realidad, el diámetro del Sol supera en 400 veces el de la Luna, pero como el Sol dista mucho más de nosotros que la Luna, su inmenso tamaño parece quedar reducido a casi el mismo que el de nuestro satélite. La figura 1.16 ilustra los aspectos geométricos de esta circunstancia y ayudará a calibrar esta enorme coincidencia.

La figura explica qué crea en nosotros la impresión subjetiva del tamaño de un objeto. En el dibujo, dos personas *A* y *B* contemplan el mismo objeto redondo: *A* lo ve de cerca y *B* lo observa de lejos. Por lo general, *A* percibirá el objeto mucho más grande que *B*. La causa estriba en que la imagen que se forma en la retina del observador *A* es mucho mayor que la que se forma en la retina de *B*. Tal imagen viene determinada básicamente por el ángulo que subtiende el objeto esférico hasta el ojo. Tal como se aprecia en la figura 1.16, *A* percibe un ángulo de visión mucho más abierto que *B*. La medida aproximada del ángulo que subtiende un objeto tal viene determinada por la razón entre el diámetro del objeto, medido perpendicularmente a la línea de visión, y la distancia que lo separa del observador. De hecho, esta aproximación se torna muy precisa cuando se trata de ángulos pequeños.

En el caso del Sol y de la Luna, ya hemos apuntado que la extensión lineal del Sol supera en 400 veces la de la Luna. Pero también ocurre que la distancia que nos separa del Sol es 400 veces mayor que la que media entre la Luna y la Tierra, por lo que, según la regla que hemos enunciado, el tamaño aparente de la Luna se asemeja mucho al del Sol. A esta coincidencia aludía Bill McCrea.

Como el tamaño aparente de la Luna encaja tan bien con el del Sol, en contadas ocasiones se da el caso de que nuestro satélite tapa la estrellas por completo y da lugar a un eclipse *total* de Sol. Tal como ilustra la figura 1.17, el Sol, la Tierra y la Luna no se desplazan por el espacio siguiendo el mismo plano orbital. El plano de la órbita que sigue la Tierra en su camino alrededor del Sol y el plano de la órbita que recorre la Luna alrededor de la Tierra, forman entre sí un ángulo de alrededor de cinco grados. Esto convierte en muy inusuales las ocasiones en que el Sol y la Luna se encuentran perfectamente alineados con respecto a la Tierra. Pero antes de continuar ahondando en las cuestiones geométricas de tales alineamientos, atendamos a la siguiente historia de la mitología hindú.

En tiempos remotos, los dioses y los demonios se aliaron en una empresa colosal para agitar los océanos y obtener tesoros hundidos. Alcanzaron algunos acuerdos previos para compartir lo que emergiera de aquel intento y, de acuerdo con el

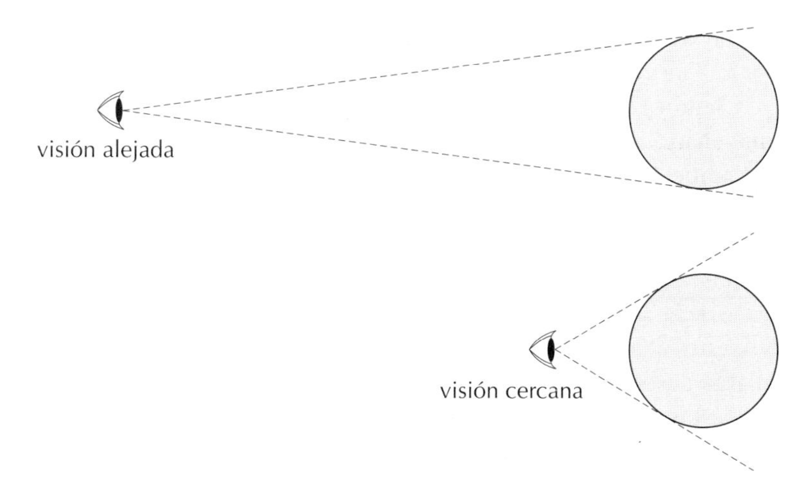

Figura 1.16.
Un objeto esférico subtiende un ángulo mucho mayor desde un punto de observación cercano que desde otro alejado. Dicho ángulo determina el tamaño aparente que muestra el objeto al observador en cada uno de esos puntos, lo cual constituye la razón de que las cosas parezcan mayores a distancias pequeñas. En el dibujo, la visión alejada corresponde al observador *B* y la cercana corresponde al observador *A*.

trato, cuando encontraron néctar se destinó a los dioses. Pero mientras se lo repartían, un demonio se infiltró entre la multitud con la esperanza de apropiarse de una parte del elixir. Entonces, el dios Sol y la diosa Luna lo descubrieron e informaron del ultraje, tras lo cual, el dios Visnú, distribuidor del néctar, decapitó al demonio. Sin embargo, el demonio no murió, sino que sobrevivió dividido en dos. La cabeza fue llamada «Rahu» y el resto del cuerpo se apodó «Ketu». Encolerizado con el Sol y la Luna por haberlo delatado, los dos trozos del demonio decidieron devorarlos. Desde entonces, Rahu consigue tragarse el Sol, y Ketu la Luna, en contadas ocasiones, pero solo durante breves instantes. Se trata, por supuesto, de los eclipses de Sol y de Luna.

Este mito arraigó muy hondo en las sociedades hindúes y, aún hoy, los eclipses se viven con gran cautela y respeto porque la concepción tradicional sigue admitiendo la existencia de los míticos demonios Rahu y Ketu. No es inusual que las calles de ciudades muy concurridas se muestren desiertas cuando ocurre un eclipse solar. Tal como se aprecia en la figura 1.17, los eclipses se producen cuando el Sol y la Luna coinciden en uno de los dos puntos donde se cruzan sus planos orbitales. Tales puntos se denominan *nodos* de las órbitas y ahí es donde se cree que moran los demonios Rahu y Ketu.

Dada la relativa rareza de los eclipses totales de Sol, que solo tienen lugar cuando la Luna oculta el Sol, estos fenómenos han inspirado leyendas semejantes a la anterior entre los pueblos. Pero, por un lado, si el tamaño aparente de la Luna fuera mucho mayor que el del Sol o si la Luna se encontrara algo más próxima a la Tierra, los eclipses solares ocurrirían mucho más a menudo y carecerían del valor de lo extraordinario. Por otro lado, si la Luna tuviera un tamaño algo menor que el real o distara muy poco más de la Tierra, jamás contemplaríamos eclipses totales de Sol. Las figuras 1.18 (*a*) y (*b*) ilustran estas afirmaciones.

De entre todos los planetas que conforman el Sistema Solar, solo el sistema Tierra-Luna disfruta de esta crítica coincidencia. Detengámonos a considerar qué eclipses se divisarían desde la Luna. ¿Veríamos el Sol eclipsado por la Tierra y la Tierra eclipsada por la Luna?

Como ya se ha mencionado, vista desde la Luna, la Tierra se muestra unas cuatro veces mayor que la Luna vista desde la Tierra. Por tanto, la Tierra subtiende en la Luna un ángulo casi cuatro veces mayor que el Sol. De modo que si la Tierra, tal como se observa desde la Luna, se situara ante el Sol, daría lugar a un eclipse total de Sol. Y eso ocurre, claro está, siempre que en la Tierra contemplamos un eclipse de Luna. Como el tamaño aparente de la Tierra vista desde la Luna es casi cuatro veces mayor que el del Sol, estos eclipses se ven desde la Luna con más frecuencia que los eclipses solares desde la Tierra y duran mucho más. En cambio, no resultan tan impresionantes como los eclipses totales de Sol que disfrutamos desde la Tierra. ¿Por qué?

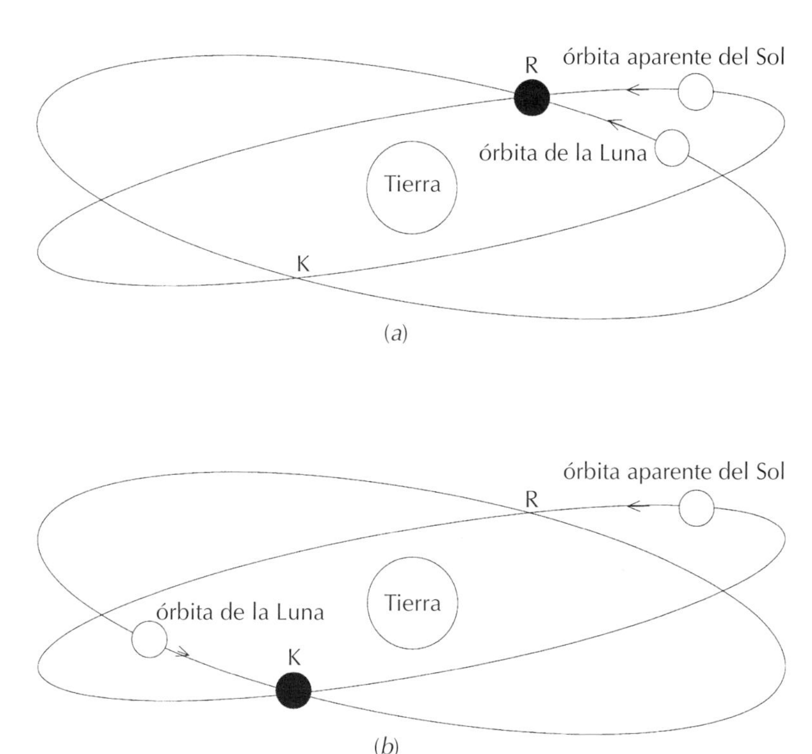

Figura 1.17.
Los planos en que la Luna se mueve alrededor de la Tierra y en que la Tierra se desplaza alrededor del Sol están ligeramente inclinados el uno respecto del otro. La línea de intersección entre ambos planos, *RK*, define la posición de los nodos. Cuando se produce un eclipse solar, en (*a*), la Luna se interpone entre el Sol y la Tierra y cierta creencia mitológica considera entonces que un demonio llamado Rahu y residente en el nodo *R* se traga el Sol. Cuando se produce un eclipse lunar, en (*b*), la Tierra se interpone entre el Sol y la Luna y la misma interpretación mitológica vuelve a explicar el fenómeno afirmando que el demonio Ketu, que habita en el nodo *K*, se traga la Luna.

Recordemos que los días terrestres normales se muestran bañados de azul debido a que la atmósfera del planeta difunde la luz del Sol. Cuando se produce un eclipse, el cielo se torna oscuro durante un lapso breve de tiempo y ello constituye todo un espectáculo, puesto que asoman estrellas en el cielo diurno, desciende la temperatura y el disco cubierto del Sol luce una corona de luz a su alrededor. Desde la Luna, en cambio, el cielo siempre es oscuro esté o no presente el Sol, de modo que la ocultación del disco solar no resultará tan espectacular allí como en la Tierra.

Y, ¿qué decir de un eclipse de Tierra visto desde la Luna? Un eclipse total de Tierra sucedería cuando la sombra de la Luna envolviera la Tierra, o lo que es igual, cuando en la Tierra se produjera un eclipse de Sol. Sin embargo, la Tierra es demasiado grande para que el cono de sombra de la Luna pueda ocultarla por completo y, por tanto, solo cabría contemplar un eclipse muy parcial de la Tierra desde nuestro satélite natural.

Así pues, tal como observó William McCrea, los astrónomos han tenido en verdad la suerte de que el Sol y la Luna se muestren casi del mismo tamaño en el cielo. Esta coincidencia no se ha apreciado entre ningún otro planeta y sus lunas, pero algunos planetas del Sistema Solar ofrecen a menudo visiones sensacionales.

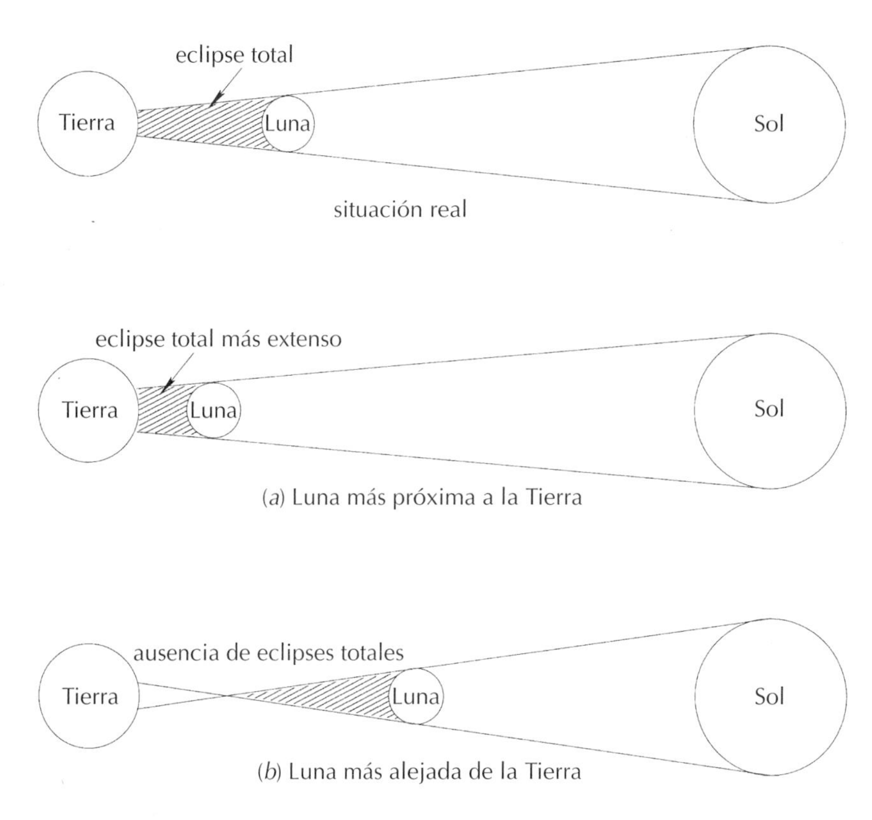

Figura 1.18. (*a*) Si la Luna fuera mayor o se encontrara más próxima a la Tierra, su sombra cubriría con más facilidad el disco solar, tal como se muestra aquí, y ello convertiría los eclipses de Sol en acontecimientos mucho más habituales. En cambio, si tal como se muestra en (*b*), fuera más pequeña o yaciera más lejos de la Tierra, jamás ocultaría por completo el disco solar y entonces los eclipses totales de Sol resultarían excepcionales o imposibles.

Visión desde Ío

Ahora pasaremos a imaginar una de ellas y con ese fin nos trasladaremos a las proximidades del planeta Júpiter.

Júpiter es el planeta más grande del Sistema Solar, con un diámetro alrededor de 12 veces mayor que el de la Tierra. De modo que su superficie supera la de la Tierra en unas 150 veces y su volumen casi engloba 2.000 planetas como la Tierra.

Júpiter cuenta con 16 satélites, y uno de los interiores recibe el nombre de Ío. Ío posee un tamaño semejante al de la Luna y dista del centro de Júpiter alrededor de un diez por ciento más que la Luna de la Tierra. Consideremos entonces cómo se divisaría Júpiter sobre el horizonte de Ío. Del mismo modo que un observador en la Luna percibe una Tierra estática, Júpiter se apreciaría fijo desde Ío. Pero ¿de qué tamaño se vería? En realidad, el radio joviano supera en más de 11 veces el de la Tierra, y ya sabemos que la Tierra es casi cuatro veces más grande que la Luna. *Los cálculos revelan que, visto desde Ío, Júpiter presentaría un tamaño 40 veces mayor que el de la Luna observada desde la Tierra*. La figura 1.19 muestra una fotografía de Ío junto a Júpiter, lo cual puede dar una idea sobre el tamaño gigantesco que mostraría el planeta al contemplarlo desde su cercano satélite.

Esto es lo que los científicos denominan, por supuesto, un *experimento mental*, un experimento tan solo imaginado, que en realidad no se ha llevado a cabo. De hecho, muchos experimentos mentales *no pueden* comprobarse de manera empírica, como es el caso del aspecto que ofrece Júpiter desde Ío. Esta luna joviana no resulta demasiado acogedora para que aterricemos en ella y ejecutemos el experimento. Pero eso no debería impedir que *imaginemos* cómo se vería Júpiter desde Ío. Y a lo largo de esta exposición de las siete maravillas del cosmos tendremos ocasión de desarrollar otros experimentos mentales de este tipo.

Adiós a la Tierra

Y aquí abandonamos la primera de nuestras siete maravillas. Puesto que hemos nacido y crecido en esta Tierra, estamos acostumbrados a que los fenómenos naturales se ajusten a ciertas normas. Pero debemos considerar que, a pesar de su diversidad, su espectacularidad y su majestuosidad, tales fenómenos se encuentran limitados inevitablemente por el tamaño, las condiciones medioambientales y otras propiedades físicas de nuestro planeta. Las «maravillas» descritas en este capítulo inicial nos ofrecen una idea acerca de lo que hay fuera en cuanto dejamos de pisar tierra firme. No cabe duda de que el progreso de los esfuerzos humanos seguirá aportando más ideas

Figura 1.19.
Fotografía de Júpiter tomada por la sonda espacial *Voyager II* el 10 de junio de 1979. El diminuto satélite Ío se aprecia a la derecha de la imagen (cortesía de la NASA).

semejantes a lo largo del siglo XXI. En cambio, a medida que accedamos al resto de las maravillas veremos que se encuentran tan lejos que no hay modo de observarlas de cerca. En vez de ello, habrá que recurrir a los remotos datos observacionales que brindan nuestras técnicas astronómicas. Pero el hecho de que tales eventos cósmicos se produzcan a distancias muy alejadas no impedirá que apreciemos su esplendor y grandiosa vastedad.

Segunda maravilla
Gigantes y enanas del mundo estelar

En el capítulo 1, dedicado al primer conjunto de maravillas cósmicas, vimos las extrañísimas e inusuales situaciones que se dan en cuanto abandonamos los confines de la Tierra. Tal como se adelantó al final del mismo, el resto de maravillas que expone esta obra guardan relación con regiones cada vez más remotas del universo, zonas tan alejadas que ni siquiera permiten el planteamiento real de viajes cósmicos humanos en astronaves.

Para tomar perspectiva consideremos la primera salida de un terrícola a otro hábitat del Sistema Solar. Esa «marca espacial» fue batida el 20 de julio de 1969 cuando Neil Armstrong y Edwin Aldrin pisaron la Luna. En el momento en que Armstrong puso pie allí, aquel «pequeño paso para el hombre» se convirtió en «un salto gigante para la humanidad». En verdad, fue todo un momento histórico: la primera vez que alguien de la Tierra pisó una superficie extraterrestre.

Aquel viaje a la Luna de la misión *Apollo 11* precisó unas setenta y tres horas para cubrir cada trayecto. ¿A qué distancia se encuentra la Luna de la Tierra? Podríamos expresar ese dato en kilómetros o en millas, pero usemos una unidad diferente, más apropiada para distancias astronómicas. La luz constituye el medio más veloz que ofrece la naturaleza para transmitir señales. La luz recorre una distancia aproximada de 300.000 kilómetros por segundo, de modo que cabría estimar la distancia a la que se encuentra un objeto astronómico según el *tiempo* que emplearía la luz en llegar desde él hasta nosotros. Así, un tramo de un segundo-luz equivale a la distancia que recorre la luz en *un segundo,* que, tal como acabamos de mencionar, son 300.000 kilómetros. De acuerdo con esta unidad de medida, la Luna dista de nosotros alrededor de 1,25 segundos-luz.

Planteemos ahora un problema de aritmética que bien podría constar en un libro de texto. Dice así.

La estrella más cercana a la Tierra después del Sol es *Proxima Centauri* y yace a unos 4,25 años-luz de distancia. ¿Cuánto tiempo tardaría nuestra astronave lunar en llegar hasta ella?

Adviértase, para interpretar el problema, que la nave *Apollo* necesitó setenta y tres horas para cubrir una distancia que la luz recorre en un segundo y cuarto. Supongamos que una nave más moderna consiguiera realizar ese viaje en cincuenta horas. ¿Cuánto tardaría en recorrer una distancia que la luz cubre en cuatro *años* y cuarto? Cualquiera que recuerde el método usual para calcular una regla de tres podrá resolver el problema. La solución resultará impactante: *tardaría unos seiscientos mil años*. Resulta obvio que necesitamos una tecnología mucho más avanzada que la actual para emprender viajes interestelares.

Pero aunque no podamos acudir allí, la astronomía nos permite observar y apreciar maravillas cósmicas muy lejanas. En el presente capítulo nos asomaremos al firmamento tachonado de estrellas y veremos de qué modo han conseguido los astrónomos, ayudados de sus telescopios y de las teorías científicas, desentrañar la naturaleza física de las estrellas y llegar a conclusiones que resultan pasmosas.

¿Qué métodos permiten estudiar y comprender estrellas tan lejanas? Expondremos en detalle esta historia de éxitos científicos modernos, una de las maravillas de nuestro viaje cósmico.

Las estrellas y la humanidad

Imaginemos la siguiente situación. Una nave cargada de seres extraterrestres se acerca a la Tierra. Poseen una tecnología mucho más avanzada que la nuestra, pero recelan de aterrizar sobre el planeta, así que antes de posarse *en masa* se dedican a conocer mejor la especie humana: cómo nacen los seres humanos, cómo crecen, cómo evolucionan sus vidas y cómo mueren. Con el objeto de saber todos esos detalles envían a algunos de los suyos a la Tierra con instrucciones para obtener la máxima información posible en poco tiempo, digamos, una semana terrestre.

¿Cómo procederían los extraterrestres para procurarse los datos? Está claro que acudir a la sección de maternidad de un hospital para presenciar el nacimiento de un bebé y seguir de cerca cómo transcurre toda su vida a lo largo de siete u ocho décadas les llevaría demasiado tiempo, y, además, al final del seguimiento, los extraterrestres lo habrían averiguado todo sobre un único miembro de la humanidad. Conocida la variedad que presenta incluso la especie humana, el caso aislado de tal persona induciría a bastantes errores.

De hecho, el método más práctico con que cuenta el extraterrestre consiste en recurrir a muestreos y estadísticas. Si el visitante se introduce en una gran ciudad y estudia a los humanos que la habitan, obtendrá una idea acerca de la diversidad de la especie. Encontrará especímenes grandes y pequeños, altos y bajos, de diferentes colores y texturas de piel, de cabellos de varios colores, longitudes y espesuras, etc. La obtención de datos a partir de una muestra lo bastante amplia permite que el extraterrestre extraiga alguna conclusión sobre la evolución que experimentan las personas con la edad.

Así, por ejemplo, la figura 2.1 muestra un diagrama de las alturas en relación con los pesos de personas pertenecientes a un grupo extenso. Nótese que en el margen izquierdo de la gráfica se aprecia una estrecha zona en la que la altura y el peso son reducidos. Luego hay una meseta en la que no se aprecia un aumento significativo de la altura, pero sí se observa una gran variación en el peso. A partir de nuestro conocimiento del desarrollo humano cabe deducir que el extremo izquierdo de la gráfica denota el periodo de transición de la infancia a la época adulta, mientras que la meseta se corresponde con la edad adulta. El hecho de que los puntos abunden más en la meseta que en la curva de ascenso indica que un ser humano medio pasa menos tiempo conviertiéndose en adulto que siendo adulto. Otros datos adicionales concernientes a la textura de la piel, las características capilares, etc., aportarán más información acerca del proceso de envejecimiento humano, siempre que los extraterrestres cuenten con una tecnología biológica avanzada. Por consiguiente, tales datos bastarían para que los extraterrestres elaborasen un amplio historial acerca de una vida humana característica, y se hicieran una idea sobre la gran variedad que presenta la especie; esto último gracias a que el estudio abarca una muestra extensa.

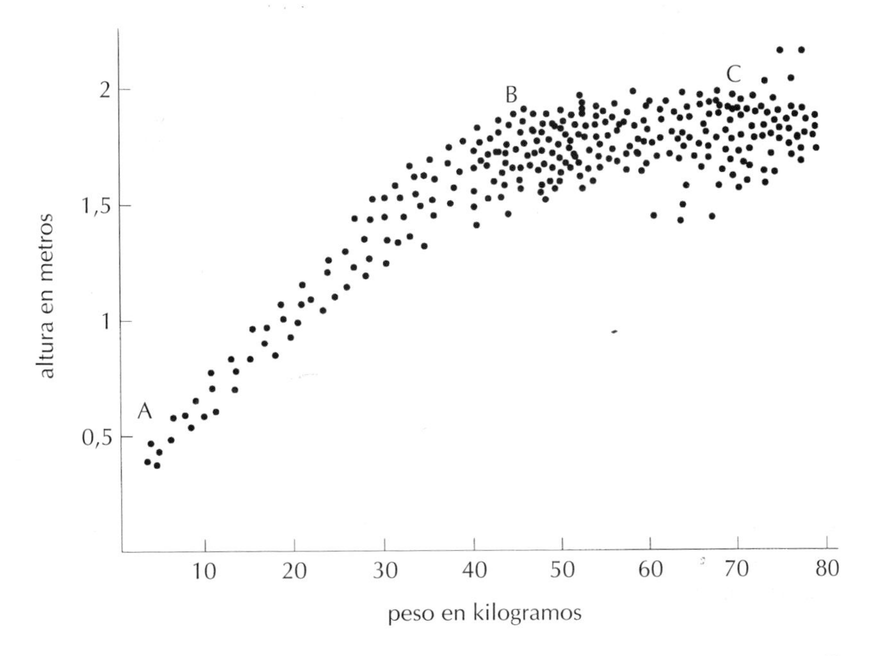

Figura 2.1.
Esta gráfica muestra la relación que existe entre el peso, en el eje horizontal, y la altura, en el eje vertical, para la población humana de una ciudad media. En la figura 2.4 se expone una gráfica similar para un grupo de estrellas. La sección AB corresponde al crecimiento inicial y la sección BC cubre la etapa adulta.

Figura 2.2. Ejnar Hertzsprung (fotografía cedida por el Departamento de Astronomía de la Universidad de Yale).

Esta investigación de los seres humanos aporta pistas acerca de los problemas a los que se enfrentan los astrónomos cuando estudian las estrellas. Los interrogantes que los ocupan son: *¿Cómo transcurre la vida de una estrella? ¿Cómo nacen estos astros? ¿Cómo llegan a adquirir la forma, el color y el tamaño que presentan? ¿Varían estas características según avanzan en edad? Y, la pregunta más esencial de todas, ¿qué origina el fulgor de las estrellas?*

¿Qué procedimientos siguen los astrónomos para responder a estas cuestiones?

También ellos poseen dos métodos a su alcance. El Sol les ofrece una estrella muy cercana para observar en gran detalle. Si se dedicaran a estudiar el Sol, ¿no encontrarían alguna respuesta a sus preguntas?

¡Difícilmente! Porque a lo largo de toda la vida de un ser humano, el Sol apenas varía. Ni siquiera ha sufrido cambios notables a lo largo de toda la historia de la humanidad. Esta ocupa, de hecho, un intervalo tan corto que casi carece de trascendencia para el desarrollo o *evolución* de una estrella como el Sol. Aún más, supongamos que las estrellas, al igual que las personas, no son todas iguales. En ese caso, ¿llegaríamos a conocerlas todas observando únicamente el Sol? De nuevo hay que recurrir a un método equivalente a la segunda opción de los extraterrestres, que examine una amplia muestra y establezca conclusiones estadísticas.

Lo cierto es que el firmamento nocturno nos obsequia con una población estelar muy numerosa. Las noches despejadas y nítidas permiten distinguir unos dos mil ejemplares a simple vista, aunque por supuesto hay muchas más que las que divisamos sin ayuda óptica. Con telescopios, fotografías o las técnicas informáticas modernas se llegan a captar cientos de miles. Y esos estudios revelan que por lo general forman cúmulos. Es decir, en lugar de estrellas aisladas, solemos encontrarnos con grandes grupos de ellas en donde unas orbitan alrededor de otras. Tenemos razones para pensar que las estrellas pertenecientes a un cúmulo nacieron agrupadas, aunque no lo hicieran necesariamente al mismo tiempo.

¿Cómo nacen las estrellas?

Retomaremos esta pregunta en el capítulo siguiente. Por ahora, centremos la atención en los cúmulos estelares y volvamos a recurrir a la analogía de los habitantes de una gran ciudad.

En la figura 2.1 vimos una gráfica sobre el peso y la edad de las personas. ¿Podemos idear una gráfica similar para las estrellas? Sí, es posible desarrollar un diagrama similar para las estrellas, solo que no contemplaría sus «pesos» y «alturas», sino otros dos rasgos estelares que los astrónomos pueden medir a pesar de la distancia que los separa de ellas. Se trata de una gráfica concebida de manera independiente tanto por Ejnar Hertzsprung (1873–1967) como por Henry Norris Russell (1877–1957) (figuras 2.2 y 2.3),

Figura 2.3.
Henry Norris Russell (fotografía cedida por el Observatorio Yerkes).

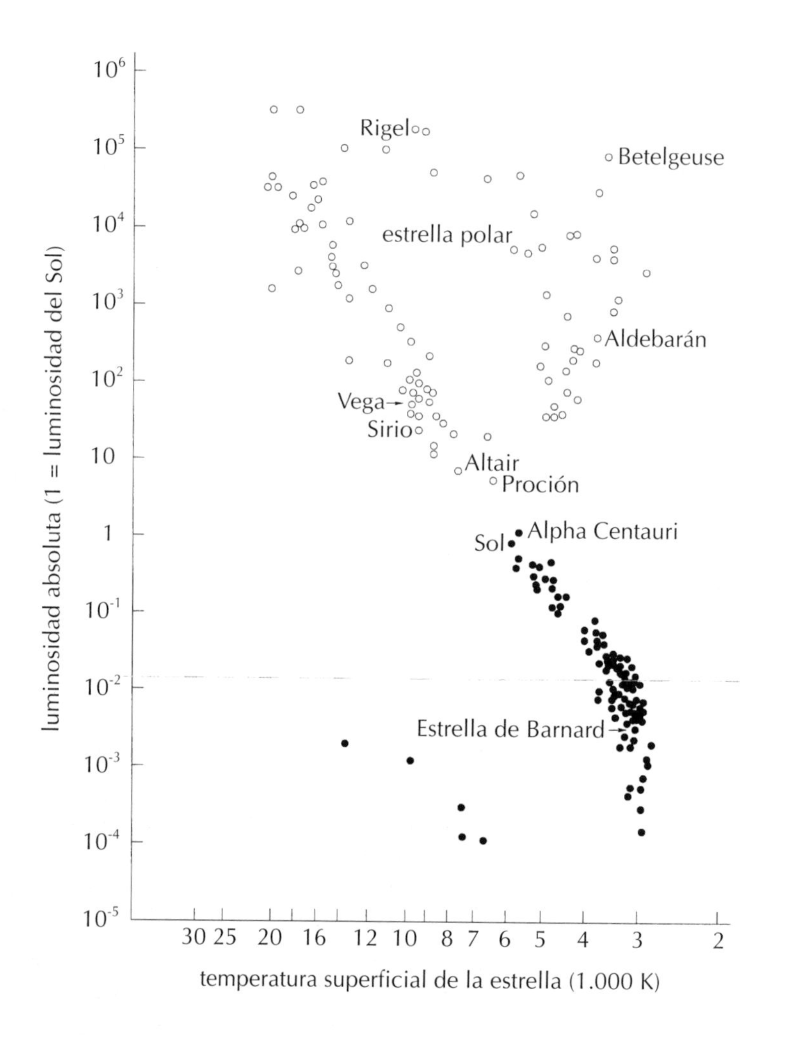

Figura 2.4. Diagrama H-R para las estrellas más cercanas y brillantes. El Sol y algunas de las estrellas más conocidas aparecen con sus nombres propios. Los círculos negros equivalen a las estrellas más próximas, mientras que los blancos corresponden a las estrellas más brillantes.

la cual se conoce en la actualidad como diagrama de Hertzsprung-Russell o, simplemente, diagrama H-R.

La figura 2.4 contiene un diagrama H-R de las estrellas más cercanas y brillantes que nos circundan. En el eje horizontal se representa la temperatura superficial de las estrellas, y el eje vertical expresa su luminosidad, es decir, el ritmo al que la estrella irradia energía. ¿Cómo determinan esas cantidades los astrónomos? Dedicaremos a ello el próximo apartado y por ahora comentaremos a grandes rasgos el diagrama H-R, figura 2.4.

Obsérvese que gran número de estrellas, incluido nuestro Sol, yace en una densa banda que se extiende desde la esquina izquierda superior hasta la esquina derecha inferior. Si se lee la escala horizontal se verá que la temperatura en superficie va decreciendo hacia el lado derecho, de modo que las estrellas que ocupan la derecha inferior son bastante frías, digamos alrededor de 4.000 grados centígrados, mientras que las que se encuentran en la izquierda superior pueden alcanzar temperaturas tres veces más altas. El Sol, con unos 5.500 grados centígrados en superficie, cae hacia la mitad.

Esa banda recibe el nombre de *secuencia principal*. Al igual que la banda horizontal en el diagrama de la figura 2.1, la secuencia principal representa la máxima duración de la vida de una estrella. Como es natural, no todas las estrellas caen sobre esta banda y unas pocas la sobrepasan, las que ocupan la esquina superior derecha. Estas últimas son más frías pero también mucho más luminosas y, por razones que explicaremos a su debido tiempo, se las denomina *gigantes*. De manera similar, las estrellas que yacen por debajo de la secuencia principal muestran temperaturas muy altas, pero son a la vez muy débiles, y reciben el apelativo de *enanas*.

Atenderemos a las propiedades físicas de las estrellas antes de entrar a comentar cómo llegan a adquirirlas. En realidad, el conocimiento de las estrellas constituye uno de los triunfos más destacados de la ciencia y ese éxito ha demostrado que las leyes científicas que estudiamos desde este planeta más bien pequeño y modesto pueden aplicarse a objetos tan colosales como las estrellas que se encuentran a varios años-luz de distancia.

Propiedades físicas de las estrellas

Al dirigir la mirada hacia el cielo estrellado da la impresión, en un primer momento, de que consiste en una serie de puntos brillantes idénticos distribuidos por todo el firmamento. En cambio, un examen visual más detallado muestra que *no son todos iguales*. Los hay más brillantes, más débiles, algunos son más grandes que otros, unos presentan un color azulado mientras que otros tienden hacia una tonalidad rojiza. Para mejorar la observación a simple vista, los astrónomos recurren a telescopios acoplados a algún otro instrumento. Los telescopios captan grandes cantidades de la luz que emite la fuente y las concentran en el punto adecuado. Una vez allí, el instrumento asume el mando. Puede emplear la luz concentrada para crear una imagen o analizar el espectro de los colores que la conforman o medir alguna otra característica. A continuación veremos cómo sirven esos instrumentos para procesar la información proviniente de las estrellas.

Luminosidades estelares

La cámara fotográfica, inventada en el siglo XIX, se convirtió en todo un adelanto para los astrónomos en tanto que permitía fotografiar fuentes muy tenues que, de otro modo, quedaban inaccesibles al ojo humano. Las cámaras fotográficas permiten usar la película con un tiempo de exposición muy largo de manera que se acumule suficiente luz procedente de una fuente dis-

Figura 2.5. Nebulosa de Norteamérica (imagen CCD obtenida por Dominique Dierick y Dirk de Marche, astrónomos aficionados).

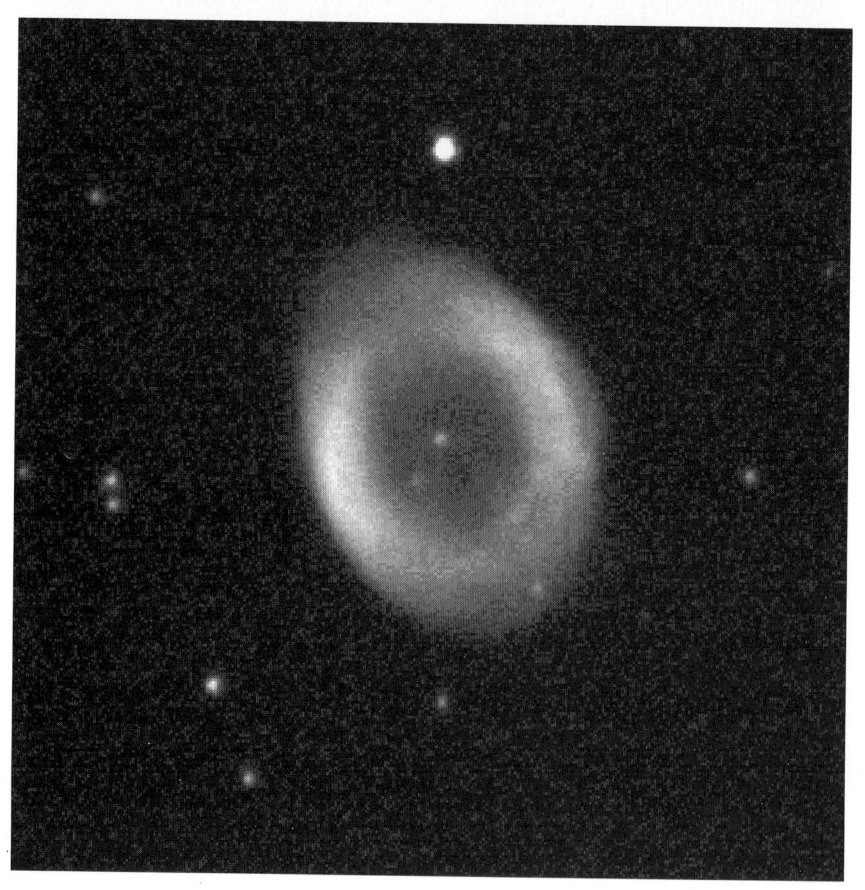

Figura 2.6. Nebulosa Anular (imagen CCD obtenida por Nelson Caldwell).

Figura 2.7. Nebulosa de Orión (imagen obtenida por Jason Ware, astrónomo aficionado).

tante como para formar una imagen. En este sentido, la cámara constituye un aliado ideal del telescopio para revelar el universo no visible. No ya las estrellas sino además otros cuerpos cósmicos débiles se convirtieron así en objetos de estudio.

Las figuras 2.5 a 2.7 representan ejemplos de algunos de esos cuerpos tenues que habitan el firmamento. Reciben el nombre genérico de *nebulosas* y, a la vista de su aspecto, se comprende que a veces se emplee el adjetivo para aludir a objetos o conceptos vagos o difusos. Nótese que, a diferencia de las estrellas, que se observan como fuentes concentradas de luz, las nebulosas no parecen tener una forma definida. Eso indica que posiblemente son más extensas de lo que muestran las imágenes. Seguro que una película más sensible con un tiempo de exposición más prolongado las mostraría mayores.

La tecnología moderna ha aportado nuevos dispositivos para fotografiar objetos astronómicos débiles. Lo detectores conocidos como CCD (*charge coupled device*, dispositivos de carga acoplada) se han convertido en un instrumento revolucionario para obtener imágenes astronómicas. Los detectores CCD, que ilustra la figura 2.8, registran con exactitud cómo se distribuye la intensidad lumínica sobre cada parte de la superficie detectora. Conviene introducir la medida de la intensidad lumínica en paquetes diminutos llamados *fotones*. Se trata de un concepto derivado de la *teoría cuántica*, la cual estudia el comportamiento microscópico de la materia y de la radiación. Observada a este nivel diminuto, la luz, que ya hemos encontrado en forma de onda, parece comportarse como si consistiera en partículas. Los fotones son, pues, partículas de luz que cuando caen en la superficie de un CCD liberan los electrones que hay en ella, los cuales quedan registrados mediante contadores especiales. Así, cuantos más fotones caigan, mayor será la cantidad de electrones liberados y, por tanto, el cómputo de los electrones señalará las zonas claras y oscuras de que consta la imagen. Un ordenador conectado a ese instrumento detecta cuántos electrones provienen de cada parte de la superficie y a continuación convierte las cuentas en imágenes artificiales. Estas imágenes emplean diversos colores para distinguir zonas de diferente intensidad, al igual que los mapas altimétricos de un atlas geográfico.

La figura 2.9 reproduce una versión en blanco y negro de una de esas fotografías. El empleo del ordenador aporta grandes ventajas al estudio astronómico de las imágenes porque permite modificar los niveles de intensidad realzando ciertas partes de la imagen, ampliándolas, girándolas, etc. Estas operaciones reciben el nombre de *tratamiento de imágenes*.

Figura 2.8.
Dispositivo de carga acoplada montado sobre una placa con electrónica aneja.

Acumulando la luz que emite una estrella, los astrónomos pueden medir lo que se conoce como *brillo aparente*, donde «aparente» alude a que la imagen no contiene una información completa acerca de la *luminosidad* real de la misma, es decir, el ritmo activo al que la estrella irradia energía.

Un ejemplo con bombillas de luz servirá para ilustrarlo. Supongamos que contemplamos una bombilla encendida de 10 vatios de potencia desde una distancia de 10 metros. Obtendremos cierta impresión acerca de su brillo. A medida que nos alejemos de la bombilla, su luz parecerá atenuarse. A una distancia de 100 metros se percibirá muy débil. Así, diremos que el brillo aparente de la bombilla disminuye al crecer la distancia. ¿A qué ritmo se produce dicho decrecimiento? Para averiguarlo habrá que repetir el mismo experimento con una bombilla de 1.000 vatios. Aunque el brillo intrínseco de esta última supere el de la bombilla de 10 vatios, también ella parecerá debilitarse a medida que nos alejemos. Sin embargo, muchas pruebas revelarán que a una distancia de 100 metros, su brillo aparente iguala el brillo aparente de la bombilla de 10 vatios vista desde una distancia de 10 metros.

Se deduce de ello que para compensar el descenso del brillo aparente que se produce al *decuplicar* la distancia, necesitamos *centuplicar* la luminosidad de la bombilla. El resultado puede generalizarse mediante la fórmula conocida como la *ley de iluminación del inverso de los cuadrados*, que dice así: el brillo aparente de una fuente luminosa decrece de manera inversamente proporcional al cuadrado de su distancia al observador. O, expresado en otros términos, para que dos fuentes de luz, A y B, donde A se encuentra n veces más lejos que B, muestren el mismo brillo aparente a un observador, la fuente A tiene que ser n^2 ($= n \times n$) veces más luminosa que la fuente B.

Contamos con un modo muy simple para entender la ley de iluminación del inverso de los cuadrados. En la figura 2.10 tenemos una fuente de luz A que emite una radiación idéntica en todas direcciones. A este tipo de fuente se la denomina *fuente isótropa*. Tomando A como centro, se ha dibujado una esfera E con un radio r. De modo que el área de la superficie de E es $4\pi r^2$, donde π casi equivale a la fracción 22/7. Tomando esta aproximación del número π cabe concluir que una esfera con 7 metros de radio tendrá un área de 616 metros cuadrados. Pero centrémonos en la esfera de radio r. Imaginemos un observador O ubicado en la superficie de esa esfera. ¿Qué cantidad de energía procedente de A incidirá por segundo en cada unidad de área que circunda al observador? Ese valor definirá el brillo aparente de la fuente luminosa. Como todos los puntos contenidos en la esfera comparten la misma cantidad de energía proviniente de A, y como el área que ocupan equivale a $4\pi r^2$, la cantidad de radiación procedente de A que atraviesa cada unidad de área será idéntica a la luminosidad de A dividida entre $4\pi r^2$. La parte que recibe O disminuye en proporción a r^2, es decir, cae igual que el inverso del cuadrado de r.

Figura 2.9.
Imagen generada por ordenador de la galaxia 0434-225, obtenida en el observatorio de Las Campanas, Chile. Los contornos (que separan zonas de diversos tonos cromáticos) representan franjas de la misma intensidad (imagen cedida por Ashish Mahabal).

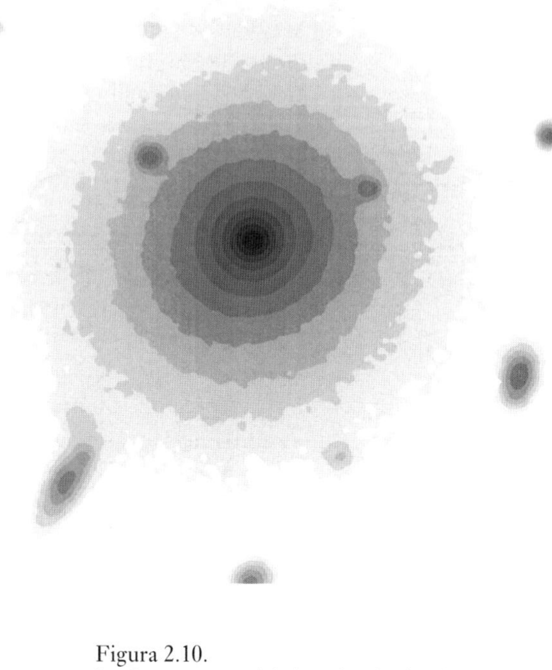

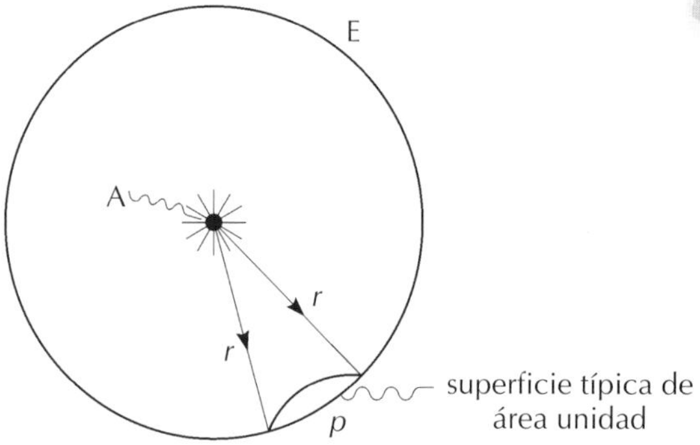

E
A
r
r
p
superficie típica de área unidad

Figura 2.10.
La fuente puntual de luz *A* emite la misma radiación en todas direcciones. Toda la luz procedente de *A* atraviesa de manera uniforme la superficie de la esfera con centro en *A*. Cada unidad de área de la superficie esférica es atravesada hacia el exterior por la misma cantidad de luz.

Lo que se aplica a la luz de las bombillas es aplicable asimismo a las estrellas. Si observamos dos estrellas *A* y *B* y apreciamos *A* mucho más tenue que *B*, ¿qué cabría deducir con respecto a sus distancias? *Si* supiéramos que *A* y *B* poseen la misma luminosidad, podríamos afirmar que *A* se encuentra más lejos que *B*. Pero si no contamos con esa información adicional, entonces, como es natural, no podemos emitir tal aserto. Porque podría suceder que *A* y *B* se encontraran a la misma distancia, pero *A* fuera menos luminosa que *B*. En efecto, las estrellas que se divisan a simple vista no son necesariamente las más próximas. Por lo general, se trata de las más luminosas y distantes. Algunas estrellas muy cercanas poseen un brillo intrínseco tan débil (o sea, una luminosidad tan baja) que no logramos distinguirlas sin ayuda telescópica.

Por lo general, los telescopios y los detectores de luz como el CCD bastan al astrónomo para medir el brillo aparente de una fuente. Si además consigue calcular la distancia a la que se encuentra, entonces podrá estimar su luminosidad, lo cual se logra mediante la simple inversión del resultado que acabamos de obtener: multiplicando la energía observada en cada unidad de área por $4\pi r^2$, donde r equivale a la distancia medida hasta la fuente.

Apliquemos ahora este método para calcular la luminosidad del Sol. El Sol dista unos 150 millones de kilómetros de la Tierra. La cantidad de energía solar que incide en un área de un kilómetro cuadrado cada segundo es de unos 1.500 megavatios. O, lo que es igual, si acumuláramos toda la energía solar que cae sobre un solo kilómetro cuadrado, podríamos emplearla para crear una central eléctrica de 1.500 megavatios. Así, recurriendo al método de cálculo mencionado obtenemos que el Sol posee una luminosidad aproximada de ¡400 millones de millones de millones de megavatios! Un valor descomunal para los índices terrestres, pero no para los patrones astronómicos, como veremos enseguida.

Si volvemos a consultar el diagrama H-R de la figura 2.4, observamos que el Sol se encuentra hacia el centro del eje de luminosidad. Pero ese mismo diagrama contiene estrellas unas cien veces más luminosas que el Sol, estrellas que se encuentran tanto en la secuencia principal como en el grupo de las gigantes.

El espectro de una estrella

Tal como se ha mencionado, la luz de una estrella puede descomponerse en los siete colores que conforman el arco iris del mismo modo que cabía descomponer la luz del Sol haciéndola atravesar un prisma o un instrumento más sofisticado como podría ser un espectrógrafo. Cada color se corresponde con las diversas logitudes de onda, las cuales se miden mediante espectrógrafos.

Observemos el espectro de la luz solar que muestra un espectrógrafo (figura 2.11). Superpuesta al continuo de luz que presenta una variedad cromática que va desde el violeta, en la longitud de onda más corta, hasta el rojo, en la longitud de onda más larga, se aprecian una serie de líneas oscuras. ¿A qué se deben?

Descubiertas por vez primera en 1814 por Joseph von Fraunhofer (figura 2.12) y bautizadas posteriormente con su nombre, las líneas Fraunhofer constituyeron un misterio a lo largo de todo un siglo. Su identidad solo se desveló cuando la física experimentó una gran revolución teórica: el descubrimiento de la teoría cuántica. Intentaremos entender la procedencia de las líneas en los términos de esta teoría.

La teoría cuántica pretende describir el comportamiento de la estructura microscópica de la materia, a una escala atómica. Un átomo normal posee el tamaño de la décima parte de un nanómetro. En los albores del siglo XX,

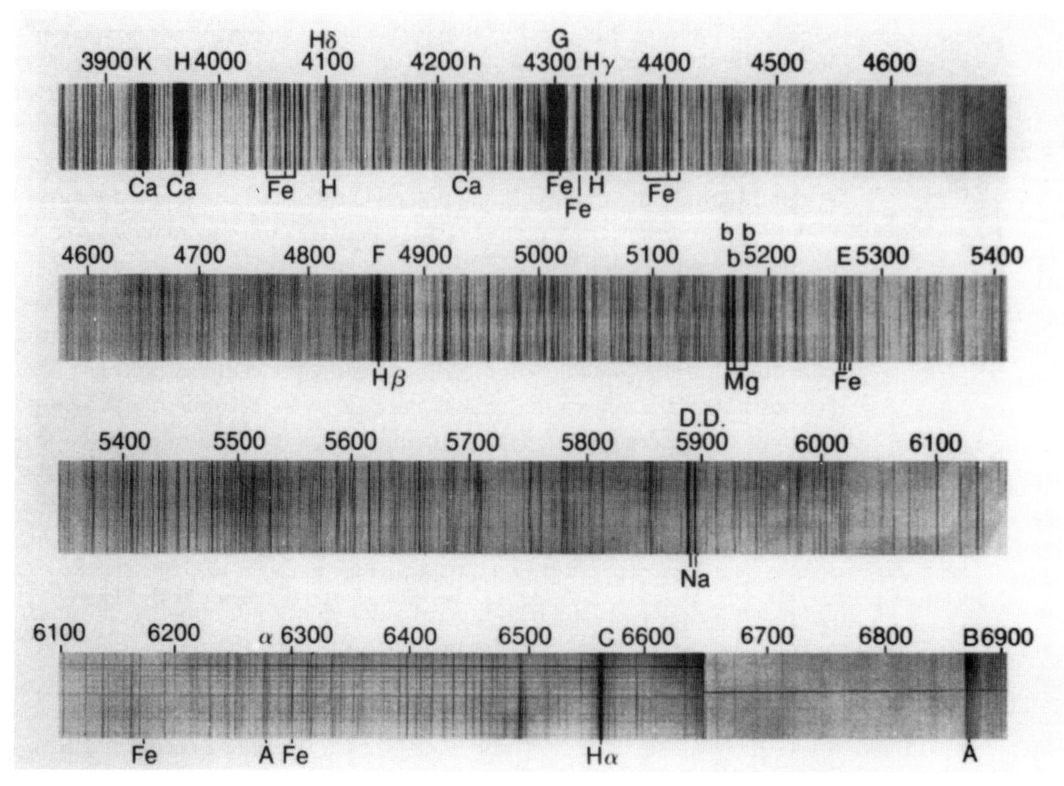

Figura 2.11.
El espectro continuo del Sol aparece atravesado por unas líneas oscuras que fueron descubiertas por primera vez por J. Fraunhofer. Las unidades del espectro son angstroms ($); 10 $ = 1 nanómetro = 10^{-9} metros.

Figura 2.12.
J. Fraunhofer.

los físicos empezaron a comprobar que las leyes newtonianas del movimiento, que con tanto éxito describían los sistemas terrestres y astronómicos, no parecían encajar con los sistemas diminutos. Tomemos como ejemplo el átomo más simple, un átomo de hidrógeno.

La figura 2.13 muestra la representación esquemática semiclásica de un átomo de hidrógeno, basada en parte en las leyes de Newton. En ella solo aparecen dos partículas materiales, el electrón y el protón, portadores ambos de carga eléctrica. Los protones llevan carga positiva y los electrones negativa, pero ambas cargas poseen la misma magnitud. Sin embargo, el protón es mucho más masivo que el electrón, unas 1.836 veces más. El electrón jamás se detiene. Se mantiene en órbita en torno al protón, el cual, al ser más masivo, permanece más o menos estacionario a medida que el electrón se desplaza a su alrededor. Así, la electrodinámica clásica considera que el electrón en órbita perderá energía mediante la emisión de radiación y que, a medida que lo haga, irá cayendo cada vez más cerca del protón. Un proceso que se completa en un intervalo temporal del orden de la millonésima parte de la millonésima parte de la millonésima parte de la millonésima parte de un segundo. Y entonces, ¿cómo puede un átomo de hidrógeno conservar su tamaño finito?

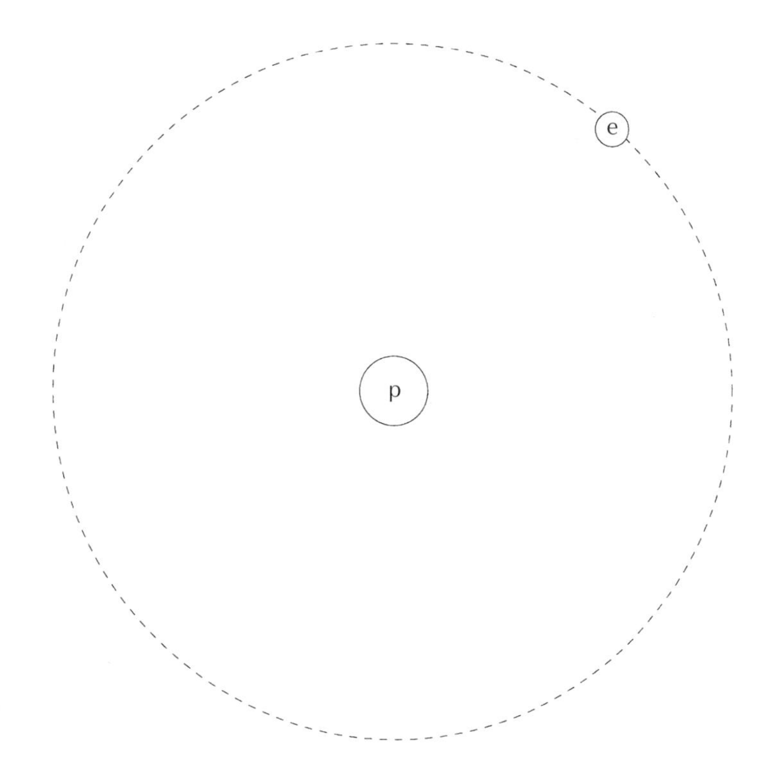

Figura 2.13.
La imagen clásica de un átomo de hidrógeno presenta un electrón en órbita alrededor de un protón, igual que un planeta en órbita alrededor del Sol. Si el electrón recibiera más energía, su órbita se desplazaría hacia fuera de manera continua, en caso de prevalecer los principios clásicos.

Niels Bohr, físico danés, fue quien ofreció una solución al problema en 1913. Según el modelo clásico, a medida que el electrón perdía energía, su órbita iba en disminución, de tal modo que con el tiempo podía llegar a tener un tamaño nulo. Bohr introdujo conceptos de la teoría cuántica en su solución para demostrar que el electrón puede orbitar sin desprenderse de energía, pero que el tamaño de las órbitas forma una *serie discreta*.

La figura 2.14 vuelve a ilustrar de manera esquemática la descripción cuántica. En ella se muestran dos órbitas en que puede moverse un electrón. Se trata de órbitas sucesivas en una serie discreta, de las que la exterior posee más energía que la interior. Para que el electrón pase de la órbita interior a la exterior necesita obtener una energía adicional equivalente a la diferencia de energía que existe entre ambas órbitas. *Solo si recibe dicha cantidad de energía, ni más ni menos, el electrón pasará a la segunda órbita.*

En la práctica, el electrón puede procurarse esa energía en forma de radiación electromagnética. La teoría cuántica afirma que la radiación de cada frecuencia determinada llega en paquetes denominados *cuantos*. El principio, definido por primera vez por el físico alemán Max Planck, es muy sencillo. Multiplicando la frecuencia de la radiación electromagnética por una constante física h, se obtiene el valor de la energía del cuanto. La constante h, que es universal y se conoce como *constante de Planck*, desempeña un

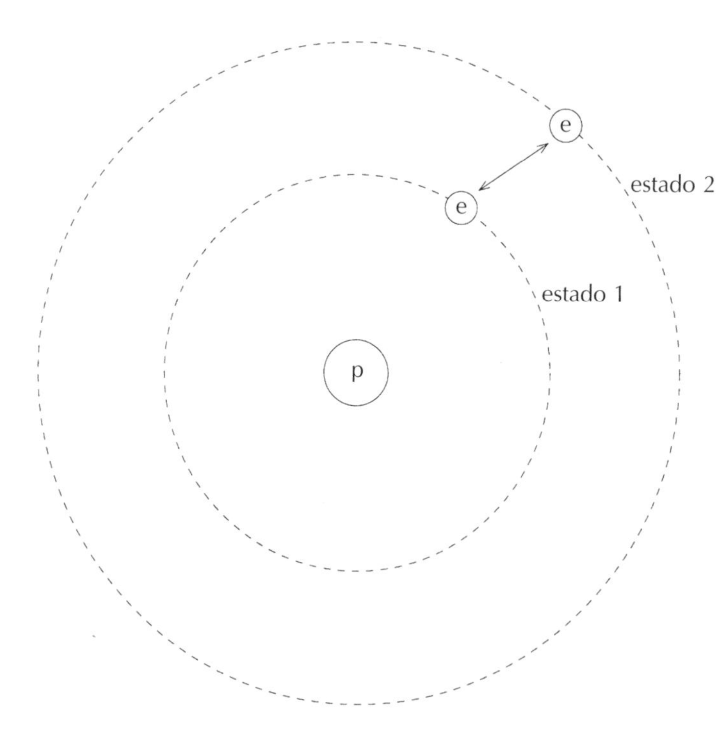

Figura 2.14.
La versión semiclásica (precursora de la versión cuántica definitiva) de un átomo de hidrógeno presenta un electrón desplazándose en una serie discreta de estados con diferentes energías. En este esquema se muestran dos de esos estados. Los electrones pueden saltar de un estado a otro emitiendo o absorbiendo energía en forma de radiación. En el caso de la figura, la energía del estado 2 es mayor que la del estado 1. Así, un electrón que se encontrara en el estado 1 necesitaría recibir energía de alguna fuente exterior para poder saltar al estado 2.

papel crucial en todos los fenómenos descritos por la teoría cuántica. Más tarde, Einstein introdujo el concepto de *fotón*, la partícula de luz que equivale al cuanto de radiación que empleó Planck. El siguiente ejemplo tal vez ayude a saber cuánta energía porta un fotón. Cada fotón de una onda de radio de 1 metro de longitud porta una energía aproximada de 2×10^{-25} julios (¡un quinto de la millonésima de una millonésima de una millonésima de una millonésima parte de un julio!). Cada fotón de luz roja con una longitud de onda de 700 nanómetros alberga una energía de $2{,}8 \times 10^{-19}$ julios. Hasta los fotones de un rayo gamma de frecuencia muy alta portan una energía diminuta comparada con la que solemos emplear en la vida cotidiana. El término «teoría cuántica» se acuñó, de hecho, para enfatizar el tamaño minúsculo de los cuantos de energía que porta cada paquete de radiación electromagnética.

Una digresión

Llegados a este punto, los lectores bien podrían plantear, perplejos: ¿La radiación electromagnética no está formada por ondas, tal como se afirmó en el capítulo 1? ¿Por qué se la describe ahora como un conjunto de partículas denominadas fotones? ¿Cómo puede consistir a un tiempo en ondas y en partículas?

En realidad, en los albores de la teoría cuántica, tales interpretaciones dobles y contradictorias asomaron en muchas ocasiones. Esto se debió en gran parte a que los conceptos de la mecánica cuántica suelen contradecir la intuición, pues esta se rige por el mundo macroscópico, el cual opera de acuerdo con las leyes newtonianas del movimiento. Observemos uno de esos conceptos intuitivos.

En la figura 2.15 se ve un lanzador de pesas situado frente a un muro. ¿Podrá enviar la pesa más allá de la tapia? La respuesta es «sí, siempre que le imprima suficiente energía para que la pesa rebase el muro». Si la pared es demasiado alta para que el lanzador consiga ese objetivo, la pesa jamás llegará al otro lado: chocará contra el muro. Eso afirma la mecánica clásica de Newton. Pero ¿cómo se comportaría un electrón si se encontrara ante tal barrera en un problema equivalente en el mundo microscópico? Un electrón se enfrentaría a un obstáculo similar si en su camino se interpusieran, por ejemplo, otros electrones vecinos. Un grupo de electrones crearía un campo eléctrico que repelería el electrón incidente igual que la pared hace rebotar la pesa. La figura 2.16 ilustra un obstáculo tal. Si consideramos la barrera como una montaña que hay que escalar, nuestro habitual razonamiento por analogía nos tentará a aducir que el electrón no podrá pasar al otro lado de la montaña a menos que posea la energía suficiente para cruzarla. ¡Pero se trata de un argumento equivocado! La mecánica cuántica ofrece otra posibilidad, a saber, que el electrón penetre en la montaña y la cruce por el medio para acceder al otro lado aun cuando carezca de la energía necesaria para tre-

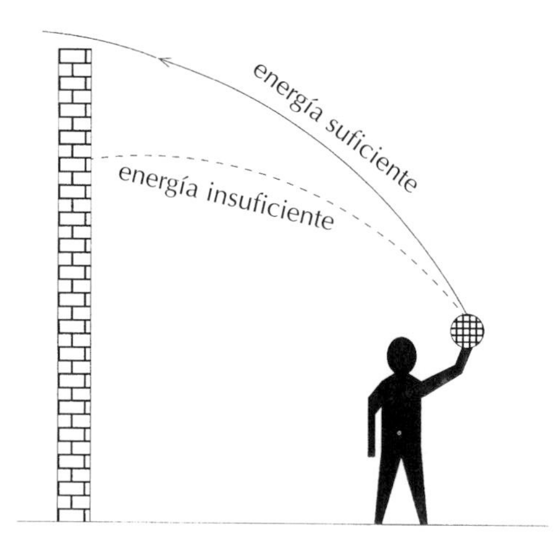

Figura 2.15.
El lanzador de pesas debe arrojar la pesa con la energía suficiente si desea que llegue al otro lado del muro.

par por ella y atravesarla. De modo que el electrón bien puede ser rechazado por la barrera o bien puede lograr atravesarla, y cuenta con una probabilidad finita de que se dé una de las dos alternativas. Tales probabilidades pueden determinarse mediante la mecánica cuántica.

El hecho de no poder prever de manera definitiva qué *hará* el electrón, sino solo enumerar lo que *puede* llegar a hacer, cayó como un golpe devastador entre los teóricos formados en la concepción determinista de la mecánica newtoniana. La concepción determinista establece que partiendo de una información suficiente sobre el estado inicial de un sistema y conociendo las leyes de la dinámica, cabe predecir el comportamiento del sistema en cualquier momento del futuro. Por ejemplo, nuestro conocimiento detallado de los movimientos del Sol, la Tierra y la Luna permite prever con precisión los eclipses solares y lunares futuros. El movimiento de los electrones hizo que los físicos tomaran conciencia de las limitaciones anejas a la predicción del comportamiento de los sistemas microscópicos.

De hecho, el electrón no representa un ejemplo aislado sino uno genérico de la mecánica cuántica, y esa imposibilidad para prever su compor-

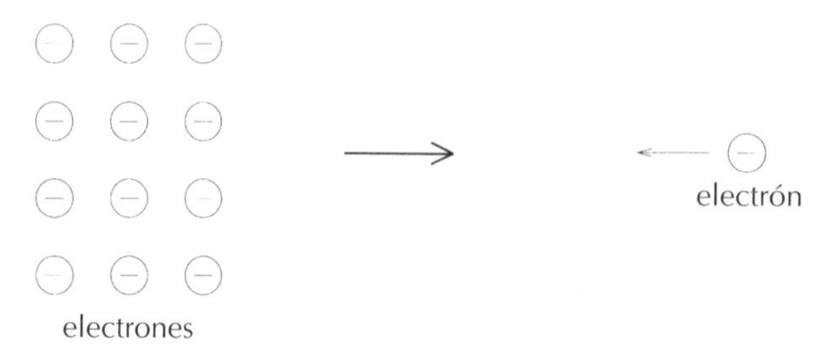

Figura 2.16.
La flecha hacia la derecha indica la fuerza que repele el electrón que se desplaza hacia la izquierda. De modo que esa fuerza erige una barrera ante el electrón incidente. ¿Podrá este superar el obstáculo aun cuando carezca de la energía necesaria para hacerlo de acuerdo con las leyes newtonianas del movimiento?

tamiento se engloba dentro del denominado *principio de incertidumbre*, el cual fue enunciado en la década de 1920 por el físico alemán Werner Heisenberg, cuando empezaba a desarrollarse la mecánica cuántica. La dualidad onda-partícula que encontramos en el comportamiento de la luz se aprecia asimismo en el caso de las partículas. Por tanto, en el ejemplo de la barrera de electrones, estamos afirmando en realidad que las opciones con que cuenta el electrón pueden calcularse considerando ¡que se comporta como una onda!

Incluso a un gran científico como Albert Einstein, instaurador del concepto de la partícula de la luz o *fotón*, le costó aceptar el principio de incertidumbre como una limitación fundamental de la perspectiva determinista. A él se le atribuye el comentario: «Dios no juega a los dados.» Pensaba que la aparente ausencia de un determinismo absoluto se debía a que el sistema microscópico podía contener otras variables dinámicas que se ignoran al efectuar un estudio experimental del sistema. Einstein intercambió extensas argumentaciones con Niels Bohr, quien llamó la atención sobre la naturaleza fundamental de la incertidumbre cuántica. El hecho de que este debate vuelva a retomarse aún en nuestros días de maneras diversas indica que muchos físicos siguen insatisfechos con tales problemas epistemológicos de la mecánica cuántica. No obstante, todos los experimentos realizados hasta la fecha en busca de la existencia de variables ocultas han fracasado y, por tanto, llevan a una conclusión coherente con el principio de incertidumbre.

De vuelta a las líneas espectrales

Este desvío hacia la teoría cuántica vino motivado por las líneas espectrales oscuras que descubrió Fraunhofer. ¿Cómo explica el orden cuántico las líneas de Fraunhofer?

Imaginemos, por ejemplo, que la radiación solar que llega hasta nosotros se encuentra en su recorrido con un gas consistente en átomos de hidrógeno. Supongamos que todos los átomos de dicho gas se encuentran en tal estado que todos sus electrones ocupan una de las órbitas internas. Recordemos que, para que un electrón *salte* a la siguiente órbita (la externa), necesita adquirir la diferencia de energía que existe entre la órbita nueva y la actual. La radiación solar posee fotones con energías diversas, *incluida* la energía exacta equivalente a dicha diferencia. Así pues, se dan muchas probabilidades de que el electrón absorba uno de los fotones con dicha energía y que por tanto salte a la órbita más energética. Como resultado de tal absorción, la radiación solar presentará un «hueco» en esa frecuencia que se manifestará como una línea oscura superpuesta al espectro luminoso.

Los físicos atómicos llegan a calcular las energías que corresponderían a un electrón situado en cada una de las órbitas posibles para un átomo de hidrógeno. La figura 2.17 muestra una «escalera» típica de energías. (Las unidades de energía empleadas en la figura son eV, es decir, electronvoltios. Un electronvoltio equivale a la energía necesaria para empujar un electrón contra la barrera eléctrica constituida por una diferencia de potencial de un voltio.) El ascenso de un escalón al siguiente requiere la absorción de fotones de una energía concreta y, por tanto, de una frecuencia y una longitud de onda específicas. Recordemos que, como se dijo en el capítulo 1, si multiplicamos la frecuencia por la longitud de onda, obtenemos la velocidad de la luz. Así, por ejemplo, para un átomo de hidrógeno una de tales diferencias de energía corresponde a una longitud de onda de 656 nanómetros. Pero ¿qué significa eso?

Significa que si examinamos la radiación solar, la encontraremos falta de fotones en esa longitud de onda. En otras palabras, el espectro mostrará líneas oscuras en esta longitud de onda. Si examinamos el espectro de la figura 2.11 veremos que justo ahí aparece una línea oscura. Se trata de la línea que los espectroscopistas denominan la línea H. Como la longitud de onda de esta línea coincide a la perfección con la longitud de onda calculada, los espectroscopistas están segurísimos de que su aparición se debe a que la radiación solar ha sido interceptada y absorbida por átomos de hidrógeno que se encontraban en su camino.

Hemos recurrido al ejemplo del hidrógeno para ilustrar cómo funciona este método. Pero puede haber, y de hecho los hay, otros elementos que pro-

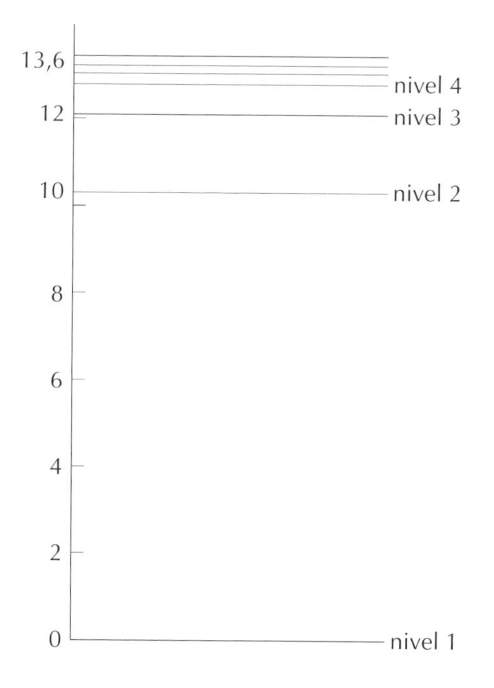

Figura 2.17.
«Escalera de energías» de un átomo de hidrógeno.

duzcan una absorción en el espectro solar. Las líneas oscuras se denominan, por tanto, *líneas de absorción,* y su cotejo con los cálculos teóricos permite deducir con gran fiabilidad la naturaleza y la abundancia de los elementos químicos que las causan. La identificación de un elemento químico a partir de sus líneas espectrales puede compararse con la identificación de un criminal por sus huellas dactilares.

La información referente a la abundancia de los elementos se deduce a partir de la intensidad de las líneas de absorción: cuanto mayor es el número de átomos absorventes, más intensa se mostrará la línea. Es más, tal como se explicó con anterioridad, la intensidad de la absorción también permite estimar con bastante precisión la temperatura de la región en la que se está produciendo. Y no es muy difícil mostrar que esas zonas se encuentran próximas a la superficie externa del Sol. Expresado de otro modo, ahora disponemos de una herramienta para evaluar la temperatura y la química que alberga la superficie del Sol. Y justo aquí es donde sirve de utilidad el trabajo teórico de Meghnad Saha, astrofísico hindú (figura 2.18).

Para valorar el trabajo de Saha habrá que considerar primero qué ocurre cuando se calienta un gas. Por lo general, un gas consiste en átomos o molé-

Figura 2.18.
Meghnad Saha.

culas que giran de manera aleatoria chocando entre sí y dispersándose. Esta actividad dinámica interna se vuelve más y más delirante y veloz a medida que aumenta la temperatura del gas. De hecho, la temperatura sirve como indicador de la cantidad de energía que alberga ese movimiento interno. Así, a medida que se calienta el gas, las colisiones se vuelven más frecuentes y violentas, y acaban derivando en la descomposición de las moléculas en átomos. Y aún más, los átomos pueden llegar a perder parte de sus electrones más externos en alguno de los choques. Un átomo parcial o completamente despojado de sus electrones se denomina *ion*.

Entre 1918 y 1922, Saha se dedicó a estudiar el comportamiento de una mezcla de gas caliente de átomos neutros, electrones e iones. Esperaba encontrar en el gas una mezcla de algunos átomos completos, algunos iones y algunos electrones libres. Asimismo contaba con que a medida que calentara la mezcla se produjera un descenso en la proporción de átomos completos y un aumento en la de iones y electrones. Pero ¿de qué manera precisa variaban tales proporciones con el incremento de temperatura en el gas? Saha dedujo una fórmula que ofrece la respuesta exacta acerca de tales proporciones relativas a cada temperatura concreta. Por consiguiente, el espectro permite deducir las proporciones de abundancias y a partir de ellas podemos estimar la temperatura ambiente.

En realidad, resulta maravilloso que la unión de la física de los gases calientes con las ideas básicas de la teoría cuántica nos proporcione un medio para estimar la temperatura superficial del Sol. Un método que puede aplicarse, por supuesto, al resto de las estrellas, aunque se encuentren más alejadas. La figura 2.19 muestra el espectro de algunas estrellas con líneas de absorción inducidas por muchos elementos químicos diversos. De hecho, con la fórmula de Saha se descubre que hay estrellas con un rango amplio de temperaturas en superficie. Se trata de estrellas que se han clasificado dentro de diferentes tipos espectrales etiquetados como *O*, *B*, *A*, *F*, *G*, *K*, *M*, *R*, *N*. Los astrónomos de lengua inglesa las recuerdan mediante una fór-

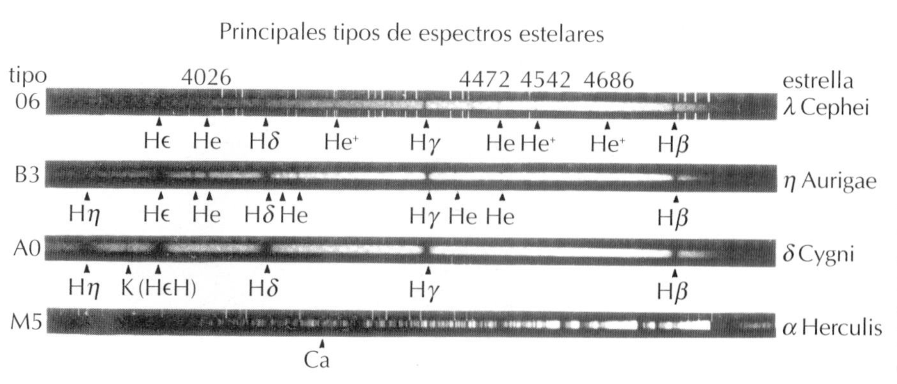

Figura 2.19. Espectros de estrellas de tipos diversos. Las líneas de absorción se distribuyen de manera diferente en cada uno de ellos y nos ayudan a calcular las temperaturas que imperan en las superficies de esas estrellas.

mula nemotécnica ingeniosa ideada por Russell, que en la actualidad ha sufrido una ampliación para darle equidad genérica y para incorporar las dos últimas clases: *Oh Be A Fine Girl/Guy, Kiss Me Right Now!*[*]. Las estrellas *O* son las más calientes (superan los 30.000 grados celsius) y contienen átomos ionizados de helio, mientras que las estrellas *N* son las más frías (alrededor de 3.500 grados centígrados) y contienen carbono. En las estrellas de clases intermedias se ha encontrado gran variedad de elementos químicos.

El color de las estrellas

Otro resultado de la teoría cuántica proporciona información adicional acerca de la temperatura que impera en las superficies estelares. Hasta el momento solo nos hemos ocupado de las líneas de absorción. Pero ¿qué decir del continuo del espectro en su totalidad? Tal como se ha mencionado, la parte visible de la radiación estelar parece estar formada por los colores del arco iris, desde el violeta hasta el rojo. Pero ¿en qué proporción de intensidad? Si comparamos los espectros de dos estrellas, digamos una estrella caliente *O* y una estrella fría *N*, ¿nos mostrarán la luz de distintos tonos mezclada en la misma proporción? La respuesta es «no». La estrella más caliente mostrará un predominio del azul y en la estrella más fría predominará el rojo.

Tal resultado puede interpretarse en la actualidad gracias a la teoría cuántica, la cual explica cómo una radiación electromagnética se distribuye por diferentes longitudes de onda cuando se encuentra atrapada en un espacio limitado. De hecho, el estudio de la radiación confinada en un espacio limitado fue lo que inspiró a Max Planck (figura 2.20) su idea fundamental acerca de la teoría cuántica.

Un horno de cocina tal vez constituya el mejor ejemplo de radiación confinada en un espacio cerrado. Supongamos que graduamos el horno a una temperatura determinada y dejamos que se caliente. En un principio, el horno recibirá el calor de las fuentes eléctricas o de la llama del gas, cuya temperatura será mayor que la del ambiente interior del horno. A medida que el horno recibe el aporte de más y más calor, aumenta de temperatura. El calor fluye de las zonas calientes a las frías y, de este modo, tiende a igualarse la temperatura en todos los rincones. Así, tras varios minutos el horno alcanza la temperatura deseada, *la cual se supone idéntica en todas partes*. Si el horno está bien fabricado, dispondrá de unas paredes bien aisladas y no dejará que se pierda ninguna cantidad considerable de calor.

---

[*] El significado de la frase es el siguiente: «Oh, sé buena chica/buen chico, bésame ahora mismo.» En castellano podría emplearse la alternativa, adaptada de una idea de Miguel Rivera Jiménez: «Ojalá Bartolo Alcance Fama y Gane Kilos de Millones sin Robar Nada.» *(N. de los T.)*

Figura 2.20.
Max Planck.

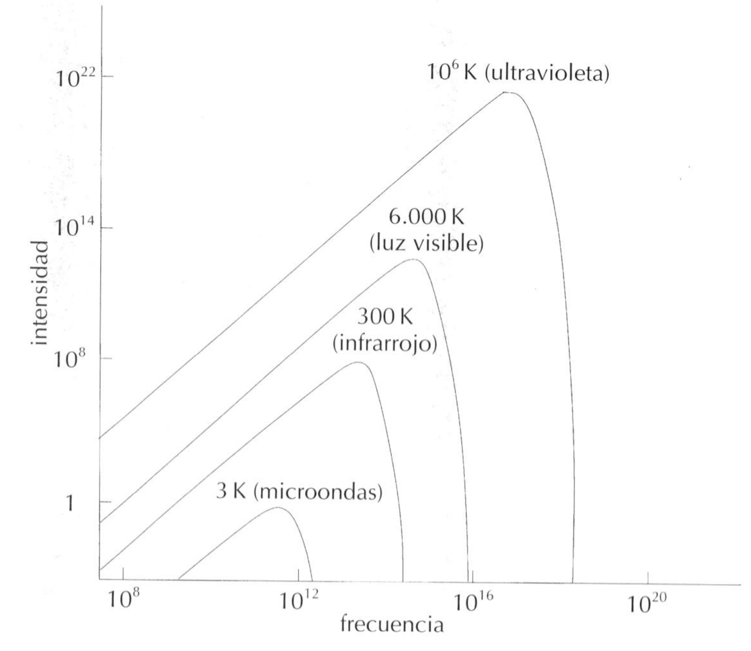

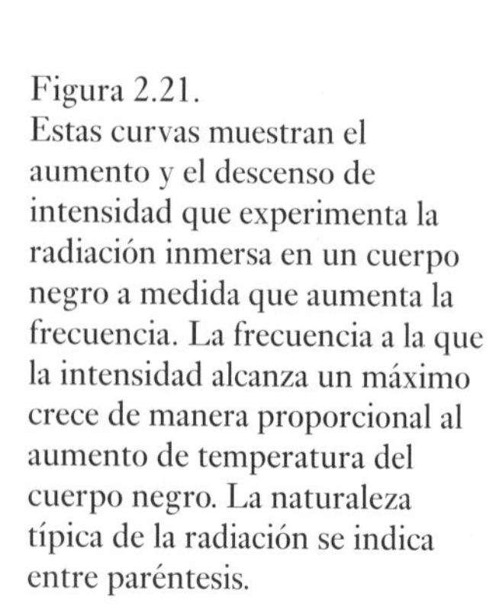

Figura 2.21.
Estas curvas muestran el aumento y el descenso de intensidad que experimenta la radiación inmersa en un cuerpo negro a medida que aumenta la frecuencia. La frecuencia a la que la intensidad alcanza un máximo crece de manera proporcional al aumento de temperatura del cuerpo negro. La naturaleza típica de la radiación se indica entre paréntesis.

Ahí encontramos la demostración práctica más inmediata de lo que en física se denomina *radiación de un cuerpo negro*. Cierto que se trata de una radiación, pero ¿por qué se habla de *cuerpo negro?* Pues porque la radiación se encuentra tan bien atrapada en las paredes del espacio cerrado que al observarla desde el exterior no se detecta nada de ella. Por tanto, el espacio cerrado y sus paredes conforman un cuerpo negro*.

Pero si consiguiéramos observarla, la radiación inmersa en un cuerpo negro presentaría rasgos interesantes. Por ejemplo, la gráfica de la distribución de la energía de radiación en las diferentes longitudes de onda muestra una forma muy definida (figura 2.21). Por lo general, las bajas frecuencias contienen una radiación muy poco intensa y, en cambio, a medida que aumenta la frecuencia, la radiación va en ascenso, pero solo hasta un límite a partir del cual cae de golpe. Es más, el perfil de la gráfica puede calcularse recurriendo a la teoría cuántica y queda absolutamenta definida por la temperatura de la radiación.

En la figura se observan diferentes curvas de distribución de cuerpos negros para diversas temperaturas. Nótese que cuanto más aumenta la temperatura, más sube la curva de distribución. Por tanto, a temperaturas mayores, el máximo de la curva se desplaza hacia la derecha, o sea, hacia frecuencias más altas. Tal como muestra la figura 2.21, la radiación predomina en microondas a temperaturas bajas y predomina en rayos X a temperaturas altas. En breve retomaremos esta característica.

Detengámonos un instante a comentar la unidad de medida de la temperatura. Decimos que la temperatura normal del cuerpo humano equivale a 36 °C, o que el punto de ebullición del agua está en 100 °C. Los grados centígrados se emplean por comodidad y por motivos históricos. En cambio, la unidad natural física para medir la temperatura es la escala *absoluta*, la que mide la energía interna de un cuerpo, la cual procede del movimiento, la rotación, la vibración, etc., de sus átomos y moléculas constituyentes. A medida que aumenta la temperatura de un cuerpo, su energía interna también crece. Si por el contrario lo enfriamos, esa agitación interna mengua. Cuando el cuerpo se encuentra en reposo absoluto alcanza un estado de temperatura cero, *siempre que esta se mida de acuerdo con la escala absoluta*. El cero de la escala absoluta se corresponde con los 273 grados *bajo cero* de la escala centígrada. En esta obra usaremos con frecuencia la escala absoluta, puesto que es la unidad natural de los temas que en ella se tratan. La unidad de temperatura en esta escala se representa mediante el símbolo K, en honor al físico Lord Kelvin (figura 2.22), que desempeñó un papel crucial en el desarrollo inicial de los conceptos recién comentados. Por consiguiente –273 °C = 0 K.

* No debe confundirse el concepto de *cuerpo negro* (al cual se alude en este capítulo) con el de *agujero negro* (tratado en el capítulo 5). *(N. de los T.)*

Figura 2.22.
Lord Kelvin.

Tras esta aclaración, volvamos a la curva de distribución de un cuerpo negro. En épocas previas a la teoría cuántica, la comunidad física intentó comprender esa distribución basándose en la teoría clásica de la radiación electromagnética. Solo consiguieron un éxito parcial. Desde luego presuponían que la radiación inmersa en un cuerpo negro contenía luz de diferentes longitudes de onda. De modo que intentaron determinar cómo se reparte la energía disponible entre las diversas longitudes de onda después de que el aporte inicial conduzca a una situación estable. Encontraron que podían reproducir la parte izquierda de la curva, pero no la parte derecha. Así, la teoría clásica predecía que la intensidad iría en aumento con la frecuencia y que ¡jamás bajaría! Esto conducía a una predicción absurda, según la cual un cuerpo negro emitiría una energía infinita, un resultado que recibe el nombre de *catástrofe ultravioleta*.

Sin embargo, cuando Max Planck supuso que la luz no consiste únicamente en ondas, sino que también se encuentra distribuida en paquetes diminutos de energía (cuantos), pudo reproducirse la distribución observada. De hecho, a partir de esos estudios puede estimarse el valor de la constante h de Planck (véanse las páginas anteriores en este epígrafe).

Pero ¿cómo puede observarse, preguntarán ustedes, lo que ocurre en el seno de un cuerpo negro? ¿Su interior no quedaba vetado a los observadores del exterior? Se trata de comentarios correctos y la explicación requiere un poco de transigencia. Supongamos que perforamos las paredes del cuerpo con varios agujeros minúsculos y que reunimos la radiación que escapa del interior. Si se trata de agujeros pequeños, el interior apenas acusará la fuga de radiación, puesto que en cantidades tan mínimas casi no alterará el estado de equilibrio que allí reina. Sin embargo, la radiación fugada nos permite examinarla y sirve como indicación del estado en que se encuentra el interior.

Volviendo a la analogía del horno, si abriéramos la puerta del mismo para saber a qué temperatura se encuentra, la radiación escaparía y destruiría, por tanto, el estado de equilibrio. En cambio, existe un mecanismo ingenioso para medir la temperatura que garantiza la integridad del estado de equilibrio durante el proceso de medición.

Estos estudios experimentales de la radiación de un cuerpo negro mediante la física precuántica aportaron resultados interesantes acerca de los máximos de distribución que muestra la figura 2.21, donde la frecuencia máxima mantiene una proporcionalidad estricta con la temperatura del cuerpo negro. Se trata de una ley que ha tomado el nombre de quien la descubrió en el año 1894: W. Wien. En este caso, la temperatura no se mide en grados centígrados, sino en la escala absoluta.

Si el cuerpo negro posee una temperatura de, por ejemplo, 3 K, su frecuencia máxima tendrá lugar a trescientos mil millones de ciclos por segundo y, a una temperatura diez veces superior, la frecuencia máxima también se multiplicará por diez y será, por tanto, de tres billones de ciclos por segundo.

Vemos, pues, que un máximo de frecuencia elevado equivale a una temperatura elevada. De manera que si, tal como se mencionó en el capítulo 1, el color azul tiene una frecuencia mayor que el rojo, entonces encontraremos asimismo que la intensidad azul dominará sobre la intensidad roja a temperaturas relativamente altas, y viceversa a temperaturas bajas.

Y, ¿qué relación guarda todo esto con las estrellas? Pues la relación radica en que las estrellas son cuerpos muy similares a los cuerpos negros. Tal vez parezca un tanto contradictorio: ¿cómo va a asemejarse un objeto brillante a un cuerpo negro? Recordemos, no obstante, el ejemplo del horno al que se le practican algunos agujeros minúsculos. Como la fuga de radiación es lo bastante mínima como para no alterar el equilibrio interno del horno, la equiparación con un cuerpo negro resulta razonable. En el caso de una estrella que refulge, el flujo de radiación procedente de su superficie no es lo bastante grande para perturbar el estado de equilibrio de las capas inferiores y eso nos permite comparar el espectro continuo de la estrella con la curva de un cuerpo negro para calcular su temperatura. La temperatura que se deduce de este modo encaja bastante bien con la obtenida, según se describió antes, a partir de las líneas de absorción. La comparación con los cuerpos negros permite explicar, además, el hecho de que las estrellas azules sean más calientes que las rojas.

Tamaños estelares

El hecho de que las estrellas emitan una radiación similar a la de los cuerpos negros permite a los astrónomos calcular su tamaño. El método que siguen se ilustra en la figura 2.23. Este diagrama muestra la cantidad de radiación que proviene de cuerpos negros esféricos con radios diversos pero temperaturas idénticas. Cada línea continua del diagrama equivale a un radio determinado. A medida que seguimos la línea hacia la derecha, encontramos estrellas de temperaturas y luminosidades mayores. El radio aumenta al pasar a líneas superiores. Así, dos estrellas con el mismo radio, pero con diferentes temperaturas superficiales, emitirán una radiación diferente: la estrella con mayor temperatura será más luminosa.

Comparemos las tres estrellas *A*, *B* y *C* que aparecen en la figura 2.23. Las estrellas *A* y *B* poseen el mismo radio, pero la temperatura de *A* dobla la de *B*. Por consiguiente, *A* será 16 veces más luminosa que *B*. En cambio, la estrella *C* cuenta con la misma temperatura en superficie que la estrella *B*, pero supera en 100 veces el radio de *B*. De modo que *C* será diez mil veces más luminosa que *B*.

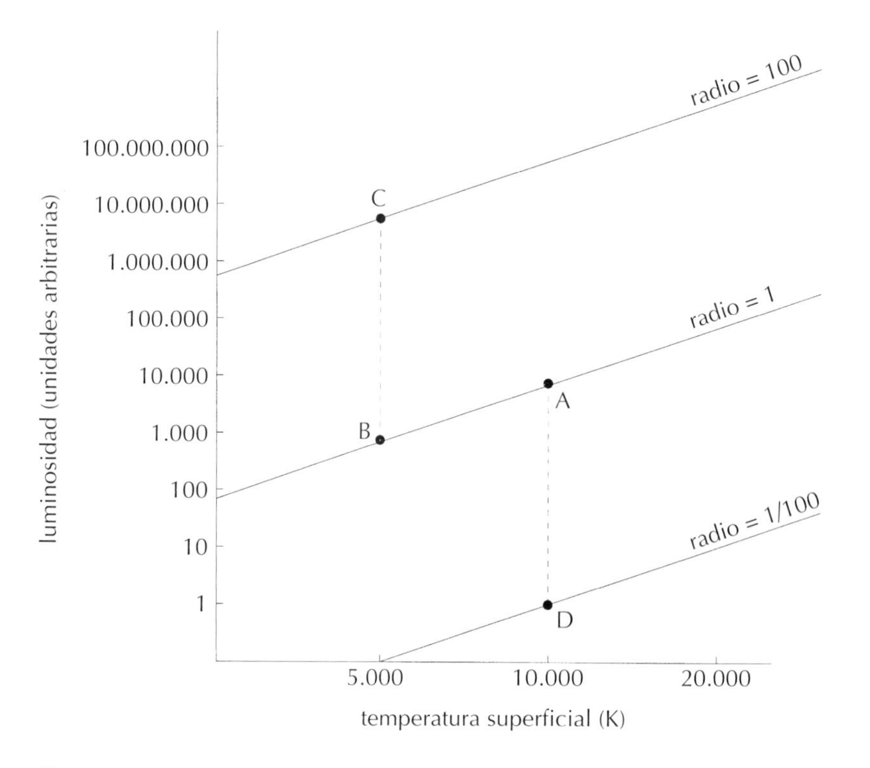

Figura 2.23.
Cada línea diagonal de la figura ilustra cómo varían la luminosidad y la temperatura superficial para cuerpos negros de un mismo radio. Las diversas líneas muestran que este patrón de radiación varía con el radio.

Observemos ahora las estrellas *A* y *B*. Por un lado, la estrella *A* presenta una luminosidad mucho mayor que *B*, lo cual se debe a que posee una temperatura en superficie muy superior que esta última. Por otro lado, la estrella *D* tiene una temperatura idéntica a la de la estrella *A*, pero una luminosidad mucho menor. ¿Por qué? Una argumentación similar a la que hemos expuesto entre *C* y *B* nos lleva a concluir que el radio de *D* equivaldrá a una centésima parte del radio de *A*.

Por tanto, disponemos de una relación comparativa entre los radios de las estrellas *A*, *B*, *C*, *D*: *la estrella D posee un tamaño cien veces menor que el de la estrella A; las estrellas A y B tienen un tamaño similar; en cambio, la estrella C es cien veces mayor que A o que B.*

Ahora volvamos la mirada al diagrama H-R que se reproduce en la figura 2.24 y comparémoslo (de forma somera) con su imagen especular en la figura 2.23. Si llamamos *normales* a las estrellas *A* y *B* de la secuencia principal, entonces la estrella *D*, mucho menor de lo normal, se denomina *enana*, mientras que la estrella *C*, mucho mayor de lo normal, se llama *gigante*.

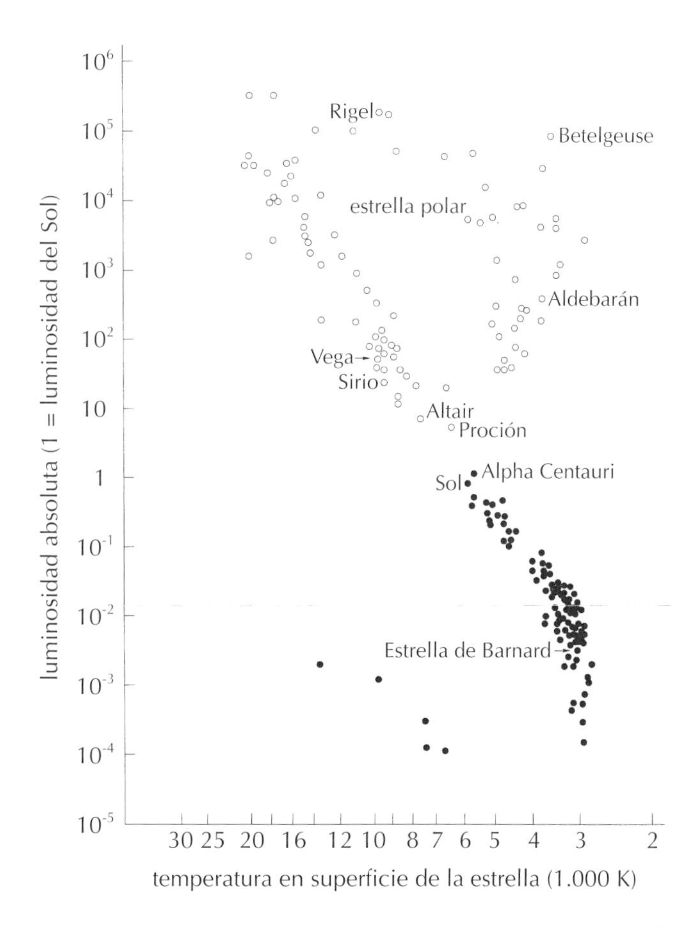

Figura 2.24. Reproducimos aquí el diagrama H-R de la figura 2.4.

El mundo estelar ofrece, por tanto, gran variedad de tamaños, una diversidad mucho mayor que la que muestra la población humana. Desde los recién nacidos más pequeños hasta el adulto más alto, el intervalo de alturas humanas no sobrepasa un factor 5, mientras que el rango de radios desde las estrellas enanas hasta las gigantes asciende a un factor superior a 10.000.

Así pues, el diagrama H-R indica con claridad el grado de variedad que existe entre la población estelar, pero, por supuesto, no responde al interrogante que ahora desearíamos plantear: ¿de qué modo se llega a tal variedad? ¿Nacen las estrellas ya de un tipo concreto, o más bien a medida que evoluciona toda estrella típica atraviesa diversos estados entre los que se incluye el de estrella «normal», «gigante» y «enana»? Los grandes progresos logrados por la física estelar a lo largo del siglo XX permite responder a la cuestión de manera clara y concisa. Tal como veremos a continuación, la clave estriba en responder a la pregunta esencial: *¿por qué brillan las estrellas?*

El secreto de la energía solar

El interrogante recién planteado tal vez sea uno de los que más tiempo lleva espoleando la curiosidad humana. Ciertamente, al considerar el gran poder de radiación del Sol, no sorprende que los antiguos atribuyeran una naturaleza divina a este objeto celeste. El gran templo del Sol de Konarak, en la costa oriental de la India (véase la figura 2.25), testimonia tales creencias.

Figura 2.25.
El templo del Sol de Konarak, en la India oriental, representa al dios Sol montado en un carro descomunal.

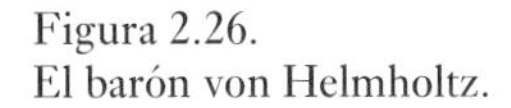
Figura 2.26.
El barón von Helmholtz.

En cambio, con la irrupción de la ciencia moderna durante el siglo XVII comenzó a prevalecer una concepción mecanicista. Apareció la convicción de que los fenómenos naturales encontrarían su explicación última en una serie de leyes científicas esenciales que abarcaban asimismo las cuestiones astronómicas. En particular, *la ley de la conservación de la energía* empezó a adquirir relevancia universal.

Esa ley establece que toda la energía asociada a un proceso cualquiera se mantiene siempre: no se crea ni se destruye.

Así, la aplicación de esta ley al Sol significaría que en su interior hay una fuente de la cual extrae la energía, una fuente que seguramente se agotará con el tiempo. Pero ¿en qué consiste dicha fuente?

Dos físicos destacados del siglo XIX, el barón von Helmholtz de Alemania (figura 2.26) y Lord Kelvin (figura 2.22) de Gran Bretaña, cuyo nombre apareció ya en el contexto de la escala absoluta de temperaturas, intentaron esclarecer la cuestión. La solución que propusieron recurría a la reserva de energía gravitatoria que posee todo cuerpo masivo. Desviémonos un tanto para saber en qué consiste esa reserva.

En el capítulo 5 exploraremos las múltiples maravillas que se vinculan al fenómeno denominado *gravitación*. Pero en este momento nos limitaremos a la característica más básica de la fuerza de la gravitación tal como la perfiló Isaac Newton en su *ley de la gravitación* en el siglo XVII. La ley es fácil de formular, pero, como veremos en el capítulo 5, conlleva implicaciones profundas. La ley afirma que *dos cuerpos físicos cualesquiera se atraen entre sí con una fuerza directamente proporcional a su contenido material, pero inversamente proporcional al cuadrado de la distancia que los separa.*

El contenido material de un cuerpo se mide a través de su *masa*. En la vida cotidiana empleamos el *kilogramo* como unidad para medir la masa. Supongamos dos cuerpos *A* y *B* de un kilogramo de masa cada uno, separados por una distancia de, por ejemplo, un metro. De acuerdo con la ley de la gravedad de Newton, entre *A* y *B* actúa una fuerza de atracción. Si sustituimos *A* por otro cuerpo *C* con una masa de, digamos, 10 kilogramos, la fuerza de atracción entre *C* y *B* será diez veces superior que la que actuaba entre *A* y *B*. De igual modo, si aumentamos la distancia que separa *A* y *B* a 10 metros, la fuerza de atracción se reducirá en un factor de 10 x 10, es decir, en un factor de *cien*. (Recordemos que en el contexto de luminosidad ya encontramos el concepto de proporción inversa al cuadrado.)

Apliquemos entonces la ley de la gravitación a un cuerpo esférico masivo como el Sol. En la figura 2.27 se aprecian dos puntos normales *A* y *B* de un cuerpo tal. Según la ley de la gravitación, ambos puntos se atraerán y tenderán a acercarse el uno al otro siguiendo la línea recta que los une. Pero recordemos que *A* y *B* son dos puntos cualesquiera y que, igual que ellos, el resto de puntos que conforman el Sol responde a la misma regla. Resulta entonces que el Sol experimenta empujes internos que tienden a reducirlo a un tamaño menor. En el capítulo 5 tendremos ocasión de profundizar en esta tendencia de los cuerpos masivos.

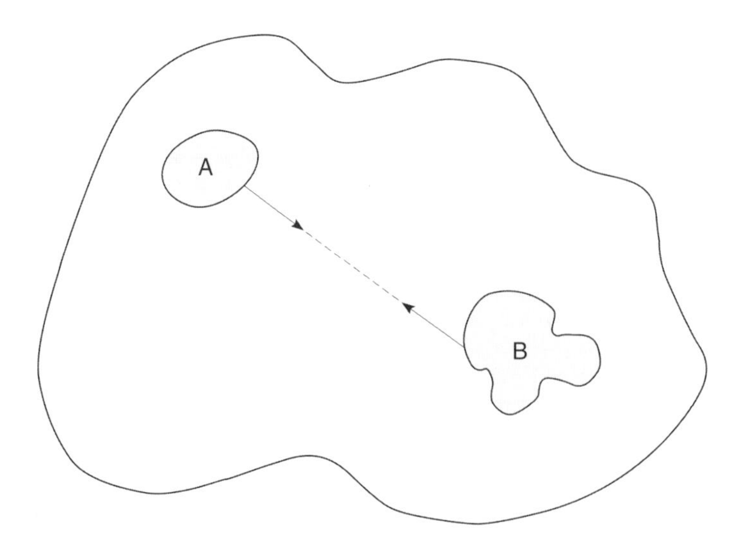

Figura 2.27.
Dos puntos cualesquiera de un cuerpo masivo se atraen mutuamente y por tanto tenderán a moverse el uno hacia el otro siguiendo la línea recta que los une. La tendencia global de todas las fuerzas gravitatorias semejantes consiste en comprimir el cuerpo masivo.

Figura 2.28. La presa de Bhakra Nangal en el Punjab es una de las presas de gravedad más altas del mundo.

Esta misma tendencia proporciona una fuente de energía gravitatoria al Sol. La tendencia hacia ese movimiento interno se expresa en física diciendo que el objeto posee *energía potencial*. Este tipo de energía se aprecia en cualquier presa, como la que se muestra en la figura 2.28. En tales presas, el agua almacenada se halla en alto y desde allí se libera para que caiga desde una buena altura. La fuerza de gravedad que atrae hacia el centro de la Tierra provoca que el agua en caída adquiera velocidad y, por tanto, pueda emplearse para mover turbinas y generar electricidad en una central hidroeléctrica.

Las presas ejemplifican de manera excelente la transformación y conservación de la energía. La energía inicial con que cuenta el agua es gravitatoria debido a la posición elevada que ocupa. Cuando el agua cae, esta energía se convierte en energía cinética y después la energía cinética se transforma en energía eléctrica. Sin embargo, la energía total continúa siendo la misma, solo cambia de forma.

Del mismo modo, en una masa esférica reside energía gravitatoria que puede emplearse para comprimir la esfera. Kelvin y Helmholtz creían que la energía radiada por el Sol proviene de esa fuente. Imaginemos la historia pretérita del Sol cuando era bastante más extenso y difuso. Esa tendencia gravitatoria a comprimir la esfera dispersa hasta adoptar el tamaño actual del Sol liberó una cantidad de energía que se ha podido calcular y que habría mantenido el brillo del Sol durante 20 millones de años.

Pero, por desgracia, aunque 20 millones de años representen mucho tiempo comparado con la existencia de la humanidad, de ningún modo resulta suficiente para el Sol. Porque la datación radiactiva de meteoritos y rocas terrestres revela que el Sistema Solar cuenta unos *5.000 millones* de años de antigüedad. Eso evidencia que el Sol ha brillado con continuidad y con la misma intensidad que en el presente durante un periodo temporal de ese orden. Está claro que la propuesta de Kelvin-Helmholtz no basta para cubrir esta enorme exigencia.

Así, hacia la década de 1920, el problema se trasladó a las pizarras de los teóricos, quienes se entregaron a la búsqueda de una fuente de energía lo bastante potente como para conservar el brillo del Sol con la intensidad actual durante un mínimo de 5.000 millones de años.

El astrofísico de Cambridge Arthur Stanley Eddington (figura 2.29) descubrió la verdadera respuesta investigando la estructura interna del Sol. Eddington imaginó el Sol como una bola caliente de gas que no se dispersa gracias a su fuerza gravitatoria intrínseca que describimos más arriba. Entonces estableció un sistema de ecuaciones referidas a la estructura interna de la estrella. En este momento no entraremos en detalles técnicos, pero sí señalaremos qué argumento lo condujo hasta la fuente misteriosa de la energía solar.

Para comprender la argumentación recurriremos a un ejemplo cotidiano, un buceador que se sumerge en las profundidades del océano. Entre otros efectos, el buceador notará que la presión aumenta a medida que desciende bajo el

Figura 2.29.
A. S. Eddington.

nivel del mar. A la profundidad de 10 metros impera el doble de presión que al nivel del mar, y el incremento de la misma se mantiene al mismo ritmo, es decir, se triplicará a 20 metros, se quintuplicará a 30 metros, etc. ¿Por qué?

La presión que actúa al nivel del mar resulta de la columna de aire atmosférico que tiene que sostener la superficie terrestre. Del mismo modo que las personas notamos nuestro peso debido a que la gravedad nos atrae a todos hacia la Tierra, también el aire tenue que yace sobre nosotros pesa. La presión solo es el peso del aire que soporta la superficie terrestre por unidad de área. La presión que ejerce la atmósfera equivale, aproximadamente, al peso de diez mil kilogramos distribuidos en una superficie de un metro por un metro. [Véase la figura 2.30 (*a*).]

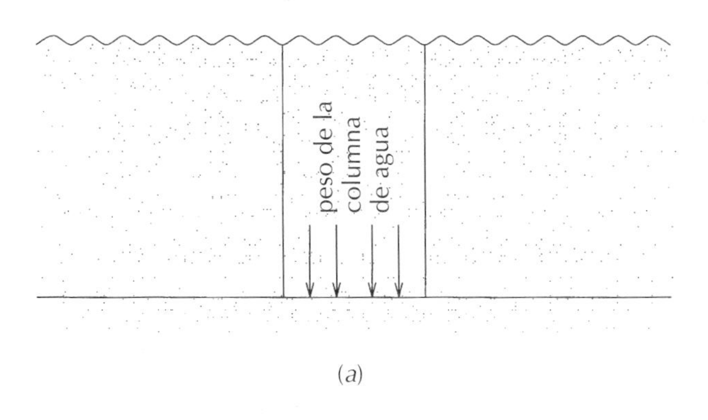

(*a*)

superficie externa

peso de la columna de gas

nivel típico interno

(*b*)

Figura 2.30.
En (*a*) se muestra que en las profundidades del océano aumenta la presión porque toda superficie horizontal a ese nivel soporta el peso de la columna de agua que tiene sobre sí. En (*b*) se aprecia una situación similar en el interior de una estrella, donde la presión aumenta en dirección al núcleo.

Bien, pues nuestro buceador no solo tiene que soportar el peso de la columna de aire, sino además el peso del agua que va quedando sobre él. Y el peso de esta última aumenta a medida que el buceador se sumerge más y más. Pero ¿qué relación guarda todo esto con una estrella como el Sol?

Como ilustra la figura 2.30 (*b*), la presión en el interior de la estrella aumenta con la profundidad. La diferencia entre el océano y la estrella radica en que el astro consiste en material gaseoso, mientras que el océano es líquido. Una de las ecuaciones de Eddington contempla la relación que mantiene la presión interna del gas con su temperatura y densidad.

Pero la estrella y el océano presentan otra diferencia. Tal como descubrió Eddington, en el interior de la estrella reside una provisión descomunal de radiación y esta tiene su propia presión. El mecanismo representado en la figura 2.31 demuestra que hasta la radiación de una bombilla eléctrica ejerce una presión. Las palas reflejan la luz por uno de los lados y la absorben por el otro. En el primer caso los paneles reciben un empuje mayor que en el segundo, y la presión neta de la radiación mueve los paneles. De manera semejante, la presión de la radiación inmersa en el Sol debe sumarse a la presión gaseosa que impera en sus profundidades, y ambos tipos de presión implican que a medida que la presión aumenta en el interior también asciende la temperatura.

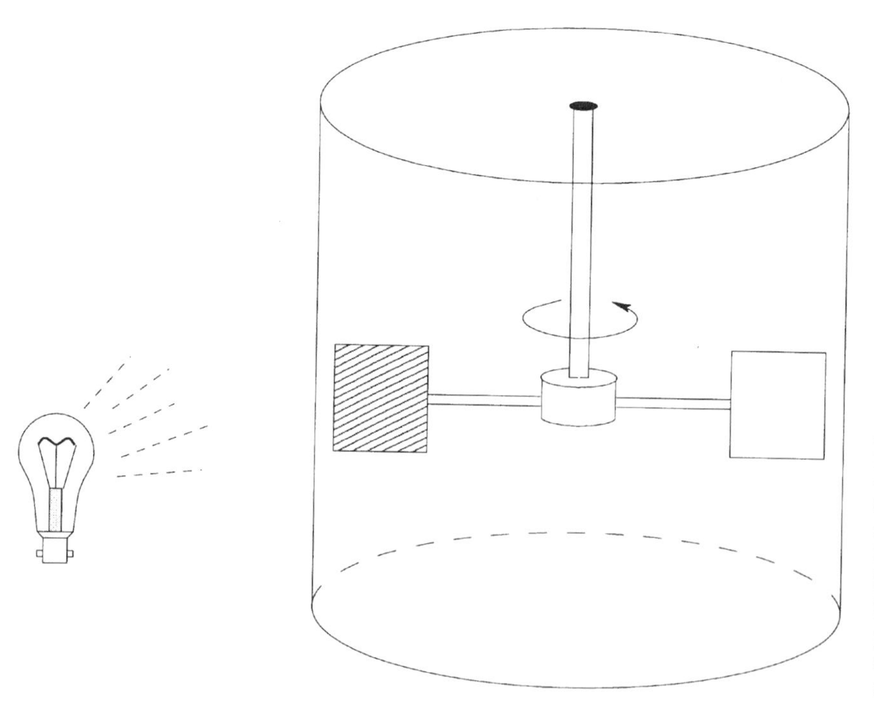

Figura 2.31. La luz proyectada sobre este mecanismo de láminas finas lo haría girar debido a la presión ejercida por la radiación sobre las hojas metálicas.

Figura 2.32.
A temperaturas elevadas un átomo perdería una parte o la totalidad de sus electrones y se convertiría en un *ion* de carga positiva. La mezcla de electrones e iones da lugar al estado de plasma de la materia. En (*a*) se observa un grupo de átomos neutros de un gas sometido a una temperatura moderada. En (*b*) vemos los átomos ionizados y el gas en estado de plasma.

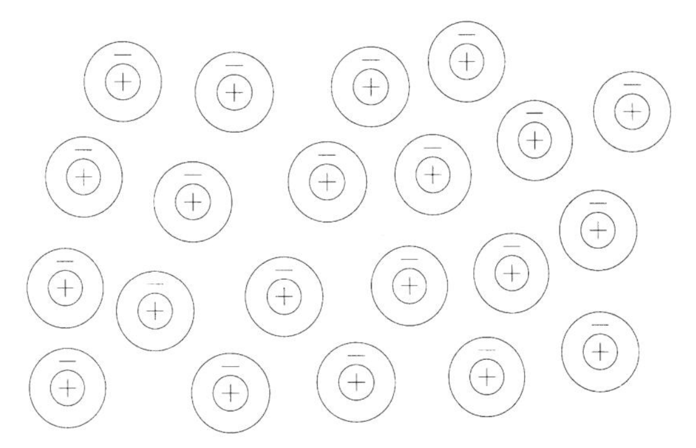

(a) partículas de gas a temperaturas moderadas

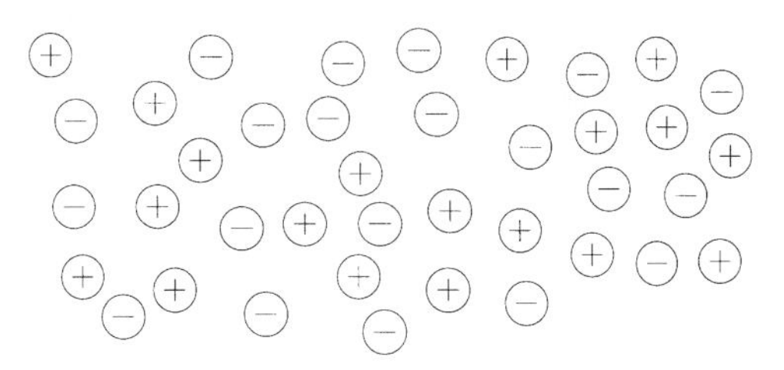

(b) plasma a una temperatura elevada

Tengamos en cuenta que la temperatura de la superficie del Sol ronda los 5.750 K, de modo que la temperatura de su núcleo será superior. Los cálculos de Eddington arrojaron la extraordinaria respuesta de que la temperatura central de una estrella de tipo solar debe superar los 10 millones de grados. Nadie antes había propuesto una temperatura tan alta para un objeto físico.

Sin embargo, esa idea del interior solar descuidaba un detalle. ¿Qué mantiene el núcleo del Sol a semejantes temperaturas y suministra la energía que irradia la estrella? Como es natural, los cálculos apuntaban a que ambos fenómenos se debían a una fuente energética ubicada en el núcleo.

Acordándose de una hipótesis formulada por J. Perrin, Eddington especuló entonces de qué modo se las podría arreglar el Sol para producir tanta energía durante tanto tiempo. En resumen, su argumentación fue la siguiente.

El átomo más ligero que existe en la naturaleza es el átomo de hidrógeno, el cual consta de un protón y un electrón. En cambio, a las temperaturas elevadas que imperan en el Sol, esos átomos no serían capaces de conservar su estructura ya que perderían los electrones debido a las colisiones de alta energía que se producen con frecuencia. De manera que, allí, los núcleos de esos átomos vagarían libremente en un mar de electrones. Tal estado de la materia en que los electrones atómicos se disocian de sus núcleos se denomina estado de *plasma* (véase la figura 2.32).

El núcleo estable de masa inmediatamente superior es el del helio. Este porta dos protones y, además, dos partículas neutras conocidas como *neutrones*. La masa de un núcleo de helio resulta ser un poco menor que la masa de cuatro núcleos juntos de hidrógeno. Ahora bien, pensó Eddington, supongamos que cuatro núcleos de átomos de hidrógeno se combinan mediante procesos nucleares y se transforman en un átomo de helio. ¿Qué habrá ocurrido con la masa perdida, con el déficit de masa? La ley de la equivalencia de masa y energía, expresada mediante la célebre ecuación einsteniana $E = Mc^2$, afirma que el déficit de masa se manifestará como energía. *Esa es la energía de que dispone el Sol para emitir su radiación.*

La energía así obtenida se corresponde con una fracción mínima de la masa de cuatro átomos de hidrógeno. De hecho, los cálculos modernos manifiestan que solo 7 partes de cada 1.000 se encuentran disponibles para la radiación. En cambio, se trata de una reserva tan vasta que no solo ha permitido que el Sol existiera a lo largo de cinco mil millones de años, sino que seguirá sirviéndole durante seis mil millones de años más. (En términos mundanos, obtendremos una idea acerca de la inmensidad de esa fuente energética mediante el dato de que un kilogramo de combustible de hidrógeno empleado en una reacción de fusión nuclear puede mantener funcionando sin interrupción un generador de un megavatio de potencia durante unos 20 años.)

En cambio, en los años 20, la física nuclear era una ciencia incipiente. Entonces no se conocía la fuerza capaz de unir los neutrones y los protones dentro del núcleo, y a los físicos atómicos coetáneos de Eddington sus ideas les parecieron estrafalarias.

Por ejemplo, podemos observar una de las dificultades que planteaban sus hipótesis. Sabemos que las cargas eléctricas del mismo signo se repelen entre sí y que la fuerza de repulsión aumenta en proporción inversa al cuadrado de la distancia que las separa. (Nótese que volvemos a encontrarnos con la ley del inverso de los cuadrados, solo que en este caso, a diferencia del de la gravedad, se trata de una fuerza de repulsión.) Entonces, ¿cómo pueden los núcleos de los átomos de hidrógeno, que consisten en protones de carga positiva, acercarse lo bastante entre sí como para llegar a unirse y formar un núcleo de helio?

Eddington lo explicó diciendo que a las temperaturas elevadísimas que imperan en el núcleo del Sol, los protones deben de moverse tan deprisa que no es improbable que dos de ellos logren superar la barrera erigida por la fuerza de repulsión y se acerquen lo bastante para fusionarse a través de una fuerza nuclear desconocida hasta el momento. Los físicos atómicos rechazaron aquella conclusión creyendo que la temperatura no sería tan alta como para desencadenar tal reacción.

En el manual, ya clásico, *Internal Constitution of the Stars* (Estructura interna de las estrellas), que escribió a comienzos de la década de 1920, Eddington incluyó la siguiente respuesta a las críticas de los físicos atómicos:

> No discutimos con los críticos que niegan que las estrellas alberguen calor suficiente para este propósito. Solo los animamos a que vayan en busca de lugares más cálidos...

Al final, la controversia se resolvió a favor de Eddington. Durante los últimos años de la década de 1930, la física nuclear progresó hasta el punto de conocer la naturaleza de la fusión nuclear. La fuerza de atracción que existe entre las partículas nucleares, los protones y los neutrones, actúa con independencia de que las partículas posean o no carga eléctrica. Es más, se trata de una fuerza de muy corto alcance: deja de operar al superar una separación de alrededor de una milésima de millonésima de millonésima parte de un metro. Pero dentro de ese intervalo actúa con tanta intensidad que compensa por completo la repulsión eléctrica que experimentan los protones en el núcleo.

Así, a temperaturas superiores a diez millones de grados, dos protones *podrían* acercarse tanto entre sí que quedaran atrapados por la fuerza nuclear y, a través de esa fusión por etapas, en el centro del Sol puede formarse un núcleo mayor de helio. Entre 1938 y 1939, Hans Bethe (figura 2.33), físico nuclear, logró servirse de esa información para construir un modelo completo del Sol.

Figura 2.33.
Hans Bethe.

La prueba del pudín

Una persona lega en la materia encontrará todo esto interesante pero también un tanto teórico. ¿Cómo se sabe que tal fusión nuclear se está produciendo verdaderamente dentro del Sol? ¿Cómo averiguar si el modelo solar así construido entra dentro de lo razonable?

Estos interrogantes también son ineludibles para la ciencia. Toda teoría científica debe comprobarse mediante observaciones antes de considerarla juiciosa. En el caso del sistema de Eddington, la teoría establecía un vínculo único entre la masa y la luminosidad de una estrella. A mayor masa, más luminosidad. De igual modo, la teoría predecía una relación entre la masa y el radio. Ahora bien, los astrónomos pueden calcular la masa del Sol a partir del tirón gravitatorio que ejerce sobre la Tierra y el resto de los planetas. De modo que podemos estimar la luminosidad y el radio del Sol e incluirlo en el diagrama H-R, *a partir de consideraciones puramente teóricas*. Y a continuación podemos comparar esta ubicación con la posición que ocupa según las observaciones y comprobar que coinciden muy bien. Pero no solo eso. Si aplicamos este ejercicio teórico a estrellas con otras masas, tanto superiores como inferiores a la del Sol, obtendremos una curva teórica del diagrama H-R similar a la que contiene la figura 2.34. Al cotejar este diagrama con el de la figura 2.4 descubrimos que esta curva no es otra que la secuencia principal del diagrama H-R.

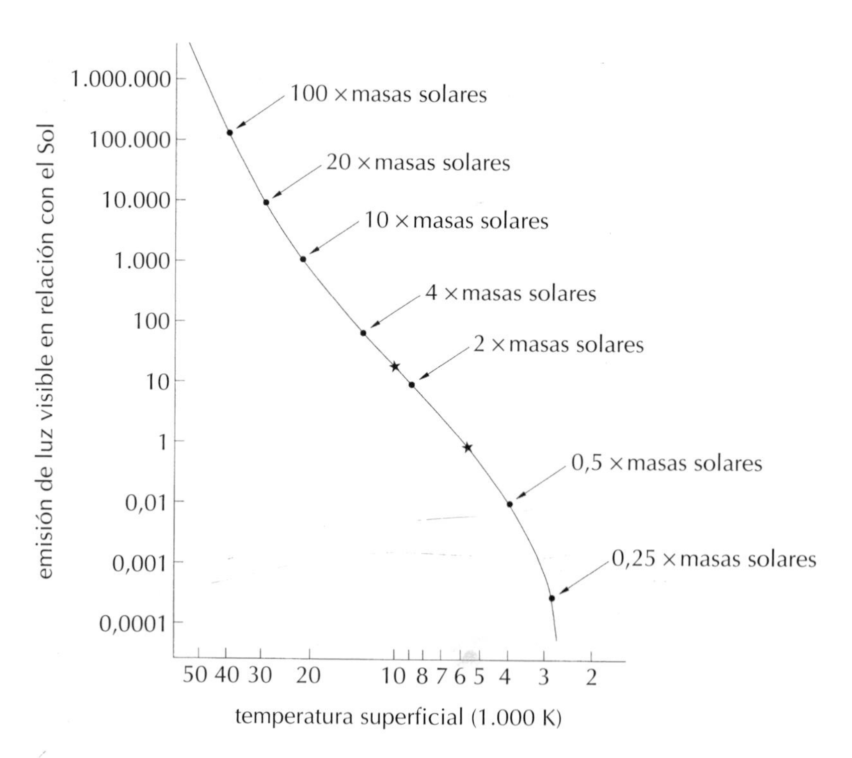

Figura 2.34.
Esta curva teórica, donde se aprecia la variación de luminosidad y de temperatura superficial que presentan estrellas de diferentes masas, puede compararse con la secuencia principal observada del diagrama H-R contenido en la figura 2.4.

Con ello no solo demostramos, pues, la veracidad de la teoría, sino que además descubrimos por qué caen tantas estrellas en la secuencia principal. Pero ¿podemos aspirar a más y buscar otra confirmación de la teoría? En concreto, ¿hay algún modo de medir la temperatura del centro del Sol? Tal vez parezca imposible en tanto que el núcleo del Sol no solo nos queda inaccesible, sino que ni tan siquiera podemos verlo. No obstante, aunque el conjunto del Sol forma una esfera opaca que impide contemplar lo que ocurre en su interior, los científicos han encontrado una vía para eludir las dificultades. Pospondremos la exposición de ese ejercicio notable hasta el epílogo de esta obra, puesto que ha planteado un nuevo enigma que aún hay que solucionar.

El ejemplo del Sol sugiere un modo de resolver el problema energético al que se enfrenta la especie humana en la actualidad. Los recursos petroquímicos con que cuenta este planeta son limitados y no pueden durar mucho. Algunas personas afirman que aún nos servirán durante varios siglos, mientras que otras, más pesimistas, creen que los habremos agotado en cuestión de décadas. De modo que debemos buscar otras fuentes para cubrir nuestras necesidades energéticas. ¿Podemos desarrollar en laboratorios terrestres los procesos que han actuado en el Sol durante tanto tiempo? El proceso que se conoce como fusión nuclear (la fusión de núcleos atómicos a temperaturas elevadas) se está probando, de hecho, en laboratorio. Por desgracia, ya se ha conseguido una versión explosiva del proceso, la bomba de hidrógeno, de inmenso poder destructivo, pero lo que necesitamos es su variante controlada. Al igual que el Sol, debemos encontrar el modo de producir un suministro regular de energía.

En este caso, el Sol cuenta con una ventaja enorme que no tenemos los humanos. Su masa gigantesca le permite ejercer grandes presiones gravitatorias para mantener el plasma caliente del núcleo en una situación de equilibrio constante. La humanidad, en cambio, no cuenta con una fuerza gravitatoria así de intensa a la cual recurrir, de modo que el reto del ingenio humano consiste en encontrar un modo alternativo para crear plasma caliente y a la vez estable. Si se consigue, se tratará sin duda de una maravilla moderna de la ciencia y la tecnología.

Pero por ahora volvamos al problema de la energía emitida por el Sol. ¿Cuánto durará con esa energía termonuclear recién descrita? Tal como se ha mencionado, los cálculos revelan que la reserva energética del Sol no solo ha bastado para mantener su existencia durante unos cinco mil millones de años, sino que servirá además para prolongarla durante los próximos *seis mil millones de años*. El tiempo que emplea una estrella en agotar sus reservas de hidrógeno depende de su masa. Las estrellas más masivas viven menos que las menos masivas.

Gigantes rojas

Por dilatada que sea la vida de las estrellas, cabe preguntarse qué le ocurre a estos astros cuando ya no les queda más hidrógeno para fusionarlo en helio.

La figura 2.35 esquematiza una estrella así. En esa fase las estrellas poseen un núcleo de helio y una envoltura externa consistente en hidrógeno. Recordemos que la temperatura de la estrella supera los diez millones de grados en el centro y que la superficie de la envoltura alberga temperaturas algunos miles de grados más bajas. Por consiguiente, aunque la estrella cuente con hidrógeno, este se encuentra a temperaturas demasiado frías para fusionarse en helio, lo cual constituye la razón de que se haya detenido la producción de energía estelar.

Ante la falta de energía procedente del centro estelar, el núcleo deja de tener capacidad para resistirse al empuje que la gravedad ejerce hacia el interior. Una vez que se detiene la producción energética, la presión asociada se torna incapaz de mantener el núcleo intacto frente a la contracción gravitatoria. Y, en consecuencia, el núcleo se contrae.

En general, cuando una masa gaseosa se contrae, tiende a calentarse. Por tanto, la temperatura del núcleo aumenta a medida que se produce ese encogimiento. Cuando la temperatura se acerca al límite de cien millones, el núcleo estelar vuelve a experimentar una reacción de fusión que ahora generará energía para el astro. ¿En qué podría consistir esa reacción? ¿Podría dar lugar a un núcleo atómico incluso mayor a partir de elementos ligeros como el hidrógeno y el helio?

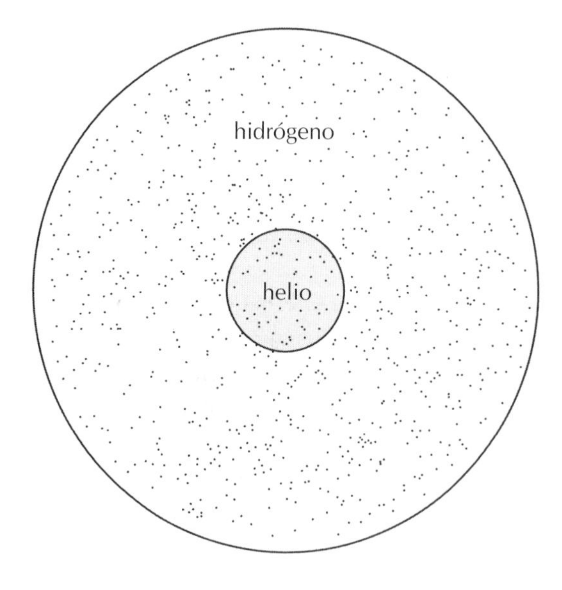

Figura 2.35.
Cuando una estrella termina de fusionar todo el hidrógeno de que dispone, consiste en un núcleo de helio y en una envoltura exterior formada sobre todo por hidrógeno a temperaturas más bajas.

Un paréntesis histórico

Varios físicos se dedicaron a la resolución del problema durante la década de 1950. Los estudios de estructura atómica nuclear plantearon la posibilidad razonable de que el proceso de fusión podría continuar, en principio, hasta producir elementos químicos más masivos. En cambio, algunos detalles concretos impidieron el desarrollo de esta hipótesis. La dificultad surgida podrá entenderse a partir de la siguiente analogía.

Supongamos que erigimos un muro colocando varias capas de sillares unas encima de otras. A cierta altura, el muro se volvería inestable y todas las capas se desplomarían. ¿Cómo procederíamos entonces?

El problema planteado por la fusión del núcleo radicaba en que el siguiente paso después de crear un núcleo de helio consistiría en unir, o bien dos núcleos de helio, o bien en combinar un núcleo de helio con uno de hidrógeno. En cualquiera de los dos casos, el proceso resultaría en un núcleo inestable que se desintegraría en otros núcleos menores.

El problema fue resuelto con audacia por el astrofísico de Cambridge Fred Hoyle (figura 2.36). En lugar de concebir la fusión de dos núcleos, Hoyle pensó en la fusión de tres. (Volviendo a la analogía del muro de sillares, la colocación de una piedra sobre otra no crearía una estructura estable, pero si se engarzan tres sillares entre sí la combinación puede resultar exitosa.) Hoyle sugirió que tres núcleos de helio pueden fusionarse entre sí y crear un núcleo estable, uno de carbono.

Esta posibilidad había sido concebida antes, de hecho, por otras personas, pero había suscitado una dificultad que parecía infranqueable. Recor-

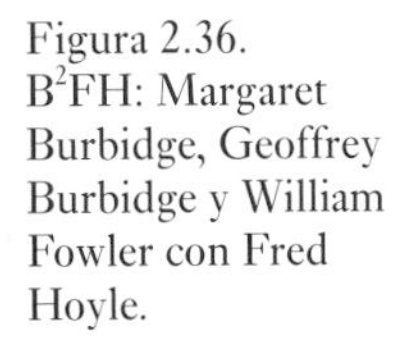
Figura 2.36. B^2FH: Margaret Burbidge, Geoffrey Burbidge y William Fowler con Fred Hoyle.

demos que la fusión de tres núcleos de helio podría darse en un gas caliente siempre que los tres se encontraran en un mismo lugar al mismo tiempo. Como los núcleos se mueven en direcciones aleatorias, la probabilidad de que se cumpla ese requisito sería más bien pequeña. De modo que cualquier proceso basado en acontecimientos tan improbables transcurriría con mucha lentitud a menos que apareciera algún modo de contrarrestar esa tardanza.

Ahí fue donde Hoyle encontró la solución proponiendo que para compensar la improbabilidad de tal colisión a triples, el proceso de fusión tenía que involucrar una reacción *resonante*. ¿Qué es una reacción resonante?

Conocemos la resonancia en cuanto a sonidos. Al templar las cuerdas de un violín en la tensión correcta, se produce la resonancia de ciertas notas. Es decir, la frecuencia de la vibración de las cuerdas se equipara con la vibración del aire en la cavidad del instrumento y ello resulta en la amplificación de las notas ejecutadas. A esa coincidencia exacta se la denomina resonancia. En cambio, la resonancia trasciende, por supuesto, el ejemplo anterior y se vincula a otros fenómenos relacionados con la equiparación de frecuencias.

En una reacción nuclear resonante, la energía de los tres núcleos que participan debe igualar a la perfección la energía del núcleo de carbono recién formado. En una situación semejante, la reacción es muy probable (igual que la amplificación del sonido de la nota en el violín), lo cual compensa la improbabilidad de que se produzca un encuentro entre tres partículas. A menos que se dé tal resonancia, argumentó Hoyle, en la estrella no se generarán cantidades significativas de carbono. O, dándole la vuelta al argumento, para que la estrella disponga de una fuente energética constante mediante la fusión *es fundamental que exista tal estado de resonancia*.

En 1954 resultó que Hoyle se hallaba visitando el Instituto de Tecnología de California y, armado con este argumento, pidió a los físcos nucleares que comprobaran si tal estado de energía existía para el núcleo del carbono. Él contaba con que dicha energía fuera algo *superior* al estado energético habitual de un núcleo de carbono. La jerga de la física nuclear contempla que un núcleo tal se encuentra en estado *excitado*. Con todo, el estado de excitación no dura mucho tiempo y el núcleo recupera su estado normal liberando su excedente de energía. Esta es la energía a que podría recurrir la estrella para continuar brillando.

Los físicos nucleares mostraron cierto escepticismo en cuanto al conjunto de esta cadena de argumentos. (¡Recuérdese el encuentro anterior de Eddington con los físicos atómicos!) Aun así, Ward Whaling, Willy Fowler y algún otro miembro del Laboratorio Kellog de Radiación del Instituto de Tecnología de California decidieron revisar aquella predicción extravagante, al menos en apariencia, de un astrofísico. Y encontraron que Hoyle estaba en lo cierto, que tal como había previsto, existía ese estado excitado del núcleo de carbono.

Como veremos en el próximo capítulo, Fred Hoyle se basó en otros argumentos para llegar a aquella sobresaliente predicción, tal vez más convincentes incluso que la necesidad de que una estrella continúe brillando incluso después de haber agotado todo el hidrógeno que podía fusionar. Por el momento, sin embargo, sigamos la evolución que experimenta la estrella.

Cuando el centro de la estrella se calienta lo suficiente, digamos hasta una temperatura de cien millones de grados, los núcleos atómicos de helio que hasta entonces yacían inertes comienzan a participar en una nueva reacción de fusión. Un conjunto de tres núcleos de helio puede combinarse para formar un núcleo de carbono en una reacción resonante. El núcleo de carbono se encuentra en un estado excitado y decae a su estado normal liberando la energía excedente (véase la figura 2.37). Observemos cómo afecta todo esto a la estructura global de la estrella.

La formación de una gigante roja

La activación de una nueva fuente de energía permite recuperar las presiones en el interior del núcleo estelar, el cual ahora deja de contraerse. Así, esas presiones logran hacer frente al empuje que ejerce la gravedad del astro hacia el interior. No obstante, el incremento de presión se restringe únicamente al centro. Para adecuarse a la nueva situación, la envoltura también desarrolla un aumento de presión que la arrastra hacia el exterior. De modo que la envoltura experimenta una expansión sostenida y acaba estabilizándose con unas dimensiones nuevas que con facilidad pueden superar en más de cien veces las originales de la estrella. Asimismo, aumenta el ritmo de emisión energética del astro, es decir, se vuelve más luminoso.

Con todo, a medida que el núcleo estelar se calienta debido a la contracción, la envoltura sufre un enfriamiento por efecto de la expansión. La temperatura en la superficie exterior puede bajar un par de millares de grados o más. Si recordamos la relación que guarda la temperatura de la superficie estelar con el color, una estrella dorada se tornará rojiza al expandirse.

Se trata de nuestra *gigante roja*. El Sol se convertirá en una de ellas cuando haya agotado su combustible de hidrógeno fusionable. En esa etapa evo-

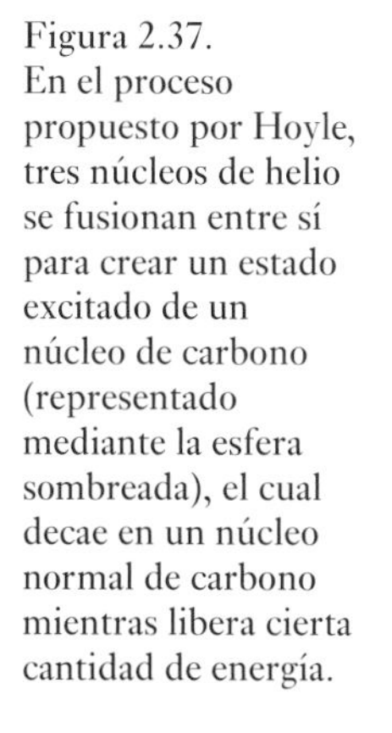

Figura 2.37. En el proceso propuesto por Hoyle, tres núcleos de helio se fusionan entre sí para crear un estado excitado de un núcleo de carbono (representado mediante la esfera sombreada), el cual decae en un núcleo normal de carbono mientras libera cierta cantidad de energía.

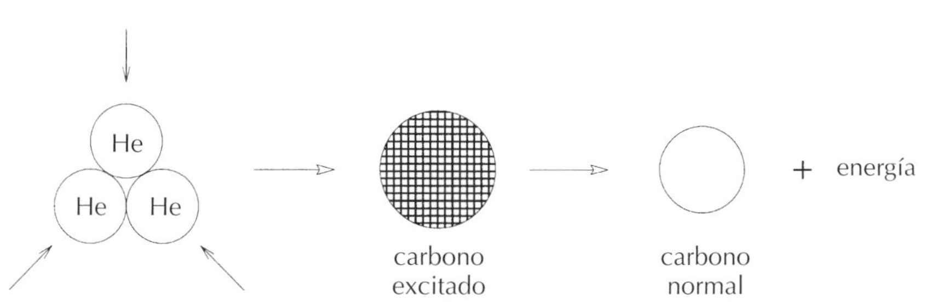

lutiva se volverá tan grande que con seguridad se tragará los planetas interiores: Mercurio, Venus y la Tierra y muy probablemente también Marte.

¿Qué ocurrirá con los habitantes de este planeta cuando se los trague el Sol? Esperemos que para entonces hayan alcanzado tal grado de desarrollo que puedan abandonar el planeta bastante antes de que la situación empeore demasiado. Tal vez prefieran asentarse en una luna joviana o en sus proximidades. En cualquier caso, por el momento no hay que preocuparse por eso, pues el evento no ocurrirá ¡hasta dentro de seis mil millones de años!

Tal vez podamos entender la historia de aquel profesor que le explicaba todo esto a su alumno en un bar y frente a una cerveza, cuando alguien de una mesa cercana y con demasiadas copas encima se les acercó tambaleándose y preguntó con gesto preocupado: «Disculpe profesor, ¿he oído bien?, ¿el Sol se tragará la Tierra dentro de seis millones de años?» «No, señor, no he dicho dentro de seis millones, sino de seis mil millones de años», respondió él. El beodo suspiró aliviado y dijo: «Ah, entonces no tengo que preocuparme.»

De gigantes a enanas

Entonces, disponemos de una teoría para explicar las estrellas gigantes rojas como astros que atraviesan una fase evolutiva en la que ya han consimido todo su combustible de hidrógeno. La estrella aumenta de tamaño y sufre un enfriamiento de la superficie exterior, pero se vuelve más luminosa. De modo que en el diagrama H-R se desplaza de la secuencia principal hacia la región superior derecha, allí donde se sitúan las estrellas gigantes. Pero, busquemos respuesta a nuestro próximo interrogante: ¿cómo surgen las estrellas enanas?

El siguiente capítulo versará sobre la evolución posterior de las estrellas que se encuentran en fase de gigantes rojas. En cambio, podemos considerar las enanas como una de las consecuencias finales de dicho estadio evolutivo, en tanto que se trata de astros que no cuentan con *ningún tipo* de combustible nuclear para quemar. Como tarde o temprano toda reserva de combustible termina agotándose, parece pertinente preguntarse qué le sucede a una estrella cuando llega a ese extremo.

Como cabría esperar, en tal situación la contracción gravitatoria del astro no encontraría ninguna oposición significativa: ante la ausencia de producción energética, las fuerzas de presión interna disminuirán hasta el punto de no oponer resistencia alguna a la fuerza de gravitación. Pero ¿puede la gravitación dominar la situación en todos los casos?

La respuesta es «No». Porque imaginemos que la materia contenida en un volumen determinado se comprimiera indefinidamente. Aumentaría de densidad y llegaría un momento en que todos los átomos que contuviera sufrirían un empaquetamiento compacto. Y en esta fase volvemos a encontramos con una limitación nueva, esta vez de naturaleza mecánico-cuántica. Es un problema que cobra relevancia en un sistema formado por partículas materiales idénticas del tipo fermiónico. (Los fermiones son partículas idénticas a un espín de 1/2, 3/2,..., cuyos ejemplos fundamentales son los electrones y los neutrones.) En el caso de las enanas blancas, tales partículas son electrones.

Recordamos aquí que los átomos de las estrellas suelen hallarse en forma de plasma, con iones de carga positiva separados de los electrones de carga negativa. El estado de un electrón cualquiera viene determinado por su energía, su momento (también llamado impulso o cantidad de movimiento) y su espín, y el nuevo principio mecánico-cuántico que rige entonces afirma que no se pueden encontrar dos electrones en el mismo estado, con la misma energía, el mismo momento y el mismo sentido de espín. Los electrones de una energía dada cuentan con un número limitado de estados posibles a su disposición porque los peldaños de la escalera energética se separan mucho más a medida que la estrella se contrae. Por eso, los electrones contenidos en la materia de alta densidad se resistirán a un empaquetamiento compacto que rebase un cierto límite. Se dice que los electrones que alcanzan dicho límite se vuelven *degenerados*.

El principio al que se ha aludido más arriba se denomina *principio de exclusión de Pauli*, en honor al físico cuántico Wolfgang Pauli, y conduce a la aparición de nuevas presiones llamadas *presiones de degeneración*. Estas presiones son las que impiden que la estrella continúe contrayéndose.

El límite Chandrasekhar

Hacia mediados de la década de 1920, el físico de Cambridge Ralph Howard Fowler se basó en el principio de Pauli para calcular los estados de equilibrio de estrellas muy densas, carentes de combustible nuclear para quemar. En tales estrellas, la presión de degeneración frena la tendencia de la gravedad a la contracción. Fowler descubrió que, en este sentido, las estrellas de *cualquier* masa podrían mantenerse en estados de equilibrio. Tales estrellas emitirían una radiación muy débil, procedente de su reserva gravitatoria, tal como se comentó con anterioridad al exponer la hipótesis Kelvin-Helmholtz para el Sol. Es decir, las estrellas se contraerán, pero a ritmos muy lentos, y emplearán la energía gravitatoria liberada en el proceso para emitir su pálida luz. Así serían las enanas blancas.

Así que se pensó que el misterio de las enanas estaba resuelto. ¡Pero no! Aún quedaba algo más.

En 1930, Subrahmanyam Chandrasekhar (figura 2.38), un joven hindú de Madrás, empezó a meditar sobre esta cuestión a bordo del vapor que lo llevaba a Inglaterra, adonde se dirigía para proseguir sus investigaciones, y encontró una laguna en la argumentación de Fowler. El problema se comprenderá mediante la analogía que ilustra la figura 2.39.

Figura 2.38.
S. Chandrasekhar.

En ella se observa un cubo llenándose de agua. Como el recipiente posee una anchura limitada, a medida que cae el agua el nivel de esta va en aumento. En el caso de una enana blanca, la compresión de la materia sometida al principio de Pauli conduce a que en un volumen determinado solo pueda acomodarse una cantidad limitada de electrones hasta un nivel concreto de energía. Si hubiera que acomodar más electrones en un volumen dado, como ocurriría en una estrella que experimentara una contracción continua, deberían ocupar niveles de energía superiores, igual que le ocurre a la altura del agua dentro del recipiente. Además, a medida que aumentara su energía, los electrones irían agitándose más deprisa. Y Chandrasekhar pudo calcular que en las estrellas más masivas dichas velocidades se acercarían a la de la luz.

Ahora bien, en 1905, Albert Einstein ya había demostrado que había que revisar las nociones de espacio y tiempo para hacerlas compatibles con los fenómenos observados en electricidad y magnetismo. En consecuencia, también había que revisar las leyes del movimiento instauradas por el formalismo de Newton en el siglo XVII. Los nuevos principios fueron conocidos como la teoría especial de la relatividad. (Consúltese el capítulo 5 para ahondar en los detalles de esta teoría.) Las modificaciones de las leyes newtonianas del movimiento se tornan relevantes para los objetos que se mueven a velocidades cercanas a la de la luz. Chandrasekhar argumentó que, por tanto, a las estrellas más masivas hay que aplicarles la teoría especial de la relatividad en lugar de las leyes newtonianas.

Chandrasekhar estudió el problema y no tardó en descubrir que la relación que vincula la presión de degeneración a la densidad de la materia varía en el régimen relativista: las estrellas más grandes son «más blandas». Por eso, había que rectificar el resultado anterior de Fowler, basado en las ideas newtonianas. En concreto, Chandrasekhar descubrió que existe un límite para la masa de una estrella por encima del cual no puede apelarse a las presiones de degeneración para que la sostengan. Este límite de masa equivale a 1,4 veces la masa del Sol. *Es decir, las estrellas un 40 por ciento más masivas que el Sol no pueden existir en forma de enanas blancas.*

Se trató, en verdad, de una conclusión notable que demostró de manera sorprendente que las leyes del mundo microscópico pueden determinar las propiedades de objetos tan colosales como las estrellas. Luego, cuando el 10 de enero de 1935 presentó sus resultados en la augusta reunión de astrónomos de la Royal Astronomical Society durante el tradicional encuentro

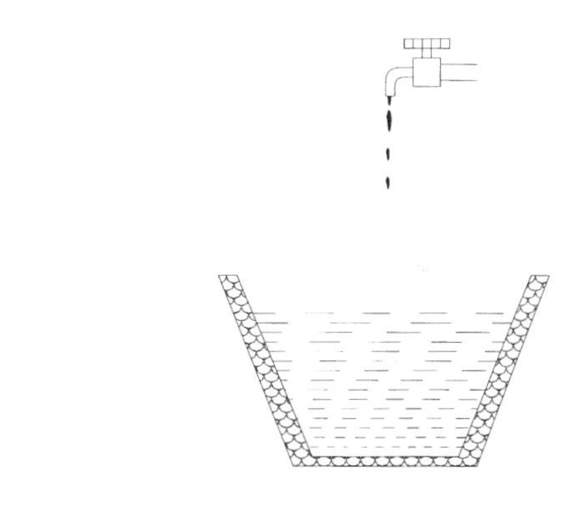

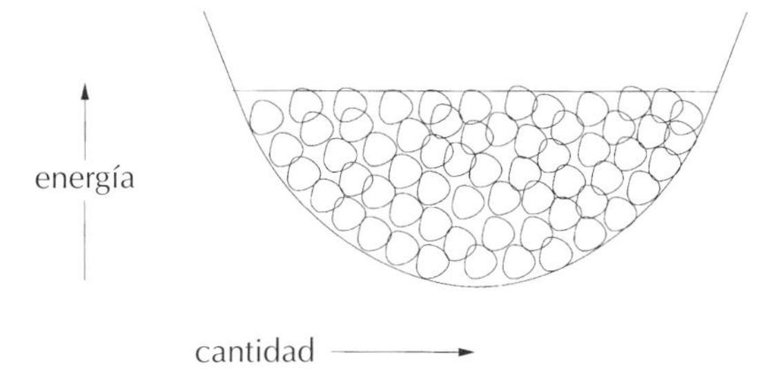

Figura 2.39.
En la figura superior se observa cómo va aumentando el nivel del agua en un cubo a medida que se llena más y más. En una estrella densa, la contracción incrementa la densidad de los electrones y eso los obliga a ocupar niveles cada vez mayores de energía a medida que van cubriendo todo el espacio limitado de que disponen.

que tiene lugar el segundo viernes de cada mes, Chandrasekhar recibió una inesperada acogida hostil por parte del mismísimo señor Eddington.

Lo que inquietó a Eddington de las conclusiones de Chandrasekhar fue una consecuencia importante que se derivaba de aquel límite crítico de masa en las enanas blancas. Podemos asegurar que las estrellas de masa inferior a dicho límite continuarían existiendo como enanas blancas, pero ¿qué ocurre con las estrellas cuya masa *rebasa* el límite? ¿Qué futuro le espera a semejante estrella si carece de presiones de degeneración en su interior? Seguiría contrayéndose y emitiendo radiación, pero ¿cuál sería el punto final del proceso? Eddington arguyó:

> Supongo que la estrella continuará radiando y contrayéndose hasta que cuente con unos pocos kilómetros de radio, momento en que la gravedad se volverá lo bastante intensa como para retener la radiación y permitir que la estrella acabe encontrando el descanso... Varios accidentes pueden intervenir para salvar una estrella, pero yo aspiraría a una protección mayor que esa. ¡Creo que debe haber una ley de la naturaleza para impedir que una estrella se comporte de ese modo absurdo!

Eddington consideró, pues, que los pasos seguidos por Chandrasekhar para llegar a una conclusión tan «absurda» tenían que estar equivocados. Y el peso de su autoridad y de su persona contribuyeron en gran medida a convencer en el encuentro de la Royal Astronomical Society de que él tenía la razón.

Sin embargo, con el tiempo se demostró que Chandrasekhar estaba en lo cierto y el límite de masa que él dedujo para las enanas blancas se conoció como *límite de Chandrasekhar*. La masa de las enanas blancas tiene que encontrarse por debajo de ese límite que ha sido corroborado incluso por las observaciones.

Y, ¿qué les sucede a las estrellas que por desgracia sobrepasan ese límite máximo de masa? Curiosamente, Eddington acertó en la previsión que emitió acerca de su futuro, pero entonces aún no se habían confirmado sus expectativas acerca de cómo reaccionaría la naturaleza. Porque la naturaleza tiene la costumbre de desbordar las previsiones humanas y llevar a resultados más espectaculares de lo que la mente llega a imaginar.

Si Eddington se hubiera tomado en serio los resultados de Chandrasekhar, también habría obtenido crédito por su predicción de los *agujeros negros*. Pero seguiremos esta historia en el capítulo 6.

Tercera maravilla
Cuando explota una estrella...

Un acontecimiento que duró siglos

¿Qué tienen en común los siguientes personajes: un emperador chino de la dinastía Song, un médico erudito de Oriente Medio, las tribus indígenas de Norteamérica, todas las personas que vivieron durante el siglo XI y los astrónomos del siglo XX?

¿Suena a pregunta de concurso? ¡Bien podría serlo!

Una respuesta críptica diría: todos ellos presenciaron un acontecimiento cósmico espectacular que aún hoy sigue observándose, un evento contemplado por primera vez desde la Tierra el 4 de julio de 1054, aunque su rastro continúa estudiándose en la actualidad y seguirá ocupando a los astrónomos durante los años venideros.

Aquel acontecimiento, y otros similares, merece con creces constar en nuestra lista de maravillas cósmicas.

Comencemos con los chinos, a quienes debemos la conservación de registros con nueve siglos y medio de antigüedad.

La estrella invitada

En la *Historia de la Dinastía Song* escrita por Ho Peng Yoke se describe el siguiente suceso:

> En un día Chi-Chhou del quinto mes durante el año del reinado de Chi-Ho, apareció al sureste de Thien-Kaun una estrella invitada con una dimensión de varios centímetros. Pasado más de un año se extinguió...

¿De qué se trataba? ¿Cómo se detectó su presencia? ¿A qué se aludía con una estrella invitada?

Para encontrar respuestas debemos retroceder un milenio hasta la tradición china que imperaba en aquel entonces, según la cual el emperador que gobernaba alzaba la mirada al cielo en busca de «señales» que enviara el Todopode-

Figura 3.1. La Nebulosa del Cangrejo es el residuo en expansión de una estrella que vieron explotar los astrónomos chinos en el año 1054 d.C. Esta imagen ha sido reconstruida por David Malin a partir de una fotografía obtenida por el telescopio Hale en la década de 1960 (imagen cedida por David Malin, Jay Pasachoff y el Instituto de Tecnología de California).

roso, solo en el caso de que se hubiera apartado de la senda recta y estrecha de la equidad y la justicia. Ante el temor de verse obligado a pagar un grave castigo por no haber advertido la señal, el emperador se aseguraba de que se efectuara una observación cuidadosa de los cielos. La tarea del astrólogo de la corte consistía en guardar vigilia e informar al emperador de cualquier acontecimiento inusual. En este contexto se percibió y registró de manera pertinente, tal como se transcribe más arriba, aquel evento singular. El 4 de julio del año 1054 es la fecha equivalente a dicho registro chino en nuestro calendario actual. La expresión «estrella invitada» indica que la estrella no se encontraba en el firmamento hasta el momento del evento; o, mejor, digamos que antes del suceso el astro no llegaba a observarse, y lo mismo ocurrió cuando concluyó el acontecimiento: la estrella desapareció de los cielos. Los chinos acostumbraban a describir esos objetos transitorios como estrellas invitadas. La visión de aquel astro se anotó asimismo en Japón, donde también eran los astrólogos quienes se encargaban de efectuar un registro meticuloso del firmamento.

En realidad, la estrella, que tal vez hasta entonces tenía muy poco brillo, se volvió tan refulgente en un principio que podía verse incluso en pleno día, en tanto que durante la noche era cinco veces más brillante que el planeta Venus al amanecer o al atardecer. De hecho, durante el máximo de brillo, su luz permitía leer en plena noche.

En cambio, la estrella invitada no mantuvo su brillo inicial y empezó a extinguirse. Si volvemos a recurrir a las anotaciones antiguas, hoy se puede deducir que el objeto fue visible a la luz del día a lo largo de unas veintitrés jornadas, y siguió resultando un astro destacado en el firmamento nocturno por unos seis meses. Con el tiempo, al cabo de dos años, dejó de verse. Según las crónicas, el objeto se encontraba en la región la estrella tseta Tauri, en la constelación del Toro. ¿Qué se observa hoy en ese punto?

La figura 3.1 presenta una fotografía de ese lugar, donde, como es natural, a simple vista no se aprecia nada. La imagen fotográfica muestra una estructura notable de aspecto nebuloso y con varios filamentos que sobresalen. Su forma recordó a los astrónomos a un cangrejo, de modo que este objeto fue bautizado con el nombre de Nebulosa del Cangrejo. Sin duda alguna, hoy en día tienen que seguir ocurriendo allí procesos muy violentos a juzgar por la gran distorsión que presenta su aspecto.

Más tarde volveremos a esa figura extraña. Pero antes consideremos otra evidencia de su observación desde un lugar muy diferente del mundo.

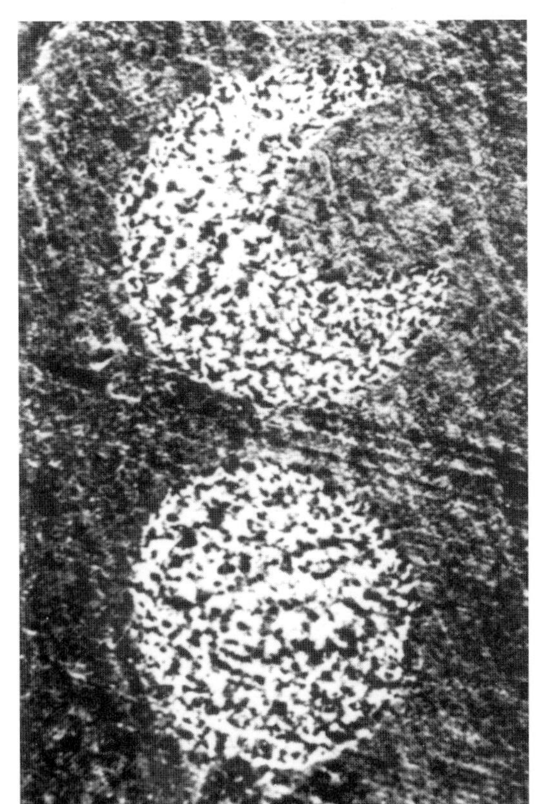

Figura 3.2.
Pictograma procedente de la región Navajo Canyan que podría representar el acontecimiento astronómico excepcional que contempló la cultura de los indios Pueblo en el año 1054 d.C. (fotografía de William C. Miller, ya fallecido).

Figura 3.3.
Petroglifo que recoge el mismo evento que el que reproduce la figura 3.2, encontrado en la región White Mesa (fotografía de William C. Miller, ya fallecido).

Dibujos en piedra

En 1955, William C. Miller publicó un opúsculo auspiciado por la Sociedad Astronómica del Pacífico, en el que presentaba evidencias de que la cultura de los indios Pueblo de Norteamérica presenció el evento de 1054 y lo recogió, no en papel, sino mediante pinturas en piedra, dibujos que han perdurado hasta hoy.

En las figuras 3.2 y 3.3 se aprecian dos tipos distintos de inscripciones. En la primera figura se muestra un *pictograma* rupestre, una imagen dibujada sobre roca con pinturas o con tiza (o con alguna piedra que pinte igual que la tiza). Esta imagen procede de la zona Navajo Canyan. La segunda figura muestra un *petroglifo*, que consiste en una figura grabada en la roca con un instrumento punzante. Procede de la región White Mesa. El objeto en forma de hoz es, por supuesto, la Luna. Pero ¿qué es el cuerpo cercano a ella? Y, ¿por qué los cuernos de la Luna apuntan en direcciones contrarias en uno y otro dibujo?

En los documentos chinos se aprecia con facilidad que en el momento en que el objeto fue divisado por primera vez y lucía con su máximo brillo, la Luna mostraba una fase muy fina, como una delgada hoz. La estrella invitada pudo encontrarse muy próxima a la Luna y ello justifica su identificación con el objeto circular que aparece en las pinturas. Es más, estas fueron halladas en lugares que permiten contemplar con claridad el horizonte oriental. Teniendo en cuenta que aquella vista debió de presentarse cerca del horizonte oriental, se puede atribuir relevancia a la ubicación de las pinturas.

¿Podrían representar esos dibujos alguna otra visión más común y familiar a sus observadores, como, por ejemplo, alguna ocultación de Venus? Miller cree que no, porque tales acontecimientos se repiten al cabo de varios años y en consecuencia sería de esperar que hubiera muchas más pinturas similares. Más bien se podría concluir que las tribus no solían interesarse por la astronomía, pero que aquel evento las impresionó lo bastante como para que lo inmortalizaran sobre piedra.

En lo que atañe a la representación de la fase lunar con orientaciones opuestas, Miller considera que los artistas tal vez pintaron sus obras mirando la imagen original por encima de sus hombros y sufrieron así una confusión entre derecha e izquierda. ¿Cómo pintarían ustedes una Luna creciente dándole la espalda, mirándola por encima de los hombros? ¡Prueben a hacerlo!

Observación desde Oriente Medio

El 29 de junio de 1978, Kenneth Brecher, del Instituto de Tecnología de Massachusetts, y Elinor y Alfred Lieber, de Jerusalén, enviaron una carta a la prestigiosa revista *Nature* presentando evidencias de que aquella misma visión sorprendente había sido contemplada y documentada en Oriente Medio por un médico cristiano de Bagdad, llamado Ibn Butan. Aunque no se trataba de un astrónomo ni astrólogo profesional, Ibn Butan, al igual que sus coetáneos dedicados a la medicina, sentía interés por la posibilidad de que las enfermedades terrestres guardaran relación con el devenir del cosmos. La biografía de Ibn Butan quedó recogida por Ibn Abi Usaybia en una enciclopedia biográfica que data del año 1242 d.C. y que reproduce el relato de Ibn Butan. Algunos fragmentos de su testimonio resultan esclarecedores:

> Una de las epidemias más conocidas de nuestra época es la que se produjo en el año 446 de la héjira cuando una estrella espectacular apareció en Géminis. Durante el otoño de aquel año quince mil personas recibieron sepultura en la iglesia de Lucas, después de que todos los cementerios de Constantinopla quedaran copados... La aparición de aquella estrella espectacular en la constelación de Géminis... provocó que la epidemia estallara en Fustat, donde nivel del Nilo era bajo en el momento de su aparición en el año 445 de la héjira...

El texto mide el tiempo de acuerdo con el calendario islámico, cuyo año 446 equivale al periodo del 12 de abril de 1054 al 1 de abril de 1055 d.C., el cual abarca las fechas en las que los chinos detectaron su estrella invitada. Los autores de la carta atribuyen la aparente discordancia que se aprecia en el año 445 de la héjira y su vinculación al Valle del Nilo a un error de transcripción cometido por el biógrafo, Ibn Abi Usaybia, puesto que en algún otro lugar de la enciclopedia se comprueba que la fecha era el año 446 de la héjira. Ibn Butan parece afirmar que este evento ocurrió en verano y que provocó la epidemia durante el otoño siguiente, cuando el Nilo estaba bajo. Eso sitúa el acontecimiento en el verano de 1054, lo cual coincide con la datación más precisa que efectuaron los chinos, el 4 de julio de 1054 d.C.

Pero aún queda un punto por aclarar. La Nebulosa del Cangrejo se encuentra en la constelación de Tauro, mientras que Ibn Butan alude a Géminis. Sin embargo, teniendo en cuenta la precesión constante que experimenta el eje de rotación de la Tierra se observa que unos mil años atrás la Nebulosa del Cangrejo tenía que aparecer en el signo zodiacal de Géminis.

Tenemos, pues, tres fuentes distintas de información acerca de la contemplación de un evento cósmico único, procedentes de China y Japón en el este asiático, de Oriente Medio en el oeste asiático y del continente americano en el hemisferio occidental. ¿Por qué no disponemos de testimonios de origen hindú o europeo? La astronomía era floreciente en la India en aquel entonces y un acontecimiento tal tendría que haber sido presenciado al menos en alguna zona del subcontinente indio, a pesar de que julio es la época del monzón. La explicación podría radicar en que no existe mucha tradición escrita en la India que date de aquella época, ya que entonces la erudición daba más importancia a la lectura de los textos antiguos que a la elaboración de otros nuevos. Con todo, se están realizando varios intentos para encontrar viejos documentos de aquella época que cuando menos pudieran contener referencias indirectas a aquel evento.

¿Y Europa? ¿Por qué los europeos, con su larga tradición de conservación y elaboración de manuscritos, no documentaron ese suceso? El astrofísico Fred Hoyle y el historiador científico George Sarton han argumentado por separado que las creencias religiosas de aquellos días asumían que Dios había creado un cosmos perfecto y que, en consecuencia, tal vez ningún nuevo fenómeno, por ejemplo aquel, fue considerado lo bastante verosímil como para documentarlo. De modo que los estudiosos de los monasterios decidieron ignorar lo que vieron. ¡Tal vez!

Pero consideremos la interpretación moderna de aquel acontecimiento.

La supernova del Cangrejo

Hacia 1731, un médico y astrónomo aficionado inglés llamado John Bevis encontró una nebulosa brillante en la constelación de Tauro. En 1578, Charles Messier comenzó a elaborar su célebre catálogo de los objetos nebulosos brillantes que pueblan el firmamento e incluyó aquel cuerpo luminoso como M1. La figura 3.1 ilustra ese objeto destacado. Como ya se ha mencionado, a finales del siglo XIX recibió el nombre de *Nebulosa del Cangrejo* debido a su estructura filamentosa semejante a la de los cangrejos. Como su ubicación encaja con los antiguos registros chinos y como el entorno físico constituido por la nebulosa se corresponde con el remanente de lo que fue aquel evento, los astrónomos están convencidos de que la estrella invitada no desapareció realmente, sino que sigue presente en la forma de la Nebulosa del Cangrejo. Este objeto dista de nosotros alrededor de 5.000 años-luz y toda la estructura que muestra la figura 3.1 posee una extensión de entre 5 y 10 años-luz.

Eso es lo que queda hoy del acontecimiento que presenciaron los chinos hace nueve siglos y medio. Antes de analizar el hecho en sí, nos desviaremos un tanto para introducir un elemento de prudencia que todo astrónomo debe tener en cuenta a la hora de interpretar fotografías cósmicas[1].

[1] Recordamos a los lectores que un año-luz es la distancia que recorre la luz en un año; su valor aproximado equivale a diez billones de kilómetros.

Fotografías engañosas

En la figura 3.4 se reproduce la fotografía de una mujer junto a una niña. La interpretación habitual de una fotografía semejante considerará que la mujer es la madre de la nena. Pero ¿qué tal si les digo que es justamente al contrario? Imposible, dirán ustedes..., a menos que la fotografía de cada una se haya realizado en diferentes momentos y luego se hayan combinado las imágenes en una sola. La madre fue fotografiada cuando era pequeña, mientras que la hija se fotografió hace poco.

Las tomas astronómicas suelen ser de este tipo. Cuando una placa fotográfica captura la imagen de una estrella o galaxia, se debe a que ha sido imprimida por la luz que alcanza la placa procedente del objeto en cuestión. Si el objeto se encuentra, digamos, a mil años-luz de distancia, su luz habrá tardado mil años en viajar hasta aquí. En otras palabras, la fotografía reproduce el aspecto de la fuente *mil años atrás*, no su aspecto *actual*. De modo que si la placa muestra dos estrellas juntas, no las observamos tal como son hoy en día, sino tal como eran cuando emitieron la luz que hoy nos llega a

Figura 3.4.
En esta fotografía de madre e hija, ¿quién es la madre?

nosotros. Por tanto, una estrella cercana puede parecer más antigua que una estrella lejana cuando lo cierto sea lo contrario.

Regresando ahora a la Nebulosa del Cangrejo, el objeto que muestra la fotografía se encuentra a unos 5.000 años-luz de distancia. De modo que cuando los chinos contemplaron aquella «estrella invitada» en el año 1054 d.C., hacía ya 5.000 años que el acontecimiento cósmico se había producido. De manera semejante, cuando hoy en día vemos la figura 3.1 estamos contemplando lo que ocurrió en el objeto 5.000 años atrás. Y si queremos saber qué acontece allí *hoy* tendremos que aguardar otros 5.000 años.

Estrellas que explotan

Una vez aclarada la cuestión de este factor temporal, indaguemos en lo que ocurrió en realidad cuando los chinos observaron la aparición y la extinción de una estrella. Reuniendo todos los registros escritos del evento y cotejándolos con las teorías estelares modernas, se concluye que el suceso consistió en la conversión de una estrella en una *supernova*, un proceso que implica la expulsión de la mayor parte de la envoltura exterior estelar mediante una explosión colosal.

¿Por qué explotó la estrella? ¿Se trató de un acontecimiento singular, o todas las estrellas explotan? Y, ¿han contemplado los astrónomos explosiones similares en años posteriores?

Abordaremos todas estas cuestiones, aunque no necesariamente en el mismo orden. Por ejemplo, considerando en primer lugar el último interrogante planteado, con posterioridad se han observado acontecimientos semejantes dentro de nuestra propia Galaxia. Así, en el año 1574, el célebre astrónomo Tycho Brahe observó una supernova, y tres décadas más tarde, en 1604, el ex colaborador de Tycho y astrónomo distinguido por méritos propios Johannes Kepler divisó otra. Desde entonces no se ha contemplado ninguna otra supernova en la Galaxia; de hecho, no se ha divisado ninguna desde que el telescopio se aplicó a la astronomía (en 1609). Esto no significa que en nuestra Galaxia se produzcan supernovas con la frecuencia de una cada varios siglos. Se las considera mucho más comunes: en promedio en la Galaxia explota una estrella cada veinte años. Tal como se explica en la figura 3.5, la Galaxia posee unas dimensiones vastísimas y la luz procedente de otras regiones galácticas sufre cierta absorción, de modo que la mayoría de estos acontecimientos quedan vetados a nuestra vista. Las tres supernovas que hemos llegado a contemplar se encontraban en las zonas galácticas más accesibles a nosotros.

No obstante, todos los años se observan supernovas en otras galaxias, y se catalogan cronológicamente tomando su año de aparición y acompañándolo de una letra del alfabeto. Así, la supernova 1987A fue la primera que se divisó en el año 1987. Más adelante mencionaremos algo más sobre esta supernova en particular.

Por el momento, enfrentemos la pregunta de *por qué explotan las estrellas.*

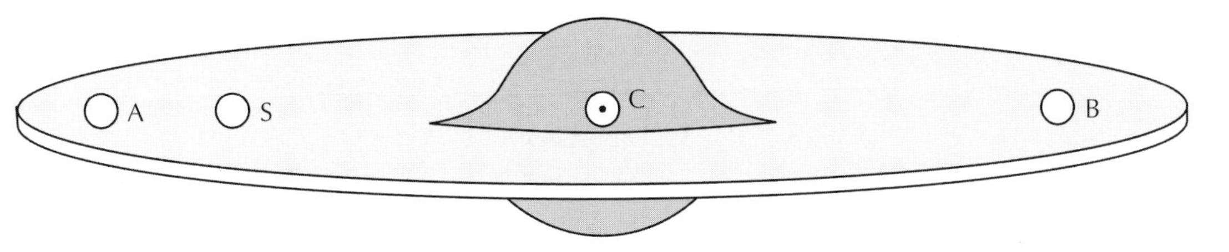

Figura 3.5.
Nuestra Galaxia consiste en una agrupación de cien o doscientos mil millones de estrellas que se distribuyen sobre un disco con una ligera protuberancia en su centro. Nosotros nos encontramos a unos dos tercios del centro hacia el borde del disco, en el punto que se indica en la figura con la letra *S* de Sol. La distancia de *S* al centro galáctico *C* supera los 30.000 años-luz. Una supernova típica puede ocurrir cerca de la zona central de la Galaxia o en un lugar más alejado en el disco, como el punto *B*. Una supernova que se produjera en ese punto no sería visible desde *S* debido al fenómeno de absorción que induce la materia interpuesta que contiene la Galaxia. En cambio, una supernova próxima a nosotros, en un punto como *A*, sería visible, pero ocurren en cantidades más bien pequeñas.

La evolución de una estrella gigante

En el libro que publicó en 1606 con el título *De stella nova* (*La estrella nueva*), Kepler conjeturó que una supernova debía resultar de alguna concentración aleatoria de partículas de materia en los cielos. En sus propias palabras:

> no es mi opinión sino la de mi esposa: Ayer, fatigado ya de escribir, me llamaron para cenar y me sirvieron la ensalada que había pedido. «Parece», dije, «como si los platos de peltre, las hojas de lechuga, los granos de sal, las gotas de agua, el vinagre, el aceite y los trozos de huevo hubieran estado flotando en el aire durante una eternidad hasta que al fin por casualidad acabaron formando una ensalada». «Sí», respondió mi amada, «pero no tan buena como esta mía».

La interpretación moderna considera una supernova como la última etapa evolutiva de una estrella muy masiva, la fase que alcanza una gigante roja cuando pierde la capacidad de mantener su equilibrio. ¿Cómo se llega a esta etapa?

El capítulo anterior trató la fase evolutiva estelar de gigante roja para una estrella como el Sol, la cual sobreviene cuando la estrella agota su combustible de hidrógeno e inicia la explotación de otra fuente energética, a saber, la fusión de helio. Vimos que, al producirse ese cambio en el interior estelar, la envoltura exterior del astro se expande. La expansión de los gases contenidos en la envoltura induce un descenso de temperatura en la superficie estelar y esto se traduce en que la estrella aparece mayor pero más rojiza.

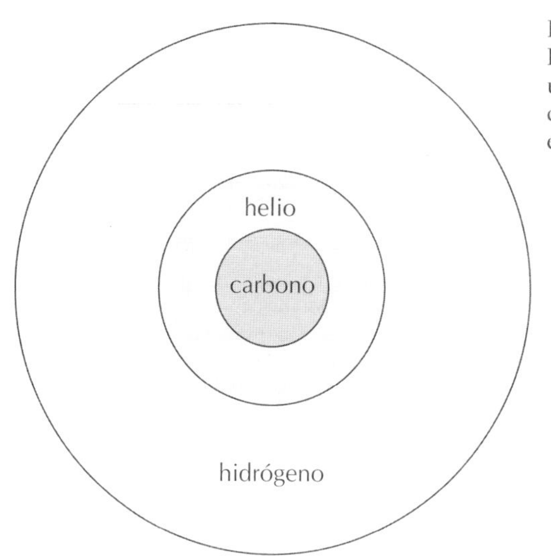

Figura 3.6.
Esquema de las tres capas que conforman la estructura de una gigante roja, las cuales contienen carbono en su parte central, helio en una envoltura interna e hidrógeno en el exterior.

Reanudaremos la historia a partir de este punto. La figura 3.6 ilustra el estado al que llega una estrella cuando consume todo su núcleo de helio mediante ese proceso de fusión. En esta fase, la parte central contiene carbono rodeado de una capa de helio a temperaturas demasiado bajas para que llegue a funsionarse, que a su vez se encuentra circundada por una envoltura de hidrógeno aún más frío que el anterior. Cuando pierde la capacidad de explotar sus reservas de helio, la estrella vuelve a encontrarse en una encrucijada.

Recordemos que el proceso de producción energética en el centro del astro era lo que conservaba las altas presiones y temperaturas en el núcleo y mantenía su equilibrio frente a la tendencia a contraerse hacia el interior inducida por la fuerza gravitatoria de la propia estrella. Una vez agotada la fuente de energía, nada impide la contracción del núcleo hacia el centro. Y a medida que ocurre esto se desarrolla una situación nueva.

Debido a la contracción, el núcleo se calienta hasta alcanzar un nivel de temperatura al que vuelve a iniciarse una nueva reacción de fusión. En este caso, la reacción recurre a los núcleos de carbono que se hallan en el centro y a los núcleos de helio que circundan los anteriores, para formar núcleos atómicos aún mayores, esta vez consistentes en oxígeno (véase la figura 3.7).

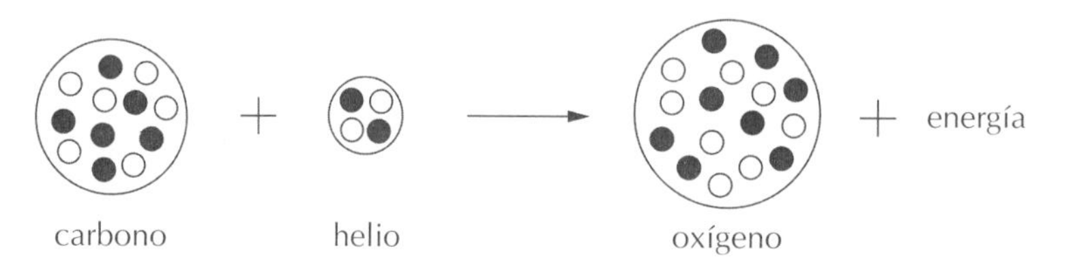

Figura 3.7.
El núcleo atómico de carbono posee 12 partículas, mientras que el núcleo de helio solo tiene cuatro. La fusión de ambos elementos da como resultado la formación de un núcleo de oxígeno con 16 partículas. Los protones se representan mediante círculos sombreados y los neutrones mediante círculos blancos. Este proceso libera una energía que permite a la estrella seguir brillando.

Esta reacción conlleva un efecto triple. En primer lugar, al aportar otra fuente energética favorece, por supuesto, que la estrella brille con vigor renovado y con mayor luminosidad. En segundo lugar, estabiliza el núcleo, es decir, procurando las presiones adecuadas pone freno a la contracción. En tercer lugar, motiva que la envoltura externa continúe expandiéndose hasta ajustarse a las nuevas presiones internas. Y dicha expansión enfría la envoltura y esta parece aún más rojiza. Tal como muestra la figura 3.8, en el diagrama H-R, la posición de la estrella sube y se desplaza hacia la derecha.

Detengámonos a comentar un comportamiento peculiar de la estrella al compararlo con los cánones que imperan en la vida cotidiana. La experiencia nos dice que, al poner un cuerpo caliente en contacto con otro frío, el calor del primero pasa al segundo, con la consecuencia de que el cuerpo caliente se enfría y el que estaba frío se calienta hasta que ambos adquieran la misma temperatura.

Imaginemos ahora un experimento mental en el cual conectamos una estrella caliente con otra fría mediante un hilo conductor. Es de esperar que el calor pase de la estrella caliente a la fría, y de hecho así ocurre. Pero a medida que la estrella caliente pierde energía en el proceso, nos encontramos con que también disminuyen sus presiones internas y, por tanto, su fuerza gravitatoria la empujará hacia el centro hasta que recupere el estado de equilibrio. En este punto, la estrella habrá vuelto a calentarse debido a la compresión que experimenta.

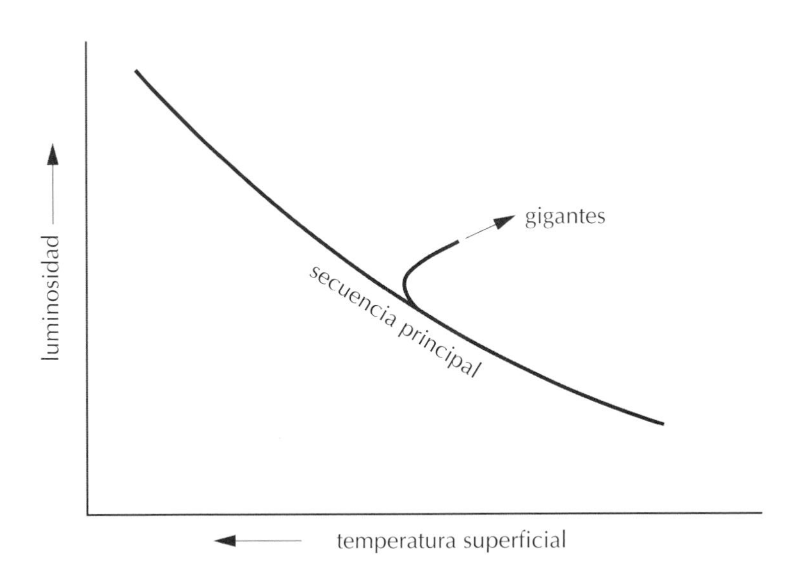

Figura 3.8.
Este diagrama H-R ilustra el desplazamiento de la estrella hacia la rama de las gigantes, en la dirección que indica la flecha.

De forma similar, la estrella fría adquiere energía, lo cual estimula su presión interna y la hace expandirse hasta lograr un nuevo estado de equilibrio. Y en ese momento, la expansión habrá enfriado la estrella más que antes. En otras palabras, ¡la estrella caliente habrá ganado temperatura y la estrella fría se habrá vuelto más fría!

Aunque no podamos conseguir que se den las condiciones necesarias para realizar este experimento mental en el mundo real, las gigantes rojas nos proporcionan un ejemplo muy parecido. Adviértase que el núcleo y la envoltura de la estrella se encuentran en contacto, y que mientras el núcleo gana calor en cada nueva etapa, la envoltura se vuelve más fría.

Este comportamiento extraño se debe, por supuesto, a la fuerza de la gravedad, la cual determina siempre la condición de equilibrio de la estrella. En el capítulo 5 comentaremos efectos aún más singulares de la gravedad.

El origen de los elementos químicos

Retomando la estrella en evolución, tarde o temprano volveremos a plantearnos qué ocurre cuando se consume el combustible de carbono. Con el tiempo tendrá que agotarse. Y de nuevo podemos predecir las consecuencias. El núcleo se contrae y se calienta hasta que la temperatura permite que se desencadene otra reacción. En este caso, el oxígeno se combina con el helio para generar neón, cuyo átomo alberga 20 partículas en su núcleo. La fusión vuelve a liberar una energía que permite al astro seguir existiendo durante otro periodo de tiempo y la estrella continúa avanzando por la rama de las gigantes en el diagrama H-R.

Por consiguiente, disponemos de una secuencia de reacciones que generan núcleos atómicos cada vez más pesados, de tal suerte que el número de partículas existentes en cada núcleo sucesivo es cuatro veces superior que en el núcleo anterior, porque la fusión con un núcleo de helio añade cuatro partículas cada vez. La secuencia de elementos creados de este modo es: carbono (12), oxígeno (16), neón (20), magnesio (24), silicio (28), azufre (32), etc., los cuales forman una «escalera de partículas alfa», así llamada porque el núcleo de helio también se conoce como *partícula alfa*.

¿Hasta cuándo se prolongará la secuencia? La respuesta se encuentra en la física nuclear. Echemos una mirada a la fuerza que mantiene unido un núcleo atómico.

Como vimos en el capítulo anterior, se trata de una fuerza que ejerce gran atracción pero que cuenta con un alcance muy corto, por lo general una milbillonésima parte de un metro. La fuerza que actúa en este intervalo es más intensa que la repulsión eléctrica que existe entre dos protones. De modo que, para crear núcleos cada vez mayores, en principio sirve de ayuda ir añadiendo cada vez más neutrones y protones, en tanto que la fuerza nuclear de atracción no solo favorece la adición de más partículas en el conjunto, sino que también crece en intensidad con cada nueva incorporación.

El trabajo aportado al núcleo atómico por las partículas que se incorporan al mismo, se añade a las reservas energéticas de que dispone la estrella para seguir radiando. Ahí estriba la causa de que la fusión de más partículas en el interior de un núcleo ya existente permita que la estrella continúe brillando. Sin embargo, esto no puede durar siempre. Del mismo modo que un gran imperio pierde su cohesión cuanto más se expande, o al igual que un ejército en guerra pierde efectividad si su línea de aprovisionamiento se alarga demasiado, así un núcleo atómico se desestabiliza a medida que adquiere un tamaño excesivo. Y ello ocurre por dos motivos. Por un lado, el alcance de la fuerza de atracción entre las partículas es muy limitado y, si dos partículas distan mucho una de otra, dejarán de atraerse entre ellas. Por otro lado, la adición de protones al sistema incrementa la repulsión electrostática, lo cual debilita la cohesión del núcleo.

Por tanto, cuando el número de partículas nucleares alcanza la cifra de 56, el núcleo llega a un punto en que cualquier otra adición se torna contraproducente. Es decir, el nuevo núcleo no mantiene su cohesión con la misma intensidad que el núcleo precedente y la estrella deja de obtener energía mediante procesos de fusión. La figura 3.9 ilustra cómo varía la cohesión de los núcleos atómicos con la incorporación de más y más partículas. En principio aumenta, pero después decrece.

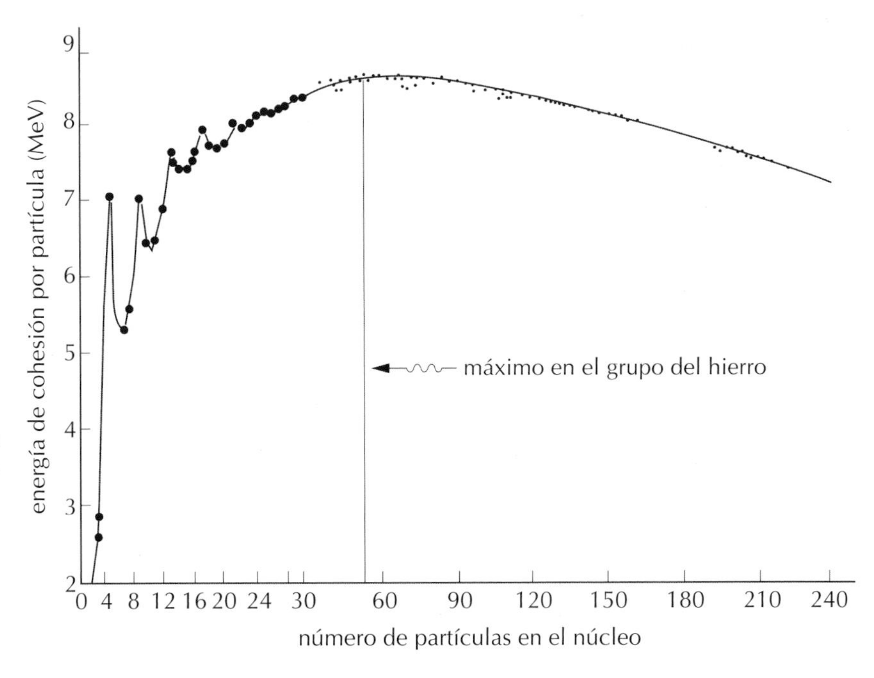

Figura 3.9.
Esta curva muestra que el máximo del poder de cohesión en un núcleo atómico se alcanza cuando el elemento pertenece al grupo del hierro, con unas 56 partículas en el núcleo.

Los átomos que cuentan con una cohesión máxima son el hierro, el cobalto y el níquel. Con ellos, la estrella llega al final del camino de la producción energética. En esta etapa, su centro habrá alcanzado una temperatura de varios *miles de millones* de grados. Pero ya no dispone de más fuentes energéticas a las que recurrir. ¿Que sucede después?

Esta cuestión fue discutida por cuatro astrofísicos en 1956, dentro del extenso campo teórico del origen de los elementos químicos. Se trataba de Geoffrey y Margaret Burbidge, William Fowler y Fred Hoyle, y la pregunta que se plantearon rezaba así: ¿Cómo llegó a tener el universo la gran variedad de elementos químicos que hallamos en él? Y, ¿podemos conocer sus abundacias relativas?

Las observaciones astronómicas permiten obtener una estimación bastante razonable de esas abundancias relativas. Los medios para lograrlo deben buscarse en la rama de la espectroscopia, tal y como revelamos al tratar el tema de las estrellas (consúltese el capítulo 2). Burbidge, Burbidge, Fowler y Hoyle (a quienes se conoce con el acrónimo conjunto B^2FH y que aparecen en la figura 2.36) trazaron el proceso escalonado de creación de núcleos cada vez más grandes hasta llegar al hierro. Asimismo, mostraron que los procesos rápidos y lentos relacionados con la adición de neutrones y con su desintegración pueden favorecer el desarrollo de elementos más pesados como el oro, la plata, el uranio, etc., aunque tales procesos no suministran energía a la estrella.

Una consideración antrópica

En el capítulo anterior expusimos cómo predijo Fred Hoyle la existencia de un estado excitado del núcleo atómico de carbono al estudiar las estrellas que acaban de consumir su hidrógeno en procesos de fusión. La razón por la que Hoyle estaba seguro de la existencia de ese estado excitado radicaba en que solo entonces puede producirse una fusión resonante de tres núcleos de helio para producir uno. La «resonancia» ayuda a acelerar un proceso que en caso contrario se produciría con lentitud, ya que resulta bastante improbable que tres núcleos de helio se unan al mismo tiempo. La reacción resonante prolonga el brillo de la estrella y le permite llegar a la fase de gigante estelar. El hecho de que las estrellas gigantes existan implica necesariamente la existencia de un proceso como este que las surta de energía.

Pero Hoyle encontró un argumento aún más contundente para sostener su conjetura: sin ese estado de excitación, no parecía existir modo alguno de que se formaran elementos como el carbono o el oxígeno. Imaginemos un universo sin esos elementos. Un inconveniente fundamental sería que no albergaría vida, al menos del tipo que conocemos, pues el carbono y el oxígeno constituyen elementos esenciales para la gestación de la vida que presenta la Tierra. Por tanto, el hecho de que los seres humanos estemos aquí, dedicados a observar el universo, indica que el camino para la formación del carbono y del oxígeno ¡tiene que estar abierto!

¿Qué provoca la explosión de una estrella?

De modo que en el momento en que se forma el grupo de elementos del hierro, la estrella adquiere la estructura de «cebolla» que ilustra la figura 3.10. Los elementos del grupo del hierro se encuentran en el núcleo estelar y las capas que lo circundan consisten en elementos cada vez más ligeros. La estrella alcanza entonces un estado crítico de su existencia porque ahora entran en consideración otros factores; factores que determinan si la estrella sobrevivirá o explotará.

Tal vez sirva de ayuda una analogía con la especie humana. Los médicos recomiendan que al llegar a la madurez nos mantengamos dentro de un límite moderado de peso. Un sobrepeso excesivo puede conllevar enfermedades tales como hipertensión, cardiopatías, etc. De manera que quienes actúan con prudencia eliminan el exceso de peso haciendo ejercicio y dieta, y tal vez disfruten de una vida larga y saludable. En cambio, es muy probable que quienes no tengan esto en cuenta lo paguen con una muerte prematura.

También las estrellas poseen un límite de masa, el cual equivale a seis masas solares. Las estrellas por debajo de ese límite durante su fase de gigan-

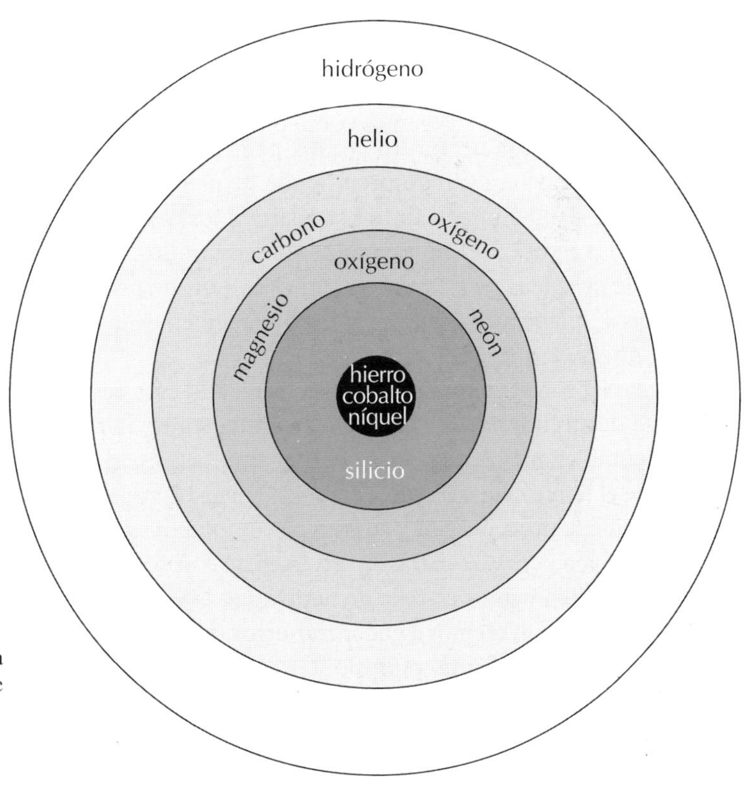

Figura 3.10.
Cuando la estrella concluye la síntesis de núcleos a través de la fusión, adquiere una estructura formada por varias capas, similar a la de una cebolla. A medida que se avanza hacia el exterior, las capas consisten en elementos cada vez más ligeros.

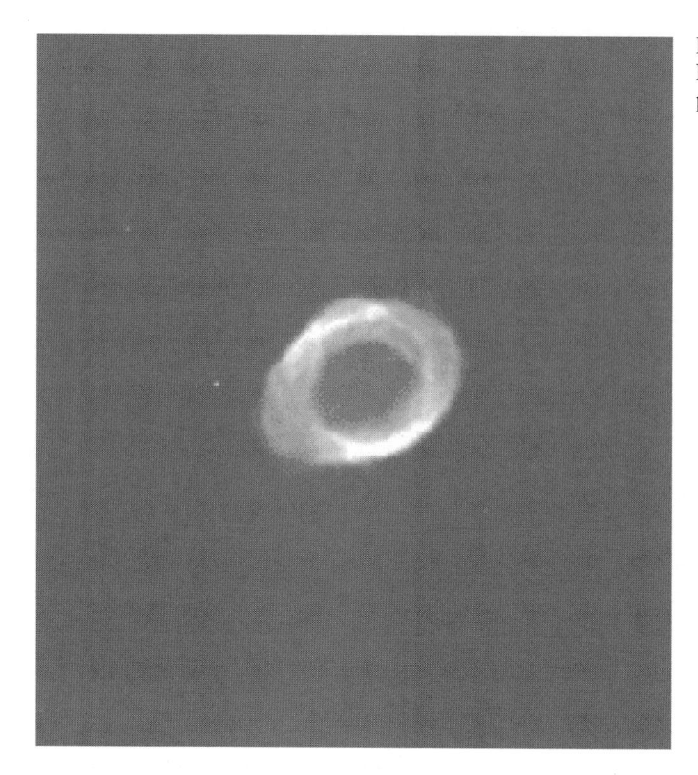

Figura 3.11.
Nebulosa Anular (imagen CCD obtenida por George Jacoby, NOAO).

tes rojas cuentan con un futuro largo y poco emocionante, pero al menos seguro. Poco a poco se van desprendiendo de pequeñas partes de su envoltura externa, dando lugar a anillos similares a los que forma el humo de un cigarrillo. La figura 3.11 muestra uno de esos anillos, los cuales reciben el nombre de *nebulosas planetarias:* «nebulosas» porque presentan una estructura nubosa, «planetarias» porque la luz que reciben de la estrella progenitora les confiere el aspecto de planetas.

La estrella consigue reducir su masa formando esos «anillos de humo». Si consigue desprenderse de la masa suficiente, sobrevivirá durante mucho tiempo como enana blanca. Al comentar esta fase en el capítulo anterior, vimos que el límite de masa crítica para una enana blanca se sitúa en un 40 por cien más que la masa del Sol y se conoce como *límite de Chandrasekhar*. La estrella también podría acabar convertida en otro tipo de cuerpo estelar compacto que denominamos estrella de neutrones, la cual puede llegar a doblar la masa del Sol. Volveremos a encontrar otros detalles acerca de las estrellas de neutrones en el próximo capítulo.

Por el momento prestemos de nuevo atención a los astros que cometen la imprudencia de sobrepasar el límite de masa crítica cuando atraviesan la fase de gigantes; un límite que se establece en alrededor de seis masas solares.

La explosión de una supernova

Al igual que en fases previas, la extinción de un tipo de combustible nuclear provoca la contracción del núcleo más interno, de modo que el centro estelar vuelve a contraerse. Pero en situaciones anteriores, el consiguiente aumento de temperatura del núcleo reiniciaba otra reacción de fusión. Sin embargo, esta posibilidad deja de existir para las estrellas que sobrepasan el límite de Chandrasekar. Como acabamos de ver, más allá de los elementos del grupo del hierro no puede obtenerse más energía a través de procesos de fusión. En su lugar, a medida que el núcleo se contrae, el grupo de elementos ferrosos vuelve a descomponerse en núcleos de helio y en protones y electrones libres, y ello conlleva una *pérdida* de energía. En lugar de restablecer el equilibrio, este proceso acelera la contracción del núcleo.

La contracción rápida suele denominarse *colapso* del núcleo y asimismo implica repercusiones serias para la envoltura. A medida que el núcleo se colapsa, entra en escena el efecto de una presión de degeneración semejante a la que ya conocimos en las enanas blancas (véase el capítulo 2), aunque aquí lo hace de manera transitoria.

En el caso de las enanas blancas, la degeneración aparece porque los electrones se encuentran empaquetados con gran estrechez entre ellos. Las leyes de la mecánica cuántica establecen una restricción en cuanto a la cantidad de electrones que pueden empaquetarse juntos a un nivel concreto de energía y en un volumen determinado. Aquí, en el núcleo de una supernova, la degeneración se debe al denso empaquetamiento de neutrones. Pero ¿de dónde provienen esos neutrones?

La desintegración de núcleos del grupo del hierro en el centro de la estrella produce neutrones y protones libres. En los laboratorios terrestres los neutrones no perduran por mucho tiempo. Se desintegran al cabo de pocos minutos generando un electrón, un protón y una partícula denominada antineutrino[2]. En consecuencia, los neutrones no son partículas estables cuando se hallan sometidos a las condiciones terrestres. En cambio, sí se mantienen estables en el interior de un núcleo atómico debido a la intensidad de las fuerzas que allí imperan. Entonces, cuando el centro de la estre-

---

[2] Los neutrinos son partículas materiales que, según se cree, carecen de masa en reposo. De hecho, se supone que jamás alcanzan un estado de reposo, sino que se mantienen en movimiento constante a la velocidad de la luz. En cambio, los físicos de partículas no descartan la posibilidad de que los neutrinos dispongan de una masa minúscula y puedan por tanto frenarse y alcanzar también un estado de reposo. No obstante, se trata de una hipótesis que aún carece de confirmación experimental. De modo que aquí asumiremos que los neutrinos viajan siempre a la velocidad de la luz. Los antineutrinos son partículas similares pero consistentes en antimateria. La materia y la antimateria se aniquilan entre sí y liberan radiación, de modo que un neutrino y un antineutrino se destruyen cuando entran en contacto.

lla se colapsa, se produce la reacción inversa a la desintegración de neutrones. El núcleo estelar contiene gran densidad de plasma, es decir, una mezcla de electrones e iones (véase el capítulo 2) que también contiene protones libres. Así, en la reacción inversa, el electrón y el protón se combinan para formar un neutrón. Esta reacción también libera un neutrino.

Todo ello sucede cuando el núcleo estelar se colapsa. En primer lugar, se forman neutrones del modo recién mencionado y, a medida que su densidad aumenta con rapidez, desencadenan una presión de degeneración muy intensa que opone gran resistencia al colapso estelar, y no solo logra detenerlo, sino que además hace rebotar el núcleo, igual que una pelota cuando choca contra una superficie dura.

Esto dura un máximo de varios segundos y entonces el núcleo inicia un desplazamiento velocísimo hacia el exterior. Entretanto, la envoltura externa no ha tenido tiempo para reaccionar a esa rauda evolución del núcleo y este la golpea en su avance hacia fuera (véanse las figuras 3.12 y 3.13). En el lenguaje físico, decimos que el proceso libera una onda de choque.

Una onda de choque no es más que una superficie perturbadora en movimiento a lo largo de la cual existen enormes diferencias de presión. En los procesos físicos normales la presión va cambiando con suavidad a lo largo de un medio, mientras que en una explosión, la presión disminuye con brusquedad al atravesar una superficie. Esa variación discontinua lanza la superficie con gran fuerza en la dirección en que se encuentran las

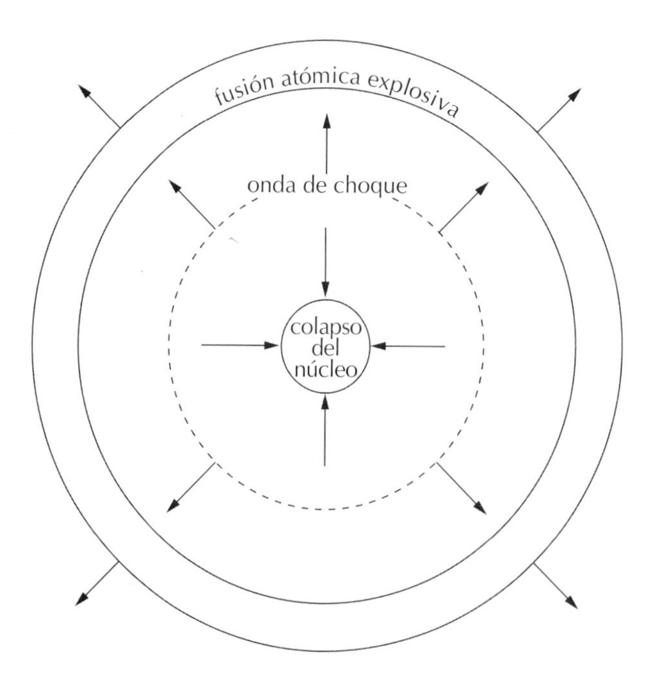

Figura 3.12.
Este esquema muestra el desplazamiento hacia el exterior que experimenta la onda de choque surgida en las zonas internas de una estrella a punto de estallar. A lo largo de su recorrido va calentando las capas exteriores de la estrella y desencadenando en ellas procesos de fusión nuclear.

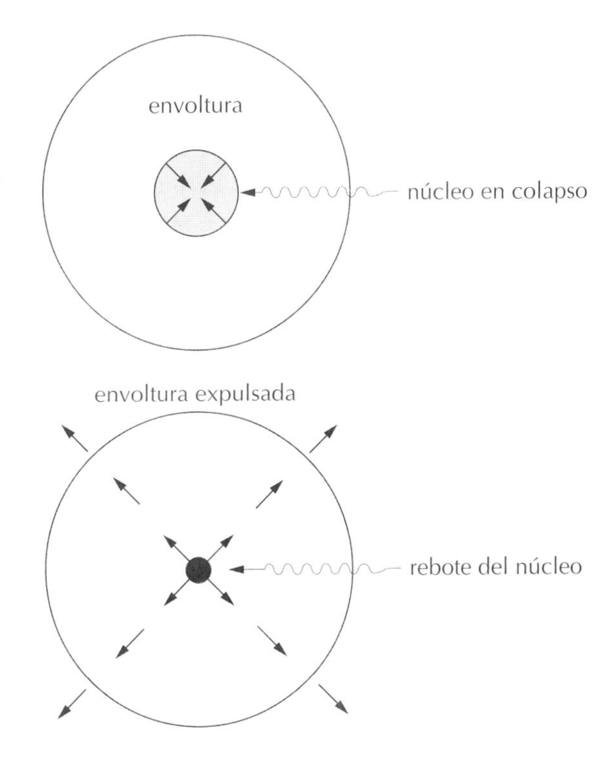

Figura 3.13.
En (*a*) el núcleo se desplaza a gran velocidad hacia el interior, mientras que en (*b*) se desplaza a gran velocidad hacia el exterior. El cambio brusco que sufren las condiciones físicas en la frontera entre el núcleo y la envoltura libera una onda de choque que expulsa la envoltura hacia fuera.

bajas presiones y esa es la onda de choque que se libera en cualquier proceso explosivo.

En la estrella, por tanto, la onda de choque produce un impacto de gran poder destructivo en la envoltura, que la arrastra a gran velocidad hacia el exterior. *Este es el estado que atraviesa una estrella cuando se dice que explota, cuando se convierte en una supernova.*

Antes de comentar las extrañísimas consecuencias de la explosión, no debemos olvidar un hecho *previo* que se produce pocos instantes antes de la misma. Nos referimos a los neutrinos que se forman cuando la materia del núcleo produce de pronto un gran número de neutrones.

Los neutrinos salen de la estrella a la velocidad de la luz. Tienen la propiedad de salir prácticamente ilesos al cruzar toda la estrella porque solo establecen una interacción muy débil con cualquier forma de materia. En otras palabras, la materia con que se encuentran no supone ningún obstáculo en su camino, al contrario de lo que ocurriría si fueran partículas de luz en fuga, *fotones*. De modo que nos encontramos con el resultado curioso de que *justo antes de que se produzca la explosión, la estrella expulsa el inmenso flujo de neutrinos que se había formado en su núcleo.*

Más adelante habrá ocasión de retomar este resultado dentro de este mismo capitulo.

El resultado

La onda de choque que se produce en donde entran en contacto el núcleo y la envoltura de la estrella destruye esta última y expulsa la mayor parte de la misma al espacio interestelar. Pero antes de que esto ocurra, durante un intervalo no superior a algunas décimas de segundo, la onda de choque en expansión calienta las partes externas de la envoltura.

Antes de la catástrofe, la estrella había desarrollado una estructura de cebolla (véase la figura 3.10) con capas formadas por elementos cada vez más ligeros según se alejan del núcleo central. Esas capas llegan a alcanzar temperaturas a las que sus núcleos experimentan procesos de fusión. La figura 3.12 ilustra este fenómeno denominado *nucleosíntesis explosiva*, en tanto que ocurre como un estallido durante un espacio breve de tiempo. Tal proceso conlleva alteraciones interesantes en el entorno de la supernova, tal como veremos algo más adelante dentro de este capítulo.

La explosión de la estrella en sí, que desprende la envoltura y la expulsa al espacio, resulta, por supuesto, mucho más energética que la nucleosíntesis explosiva. La energía se halla en forma de radiación y partículas tales como electrones, protones, neutrones y núcleos atómicos. En un instante de gloria antes de fenecer, la estrella genera tanta energía que su brillo supera el de toda la galaxia en la que se encuentra inmersa, una galaxia que puede contener más de cien mil millones de estrellas. No es raro que los chinos contemplaran su estrella invitada incluso a plena luz del día.

Los teóricos pueden calcular el aumento repentino que experimenta el brillo de la estrella y su posterior decadencia paulatina. La figura 3.14 muestra la curva de luz típica de una supernova. Adviértase que el incremento y

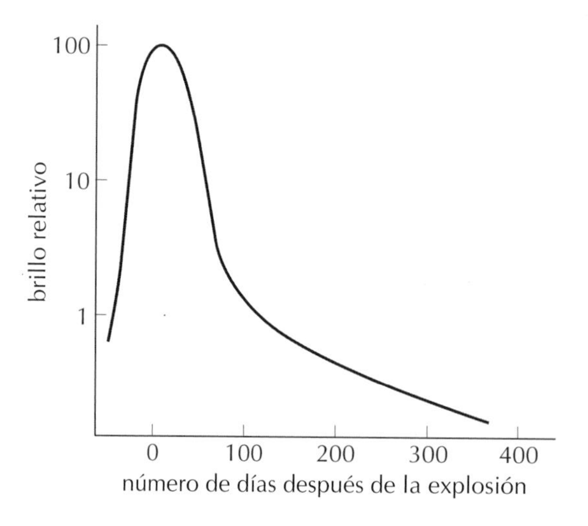

Figura 3.14.
Curva de luz de una supernova. En ella se aprecia que la estrella experimenta un aumento espectacular de brillo que se deblita rápidamente durante los primeros días y que con posterioridad acaba extinguiéndose de manera gradual a lo largo de uno o dos años.

la caída repentinos se producen en cuestión de pocos días y, sin embargo, después de ambos se da un descenso progresivo de brillo que se prolonga durante más de un año, de modo que la estrella deja de apreciarse a simple vista. La «invitada» se habrá marchado.

Cuchara en mano

Hagamos un alto y reflexionemos sobre la materia de un objeto cotidiano, sobre la cuchara de metal que empleamos para comer. ¿De dónde procede el material que la conforma?

Bien, las cucharas de acero inoxidable se fabrican en factorías que recurren a plantas metalúrgicas para obtener la materia prima. La planta a su vez habrá procesado el acero a partir de minerales excavados de las minas, en las cuales se hallan los depósitos de hierro con que cuenta la Tierra. De modo que tal vez nos veamos tentados a contestar el interrogante apuntando que procede de la Tierra.

En cambio, ese no es su origen más remoto. Nuestra pregunta plantea cómo llegó el hierro a la Tierra. Podríamos responder que formaba parte de la materia presente en el espacio interestelar de la que surgió la Tierra. Pero ¿cómo llegó al medio interestelar?

Aquí es donde intervienen las supernovas. Cuando explotan, las supernovas inundan el espacio interestelar circundante con el hierro que se había formado en su interior. El hierro se fraguó en el seno de la estrella progenitora a temperaturas de varios miles de millones de grados.

Así pues, la próxima vez que remuevan sus cafés ¡piensen en las elevadas temperaturas que ha soportado el material de la cucharilla!

Rayos cósmicos

Las partículas y núcleos expulsados por una supernova emergen de ella con una energía muy alta, de modo que la mayor parte de los mismos viajan a velocidades muy cercanas a la de la luz. ¿Hacia dónde? Una vez que abandonan el entorno caliente y turbulento de la estrella en explosión, pueden recorrer toda su galaxia. Sin embargo, los campos magnéticos de la galaxia inducen desviaciones en sus trayectorias. Por tanto, cuando recibimos un flujo de estas partículas, no es seguro que procedan de la dirección desde la que arriban a la Tierra.

Lo cierto es que recibimos el bombardeo de esas partículas desde todas direcciones y las denominamos *rayos cósmicos*. El descubrimiento de los mismos se produjo durante el tránsito del siglo XIX al XX. Los físicos advirtieron que sus electroscopios, aparatos que almacenan cargas eléctricas, tendían a descargarse incluso cuando los cubrían con densos protectores de plomo. Aquello solo podía ocurrir si la descarga era causada por un bombardeo de partículas veloces y de carga contraria procedentes del exterior, partículas con energía suficiente para atravesar la protección de plomo. El físico C. T. R. Wilson conjeturó que esas partículas podían proceder del exterior de la Tierra, aunque la mayoría de los físicos las creía provinientes de los cristales de roca de la Tierra.

Si la opinión mayoritaria hubiera sido la correcta, la intensidad del flujo de esas partículas tendría que disminuir al abandonar la superficie terrestre. En 1910, el físico suizo Albert Gockel subió en globo y comprobó que a 4.000 metros de altura la intensidad del mismo no experimentaba descenso alguno. En 1912, Victor Franz Hess ascendió aún más, unos 5.000 metros, y descubrió que, de hecho, la intensidad *aumentaba*. El incremento de la intensidad con la altura se confirmó a alturas aún mayores durante los años siguientes y resultó evidente que la conjetura de Wilson era acertada. Entonces se acuñó el término «rayos cósmicos». Esos rayos contienen partículas tales como electrones, protones, neutrones y núcleos atómicos. Pero también pueden contener pequeñas cantidades de antimateria.

¿De dónde salen esas partículas veloces que bombardean la Tierra? Como ya hemos visto, en las supernovas encontramos uno de sus orígenes probables. En la escena posterior a la explosión, los materiales eyectados por la estrella viajan en todas direcciones y algunos de ellos pueden hacerlo hacia nosotros. También cabe preguntarse qué ocurriría si nos halláramos lo bastante cerca de una supernova como para recibir un flujo considerable de rayos cósmicos.

Sufriríamos unas consecuencias poco gratas, ya que en tal caso la capa de ozono de la atmósfera que circunda y protege la Tierra quedaría destruida por las partículas incidentes. Lo que a su vez permitiría que la radiación ultravioleta procedente del Sol alcanzara la superficie en cantidades lo bastante grandes como para acabar con la vida en el planeta. ¿A qué distancia debe encontrarse una supernova para que se cumpla esta posibilidad macabra? Pues a no más de 30 años-luz si se trata de una supernova con el potencial de la que estalló en la Nebulosa del Cangrejo. Por fortuna, la Nebulosa del Cangrejo yace 200 veces más alejada que dicho límite. Es más, dentro de ese radio de distancia crítica no hay muchas gigantes que puedan convertirse en supernovas, aunque, ¿quién sabe...?

Imaginemos, no obstante, que explota una supernova a 30 años-luz de distancia. La luz tardaría 30 años en alcanzarnos. De modo que cuando desde la Tierra divisamos el evento, ya han pasado 30 años desde su acaecimiento. Y, ¿qué ocurre con los rayos cósmicos? Las partículas que forman los rayos cósmicos viajan a velocidades cercanas a la de la luz, pero muchas no avanzan directas hacia nosotros. Algún campo magnético galáctico puede retrasar varios años su llegada a la Tierra. Los habitantes de la Tierra tendrían que encontrar algún recurso para evitar la catástrofe subsiguiente dentro de ese intervalo de «gracia».

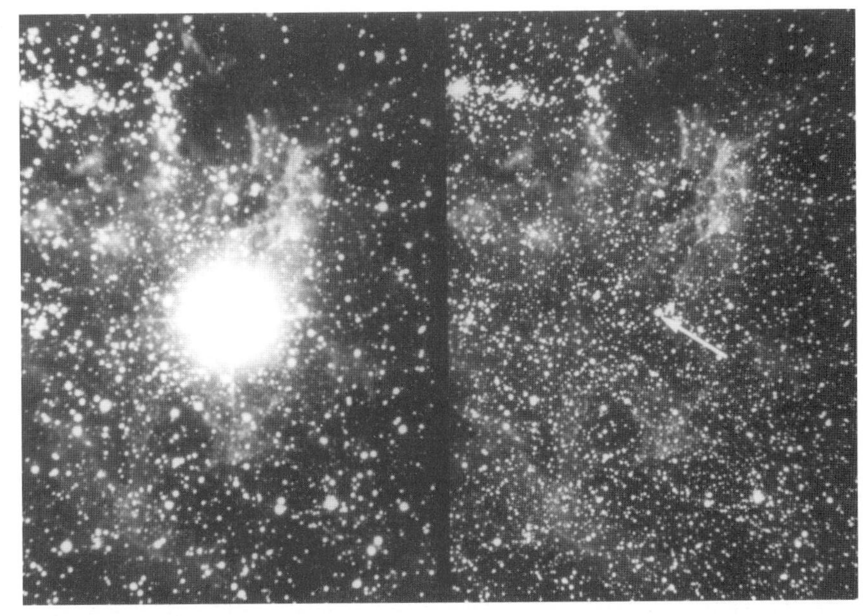

Figura 3.15. La estrella Sanduleak, que se aprecia a la derecha, se muestra a la izquierda después de haber sufrido una explosión de supernova (fotografía de David Malin desde el Observatorio Anglo-Australiano).

La supernova 1987A

Aunque las supernovas observadas en nuestra Galaxia han constituido fenómenos muy singulares, en otras galaxias hemos contemplado la explosión de supernovas con regularidad. Como se comentó más arriba, las supernovas que aparecen cada año se etiquetan cronológicamente siguiendo un orden alfabético. Consideremos algunos detalles de la espectacular supernova que se divisó en 1987, que por ser la primera de aquel año fue catalogada como 1987A. Su detección se produjo en las siguientes circunstancias.

El 24 de febrero de 1987, Ian Shelton, astrónomo de la Universidad de Toronto que entonces residía en el observatorio de Las Campanas de Chile, apreció una estrella brillante nueva en la zona de la Nube Mayor de Magallanes. Fotografió la estrella y aquello aportó el primer documento gráfico de una supernova que mantuvo ocupada a la comunidad astronómica mundial en un estudio más detallado de aquel objeto sobresaliente. Así, cuando se comparó una fotografía de la estrella del día anterior, el 23 de febrero de 1987, con la imagen obtenida por Shelton se apreciaba un incremento espectacular de brillo. Tal como se calculó a continuación, el fulgor que alcanzó la supernova equivalía al 5% de *la luminosidad conjunta de todas las estrellas que residen en la Nube Mayor de Magallanes.*

La Nube Mayor de Magallanes es una de las dos «nubes» que divisó Fernando de Magallanes, explorador del siglo XVI, durante un viaje que lo llevó al hemisferio sur terrestre. La Nube Mayor de Magallanes y la Nube Menor de Magallanes constituyen, en realidad, dos galaxias minúsculas e irregulares que creemos satélites de la nuestra.

Aunque el avistamiento de la supernova por parte de Shelton fue la primera «noticia» que circuló en la Tierra sobre este suceso, no se trató del primer mensaje que llegó al respecto a nuestro planeta. En breve retomaremos este apunte un tanto críptico.

Esta supernova resultó ser, en muchos sentidos, un campo fértil para comprobar las teorías astrofísicas.

La estrella que explotó, Sanduleak (catalogada como Sk-69202), era una supergigante azul con una temperatura superficial de 20.000 K cuya luminosidad excedía en 40.000 veces el brillo del Sol (véase la figura 3.15). Según los cálculos, tenía un radio equivalente a 15 radios solares y, en el momento de su nacimiento, poseía una masa 17 veces mayor que la del Sol.

Estos datos pudieron estimarse gracias a la fortuna de que esa supernova se hallara prácticamente en los confines de nuestra Galaxia, a la modesta distancia de 170.000 años-luz, y presentara una visibilidad bastante accesible.

Los astrofísicos calculan que el colapso del núcleo estelar que desencadenó la explosión ocurrió varias horas antes que esta. Si hubiera sido posible, habríamos presenciado aquel evento a las 07:35 horas de tiempo universal[3], del día 23 de febrero de 1987. Aunque no podemos «ver» el interior de las estrellas, existe otra vía para que tal información llegue hasta nosotros. *Cuando se colapsó el núcleo, se liberó un flujo intenso de neutrinos.*

Quiso la suerte que dos laboratorios, uno situado en Kamiokande, Japón, y otro conocido como IMB, en Estados Unidos, dispusieran de detectores de neutrinos. Ambos registraron 10 neutrinos varias horas antes de la captación visual de la explosión, lo cual encajaba a la perfección con las previsiones. No obstante, la relevancia de este hallazgo solo se valoró con posterioridad, después de que se anunciara el descubrimiento visual de la supernova.

Como es natural, varios observadores realizaron un seguimiento visual de la supernova 1987A, cuya emisión creció hasta superar en mil veces la de la estrella original a lo largo de un solo día. El tamaño radial también aumentó de 15 radios solares al tamaño de la órbita de Marte. Esto ocurrió en el momento de convertirse en supernova. Cuando Shelton realizó el descubrimiento visual del astro ya habían transcurrido 22 horas desde el colapso del núcleo.

Entre los elementos químicos que se producen en una supernova se encuentran los que se desintegran mediante radiactividad. Entre los productos de la desintegración se encuentran rayos gamma de alta energía. No

---

[3] El tiempo universal es un reloj que emplean los astrónomos de todo el mundo para datar acontecimientos. Corresponde al tiempo medio de Greenwich (GMT) que se usó antaño, con algunas correcciones técnicas.

todos los rayos gamma escapan sin perder parte de su energía, pero algunos lo hacen y estos fueron detectados en un principio por el satélite *Solar Max* y más tarde por experimentos con globos. Se trata de una confirmación adicional de las hipótesis sobre la explosión de supernovas.

Entre el verano de 1987 y el de 1988, la luminosidad total de la supernova, provinente de los rayos gamma que perdían energía y se convertían en luz visible y luz infrarroja, fue declinando. El intervalo característico de tal descenso fue de unos 114 días. El ritmo al que se produjo el decaimiento, además de otros datos, permitió realizar comprobaciones valiosas de las teorías sobre nucleosíntesis estelar.

Por tanto, la aparición de la supernova 1987A demostró que, mediante muchas comprobaciones diversas, la astronomía actual puede poner sus teorías a prueba y perfeccionarlas.

¡En mi final está mi principio!

Todo lo que hemos venido describiendo puede calificarse como la muerte de una estrella. En el segundo capítulo comentamos las ideas actuales acerca de la formación de las estrellas y su radiación energética. Pero hay un aspecto de la vida de las estrellas que aún no hemos mencionado. ¿Cómo nacen las estrellas? La explicación actual de este fenómeno se resume como sigue. Tratamos aquí esta cuestión porque, aunque parezca extraño, la muerte violenta de una estrella puede desencadenar el nacimiento de una nueva generación estelar.

El vasto espacio interestelar contiene extensas nubes de gas, difusas y, por naturaleza, oscuras. En cambio, la astronomía de infrarrojos y microondas ha permitido conocer mejor la estructura de dichas nubes. La figura 3.16 muestra la Nebulosa de Orión, la cual puede contemplarse recurriendo a un telescopio de aficionado. Las partes brillantes de la nebulosa están iluminadas por las estrellas sumergidas en la nube.

Pero en ella hay más detalles que los que aprecia la vista, tal como ilustra la figura. Así, la astronomía de infrarrojos ha mostrado que existen huecos de los que surge una emisión infrarroja intensa. Y la astronomía de microondas o de ondas milimétricas ha revelado la existencia de moléculas de monóxido de carbono. El descubrimiento de moléculas químicas sorprendió a los astrónomos en la década de 1960, ya que la mayoría de ellos creía que el espacio interestelar solo contenía elementos simples como hidrógeno. Pero nuestro interés aquí se centra en el infrarrojo: la teoría de formación estelar afirma que la emisión infrarroja procede de estrellas recién nacidas.

De hecho, se piensa que las estrellas se gestan en grandes nubes moleculares, en zonas más densas que sus alrededores. Se cree que las partes más densas se contraen debido al empuje bastante mayor que ejerce su gravedad

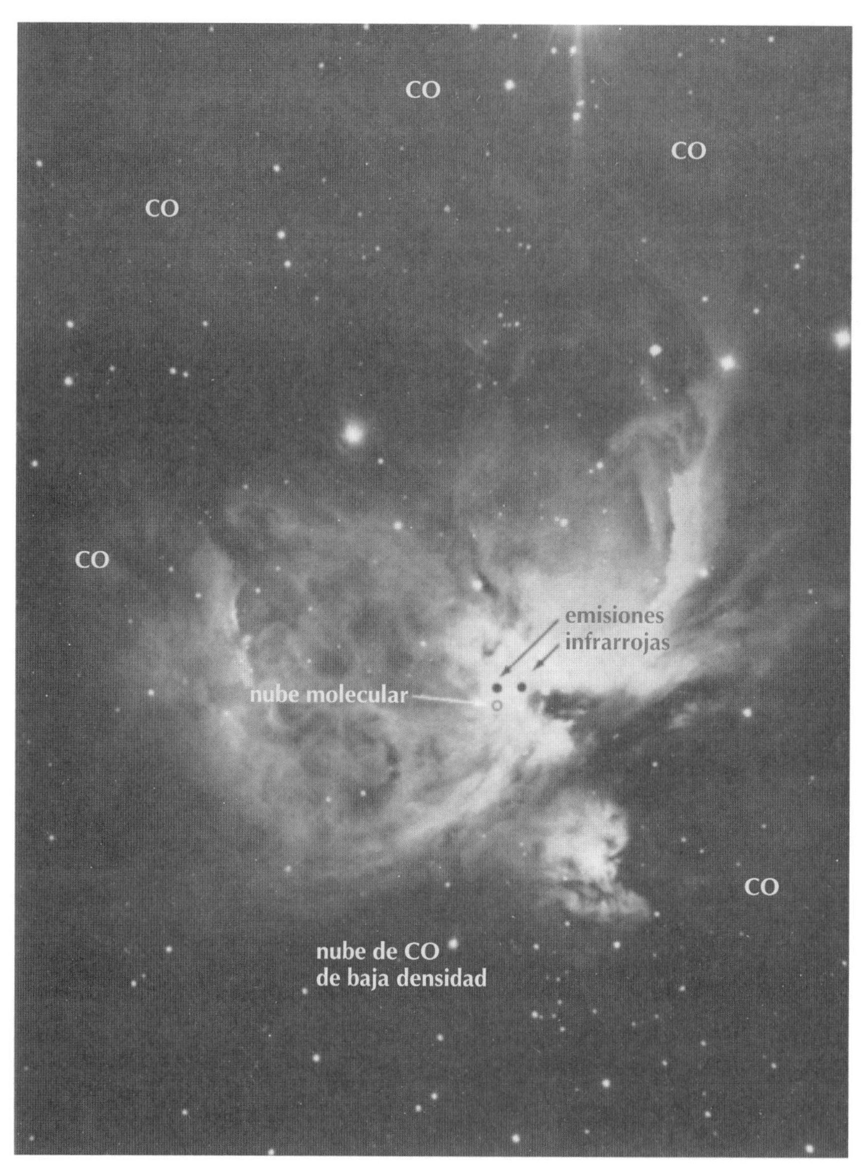

Figura 3.16.
La Nebulosa de Orión alberga regiones donde se detectan moléculas de monóxido de carbono y donde existen emisiones infrarrojas (fotografía cedida por los observatorios de la Institución Carnegie de Washington).

interior. Tales zonas se transforman en esferas que siguen contrayéndose e incrementando su calor interno. Se trata de *protoestrellas* que se convertirán en estrellas verdaderas cuando su núcleo adquiera la temperatura suficiente para desencadenar una reacción de fusión nuclear. Hasta entonces, esas estrellas templadas irradian sobre todo en longitudes de onda infrarrojas.

Este panorama también aporta una idea acerca de la formación de planetas junto a las estrellas. Si la zona de la nube de gas que se convierte en estrella estuviera girando sobre un eje, entonces su región ecuatorial se expandiría y transformaría en un gran disco con una protuberancia central, tal como se ve en la figura 3.17. Se cree que la protuberancia o bulbo central dará lugar a la estrella mientras que los planetas se forman a partir de la desmembración del disco. Del mismo modo que el disco giraba alrededor del bulbo, los planetas orbitarán la estrella central. Esta teoría quedó reforzada en 1983 con el descubrimiento de tales discos protoplanetarios alrededor de algunas estrellas (véase la figura 3.18) mediante el Satélite Astronómico de Infrarrojos (IRAS, del inglés *Infrared Astronomy Satellite*).

Así pues, una nube como la de la Nebulosa de Orión conforma un criadero estelar gigantesco, uno de los muchos que contiene la Galaxia. Por consiguiente, el proceso de formación estelar se produce a la par que la evolución y la extinción de las estrellas viejas. No obstante, la cuestión que inquietaba a los astrofísicos consistía en si la fuerza gravitatoria que impera en las regiones densas de una nube molecular gigante es capaz por sí sola de desencadenar un proceso de contracción, teniendo en cuenta que esta fuerza no actúa con demasiada intensidad durante las etapas tempranas, cuando la nube se encuentra aún muy dispersa.

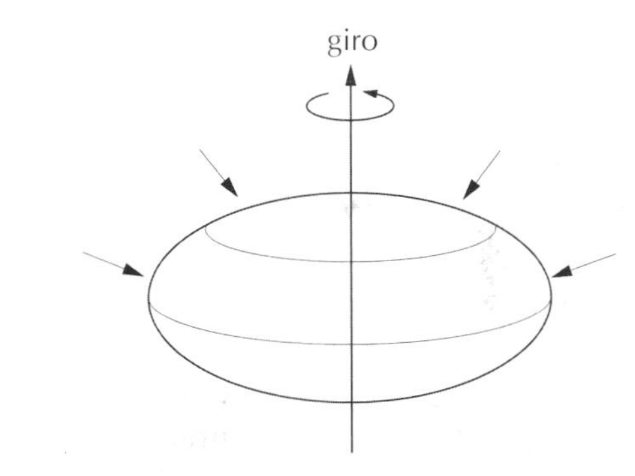

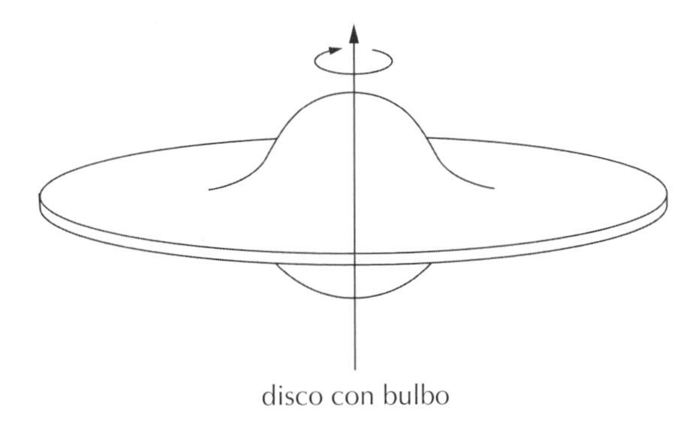

Figura 3.17.
La nube en rotación y en proceso de contracción se expande hasta adquirir la forma de un disco que circunda una protuberancia central o bulbo. La protuberancia se desarrolla hasta convertirse en estrella mientras que el disco se disgrega para dar lugar a planetas.

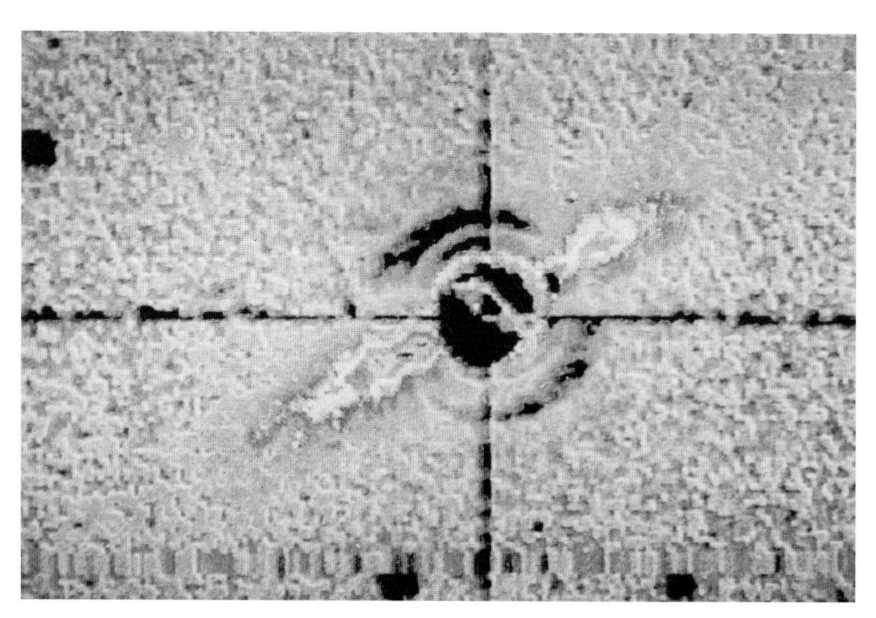

Figura 3.18. Imagen del disco que circunda la estrella beta Pictoris obtenida por el IRAS (cortesía de la NASA).

Ahora estamos en condiciones de responder a ese interrogante. *La formación de estrellas nuevas a partir de nubes interestelares podría quedar reforzada o incluso ser inducida por la explosión de una supernova próxima.* A continuación describimos dos evidencias que corroboran esta idea.

La primera confirmación proviene de un meteorito que cayó en 1969 en una localidad mejicana llamada Pueblito de Allende. La composición atómica del meteorito de Allende (véase la figura 3.19), según se le conoce, presenta ciertas peculiaridades denominadas *anomalías isotópicas* que aportan numerosos datos acerca del origen de nuestro Sistema Solar.

Los diversos *isótopos* de un elemento presentan núcleos con idéntico número de protones pero con cantidades desiguales de neutrones. Así, por ejemplo, el metal aluminio con que fabricamos ollas y sartenes es el elemento estable cuyo núcleo contiene 13 protones y 14 neutrones, lo cual se expresa como ^{27}Al. Pero este elemento posee un isótopo inestable denominado ^{26}Al que alberga 13 protones y 13 neutrones. Como las propiedades químicas de cada elemento vienen determinadas por el número de partículas con *carga eléctrica* que residen en su núcleo, tanto el ^{27}Al como el ^{26}Al deberían presentar las mismas características químicas. En cambio, sus propiedades nucleares difieren.

El isótopo inestable ^{26}Al es una sustancia radiactiva cuya «vida media» asciende a 720.000 años. Es decir, si almacenamos 100 núcleos de ^{26}Al, alrededor de la mitad (50) se desintegrarán mediante radiactividad al cabo de ese tiempo y esa degradación da como resultado más frecuente un isótopo radiactivo de otro elemento, el magnesio, que se expresa como ^{26}Mg, un núcleo de magnesio que alberga 12 protones y 14 neutrones. Por tanto, uno de los protones del núcleo original de aluminio se convierte en un neutrón. Pero además, en el proceso de desintegración se libera un positrón (e^+) y un neutrino (v).

Pues bien, el rasgo destacado del meteorito de Allende consistía en que albergaba ciertos isótopos en proporciones muy distintas a las que suelen presentar los componentes del Sistema Solar. Estas diferencias cuantitativas se conocen como *anomalías isotópicas*. En el meteorito de Allende se halló una proporción anómala, por excesiva, de ^{26}Mg. ¿A qué pudo deberse?

Esta cuestión y su respuesta serán mejor comprendidas mediante una analogía. Supongamos que un país crea una legislación para controlar el oro, mediante la cual prohíbe que sus súbditos acumulen más cantidad de oro puro que la prescrita. Si al efectuar un registro en un sector de la población aparece una persona en posesión de cantidades de oro muy superiores al límite establecido, la pregunta obligada será: ¿de qué modo adquirió tanto oro esa persona? Puede que con el tiempo la investigación revele que introdujo oro de contrabando procedente de otro país donde resulte fácil obtenerlo. Del mismo modo, el interrogante que se plantearon los astrofísicos sobre el meteorito de Allende fue: ¿dónde y cómo adquirió esa abundancia anómala de magnesio 26? Sus indagaciones, las cuales exponemos a continuación, no fueron menos apasionantes que las que descubren los focos de contrabando.

Figura 3.19. Meteorito de Allende.

Existen muchos procesos capaces de producir en principio una cantidad adicional de ^{26}Mg. Sin embargo, el análisis cuidadoso de las partículas minerales del meteorito reveló un indicio acerca de cuál de ellos era el correcto en este caso. Entonces se descubrió que la abundancia de ^{26}Mg estaba correlacionada con la de ^{27}Al, lo cual sugería la existencia de algún vínculo entre el magnesio y el aluminio. Tal como acabamos de ver, la conexión que guardan entre sí consiste en que la desintegración del ^{26}Al da como resultado ^{26}Mg.

Por tanto, se concluyó que, o bien el ^{26}Al se introdujo de algún modo en el meteorito y luego se degradó en su interior al cabo de unos 720.000 años, o bien el meteorito se formó a partir de un material interestelar que ya contenía ^{26}Mg debido a la desintegración del ^{26}Al presente en el medio. Esta última posibilidad parecía más plausible, pero requeriría que el meteorito se hubiera formado *poco después* de que el medio interestelar se contaminara con ^{26}Mg, ya que de otro modo, la agitación constante del ambiente interestelar que provocan los procesos cósmicos habría borrado todos los signos de una contaminación *antigua*. De ahí la conclusión de que la formación del meteorito habría tenido lugar poco después del depósito y la degradación del ^{26}Al en el medio interestelar. ¿Qué fenómeno cósmico podría haber aportado este isótopo del aluminio al espacio interestelar?

Aquí es donde intervienen las supernovas. Adviértase en primer lugar que la escalera de núcleos cada vez más grandes que, según se expuso con anterioridad, surgían a partir de reacciones sucesivas de fusión, va incrementando de cuatro en cuatro el número de partículas residentes en el núcleo. Así, encontramos ^{12}C, ^{16}O, ^{20}Ne, ^{24}Mg, etc. El ^{26}Al no aparece en esta secuencia, pero puede formarse durante la fase ya descrita de nucleosíntesis explosiva de la supernova. En esa etapa, los neutrones (n) y protones (p) libres pueden irse añadiendo a las partículas alfa de manera escalonada. Así, por ejemplo, el ^{26}Al puede formarse a partir del ^{24}Mg mediante la serie de reacciones que ilustra la figura 3.20, pero existen modos alternativos para crear ^{26}Al durante esta etapa de la supernova. Luego, los materiales que eyecte la explosión de la estrella contaminarán el espacio interestelar circundante.

Se cree que las anomalías isotópicas del meteorito de Allende, como la recién mencionada sobre el ^{26}Mg, aparecieron por la explosión de una supernova en las cercanías de la nube de gas de la que surgió el Sistema Solar. Además, la supernova no pudo estallar mucho antes de que se formara el Sistema Solar, pues si el intervalo transcurrido entre la explosión de la estrella y la gestación del Sistema Solar ascendiera a un millón de años o más, habrían quedado borrados todos los signos de una contaminación de supernova.

Por consiguiente, esta característica del meteorito de Allende vincula el origen de nuestro Sistema Solar a una supernova bastante reciente. También cabe la posibilidad de que la aparición de una supernova en la vecindad y el hecho de que estallara justo antes de que empezara a formarse el Sistema

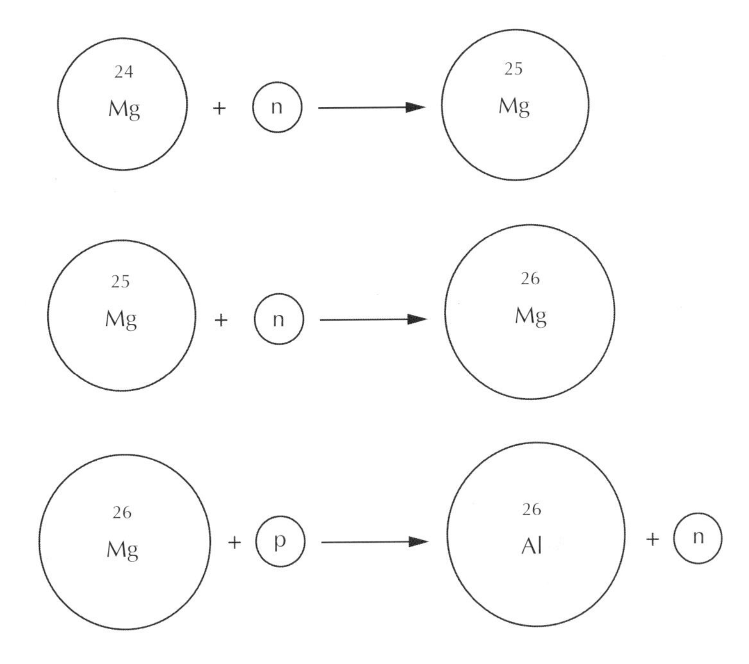

Figura 3.20.
Esquema ilustrativo de la formación del isótopo de aluminio ^{26}Al a partir del isótopo ^{24}Mg en la secuencia escalonada de reacciones con partículas alfa, mediante la adición de varios neutrones y un protón.

Solar se deban a una mera casualidad. No obstante, las supernovas son sucesos infrecuentes, lo cual hace sospechar que tras esta coincidencia aparente se oculte una relación más profunda. De hecho, un argumento físico apunta a que la explosión de una supernova desencadena los procesos de formación estelar en sus proximidades. Antes de exponer la segunda confirmación de esa idea, comentaremos con brevedad dicho argumento.

Recordemos, antes de nada, que la explosión de la estrella viene provocada por una onda de choque colosal que se origina en el núcleo estelar y va desplazándose hacia el exterior del astro. La onda no muere cuando alcanza la superficie de la estrella, sino que continúa propagándose hacia el exterior. Como es natural, a medida que se aleja del centro de explosión va perdiendo intensidad, pero aún llegará con mucha fuerza a las zonas más inmediatas a la estrella. El impacto de la onda en una nube interestelar cercana puede asestarle, por tanto, un buen golpe. Justo lo que necesitaba la nube para empezar a comprimirse, lo cual resuelve el problema, ya mencionado, que plantea la exigua fuerza gravitatoria inicial con que cuenta una gran nube difusa para empezar a contraerse. La presión externa que imprime la onda de choque inclina la balanza de todas las fuerzas del gas inmerso en la nube en favor de la contracción. ¿Contamos con alguna evidencia de que tales ondas de choque hayan actuado en la vecindad de estrellas en formación? ¡Sí! Dos astrónomos, William Herbst y George Assousa, desvelaron tal evidencia en 1977.

Herbst y Assousa examinaron las cercanías del objeto astronómico denominado Canis Majoris R-1 (figura 3.21), el cual consiste en el remanente de una supernova, semejante a la Nebulosa del Cangrejo que ilustra la figura 3.1. Al igual que esta, muestra signos de contener partículas de gas que se desplazan hacia el exterior, lo cual indica que en algún momento se produjo una explosión. Algunos cálculos basados en tales desplazamientos muestran que el estallido se produjo unos 800.000 años antes de que Canis Majoris R-1 llegara al estado que contemplamos ahora. Pero aún resulta más interesante haber detectado nuevas estrellas extremadamente jóvenes en una zona no demasiado alejada de este remanente de supernova. Esas estrellas, cuya edad no creemos superior a 300.000 años, podrían ser las más jóvenes conocidas por los astrónomos. Se trata de estrellas en ciernes que aún no han puesto en marcha los reactores nucleares en sus interiores.

Resulta evidente que tales estrellas se fomaron *después* de la explosión. ¿Qué dimensiones tuvo el estallido? Si nos remontamos hasta ella a partir de la observación actual del gas que continúa avanzando hacia el exterior, obtenemos que la energía liberada durante la explosión fue equivalente a la que emitiría el Sol al cabo de ocho mil millones de años si continuara luciendo con la misma intensidad que ahora. Por extraordinario que pueda parecer

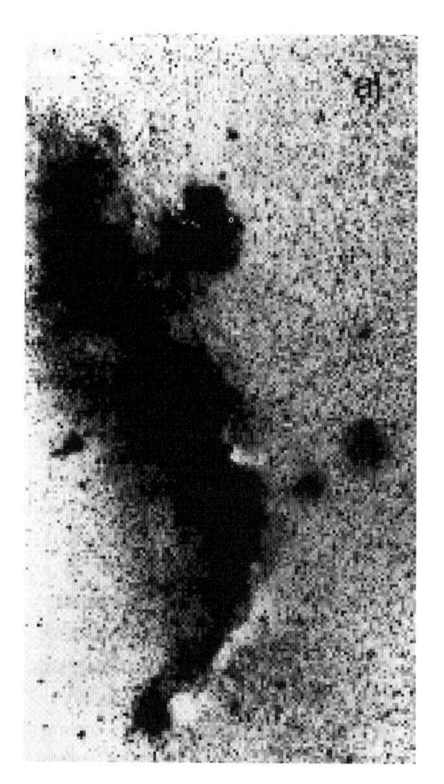

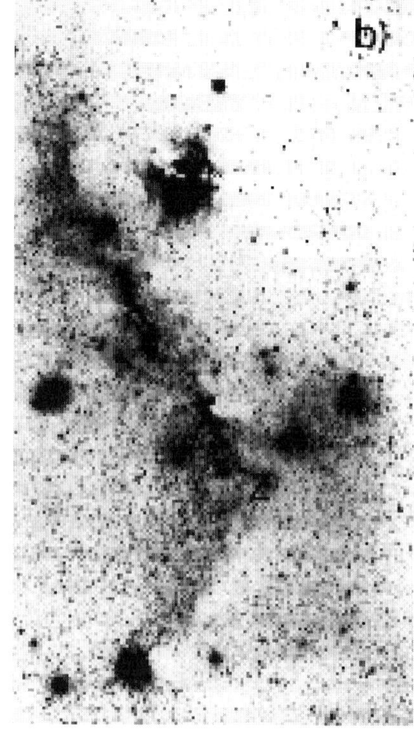

Figura 3.21. Remanente de supernova conocido como Canis Majoris R-1. En (*a*) se presenta una imagen obtenida con filtro rojo y en (*b*) una imagen con filtro azul. Para más información, consúltese el artículo original de W. Herbst y G. E. Assousa en el núm. 217 (1977) de *Astrophysical Journal*, pág. 475, del cual procede esta fotografía.

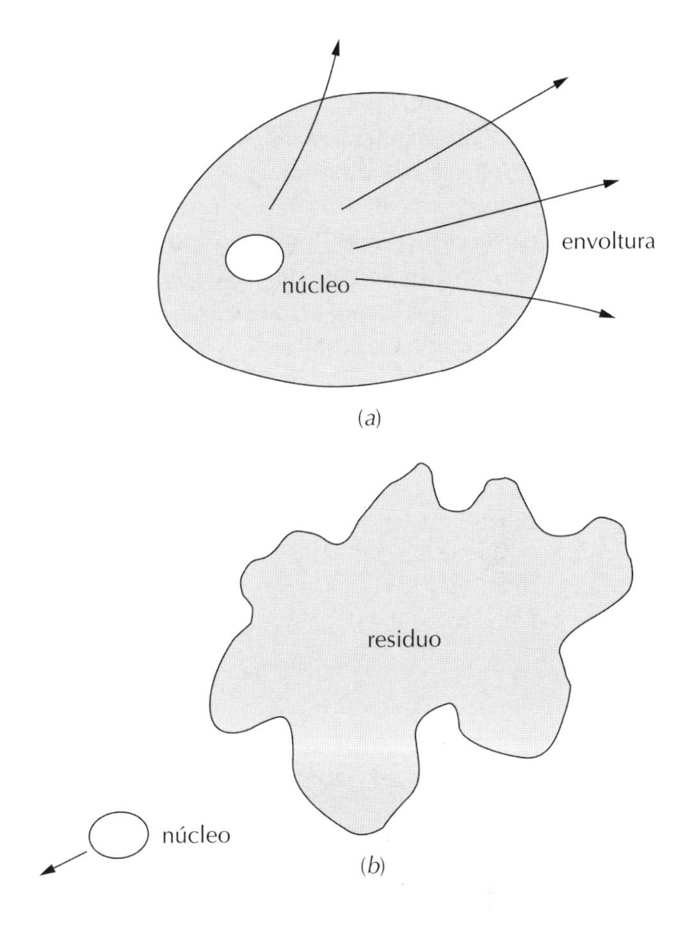

Figura 3.22.
En (*a*) se muestra una explosión asimétrica de supernova. En estos casos, el estallido lanza la envoltura estelar en una dirección, mientras que el núcleo retrocede en la dirección opuesta, igual que el culatazo que propina un fusil al dispararlo. Esto último se ilustra en (*b*).

dicho valor dentro de un contexto estelar normal, se trata de cantidades energéticas características en las explosiones de supernovas.

El estallido de una estrella también se torna manifiesto por la forma del residuo que queda del astro, es decir, de su núcleo central. De hecho, en este caso se observa tal residuo de aspecto estelar, pero no dentro de la nebulosa remanente, sino junto a ella. Se ha sabido que este astro se aleja del remanente a una velocidad muy elevada. ¿Podría tratarse de la estrella cuya envoltura fue eyectada durante la explosión de supernova? La posibilidad de que así sea se vuelve plausible al comparar aquel acontecimiento con un disparo de fusil. Igual que este descarga un culatazo al efectuar el disparo, la estrella en cuestión retrocedió en dirección opuesta cuando eyectó su envoltura. La figura 3.22 ilustra la alta velocidad de retroceso que se genera en una explosión ovalada o asimétrica. La velocidad de desplazamiento que registra la estrella confirma esta hipótesis del culatazo.

Por tanto, disponemos de evidencias que vinculan la formación de estrellas nuevas a la explosión de supernovas recientes y que refuerzan la hipótesis de que la formación estelar viene inducida en general por las explosiones de estrellas de generaciones previas. Así, la historia de las vidas estelares cierra un círculo al conectar la destrucción de una estrella con el nacimiento de otras.

Pero sería precipitado desahuciar las estrellas en esta fase, pues, incluso después de la destrucción aparente que experimentan con las explosiones de supernovas, la vida de estos astros continúa su andadura y esa historia nos conducirá a otra maravilla cósmica.

Cuarta maravilla
Púlsares: cronómetros cósmicos

Señales desde el espacio

Fecha: 6 de agosto de 1967. Lugar: Cambridge, Inglaterra.

Jocelyn Bell, estudiante de doctorado del Observatorio de Radioastronomía Mullard del Laboratorio Cavendish en la Universidad de Cambridge, se encontraba revisando el conjunto de datos que había reunido para estudiar el centelleo interplanetario. El registro presentaba una señal fluctuante que podía proceder de una fuente radioeléctrica que centelleaba en dirección antisolar. Un patrón así, mostrado en la figura 4.1, y desde esa dirección resultaba muy inusual.

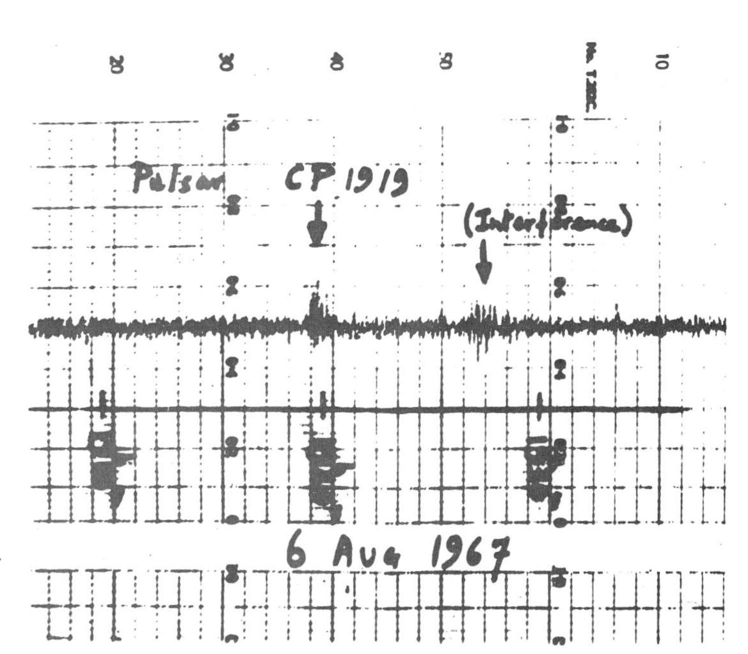

Figura 4.1.
Primera señal procedente del púlsar CP 1919 detectada el 6 de agosto de 1967 por Jocelyn Bell (fotografía cedida por A. Hewish).

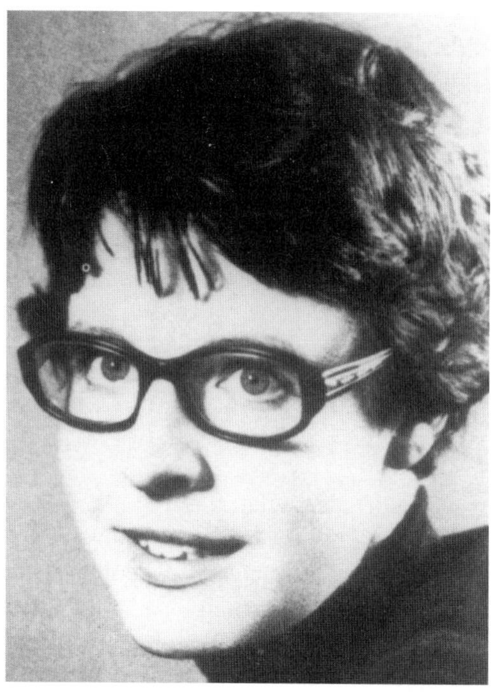

Figura 4.2.
Jocelyn Bell.

Figura 4.3.
Antony Hewish.

El centelleo consiste en el parpadeo de una fuente radioeléctrica cuando su radiación atraviesa una nube de plasma fluctuante. El plasma consiste en una mezcla de iones de carga positiva y electrones de carga negativa que residen en el espacio interplanetario. Las subidas y bajadas de la intensidad de la fuente se vuelven bastante pronunciadas cuando la fuente presenta un tamaño aparente pequeño que subtiende un ángulo del orden de 1 segundo de arco. (Un segundo de arco equivale a dividir un grado en 3.600 partes.)

Cuando Antony Hewish, en el Observatorio Mullard, reparó en el potencial de este método para medir el tamaño angular de una fuente radioeléctrica muy pequeña, diseñó un experimento minucioso para rastrear las fuentes centelleantes del firmamento. Jocelyn Bell participaba en este proyecto de rastreo (véanse las figuras 4.2 y 4.3). Cuando esta informó a Hewish de su hallazgo inesperado, él advirtió que para saber qué eran (¡o qué no eran!) había que volver a comprobar las señales.

Entonces Hewish inició un programa detallado para efectuar el seguimiento del fenómeno y verificar si provenía de alguna interferencia eléctrica o de algún tipo de estrella fulgurante. El 28 de noviembre, él y Bell descubrieron que estaban observando una emisión pulsante: en la figura 4.4 vemos una copia de las primeras señales pulsantes que se recibieron desde esta fuente. Era evidentísimo que jamás se había contemplado un fenómeno astronómico tal, ni tan siquiera parecido.

Hewish presentó los resultados de un análisis preliminar el 20 de febrero de 1968 en una conferencia multitudinaria que celebró en los laboratorios Cavendish con el título «Descubrimiento de un nuevo tipo de fuente radioeléctrica». Recuerdo que muchos de los que pertenecíamos al Instituto de Astronomía Teórica, incluido su fundador Fred Hoyle, asistimos a la exposición. Como trabajábamos en Madingley Road, en la zona occidental de las afueras de Cambridge, no solíamos acudir a las comunicaciones que se ofrecían en los viejos laboratorios Cavendish, situados en el centro de la ciudad. Pero aquel día fue diferente porque sospechamos que el orador revelaría algo excepcional.

Ciertamente, había un ambiente expectante, y a la audiencia allí congregada no se le pasó el detalle inusual de que la pizarra de la respetable Sala de Conferencias Maxwell luciera recortes de ¡hombrecillos verdes!

Se habló acerca de señales, señales que en un primer momento había detectado Jocelyn Bell y cuyo origen extraterrestre había quedado confirmado tras una comprobación minuciosa por parte de Hewish y otros compañeros entre los que se encontraba la propia Bell. Las señales se registraban en forma de pulsos de radio de una regularidad extrema, tal como Bell había comunicado en un principio. Las mediciones revelaban un periodo (es decir, el intervalo temporal entre dos pulsos sucesivos) de 1,3373011512 segundos. El hecho de que pudiera calcularse el periodo con una precisión de diez cifras decimales resultaba notable y bastante inaudito para cualquier tipo de observación astronómica. ¿Cuál era el origen de aquellos pulsos de radio de alta regularidad?

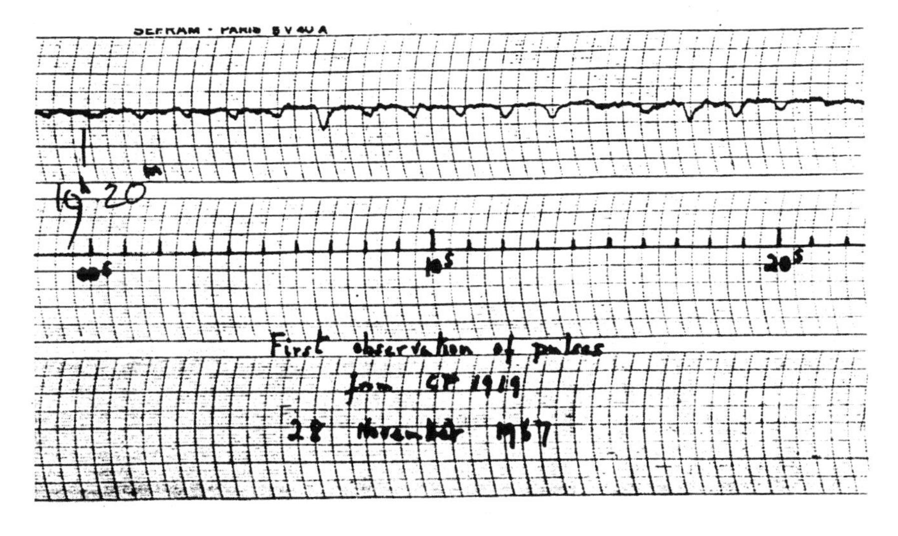

Figura 4.4. Primer registro gráfico de pulsos recibidos desde el púlsar CP 1919 el 28 de noviembre de 1967 (fotografía cedida por A. Hewish).

Es posible que la conclusión que se comunicó aquella noche defraudara a los aficionados a la ciencia-ficción, porque Hewish no creía que se tratara de señales enviadas por alguna supercivilización inteligente. ¿Por qué? Porque si así fuera, tal civilización debería residir en algún planeta que orbitara alrededor de una estrella, y no en la estrella misma. (¡Cualquier estrella resultaría demasiado tórrida para estar habitada por seres vivos!) Si provinieran de un planeta, la frecuencia de los pulsos aumentaría y disminuiría a medida que dicho mundo se acercara y alejara alternativamente de nosotros[4]. Pero no se detectó ninguno de los efectos mencionados, sino que la frecuencia se mantenía estable. Por tanto, la fuente tenía que ser un objeto que no siguiera dicho movimiento orbital.

¿De qué fuente podía tratarse? Dada la exigua duración de los pulsos, estos tenían que provenir de un cuerpo muy compacto. No es esperable que una fuente extensa emita señales semejantes, puesto que cualquier cambio físico coherente que ocurriera en ella sucedería a intervalos temporales (periodos) mucho más amplios. Por consiguiente, debía tratarse de un emisor diferente a las fuentes de ondas de radio que hasta entonces conocían los astrónomos. Y en cuanto a fuentes compactas, las enanas blancas o estrellas de neutrones eran las candidatas más propicias.

Aquel día salimos de la conferencia de Hewish con la emocionante esperanza de que los astrónomos hubieran encontrado un nuevo desafío. No iba a ser fácil idear alguna hipótesis que explicara un fenómeno con aquel alto grado de regularidad temporal y de periodo tan corto.

Aquella fuente destacada fue bautizada con el nombre de «púlsar» para subrayar su carácter pulsante y fue catalogada como CP 1919, de acuerdo con las iniciales de púlsar de Cambridge y con las cifras relativas a la posición de la misma en el cielo según las coordenadas astronómicas, su ascensión recta ($19^h\,19^m$).

Poco después de anunciarse el descubrimiento de Cambridge, los radiotelescopios de Jodrell Bank, cerca de Manchester, y de Arecibo, en Puerto Rico, se dedicaron a buscar objetos similares y se encontraron muchos. Hasta el momento presente se han detectado más de 600 púlsares. En la actualidad, todos se designan mediante las siglas PSR (de *pulsating source in radio*, fuente pulsante en radio), seguidas de dos números yuxtapuestos que indican a los astrónomos su ubicación en el firmamento.

---

[4] Hablamos aquí del célebre efecto Doppler, el cual fue estudiado por primera vez en el siglo XIX por Christian Doppler aplicado a ondas de sonido. Este efecto vuelve más agudo el sonido emitido por una fuente que se acerca y hace más grave el sonido de una fuente que se aleja. Este mismo efecto aplicado a la luz o a las ondas de radio se traduce en el aumento o el descenso de su frecuencia.

Veamos ahora por qué los púlsares conforman algunos de los objetos más intrigantes de nuestra Galaxia, cuerpos que no solo presentan extrañas características observacionales, sino que además exigen la aplicación de nociones físicas que rozan lo desconocido. En 1974, Hewish fue galardonado con el premio Nobel por su descubrimiento y el discurso que pronunció durante la entrega del premio concluyó así:

> Con esta descripción de la física de las estrellas de neutrones y de la buena fortuna que tuve al toparme con ellas, espero haber dado una idea acerca del interés y las satisfacciones que reporta el extender la física más allá de los confines de los laboratorios. Corren buenos tiempos para dedicarse a la astrofísica...

Estrellas de neutrones

En el capítulo 2 ya se habló acerca de uno de los dos candidatos a púlsar: las enanas blancas. El trabajo temprano de R. H. Fowler y S. Chandrasekhar, explicó la naturaleza de las enanas blancas a mediados de la década de 1930. Aunque nada menos que un experto como Eddington arrojó dudas acerca de la validez del trabajo de Chandrasekhar, el concepto del límite de Chandrasekhar terminó asentándose por completo al cabo de una década.

Tal como supimos en el capítulo 2, dicho límite estipula en esencia que no existe ninguna estrella de masa superior al mismo en estado de enana blanca. Este límite supera en un 40% la masa del Sol y, en efecto, no se ha encontrado ninguna enana blanca que exceda el límite.

Chandrasekhar calculó esa cota teniendo en cuenta cómo se comporta la materia cuando se contrae hasta alcanzar una densidad muy elevada, alrededor de un millón de veces superior a la del agua. Se trata de la densidad que se le atribuye a las enanas blancas. Así, un litro de materia de enana blanca tendría una masa de ¡mil toneladas! A tales densidades, los electrones de la materia se *degeneran*. Es decir, la cantidad de los mismos por unidad de volumen se vuelve tan numerosa que comienzan a regir algunos principios básicos de la teoría cuántica que imponen restricciones al empaquetamiento compacto de las partículas.

En principio se daría una situación similar si en lugar de electrones encontráramos un empaquetamiento denso de neutrones. En el capítulo anterior vimos que, justo antes de que estalle una supernova, el núcleo estelar evoluciona hasta alcanzar ese estado. *Y después de expulsar la envoltura externa al espacio interestelar, perdura un núcleo formado por neutrones como componente principal*. El núcleo puede oscilar durante algún tiempo antes de estabilizarse en un estado de equilibrio cuando consista esencialmente en neutrones muy apretados.

Así nace una *estrella de neutrones.*

En este caso se produce una situación semejante a la que descubrió Chandrasekhar para las enanas blancas. Existe un límite de masa para que las estrellas puedan sostenerse gracias a la presión ejercida por neutrones degenerados. Esa cota no se ha delimitado con mucha precisión porque aún no se conocen por completo las propiedades físicas que adquiere la materia cuando se somete a densidades *varios billones de veces superiores a la del agua.* No obstante, los expertos coinciden en que ese límite de masa equivale aproximadamente al doble de la del Sol. Solo estrellas con masas inferiores a dicha cantidad pueden mantenerse en un estado de equilibrio en forma de estrellas de neutrones.

La figura 4.5 contiene un dibujo esquemático de la estructura de las estrellas de neutrones, las cuales están formadas por diversos tipos de materia que varían desde un estado muy denso en el núcleo estelar hasta un estado, en comparación, enrarecido en las capas más externas. Deberíamos recordar, sin embargo, que incluso esas capas externas más enrarecidas son tan densas como algunas de las capas internas ¡de una enana blanca! Nótese asimismo que la masa de la estrella representada en la figura 4.5 supera en un 40% la masa del Sol y, en cambio, posee un radio total de *solo* 16 kilómetros. (El radio del Sol asciende a 700.000 kilómetros.)

Pero ¿cómo detectar en la realidad una estrella de neutrones? Como ya se ha mencionado, resultaría demasiado débil y de superficie demasiado caliente para aparecer en un diagrama H-R normal. ¿Hay otros modos de comprobar su existencia en un lugar determinado de la Galaxia?

En 1964, Fred Hoyle, John Wheeler y yo mismo publicamos un artículo en la revista científica *Nature* en el que sugeríamos que las estrellas de neu-

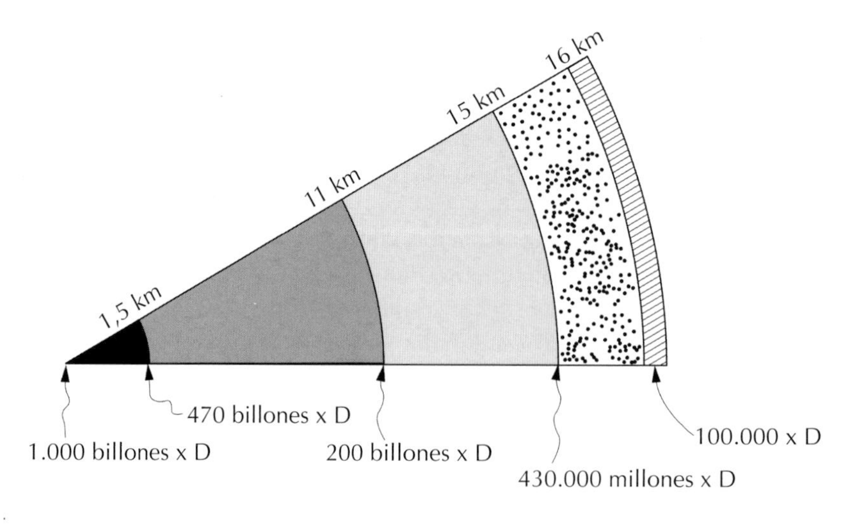

Figura 4.5.
Esta cuña ilustra la distribución interna de materia, y la densidad, en el interior de una estrella de neutrones. D representa la densidad del agua y un billón equivale a un millón de millones.

trones podrían detectarse a través de sus oscilaciones. Ya hemos apuntado que dichos astros se forman a partir del núcleo contraído de una supernova y que tal núcleo oscila antes de estabilizarse de manera estática. Tales oscilaciones estelares podrían producirse durante un tiempo bastante prolongado, pues disponen de una cantidad considerable de energía dinámica que disipar. En el artículo aludido sosteníamos que la energía podía disiparse mediante ondas electromagnéticas inducidas en las proximidades de la estrella por las oscilaciones de esta, ya que es de esperar que en los alrededores de la estrella exista un campo magnético muy extenso que podría participar en las oscilaciones y generar así algún tipo de emisión. Según nuestros cálculos, las ondas de radio emitidas presentarían una longitud de onda muy amplia, de unos 3.000 metros.

A continuación sugeríamos que cualquier nube de gas con una densidad de partículas lo bastante alta reflejaría las ondas largas de ese tipo. Pero, en el proceso de reflexión, las ondas empujarían hacia fuera el material de la nube en la misma dirección que llevaban las ondas antes de ser reflejadas. Los filamentos de la Nebulosa del Cangrejo (figura 3.1) parecen desplazarse hacia el exterior de la fuente, posiblemente debido a este efecto.

Tal como se vio más tarde, muchas de las consideraciones recién mencionadas eran correctas. Así, ahora sabemos que es cierta la hipótesis que formulamos acerca de la existencia de campos magnéticos intensos en las proximidades de las estrellas de neutrones. Cualquier estrella normal puede tener un campo magnético débil. Pero, si la estrella se contrae, las líneas magnéticas de fuerza que la atraviesan experimientan una compactación similar a la de la materia del astro. Por lo general, unas líneas de fuerza muy apretadas indican una fuerza magnética intensa. Por tanto, el aprisionamiento resulta bastante denso en el núcleo en contracción que acabará convirtiéndose en estrella de neutrones, y eso da lugar a campos magnéticos elevadísimos, de alrededor de un billón de gauss en las proximidades de la superficie estelar. (Sirva como referencia que el campo magnético que actúa en las cercanías de la superficie del Sol solo asciende a 1 o 2 gauss.)

Como veremos a continuación, se sabe que la Nebulosa del Cangrejo alberga una estrella de neutrones en su interior. Pero la detección de la misma no se efectuó a través de sus oscilaciones, como sugerimos nosotros, sino por su rotación, porque un púlsar es una estrella de neutrones no en oscilación sino en rotación rápida.

El modelo de púlsar de Gold

Volvamos al descubrimiento de Antony Hewish y Jocelyn Bell. Habían detectado pulsaciones muy veloces y la cuestión relevante consistía en

Figura 4.6.
Tommy Gold.

saber qué tipo de objeto podía tener un tamaño lo bastante pequeño para ejercer de fuente. En 1968, los teóricos propusieron dos candidatos posibles, las enanas blancas y las estrellas de neutrones, y para explicar la naturaleza de los púlsares surgió cierto número de teorías diversas. Durante los primeros días que siguieron al descubrimiento de CP 1919 se localizaron otros varios púlsares, que permitieron comprobar y acotar las hipótesis. Algunas de ellas se quedaron en el camino durante la competición científica habitual en la que solo perduran las más adecuadas. En particular, se tornó evidente que las enanas blancas podían descartarse, de modo que las estrellas de neutrones, de tamaño mucho menor, se erigieron en las candidatas más probables. De manera similar, se descubrió que la causa de los pulsos no radica en las oscilaciones de la estrella, sino en su gran velocidad de giro.

El modelo que propuso el astrofísico de Cornell Tommy Gold (véase la figura 4.6) en 1968 acabó destacando como la mejor de entre todas las teorías propuestas. Aunque aún en la actualidad carecemos de un modelo bien detallado de púlsares, el modelo de Gold sirve como un buen punto de partida para cualquier ejercicio más elaborado que pretenda explicarlos. Los fenómenos que se producen en el interior y en los alrededores de una estrella de neutrones pueden comprenderse del modo que sigue sobre la base de la hipótesis de Gold.

Las estrellas de neutrones poseen dos ejes polares: uno de rotación y otro magnético. La Tierra también cuenta con dos tipos de polos, el que se deriva de su eje de rotación y el que se deriva de su eje magnético. Pero a diferencia de la Tierra, en donde ambos ejes se hallan casi alineados, en una estrella de neutrones típica ambos ejes pueden apuntar en direcciones muy dispares.

Las estrellas en rotación tienen en sus atmósferas multitud de partículas con carga eléctrica (electrones). La atmósfera rota al mismo tiempo que la

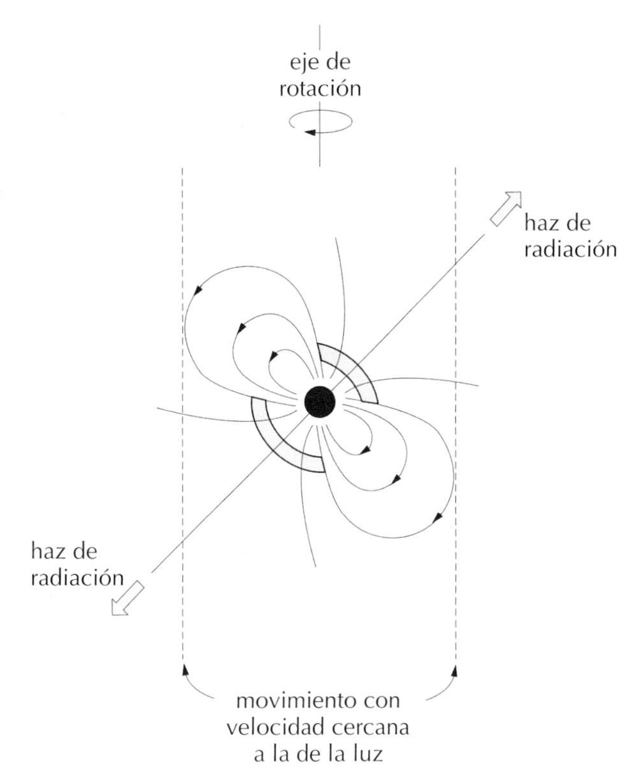

Figura 4.7.
Modelo de Gold de un púlsar. Las líneas del campo magnético comienzan y terminan en la estrella de neutrones central, la cual se encuentra rodeada de un cinturón de partículas con carga eléctrica. A medida que la estrella gira, las cargas se desplazan a través de las líneas del campo magnético, lo cual da lugar a una radiación a lo largo del eje magnético.

estrella, arrastrada por el intenso empuje gravitatorio estelar. Del mismo modo que las partes exteriores de un tiovivo se mueven mucho más rápido que las partes internas, las partículas de carga eléctrica que residen en las regiones externas de la atmósfera se desplazan muy deprisa y pueden alcanzar velocidades cercanas a la de la luz. Considerando un púlsar que completara una vuelta en un segundo, tales velocidades se lograrían en puntos que distaran alrededor de 50.000 kilómetros del eje de giro. Se sabe que esas partículas velocísimas irradian ondas electromagnéticas cuando se encuentran en presencia de campos magnéticos. De ello resulta una radiación muy direccional semejante al haz de un faro costero. Consúltese la figura 4.7 para obtener una idea esquematizada de este modelo.

Por consiguiente, si nos halláramos en la zona barrida por el haz del púlsar recibiríamos pulsos de radiación cada vez que los haces nos atravesaran. Por tanto, el periodo del pulso equivale al periodo de rotación de la estrella de neutrones alrededor de su eje.

Si continuamos aplicando el modelo de Gold, podemos preguntarnos qué le ocurre a la estrella de neutrones en rotación cuando irradia durante mucho tiempo. Es evidente que el proceso no puede durar eternamente. De hecho, a medida que transcurre el tiempo, el púlsar en rotación se frena y aumenta el periodo de su pulso. Por tanto, podemos imaginar que el púlsar comienza girando muy deprisa y que a medida que envejece va volviéndose más lento. Un púlsar que hoy presente un periodo pulsante de un segundo, puede ir frenándose y presentar un periodo de dos segundos dentro de, digamos, un millón de años.

Observando púlsares de periodos diferentes, por tanto, los astrónomos pueden estimar en general qué púlsar data de antiguo y cuál acaba de aparecer. El campo magnético también mengua a medida que el púlsar envejece, y esto repercute en los cambios que presenta su intensidad y el espectro de su radiación.

No obstante, aunque este cuadro parecía descansar sobre cimientos razonablemente seguros, los púlsares aún iban a deparar más sorpresas a quienes los estudiaban, tal como veremos hacia el final del presente capítulo.

El púlsar del Cangrejo

Al considerar la secuencia de acontecimientos que conducen a la formación de un púlsar, reparamos en que la primera condición consiste en que una estrella explote y se despoje de su envoltura. Cuando esto ocurre, el astro inicial deja tras de sí un núcleo que acaba convirtiéndose en una estrella de neutrones de rotación muy rápida. Si admitimos también que esta posee un campo magnético, es de esperar que se convierta en un púlsar.

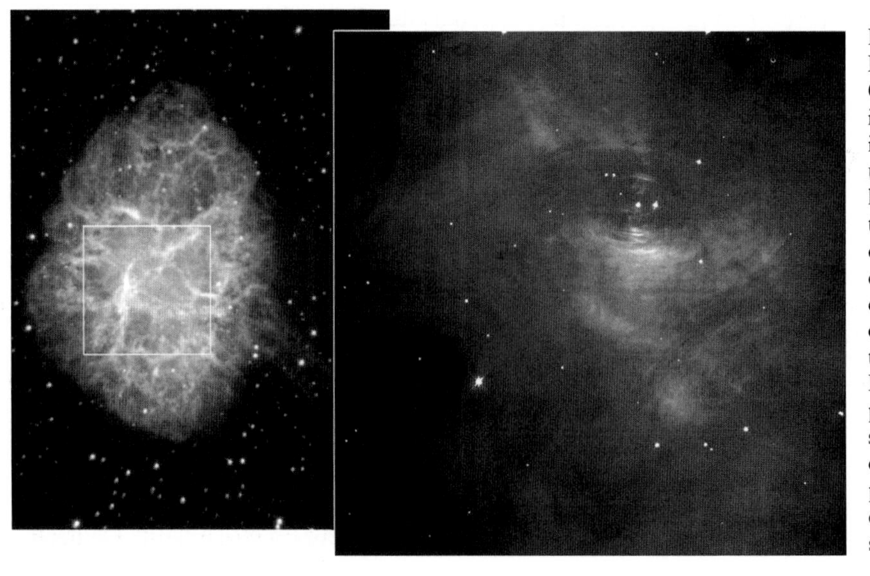

Figura 4.8. Nebulosa del Cangrejo. A la izquierda, una imagen obtenida por un telescopio sito en la superficie terrestre. A la derecha, fotografía de la región central de la nebulosa obtenida por el telescopio espacial Hubble, en la que el púlsar del Cangrejo se corresponde con la estrella izquierda del par de astros que ocupa el centro superior de la figura.

Según esta línea argumental, los púlsares deberían aparecer asociados a los remanentes de supernovas. Por consiguiente, la Nebulosa del Cangrejo constituiría un ejemplo ideal. De hecho, en la Nebulosa del Cangrejo se detectó un púlsar. Fue el segundo púlsar que se encontró. Su descubrimiento sirvió asimismo para resolver un antiguo enigma acerca del Cangrejo.

La figura 4.8 contiene otra fotografía de la Nebulosa del Cangrejo, ya ilustrada en la figura 3.1. En ella se aprecia el remanente que quedó tras la explosión de una estrella hace unos nueve siglos y medio. La nebulosa manifiesta un despliegue de actividad indicativo de que en la época que estamos observando ahora aún actuaban allí procesos muy energéticos. Así, por ejemplo, sabemos que además de emitir en longitudes de onda visibles, el Cangrejo irradia con intensidad en ondas de radio así como en rayos X y gamma. Detengámonos en primer lugar a conocer estas formas diversas de radiación. Los dos párrafos siguientes resumen lo que ya se explicó en el capítulo 1.

Los científicos saben que la luz ofrece un ejemplo de movimiento ondulatorio consistente en perturbaciones eléctricas y magnéticas que se propagan como ondas (consúltese la figura 4.9). Del mismo modo que al arrojar una piedra a una charca de agua observamos una ondulación en la superficie que se desplaza hacia fuera, así las ondas electromagnéticas viajan en dirección contraria a la fuente de luz. La figura 4.9 explica el significado del término *longitud de onda.*

El tipo de radiación que conocemos como luz visible (es decir, la luz a la que reaccionan nuestros ojos y nos permite «ver» las cosas) equivale a un intervalo de longitud de onda que va desde 390 hasta 770 nanómetros (un nanómetro es la milmillonésima parte de un metro). ¿Cómo se nos muestran las ondas cuya longitud cae fuera de ese intervalo? En términos generales, el rango completo de longitudes de onda se divide en diversas regiones, de entre las cuales aquella que contiene las ondas más largas se denomina región de ondas de radio, y la que abarca las longitudes de onda más cortas se denomina región de rayos gamma. Entre ambas longitudes

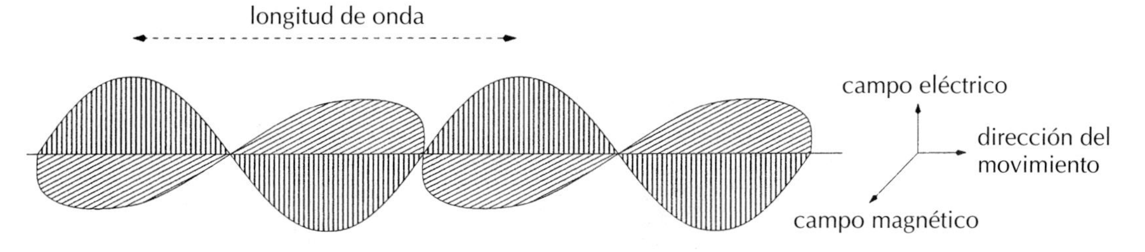

Figura 4.9.
En esta figura se esquematiza una onda electromagnética con formas onduladas para ilustrar que las perturbaciones eléctricas y magnéticas, en planos perpendiculares, ascienden y descienden de manera coordinada a través del espacio. La distancia que separa dos máximos sucesivos de la onda se denomina *longitud de onda*.

extremas yacen, en orden decreciente de longitud de onda, las microondas, la radiación infrarroja, la luz visible, la radiación ultravioleta y los rayos X (véase la figura 4.10).

Los objetos astronómicos emiten radiación en forma de ondas electromagnéticas, cuya variante más familiar para nosotros es, por supuesto, la luz visible. Pero, como ya hemos mencionado, también irradian en otras longitudes de onda, y en ocasiones lo hacen con intensidades que superan con mucho la emisión en luz visible.

La Nebulosa del Cangrejo constituye uno de esos casos. Pero la radiación en ondas de radio o en rayos X requiere, para existir, cierta cantidad de electrones en movimiento rápido sumergidos en el campo magnético del entor-

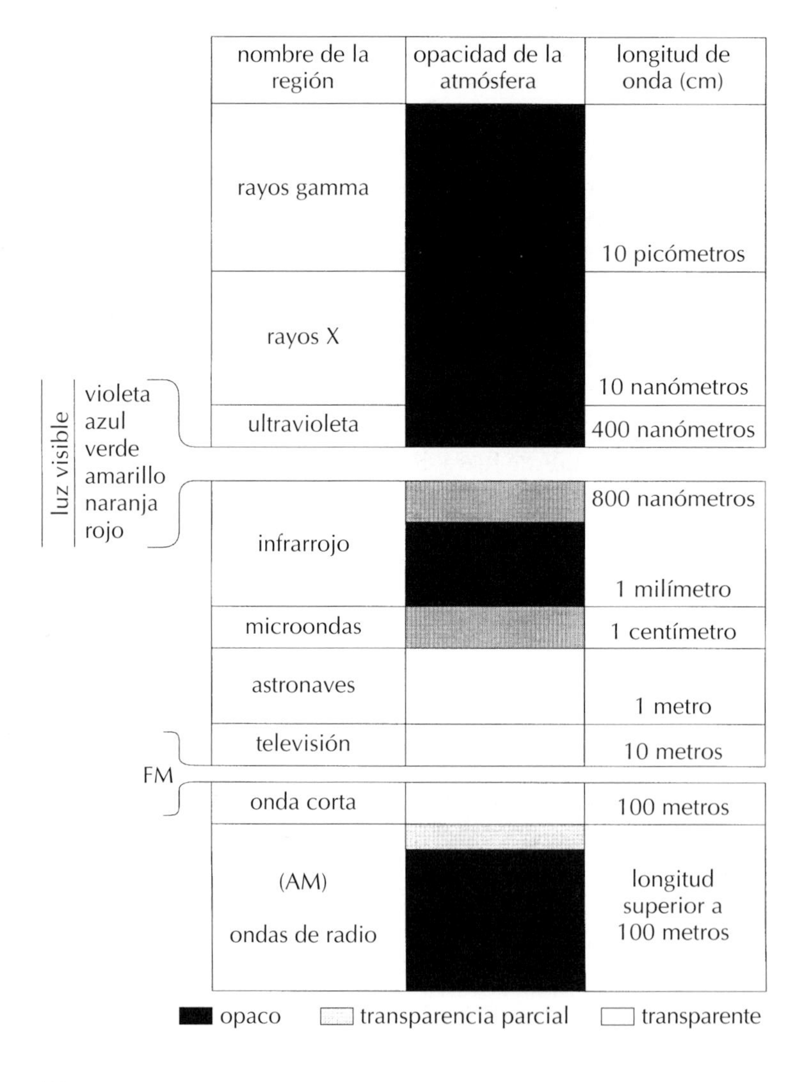

Figura 4.10.
Este cuadro, copiado de la figura 1.13, ilustra los diferentes intervalos de longitudes de ondas electromagnéticas.

no, por lo que cabría esperar que ese tipo de electrones circundara la nebulosa y, sin embargo, en este punto nos topamos con un problema.

Recuérdese del capítulo 3 que la explosión en la supernova habría liberado gran cantidad de partículas de movimiento rápido, entre las que se contarían electrones. En su momento consideramos que esta podía constituir una fuente de rayos cósmicos, pero la explosión es un acontecimiento breve y súbito. Incluso aunque los electrones liberados en aquel entonces, nueve siglos y medio antes del momento que observamos, continuaran presentes en la nebulosa, ya habrían perdido la mayor parte de su energía cinética y se habrían frenado. Por tanto, el origen de la radiación que *observamos en el presente* conformaba todo un misterio, un problema que incordió a muchos astrofísicos.

Como anécdota personal relacionada con la Nebulosa del Cangrejo, Fred Hoyle recuerda que en 1958 planteó esta cuestión en una conversación privada que mantuvo en presencia del astrofísico holandés más veterano, Jan Oort, y de Walter Baade durante la Conferencia Solvay en Bruselas. Baade había contribuido a emprender estudios detallados del Cangrejo y Hoyle le preguntó si podría buscarse una fuente de energía dentro de la propia nebulosa. Baade quiso saber qué objeto concreto petendía encontrar. Como Hoyle estaba pensando en una enana blanca, le sugirió buscar una fuente cuya luz fluctuara con un periodo de varios segundos. Aunque mostró interés por la búsqueda de tal fuente emisora, Baade no llegó a materializarla probablemente porque las técnicas fotográficas de que disponía no tenían suficiente sensibilidad.

Al fin, D. H. Staelin y E. C. Reifenstein encontraron la fuente desde el Observatorio Nacional de Radioastronomía de Estados Unidos, sito en Greenbank. En realidad, el primer descubrimiento solo consistió en localizar algunos de los pulsos «gigantes» aislados que en ocasiones emite la fuente. Estudios posteriores revelaron que la fuente era un púlsar de muy corto periodo, solo 0,033 segundos, o 33 *milisegundos*. (A menudo conviene emplear esta unidad temporal más corta, el milisegundo, es decir, la milésima parte de un segundo, para designar el periodo de los púlsares rápidos.)

No obstante, además de esta fuente radioeléctrica de pulsos tan veloces, el Cangrejo escondía otras sorpresas. El 16 de enero de 1969 se descubrieron pulsos *ópticos* provinientes del púlsar del Cangrejo. El verdadero hallazgo se efectuó a través de una grabadora magnética que los observadores William Cocke, Mike Disney y Donald Taylor dejaron funcionando por error en el Observatorio Steward de Tucson, Arizona. Con posterioridad aparecieron otros dos grupos que comunicaron el descubrimiento de pulsos ópticos, uno desde el Observatorio McDonald en Tejas y el otro desde el Observatorio Nacional de Kitt Peak, también en Tucson. La secuencia de tomas fotográficas que recoge la figura 4.11 ilustra un aumento y una dis-

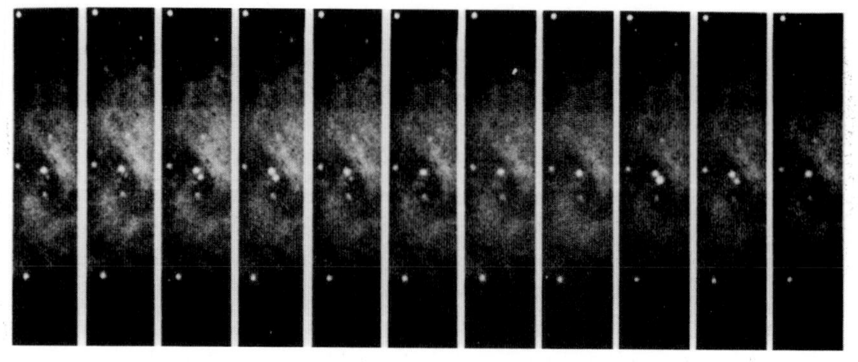

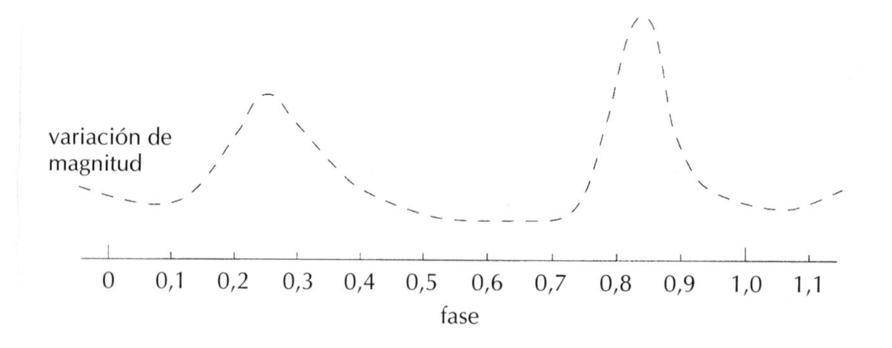

Figura 4.11. Esta secuencia de fotografías ilustra el aumento y descenso de luminosidad visual de la fuente que alberga la Nebulosa del Cangrejo. La gráfica inferior reproduce las subidas y bajadas de la intensidad (figura cedida por S. P. Maran, del Observatorio Nacional de Kitt Peak).

minución del brillo en la imagen del púlsar. La curva que se ha trazado debajo de las tomas evidencia que el incremento y el descenso de la intensidad visible dibujan un par típico de pulsos.

La siguiente aportación de interés a esta historia llegó aquel mismo año desde la ciencia incipiente de la astronomía de rayos X. Dos vuelos de cohetes provistos con detectores de rayos X, uno lanzado desde el Instituto de Tecnología de Massachusetts y el otro desde el Laboratorio de Investigación Naval Estadounidense, demostraron que la fuente emitía pulsos incluso en la longitud de los rayos X, y que la forma de los pulsos en rayos X encajaba razonablemente con el perfil de sus compañeros ópticos.

Las emisiones en longitudes ópticas y en rayos X procedentes del púlsar del Cangrejo pulsan igual que las emisiones radioeléctricas y, por tanto, tal como se describió más arriba, actúan del mismo modo que el haz de luz de un faro costero. En cambio, se originan muy por encima de la superficie del púlsar, en la atmósfera magnetizada, donde las partículas con carga eléctrica se mueven a velocidades muy cercanas a la de la luz. Esto es así porque para obtener radiación a las altas frecuencias de las regiones ópticas o de rayos X (en oposición a las frecuencias mucho más bajas de las ondas de radio), las partículas cargadas necesitan disponer de energías tan elevadas como mil millones de veces la energía de su masa en reposo[5].

El púlsar de la Nebulosa del Cangrejo recibe el apelativo NP 0532 (o este otro en un formato más estándar: PSR 0531+21) y se lo considera la principal fuente energética de la nebulosa. Sin embargo, no es tan habitual encontrar púlsares dentro de, o cerca de, remanentes de supernovas, ya que las supernovas pueden estallar de manera asimétrica (consúltese la figura 3.21, en el capítulo anterior) y expulsar el núcleo residual lejos de la envoltura estelar. De modo que el púlsar del Cangrejo constituye algo así como una excepción al hallarse inmerso en el lugar de la explosión.

A continuación abandonaremos la Nebulosa del Cangrejo y su singular mecanismo energético para centrarnos en algunos aspectos nuevos del fenómeno de los púlsares que fueron descubiertos mucho después del hallazgo inicial.

Púlsares binarios y de milisegundos

De todo lo que se ha mencionado hasta ahora, podría parecer que los púlsares nacen necesariamente a partir del núcleo estelar que queda tras una explosión de supernova. Tales púlsares comenzarían girando muy deprisa, pero con el tiempo irían frenándose de manera gradual y hasta sufrirían la disipación de su campo magnético. De hecho, el ritmo al que aumenta el periodo de los pulsos puede relacionarse con su mecanismo de emisión, y así acabaríamos concluyendo que cuanto más envejece un púlsar, más se frena su velocidad de giro. Un método tosco pero sencillo para calcular la «edad» del púlsar consiste en dividir el periodo observado (el tiempo de repetición) de los pulsos entre el doble del ritmo observado al que decrece el periodo. El resultado obtenido representa una buena aproximación de la edad del púlsar.

La figura 4.12 muestra una gráfica de púlsares de los que se conoce el periodo (expresado en el eje horizontal) y ritmo al que este aumenta (en el eje vertical). Este diagrama resulta de utilidad para conocer la evolución de los púlsares a medida que avanza el tiempo, del mismo modo que el diagrama H-R sirve para estudiar la evolución de las estrellas. Repárese en que gran cantidad de púlsares se concentra en la parte superior derecha de la figura 4.12, lo cual encaja con la hipótesis descrita acerca de las supernovas.

[5] Esta energía E viene expresada por la ecuación einsteniana $E = mc^2$, donde m equivale a la masa en reposo de la partícula y c se corresponde con la velocidad de la luz.

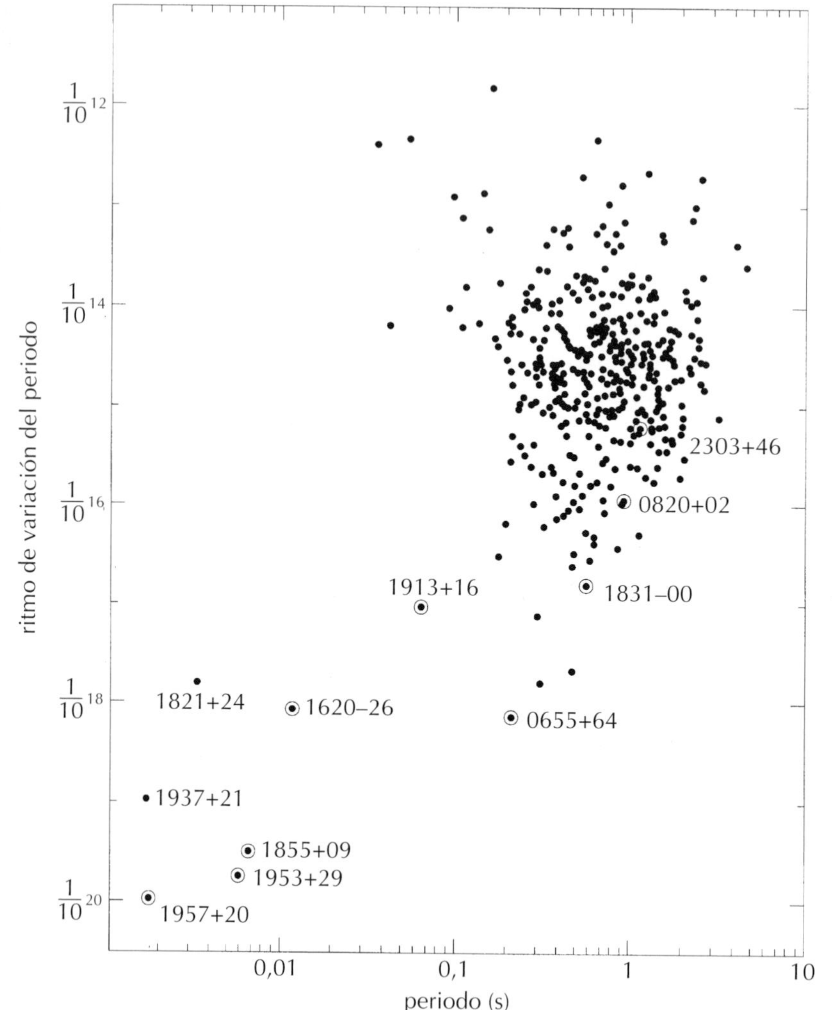

Figura 4.12.
Este diagrama contiene gran número de púlsares «comunes» en la parte superior derecha. Todos ellos encajan con la teoría de que su origen radica en las supernovas. Pero ¿qué hacemos con los que ocupan la esquina inferior izquierda? Los puntos rodeados de un círculo corresponden a sistemas binarios.

Con todo, también nos encontramos con algunos púlsares con periodos muy breves y que además aumentan a un ritmo aún más lento. Algunos de estos púlsares (dentro de un círculo en la figura 4.12) pertenecen a sistemas estelares binarios. Sus edades, según la fórmula que acabamos de revelar, rondarían los *mil millones* de años. A la vista de la figura 4.12, podría pensarse que se trata de una casta totalmente distinta. En verdad lo es, y la clave de su origen estriba en la evolución que siguen los sistemas estelares binarios.

Un sistema binario consiste en dos estrellas que giran una alrededor de la otra. Son muy comunes en nuestro firmamento, aunque resultan difíciles de distinguir a simple vista. En algunos casos, las estrellas se encuentran bastante próximas la una a la otra y ello propicia un intercambio de masa entre ambas. Por tanto, puede ocurrir que una de las componentes sea una estrella de neutrones muy compacta y la otra una gigante descomunal. Entonces, la primera de ellas atrae materia de la superficie de la otra, en un flujo veloz que acaba depositándose en la componente densa. Pero mientras desciende antes de depositarse, el material se mantiene en circulación alrededor de la estrella formando una espiral hacia el interior. La figura 4.13 ilustra este proceso. La materia contenida en la espiral se calienta por efectos de la fricción y emite rayos X. El empleo de los satélites de rayos X en la década de 1970 reveló que existen muchas fuentes binarias de rayos X semejantes. Volveremos a este tema en el próximo capítulo.

La situación descrita se ha revelado como muy común entre las fuentes binarias de rayos X y, antes de considerar cómo derivan en púlsares, resultará interesante estudiar la evolución del propio sistema estelar binario hasta arribar a esta fase. La figura 4.14 muestra una secuencia evolutiva típica en cuatro etapas. Partimos de la etapa (*a*) con un par de estrellas *A* y *B* de 8 y 20 masas solares, respectivamente. Como la estrella *B* es más masiva, experimentará una evolución más rápida. Al cabo de 6,2 millones de años, *B* se convierte en una estrella gigante con un radio tan extenso que no es capaz de mantener su cohesión ante las fuerzas mareales que ejerce su compañera.

El término «mareal» se ha extraído del ejemplo que encontramos en las mareas oceánicas terrestres. El empuje gravitatorio que ejerce la Luna sobre la superficie de la Tierra orientada hacia ella causa una concentración de los océanos en esa zona terrestre, lo cual genera las mareas altas. Eso mismo ocurre en las partes externas de *B* cuando se someten a la atracción que ejerce su

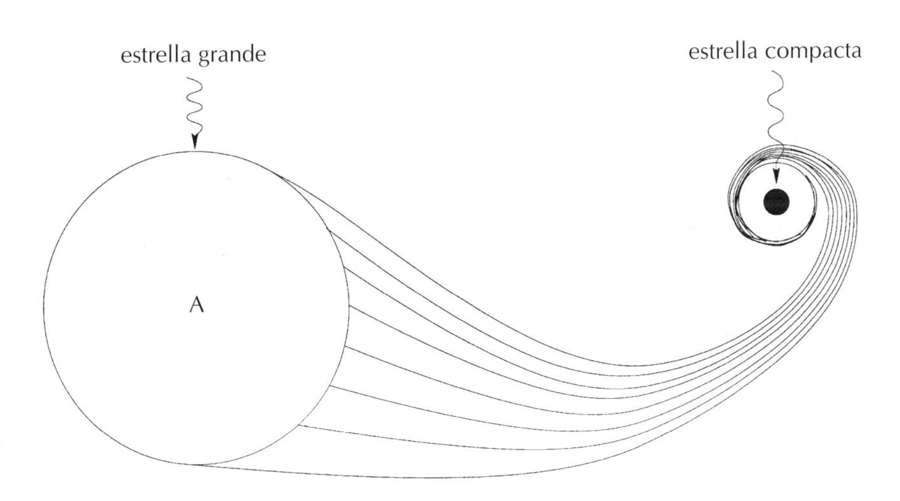

Figura 4.13. Representación de la fuente binaria de rayos X que se describe en el texto.

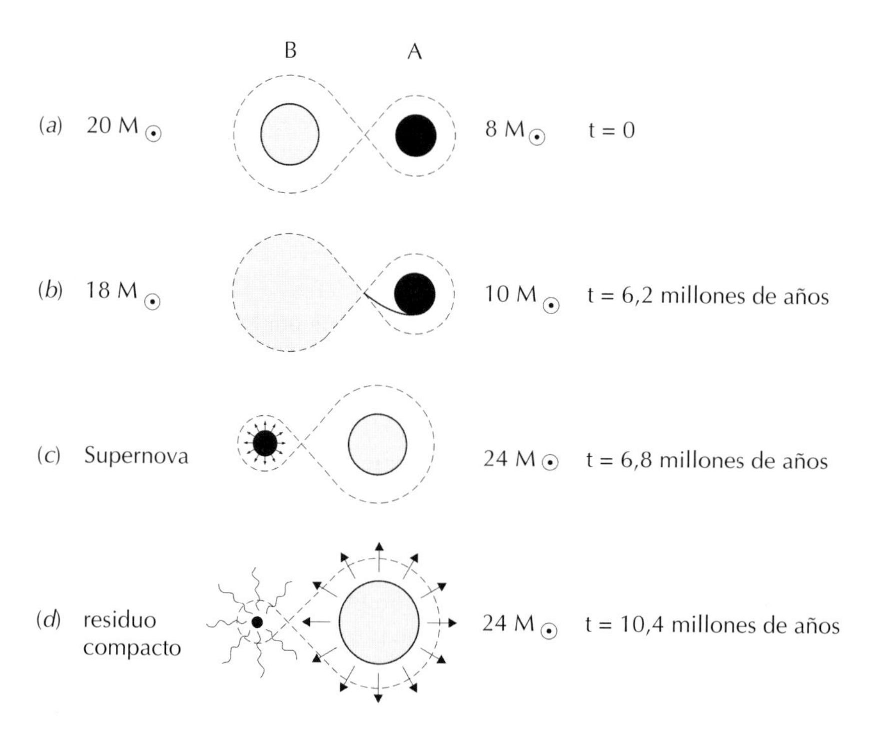

Figura 4.14. Cuatro etapas evolutivas de un sistema estelar binario en el que se produce un intercambio de masa entre ambas componentes. El símbolo $M_\odot$ representa la masa del Sol.

compañera *A*. Como resultado, la materia de *B* inicia una huida hacia *A* siguiendo el comportamiento descrito en la etapa (*b*). La figura en forma de ocho horizontal que se representa en (*a*) y en (*b*) es el llamado *lóbulo Roche* (así llamado por E. Roche, el primero que apuntó, en 1850, la posibilidad de que las fuerzas de marea ejercidas por un planeta sobre sus satélites puedan acabar por desintegrar estos últimos). Este lóbulo delimita la extensión máxima que puede alcanzar cada componente conservando a la vez su cohesión. En cuanto la estrella se expande más allá de su lóbulo Roche, comienza a perder materia de su superficie. Después de 6,8 millones de años, la componente *B* estalla en supernova y deja tras de sí una estrella de neutrones. Entretanto, la masa de *A* ha crecido hasta reunir 24 masas solares como resultado de la incorporación de material procedente de la componente *B*. Es lo que ilustra la etapa (*c*). La última etapa (*d*) nos traslada hasta una situación característica de fuente binaria de rayos X. En este caso, la estrella *A* se ha convertido en supergigante, la materia de su superficie rebasa el lóbulo Roche y comienza a migrar hacia *B*. Este «viento estelar» causa la radiación X del modo ya descrito.

En este sentido, vemos que, en un sistema binario, la transferencia de masa desempeña un papel crucial. Como todo el material que pasa de una estrella a la otra orbitaba alrededor de un centro de masas común, al llegar a la segunda estrella porta consigo esa tendencia rotativa. En consecuencia, la segunda estrella incrementa su velocidad de giro. Por tanto, es de esperar que el púlsar que queda cuando una de las componentes (*B*, en nuestro ejemplo) se convierte en supernova, gire muy deprisa.

Esto explica los denominados «púlsares de milisegundos», cuyos periodos se miden en milisegundos, en lugar de segundos. Uno de estos púlsares de milisegundos es el PSR 1957+20, el cual presenta un periodo de solo 1,6 milisegundos y fue detectado en 1988 por Andrew Fruchter, D. R. Steinberg y Joe Taylor.

Retomando la evolución de los sistemas binarios, el destino final de los dos miembros consiste en que ambos se conviertan en supernovas y dejen tras de sí dos estrellas de neutrones. Aunque cabe la posibilidad alternativa de que las componentes del sistema entren en colisión y dejen tras de sí solo una estrella de neutrones. Entonces, podemos encontrarnos con púlsares de giro rápido consistentes en un solo objeto, o bien en miembros de sistemas binarios.

El púlsar binario PSR 1913+16

El púlsar binario más conocido y el primero que se detectó de esta categoría fue hallado en 1974 por Russell Hulse y Joe Taylor desde el radiorreflector Arecibo, en Puerto Rico, de unos 150 metros de radio (figura 4.15). Este púl-

Figura 4.15. Este reflector, encajado en el terreno, recibe señales radioeléctricas procedentes de un sector limitado del cielo a medida que la Tierra gira sobre su eje. Su diseño se muestra especialmente adecuado para la detección de púlsares (fotografía cedida por NAIC/Observatorio de Arecibo).

sar, conocido por su designación de catálogo PSR 1913+16, se desplaza alrededor de otra estrella de neutrones con la que forma un sistema binario, con el brevísimo periodo de 7,75 horas. Ambas estrellas poseen la misma masa aproximada de 1,4 masas solares. El púlsar posee un periodo corto de 59 milisegundos y, asimismo, el aumento de su periodo se produce a un ritmo lento. Presenta un periodo muy estable y puede servir de reloj con una precisión de 50 microsegundos si se promedian los pulsos recibidos durante un intervalo de cinco minutos.

En breve volveremos a esta precisión temporal y mencionaremos además el uso curioso que los físicos le han dado a PSR 1913+16 para comprobar las teorías de la gravitación. El descubrimiento de este púlsar singular les valió a Hulse y Taylor el premio Nobel de física en 1994.

Los púlsares y los relojes

Como ya hemos apuntado, el periodo temporal del primer púlsar, CP 1919, podía expresarse con una precisión de diez cifras decimales. La extraordinaria regularidad que muestran los periodos de los púlsares, en especial los púlsares de milisegundos detectados en la década de 1980, planteó la posibilidad de que tales objetos se utilizaran como cronómetros fundamentales para el estudio de los fenómenos naturales.

La definición actual del tiempo universal (TU) se basa en un reloj ideal de cesio. Tal reloj se rige por las oscilaciones del átomo de cesio. En la práctica, un segundo se define como la duración de 9.192.631.770 perio-

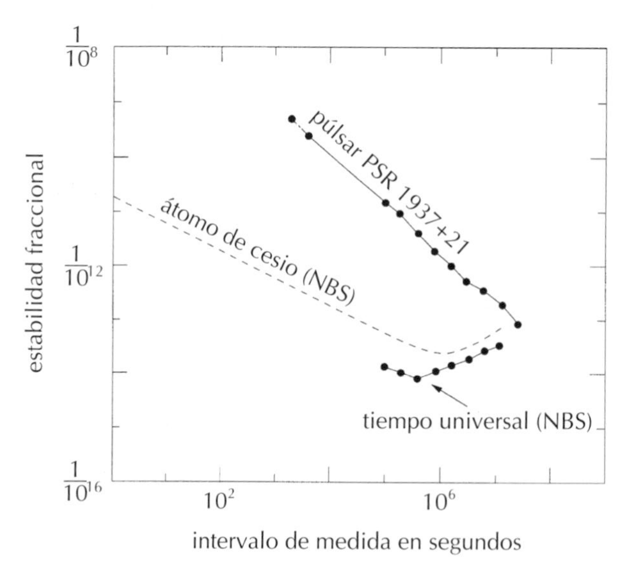

Figura 4.16.
Esta gráfica muestra el comportamiento comparado del reloj de cesio con el del púlsar PSR 1937+21. El eje horizontal representa el intervalo temporal a lo largo del cual se efectúan las mediciones, mientras que el eje vertical equivale a la estabilidad fraccional del reloj, tal como se mide mediante la variancia Allan. Los datos del reloj de cesio y del tiempo universal proceden de National Bureau of Standards (NBS).

dos de la radiación correspondiente a la transición entre dos estados específicos del átomo de cesio. Los intervalos temporales característicos asociados a cada una de esas transiciones atómicas no son, no obstante, estrictamente idénticos. Pero promediando varios de esos relojes puede obtenerse un ritmo temporal uniforme. Los púlsares, en cambio, parecen preferibles a la hora de establecer un patrón temporal uniforme, tal como se verá a continuación.

La estimación cuantitativa de la regularidad de un reloj viene determinada por la llamada variancia Allan de sus errores. Para calcular esta variancia se miden las fluctuaciones ocurridas en un periodo de tiempo y se expresan como una fracción de ese mismo periodo. Luego se promedian los cuadrados de estas fluctuaciones. Esta variancia disminuye en caso de medirla en el transcurso de un intervalo temporal amplio, siempre y cuando se sepa que el periodo temporal básico se mantiene estable durante el intervalo de medición. Por tanto, cuanto más dilatado sea el intervalo temporal, menor resulta la variancia Allan y más preciso es el reloj.

En un reloj de cesio, este intervalo temporal es del orden de un mes. En la figura 4.16 se aprecia la caída de la variancia durante un periodo de un millón de segundos y el ascenso que experimenta a partir de ahí. En comparación, la misma figura muestra que el intervalo temporal con un periodo estable del púlsar PSR 1937+21 *se prolonga durante años*. Es decir, a lo largo de escalas temporales de un mes o así, el púlsar puede no coincidir con el reloj atómico, pero para intervalos de duración más dilatada, su estabilidad tiende a sobrepasar a este último y logra una precisión de *trece cifras decimales*.

Así pues, para establecer un patrón temporal basado únicamente en un púlsar habría que proceder como sigue. Supongamos que observando el grupo de púlsares más constantes llegáramos a demostrar que la diferencia entre el patrón temporal de dos púlsares es *menor que* la diferencia entre el TU y el patrón medio construido mediante el grupo de púlsares. En tal caso, podríamos confiar por completo en los púlsares como cronómetros de referencia. Eso perfeccionaría sin duda el estándar del TU reduciendo las fluctuaciones con las que suele medirse. Queda abierta la cuestión de si los púlsares llegarán a reemplazar a los relojes atómicos.

Los púlsares y la comprobación de las teorías sobre la gravitación

La precisión extrema de los púlsares para medir el tiempo ha ayudado a los físicos en otro sentido.

El púlsar binario PSR 1913+16, ya aludido, ha resultado de máxima utilidad para comparar las predicciones de la teoría general de la relatividad de

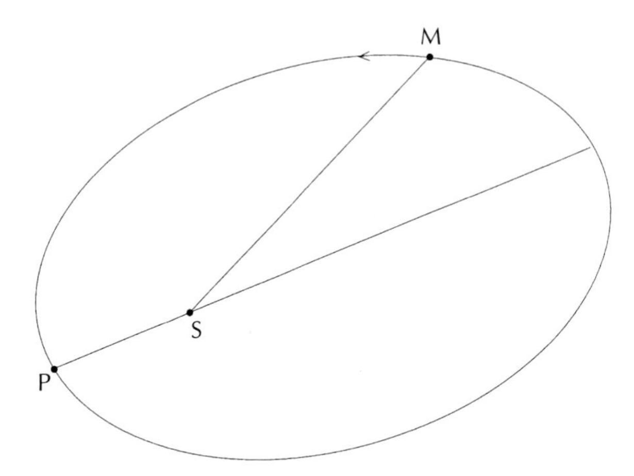

Figura 4.17.
El movimiento elemental de Mercurio (*M*) en el campo gravitatorio del Sol (*S*) dibuja una elipse con el Sol en uno de sus focos. Nótese la variación constante de la distancia que separa el Sol del planeta. La distancia entre ambos se reduce al mínimo cuando el planeta se encuentra en *P*, el punto de su perihelio.

Einstein con las de otras teorías sobre la gravitación. No entraremos aquí en los detalles de la relatividad, pues la descripción de la teoría[6] se ha reservado para el capítulo 5.

La teoría general de la relatividad plantea un punto de partida muy diferente del que sirve de base a las leyes newtonianas, mucho más simples, sobre la gravitación, pero para la mayoría de las aplicaciones prácticas termina llegando a las mismas conclusiones. De modo que para comprobar cuál de esas dos teorías se acerca más a la realidad hay que someterlas a comprobaciones mucho más sutiles, que conllevan mediciones muy precisas y circunstancias especiales. Esas pruebas, realizadas dentro de nuestro Sistema Solar, han sido las responsables directas de que aumentara la credibilidad de la relatividad general en detrimento de la gravitación newtoniana. No obstante, esas comprobaciones requieren experimentos de un refinamiento extremo.

El avance del periastro

Consideremos, por ejemplo, la prueba que proporciona el movimiento de Mercurio alrededor del Sol. La figura 4.17 muestra que, según la gravitación de Newton, Mercurio tendría que describir una órbita elíptica, con el Sol en uno de los focos de la elipse.

En cambio, en realidad, Mercurio sigue un movimiento algo más complejo, que se muestra en la figura 4.18. La línea de unión entre el Sol y el *perihelio*, el punto de la órbita más próximo al Sol, va cambiando poco a poco de dirección.

[6] La obra del autor *The Lighter Side of Gravity*, Cambridge University Press, ofrece más información no especializada sobre el tema.

Este comportamiento extraño se ha detectado en el último siglo y en varias ocasiones se ha intentado explicar dentro del contexto de la gravitación newtoniana, ya que se ha sabido que una parte considerable del movimiento de la línea *SP* de la figura 4.18 se debe al empuje gravitatorio que ejercen sobre Mercurio otros planetas del Sistema Solar, en especial Venus, la Tierra y Júpiter. Sin embargo, quedaba sin explicar una fracción minúscula de este desplazamiento.

La pequeñez de la anomalía se apreciará como sigue. La figura 4.19 reproduce un transportador de ángulos usual en los juegos de reglas escolares, que permite medir ángulos siguiendo las divisiones diminutas marcadas en su limbo circular. Cada división equivale a un grado. Si dividimos cada grado en 60 partes iguales obtendremos una medida angular mucho más pequeña que se denomina *minuto de arco*. Si a continuación practicamos la división de casa minuto de arco en 60 partes iguales obtendremos un *segundo de arco*. Pues bien, aquel movimiento anómalo del perihelio de Mercurio con respecto al Sol era del orden de *43 segundos de arco cada 100 años*.

Por exigua que pueda parecer, esta variación bastó para inquietar a los teóricos, quienes hasta entonces habían considerado que las leyes de la gravitación de Newton se hallaban en absoluta concordancia con las observaciones. Y aquí intervino la relatividad general con la repuesta correcta. Esta teoría introducía una pequeña corrección en el movimiento que sigue un planeta alrededor del Sol y demostraba que ahí radicaba la causa *exacta* de aquella anomalía de 43 segundos de arco por siglo.

Tal vez parezca que he ido divagando desde los púlsares hasta los planetas para explicar las minúsculas, aunque significativas, diferencias que existen entre dos teorías de la gravitación, una de Newton y otra de Einstein. Pero este tipo de argumentos es justo el que nos permite apreciar el gran adelanto que suponen los púlsares binarios para la medición del tiempo.

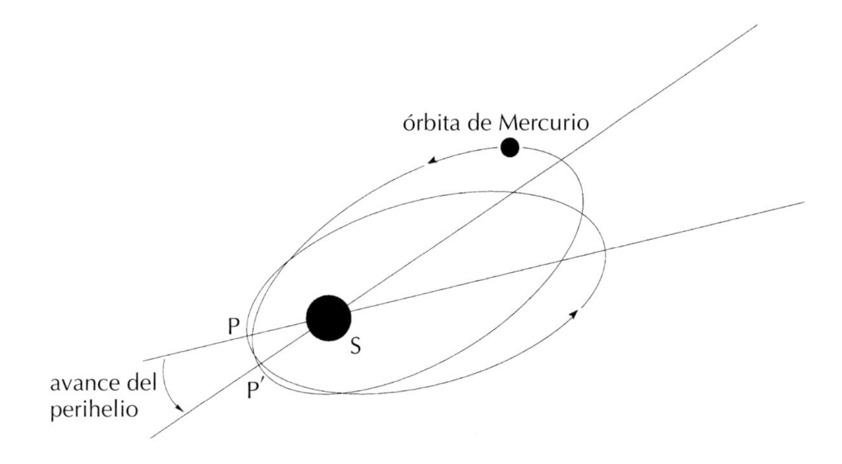

Figura 4.18.
La línea *SP*, que une el Sol con el punto más cercano a él de la órbita de Mercurio, experimenta una rotación lenta en el espacio cuyo efecto se reproduce un tanto exagerado en la figura.

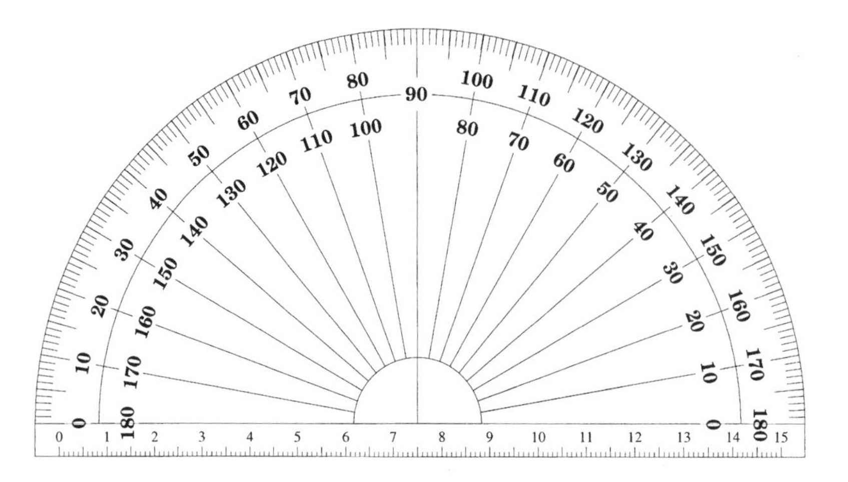

Figura 4.19. Este dibujo de un transportador de ángulos nos recuerda lo pequeño que es un grado.

En la figura 4.20 se observa que las dos estrellas del PSR 1913+16 se desplazan dentro de un sistema binario describiendo cada una de ellas una órbita elíptica. En cambio, la línea que las une pasa a través de un punto fijo del espacio que se denomina *centro de masas* del par[7]. Por supuesto, mientras el centro de masas permanece estático, la distancia entre las componentes varía. Al igual que en el caso del Sol hablábamos del perihelio, con las estrellas binarias hay que hablar de *periastro* cuando ambas componentes se encuentran a la distancia mínima entre sí.

En realidad, el sistema Sol-Mercurio también podría contemplarse como un sistema binario. No obstante, la masa del Sol supera en unas seis mil millones de veces la masa de Mercurio. Esta desproporción gigantesca de masas da como resultado que el Sol apenas acuse la débil fuerza de atracción de Mercurio: el centro de masas del par *casi* coincide con el centro del Sol.

Este hecho concreto permite al relativista calcular el ritmo de avance del perihelio de Mercurio de manera casi *exacta*. En el caso de un púlsar binario, se da una situación diferente. Ambas estrellas (el púlsar A y su compañera B) presentan masas comparables y, por tanto, no puede aplicarse el mismo cálculo en términos idénticos. El llamado *problema de dos cuerpos*, en el que dos masas similares se desplazan sometidas al empuje gravitatorio que cada una ejerce sobre la otra, plantea dificultades extremas y *no ha sido resuelto en el marco de la relatividad general*.

[7] Imaginemos dos niños sentados en los extremos de un balancín en posición horizontal. El centro de masas se encuentra en el punto donde se apoya el balancín. Si uno de los niños pesa mucho, solo conseguirá equilibrar el balancín sentándose más cerca de dicho punto.

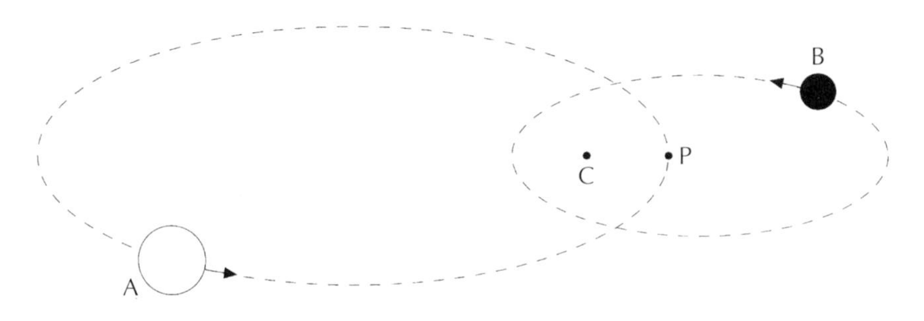

Figura 4.20.
El púlsar *A* y su compañera estelar *B* se desplazan siguiendo órbitas elípticas de tal modo que su centro de masas *C* ocupa una posición fija en el espacio. El púlsar alcanza el periastro cuando se da la mínima distancia entre *A* y *B*. Se ha observado que la dirección de la línea *CP* varía con el tiempo.

Con todo, podemos efectuar cálculos aproximados considerados fiables por los especialistas en la materia. Según esos cálculos, el valor del avance del periastro de PSR 1913+16 es de 4,2 grados al año, lo cual coincide con la magnitud medida según las observaciones. (Nótese que este efecto es unas 350.000 veces mayor que el observado en Mercurio.) Así pues, el púlsar binario confirma la relatividad general a través del movimiento observado de su periastro.

Demoras temporales

Otro efecto peculiar que contempla la relatividad general (no encontrado en la gravitación de Newton) consiste en el retraso temporal que experimenta una señal luminosa al pasar cerca de un cuerpo masivo. En el capítulo siguiente veremos que la relatividad general exige una modificación de las medidas espaciotemporales en las zonas próximas a tales objetos debido a su influjo gravitatorio. Así, el trayecto de ida y vuelta de una señal de radar duraría más si se viera sometido a tales efectos.

Dentro del Sistema Solar, estos efectos fueron observados por la sonda *Viking* al enviar señales de radio desde la superficie de Marte, *cuando esas señales rozaron el Sol*. Comparado con situaciones en las que el Sol no mantenía ninguna cercanía con las señales, el tiempo de demora ascendía a 250 microsegundos (véase la figura 4.21).

En el caso del púlsar binario PSR 1913+16, la señal del púlsar tarda 50 microsegundos más en llegar hasta nosotros cuando se acerca a su compañera estelar. El efecto, aunque pequeño, puede medirse con exactitud gracias a la precisión temporal del púlsar. Y las medidas han confirmado esta predicción de la relatividad general.

Existencia de radiación gravitatoria

Aunque estas comprobaciones han resultado muy fructíferas para aumentar en un punto la credibilidad de la relatividad general, ninguna de ellas ha levantado tanto revuelo como la evidencia hallada (indirectamente) de la existencia de ondas gravitatorias. Consideremos en primer lugar de qué modo se cree que se producen esas ondas.

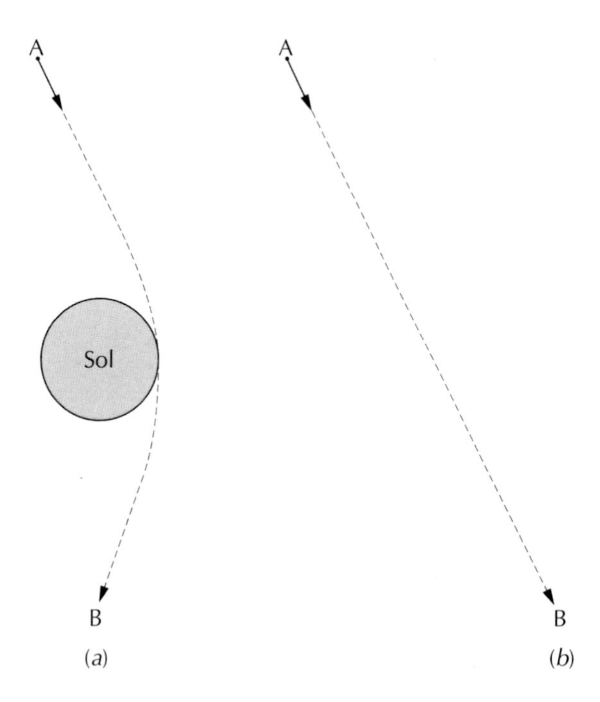

Figura 4.21.
(*a*) Dibujo esquematizado de una señal que se pasa cerca de la superficie del Sol. El tiempo que tarda en recorrer la distancia entre *A* y *B* es mayor que el que emplea cuando el Sol no aparece en escena, como en (*b*).

Tal vez sirva de ayuda una comparación con las ondas electromagnéticas. El mecanismo esencial para la emisión de estas ondas consiste en una carga eléctrica oscilante. El movimiento de vaivén de la carga genera energía en forma de ondas electromagnéticas (véase la figura 4.22). Un detector de ondas electromagnéticas puede medir con facilidad esta radiación. No obstante, también cabe inferir su existencia planteando la siguiente pregunta: ¿de dónde procede esta energía? Tiene que venir del movimiento de la carga eléctrica. Por tanto, a medida que la carga irradia energía, su movimiento se va frenando de manera muy similar al frenado que experimenta un coche por rozamiento con la carretera cuando tiene el motor apagado. Así, a partir de la disminución de su movimiento se puede deducir que la carga eléctrica ha estado emitiendo energía.

Del mismo modo que una carga oscilante irradia ondas electromagnéticas y en consecuencia se frena, también los sistemas dinámicos con masa emiten ondas gravitatorias y experimentan un frenado. Al menos en teoría, pues hasta el momento nadie ha conseguido detectar directamente ondas gravitatorias.

La relatividad general afirma que el sistema más simple capaz de irradiar ondas gravitatorias es un sistema binario, en el cual dos masas giran una en torno de otra, como ocurre en el púlsar PSR 1913+16. Era de esperar que este sistema de púlsar binario experimentara una reducción del tamaño de las órbitas debido a la energía que pierde por la radiación gravitatoria. Es decir, el desplazamiento de cada componente alrededor de la otra seguiría órbitas cada vez más pequeñas. Pero, además, a medida que la órbita decrece, el periodo del giro de los astros también *disminuye*. La estimación teórica de dicha mengua se calculó en ¡tan solo 2,4 picosegundos por cada segundo! (Un billón de picosegundos equivale a un segundo.)

Pero la precisión temporal del púlsar ha permitido medir y verificar este efecto minúsculo. Una manera de comprobarlo consiste en observar el cambio acumulativo de fase en la órbita, el cual fue de dos segundos en el transcurso de seis años. La figura 4.23 reproduce una gráfica de tales observaciones.

El hecho de que el periodo orbital ha descendido se torna evidente a partir de este cambio de fase, y la constancia en el ritmo de decrecimiento se contempla como una confirmación de la predicción de la relatividad general, según la cual los sistemas binarios emiten ondas gravitatorias. Otras teorías enuncian predicciones semejantes con otros valores, pero este sistema binario permite tal precisión de medida que descarta el resto de alternativas.

Habrá que esperar a comienzos del siglo XXI para contar con una pueba directa de la existencia de las ondas gravitatorias. En la actualidad se están construyendo varios detectores de envergadura equipados con las armas necesarias para detectar ondas gravitatorias emitidas en los alrededores de estrellas binarias cuyas órbitas experimentan una mengua progresiva hasta que ambas componentes se unen. En cambio, este púlsar binario ya nos ha confirmado que dichas ondas existen.

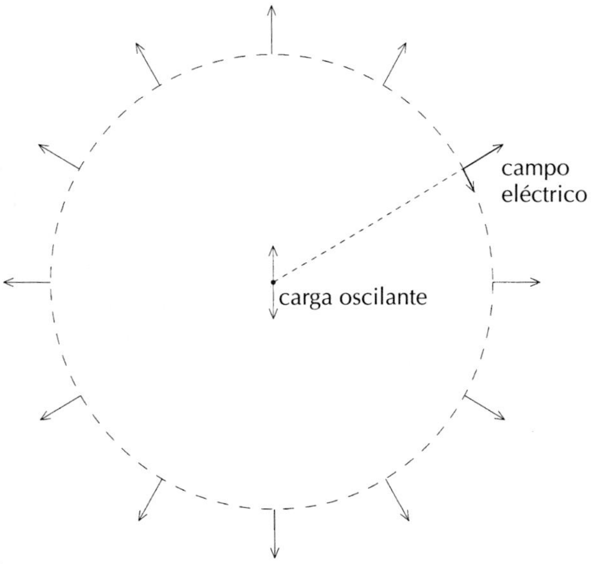

Figura 4.22.
Las flechas indican el movimiento oscilatorio de una carga eléctrica. La carga emitirá energía electromagnética a largas distancias, lo cual se representa mediante las flechas que señalan hacia fuera alrededor del círculo punteado. Tal emisión se produce en los planos que contienen la línea de movimiento de la carga. El campo eléctrico se encuentra por lo general en dicho plano, mientras que el campo magnético cae perpendicular a él, si bien ambos son perpendiculares a la dirección de salida de la onda.

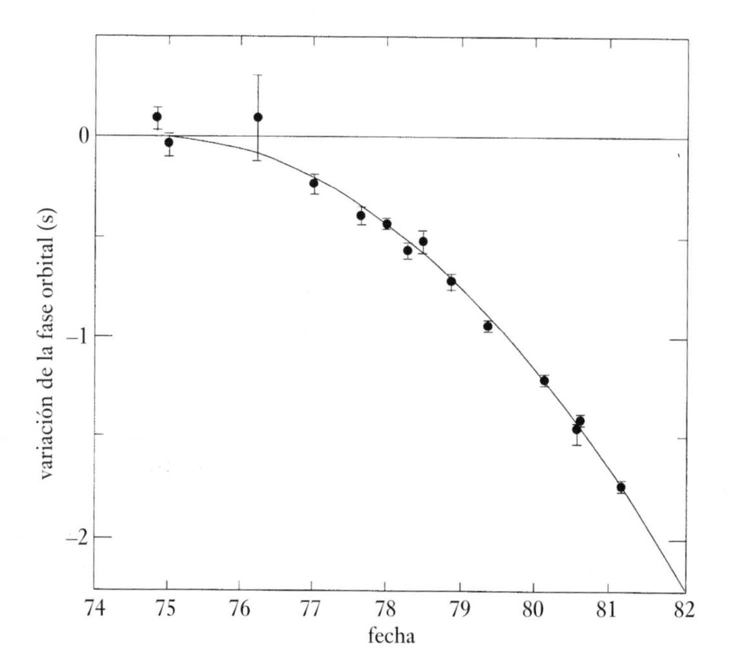

Figura 4.23.
La posición relativa de los dos miembros que conforman un sistema binario pueden cuantificarse mediante la *fase* de la órbita, medida en segundos. A medida que la órbita decrece y ambos miembros se mueven más deprisa uno alrededor del otro, dicha fase va variando. La variación de la fase se ha medido para el púlsar PSR 1913+16 y se ofrece aquí tal y como la determinaron en 1984 J. H. Taylor y J. M. Weisberg.

Planetas alrededor de púlsares

Con anterioridad hemos explicado que los planetas surgen allí donde nace una estrella (consúltese el capítulo 3) como consecuencia del colapso de la nube de gas que reside en el espacio interestelar. Por tanto, es de esperar que alrededor de estrellas semejantes al Sol, que ha estado emitiendo energía de manera constante a partir de la fusión de hidrógeno en helio, encontremos planetas. De hecho, en la actualidad se conocen algunos casos de tales estrellas acompañadas de planetas.

Sin embargo, en 1991 se declaró el hallazgo de un planeta ¡alrededor de un púlsar! Teniendo en cuenta el origen en cierto modo traumático de los púlsares, ¿cómo se las arregló para poseer un planeta? Con toda seguridad, los planetas que la estrella pudiera tener antes de convertirse en supernova fueron barridos o destruidos por la explosión. Así que, cuando un grupo de radiastrónomos de Jodrell Bank anunció en 1991 que cierto púlsar parecía contar con un planeta que orbitaba en derredor suyo, la noticia cayó como una verdadera sorpresa.

¿Cómo efectuaron el descubrimiento estos astrónomos? Las señales del púlsar parecían acusar un pequeño balanceo cuya única explicación consistía en la presencia de un planeta que lo orbitara e indujera perturbaciones gravitatorias. Se trata de una situación semejante a la de las estrellas binarias, en donde cada estrella induce un efecto en el movimiento de su compañera. Pero como en este caso el planeta es mucho menos masivo que la estrella, solo consigue repercutir en ella de manera apenas perceptible. Por tanto, la estrella solo sufre un ligero balanceo a medida que el planeta orbita a su alrededor. En caso de poder medir la amplitud y el periodo del balanceo, obtendremos datos acerca de la masa del planeta y el tiempo que invierte en orbitar la estrella. (Recuérdese que, como el planeta en sí no emite luz, no puede verse.) De modo que el el grupo de Jodrell Bank se basó en una evidencia indirecta para formular aquella afirmación.

La comunicación del hallazgo causó, por supuesto, una reacción inmediata. Como suele ser habitual cuando se anuncia este tipo de hallazgos inesperados, poco después se organizó un congreso para exponer los detalles y las implicaciones del descubrimiento. Sin embargo, el hallazgo en sí resultó ser una falsa alarma. El cuestionamiento de su veracidad surgió, de hecho, cuando se descubrió que el planeta hipotético parecía tener un periodo orbital o bien de seis meses o bien de un año, ¡lo cual coincidía a la perfección con el periodo de la Tierra! Al final se supo que al observar el púlsar desde la Tierra en movimiento, nuestro desplazamiento también afecta a los datos y reproduce un patrón periódico. Por tanto, no se trataba de un efecto real, sino simplemente del resultado de observar el púlsar desde una plataforma en movimiento. Es irónico que durante la conferencia en la que Andrew Lyne, de Jodrell Bank, negó este descubrimiento, Aleksander Wolszczan, astrónomo que se encontraba trabajando en el radiotelescopio Arecibo, en Puerto Rico, anunció que *había encontrado un púlsar acompañado de dos planetas*. Era el púlsar catalogado como PSR 1257+12.

Cuando ya se ha vivido una falsa alarma se muestra menor tendencia a creer un caso similar. No es raro que se exija una revisión y hasta ultrarrevisión de los registros. Pero Wolszczan ya había puesto suficiente cuidado en la consideración del efecto inducido por el movimiento de la Tierra y en la eliminación de cualquier otra influencia espuria. De modo que estaba convencido de la veracidad del efecto, el cual superó asimismo las comprobaciones dobles de otros expertos.

Por consiguiente, al menos se conocen dos planetas en órbita alrededor de este púlsar singular. Uno de ellos tiene una masa 2,8 veces superior a la de la Tierra, y el otro la rebasa en 3,4 veces. Sus periodos respectivos alrededor del púlsar son de 66,6 días y 98,2 días, de modo que se mueven bastante deprisa, como Venus y Mercurio. Sus distancias respectivas a la estrella madre ascienden a 70 millones de kilómetros y 54 millones de kilómetros. Es decir, se encuentran bastante próximos a ella. (Sirva como referencia que la Tierra orbita el Sol a una distancia de 150 millones de kilómetros.) Algunos observadores han anunciado ahora que ese mismo sistema cuenta con un tercer planeta, pero aún no sabemos cómo llegaron hasta allí estos astros. Los teóricos se encargarán de la resolución de este enigma.

Historia inconclusa

Aquí cerramos la historia de la cuarta maravilla cósmica. Quedan aún muchos interrogantes por descifrar acerca de los púlsares. Baste por ahora con decir que el campo de los púlsares ha seguido aportando dimensiones nuevas a aquel primer descubrimiento de 1967. Como concluyeron Taylor y Steinberg en un artículo de revisión general del estado de la investigación sobre púlsares: *el campo está maduro para el surgimiento de nuevas ideas y entusiasmos.*

Quinta maravilla
Gravedad: la gran dictadora

Un instante para Brahma

Las escrituras hindúes *Bhagavatam* narran la siguiente historia sobre Brahma, primer dios de la tríada divina, creador del universo. Cierto rey llamado Kukudmi tenía una bella hija de nombre Revati, que atraía gran cantidad de pretendientes. Deseoso de acertar en la elección de su yerno, Kukudmi decidió consultar nada menos que a una autoridad como Brahma, de modo que se encaminó con su hija hacia la morada de este dios. Como en el momento de su llegada Brahma estaba ocupado con un asunto cósmico de importancia, mandó decir a Kukudmi que lo esperara un instante.

Brahma acudió al poco tiempo, saludó al rey y le preguntó a qué se debía su visita. Kukudmi expuso su problema y solicitó el consejo del Grandioso. Brahma rió y exclamó: «Permítame explicarle que todos los pretendientes registrados en su lista ya no existen. Han muerto y ya no están. Aunque en mi morada solo haya transcurrido un momento, durante este intervalo han pasado miles de años en la Tierra.» Como es natural, el rey quedó consternado. Brahma, no obstante, ofreció una solución: «No os preocupéis. Regresad a vuestro reino», dijo. «Allí encontraréis a Balarama, un muchacho idóneo para vuestra hija.» Y Brahma comunicó a Kukudmi ciertos detalles acerca de aquel pretendiente futuro.

Esta es una de las historias más antiguas que conozco en la que el transcurrir desparejo del tiempo para personas o lugares diferentes desempeña un papel crucial. En otro contexto, la mitología hindú establece que una noche de Brahma equivale a 4.320.000.000 años terrestres. En la cosmología moderna que tratará el capítulo 7 encontraremos reminiscencias de ello.

De vuelta a la experiencia cotidiana de la época moderna, el concepto de un tiempo que transcurre a un ritmo distinto para cada observador se muestra como algo insólito, y la narración recién expuesta se nos antoja una invención folclórica imposible.

Pero considerando la evolución de las ideas acerca del tiempo y del espacio a lo largo del siglo XX, puede que los científicos no encuentren tan descabellada aquella historia. La revolución que introdujo Albert Einstein (figura 5.1) mediante sus teorías de la relatividad especial y general favorecen que la historia de Brahma no nos sorprenda en absoluto. Es más, los astrónomos encuentran ejemplos cósmicos compatibles con ella, situaciones en las que desempeña un papel crucial una de las fuerzas esenciales de la naturaleza: la fuerza de la gravedad.

Espacio, tiempo y movimiento

Para relacionar la historia de Brahma con los conceptos modernos de espacio y de tiempo debemos remontarnos a 1905, cuando un joven trabajador de la oficina de patentes suiza en Berna escribió un artículo que revolucionó tales conceptos. El artículo de Albert Einstein se titulaba «Electrodynamik, bewegter Körper» (Electrodinámica, cuerpos en movimiento). ¿Por qué introdujo ideas completamente nuevas en la medición que realiza un observador del espacio y del tiempo?

Empecemos con un ejemplo, corriente en apariencia, de mediciones espaciales. En la figura 5.2 tenemos una ciudad con calles y avenidas bien dispuestas formando una cuadrícula. Digamos que las calles siguen el trazado norte-sur y que las avenidas siguen el trazado este-oeste. supongamos dos puntos, A y B, de la ciudad y que queremos medir la distancia que hay entre ambos *en línea recta*.

Pero, como es natural, no resultará sencillo porque las personas no podemos atravesar paredes y patios para seguir esa línea recta. Estamos obligados a caminar por las calles y avenidas. De modo que nos dirigiremos hacia el este por la avenida que pasa por A hasta llegar a C y luego torceremos hacia el norte y seguiremos la calle de C hasta llegar a B. Una posibilidad consiste en medir las distancias AC y CB y luego dibujar el triángulo ABC que

Figura 5.1.
Albert Einstein.

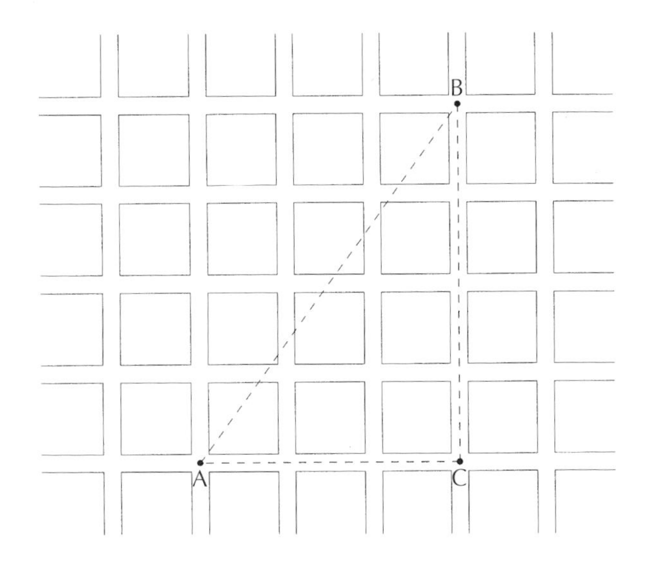

Figura 5.2.
Ciudad con una red de calles y avenidas dispuestas de manera rectangular en las direcciones norte-sur y este-oeste. ¿Cómo mediríamos la distancia *AB*? Podemos, por supuesto, medir *AC* y *CB*.

muestra la figura 5.3. Sabiendo que el ángulo *ACB* es recto, podemos calcular la distancia *AB* aplicando el teorema de Pitágoras $AB^2 = AC^2 + CB^2$.

Así, por ejemplo, si *AC* mide 3 kilómetros y *CB* mide 4, entonces, según el teorema de Pitágoras, *AB* mide 5 kilómetros. De modo que en general podemos calcular la distancia *AB* midiendo por separado las secciones *AC* y *CB* si se encuentran en dos direcciones perpendiculares.

Consideremos a continuación el caso, algo diferente, mostrado en la figura 5.4, donde la ciudad no consta de avenidas y calles en dirección este-oeste y norte-sur, sino que sus avenidas se extienden de suroeste a noreste, mientras que las calles van de noroeste a sureste. Este nuevo sistema de trayectorias se obtiene girando 45 grados el patrón anterior.

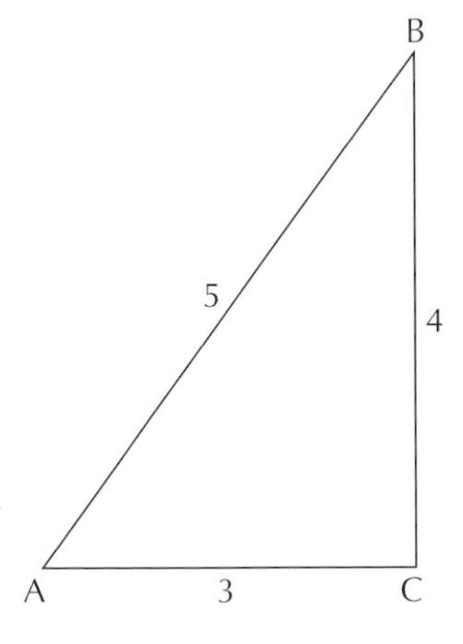

Figura 5.3.
El triángulo *ABC* presenta un ángulo recto en el vértice *C*.

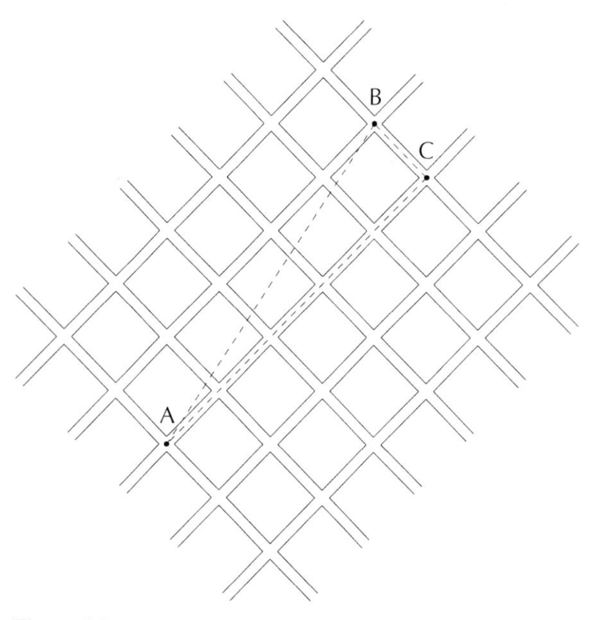

Figura 5.4.
En esta representación de la ciudad de la figura 5.3 se ha dado un giro de 45 grados a la disposición de las calles y avenidas.

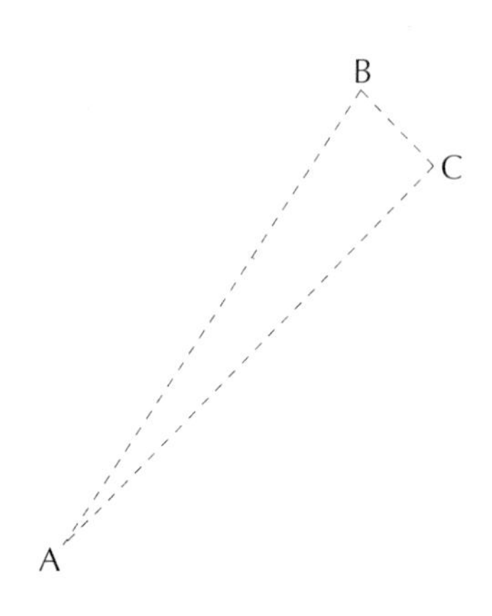

Figura 5.5.
El triángulo *ABC* presenta un ángulo recto en *C* y aunque los lados *BC* y *CA* no son iguales que los lados correspondientes del triángulo *ABC* de la figura 5.3, los lados *AB* de ambos triángulos siguen midiendo lo mismo.

Como es natural, si repetimos el experimento de ir desde *A* hasta *B* pasando por el punto *C*, el cual se encuentra en el cruce de la avenida de *A* con la calle de *B*, comprobaremos que han variado las distancias *AC* y *CB* y el nuevo triángulo resultante tendrá el mismo aspecto que el de la figura 5.5. *Sin embargo, nada ha cambiado con respecto a la distancia AB.* La aplicación del método de Pitágoras al nuevo triángulo arrojará la misma respuesta que antes aun cuando el sistema de calles-avenidas sea distinto al anterior por haberlo girado 45 grados.

En el lenguaje matemático decimos que *la distancia AB es invariante bajo rotaciones del sistema de trayectorias.*

Por consiguiente, la distancia *AB* posee un carácter especial con respecto a las otras dos distancias *AC* y *CB*. Sea cual sea el giro aplicado al sistema de trayectorias de la ciudad, la distancia *AB* se mantiene idéntica aunque los dos tramos restantes *AC* y *CB* varíen en cada ocasión.

El ejemplo de la rotación del sistema de trayectorias ilustra la característica esencial de un espacio bidimensional. Para ubicar una intersección de la ciudad necesitamos conocer dos direcciones, verbigracia la calle y la avenida en donde se halla. Así, el número de dimensiones espaciales iguala el número de datos que necesitamos para localizar una ubicación en el espacio.

Imaginemos, por ejemplo, que el punto *B* representa un rascacielos y que debemos encontrar a alguien en él. Para ello necesitaremos *tres* datos, pues ahora nos enfrentamos a un espacio tridimensional. Véase la figura 5.6, donde el domicilio de la persona en cuestión se indica con el punto *D*.

Pero la propiedad esencial de invariabilidad de la distancia entre dos puntos en el espacio se mantiene cuando intervienen tres dimensiones. Con independencia del valor de cada parámetro necesario para llegar desde *A* hasta la persona en *D*, la distancia *AD* se mantiene siempre.

Se trata de algo sencillo de entender y, en realidad, se sabía ya mucho antes de que Einstein entrara en escena. De hecho, desde la época de Isaac Newton, los científicos están habituados a describir una posición en el mundo real empleando tres coordenadas, es decir, tres parámetros de información. Si además deseaban especificar un suceso ocurrido en un lugar determinado, precisaban un dato *más*, a saber, *cuándo* se había producido. Este parámetro adicional constituye la coordenada tiempo.

Imaginemos un accidente en el que un coche atropella a una persona al cruzar una calle. Para que ocurra el accidente es indispensable que la persona se encuentre en el mismo lugar que el coche, *en el mismo instante*. A menos que concuerden las cuatro coordenadas, la colisión no se producirá. Por tanto, el mundo real de los sucesos consta de *cuatro dimensiones*, tres espaciales y una temporal.

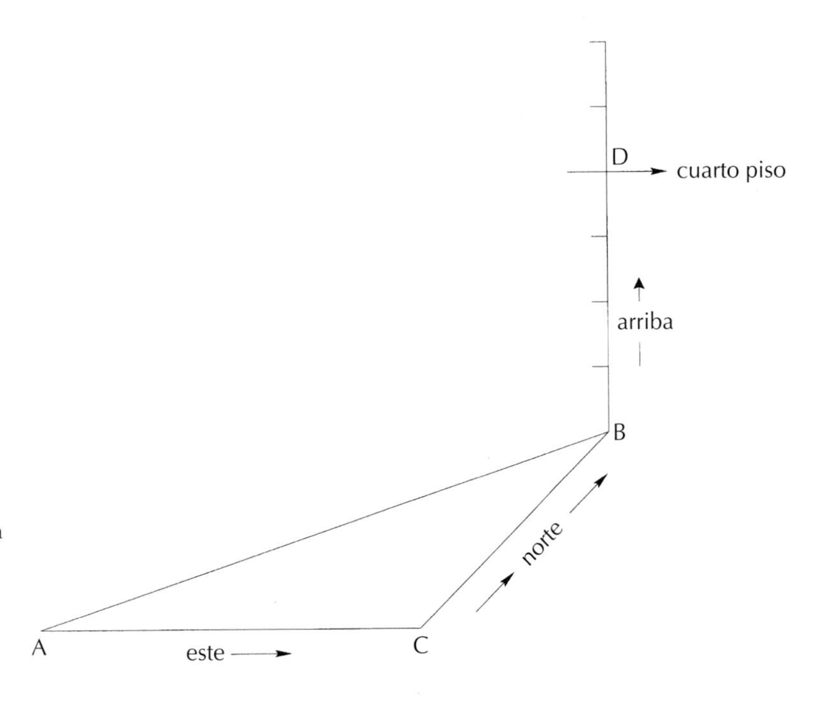

Figura 5.6.
Para encontrar a una persona que vive en el punto *D* del rascacielos situado en *B* necesitamos conocer más datos, como, por ejemplo, en qué piso se encuentra *D*.

Sin embargo, la intuición dicta que la cuarta coordenada, el tiempo, difiere un tanto de las otras tres coordenadas espaciales. Después de todo, todas las distancias que aparecen en la figura 5.6, la longitud de la calle, de la avenida y la altura dentro del rascacielos, se miden en metros, mientras que el tiempo se mide en horas, minutos y segundos. Para efectuar mediciones espaciales empleamos una cinta métrica, para las temporales recurrimos a un reloj. Por consiguiente, el espacio y el tiempo difieren entre sí aunque ambos resulten indispensables para especificar por completo el «dónde» y el «cuándo» de los acontecimientos.

Eso creía Newton cuando atribuyó un carácter absoluto al espacio y un carácter absoluto al tiempo. Según esto, los relojes de observadores situados en lugares cualesquiera y que se muevan en diferentes direcciones y a velocidades distintas registrarán el tiempo del mismo modo. De forma similar, todos esos observadores obtendrán el mismo resultado al medir intervalos espaciales.

La relatividad especial entra en escena

Einstein cambió precisamente esa concepción al proponer su teoría especial de la relatividad en 1905. La descripción de todos los detalles de la teoría nos adentraría demasiado en la senda de los tecnicismos, así que nos centraremos en las motivaciones que guiaron a Einstein hasta su formulación.

En el capítulo 1 aludimos al trabajo de James Clerk Maxwell sobre ondas electromagnéticas. Al examinar las ecuaciones que sirvieron a Maxwell de base para desarrollar su teoría, Einstein reparó en que implicaban un nuevo tipo de invariancia para ciertas combinaciones tetradimensionales de espacio y tiempo, una invariancia a la vez parecida y diferente a la mencionada antes en relación con las distancias espaciales.

Recurriremos a la figura 5.7 (*a*), (*b*) para ilustrar esta nueva invariancia. Consideremos que dos observadores O_1 y O_2 se encuentran en movimiento relativo. Supongamos que, según la percepción del observador O_1, el observador O_2 se desplaza hacia el *este*. En tal caso, el observador O_2 verá que el observador O_1 avanza hacia el *oeste* a su misma velocidad. Ambos ponen su cronómetro a cero en el momento en que se cruzan, instante en que la distancia que los separa equivale también a cero.

La cuestión ahora radica en qué se encontrarán estos observadores cuando comparen sus cintas métricas y sus relojes. Observemos en primer lugar sus cintas métricas.

Imaginemos una cinta métrica en reposo en el sistema de referencia del observador O_1. El observador O_2 pasará por sus dos extremos en momentos distintos: primero pasará por el extremo occidental y después pasará por el extremo oriental. O_2 toma nota de ambos tiempos y calcula la diferencia entre ellos. Multiplicando el intervalo temporal obtenido por la velocidad del movimiento de O_1, O_2 conocerá la longitud de la cinta métrica de O_1.

Figura 5.7.
El observador O_2 ve ligeramente acortada la cinta métrica que desde el sistema de referencia del observador O_1 se encuentra quieta. En (*a*) el extremo occidental de la cinta métrica se encuentra con O_2, mientras que en (*b*) el extremo oriental de la cinta pasa por O_2 algo más tarde.

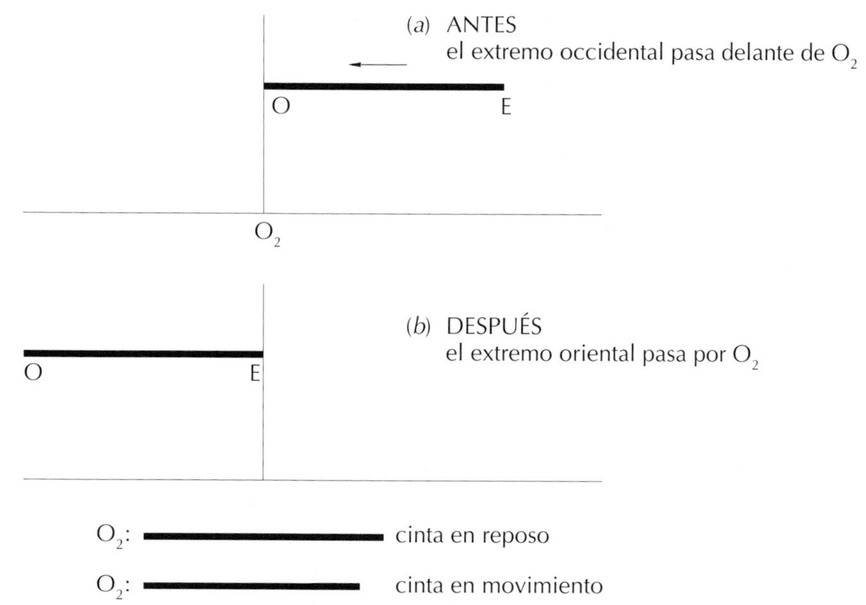

Las marcas de la cinta comunican a O_2 que esta mide un metro y que, por lo tanto, el resultado de sus mediciones debería ser «un metro». Pero, sin embargo, O_2 obtiene un resultado algo inferior a un metro. En otras palabras, *la cinta métrica se muestra ligeramente contraída para un observador en movimiento*.

Al efectuar mediciones temporales se llega a un resultado similar. Supongamos que, como ilustra la figura 5.8, O_2 pasa por dos relojes, primero por uno y luego por otro, que desde el sistema de referencia de O_1 se encuentran en reposo. Como O_2 pasa por cada uno de ellos en momentos distintos, en cada reloj verá una hora diferente. ¿Qué nos encontraremos al comparar ese intevalo de tiempo con el intervalo temporal registrado por el reloj que porta O_2? De nuevo, el intervalo temporal medido por el reloj en movimiento de O_2 resultará algo menor que el intervalo temporal registrado por los relojes estáticos de O_1. Por tanto, O_1 pensará que el reloj de O_2 retrasa.

Los casos que acabamos de exponer constituyen experimentos mentales, pero reproducen el comportamiento que manifiestan los sistemas reales en la naturaleza y en los laboratorios terrestres. Por ejemplo, la observación de las partículas en movimiento rápido que contienen los rayos cósmicos ha confirmado el frenado del tiempo, o *dilatación temporal*, para las partículas llamadas mesones μ. Cuando un mesón μ típico se halla en reposo, su degradación se produce en alrededor de dos microsegundos. En cambio, un mesón μ en movimiento rápido tarda más en desintegrarse porque, en nuestro sistema de

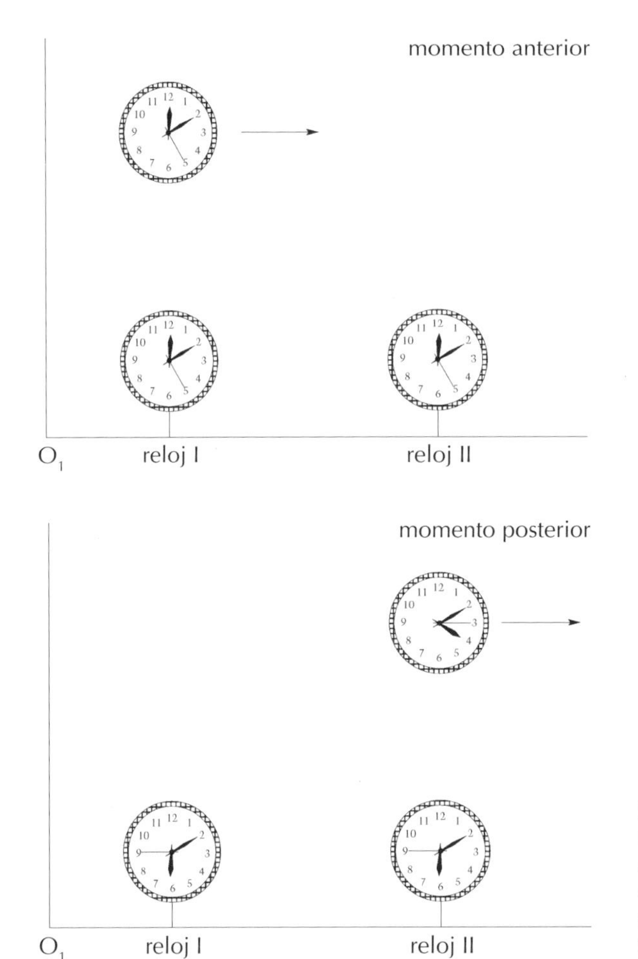

Figura 5.8.
Comparado con los dos relojes que se encuentran quietos en el sistema de referencia del observador O_1, parecerá que atrasa el reloj del observador O_2, el cual se mueve en relación con el observador O_1.

referencia (seríamos como O_1 en el experimento mental anterior), el reloj que mide la degradación de la partícula avanza más despacio. Se ha observado que los mesones de los rayos cósmicos tardan hasta cincuenta veces más en desintegrarse del tiempo mencionado.

La palabra clave «rápido» significa que la partícula se mueve a una velocidad muy cercana a la de la luz. Los efectos de contracción espacial y dilatación temporal solo se aprecian cuando intervienen movimientos a velocidades comparables a la de la luz. Los movimientos implicados en los sucesos cotidianos resultan demasiado lentos para que esos efectos se perciban con facilidad. Así, si O_2 viaja en un avión que se desplaza a 1.000 kilómetros por hora, el retraso recién comentado de los relojes sería de una fracción tan exigua como cinco partes entre diez billones.

Aunque dichos efectos minúsculos ocurran en nuestra rutina diaria, contradicen la intuición. Estamos tan habituados a considerar absolutas las mediciones espaciales o temporales que extraña mucho la idea de que varíen dependiendo del observador. Por este motivo, la teoría especial de la relatividad fue recibida con enérgico rechazo en un primer momento, incluso por parte de filósofos e intelectuales en general. Se creyó que ciertas situaciones paradójicas demostraban la incorrección de estas ideas relativas a la medición del espacio. Brevemente, describiremos una de esas paradojas.

Pero regresemos a las ecuaciones de Maxwell. El matemático Hermann Minkowski mostró que esos resultados, extraños en apariencia, relacionados con la medición del espacio y del tiempo se debían a que habían sido considerados por separado, en lugar de entenderlos como un todo. El ejemplo de los trayectos en la ciudad servirá para ilustrar a qué se refería.

Volviendo a las figuras 5.2 y 5.4, supongamos que, de acuerdo con las dos disposiciones de trazado que aparecen en ellas, intentáramos conocer la distancia entre A y B limitándonos a los tramos de avenidas, prescindiendo, por tanto, de todas las calles. Tal como se observa en las figuras, el trayecto de las avenidas en la figura 5.4 es más largo que en la figura 5.2, de modo que concluiríamos que la «distancia» (medida solo por las avenidas) entre A y B es diferente en cada caso.

Pero es evidente que se trata de una conclusión errónea, puesto que hemos seguido un método incompleto para medir la distancia en el que hemos ignorado todas las calles. Si hubiéramos tenido en cuenta las calles, trazado los triángulos rectángulos y aplicado el teorema de Pitágoras, habríamos hallado que la distancia AB es independiente del sistema de calles y avenidas elegido. Es un invariante.

La idea de Minkowski nos lleva un paso más allá. Revela que la verdadera distancia invariante entre dos puntos en el espacio y en el tiempo no se obtiene por medio de la medición de la distancia espacial, ni tampoco con la medición del intervalo temporal, sino que *consiste en la combinación de ambas*. Tenemos que recurrir otra vez al teorema de Pitágoras, pero en esta ocasión lo haremos de un modo algo diferente. El método nuevo no es difícil de comprender.

En la figura 5.9 se presenta un *diagrama espaciotemporal*. Se ha asignado al espacio el eje horizontal y al tiempo el eje vertical. En realidad, el espacio en sí consta de tres dimensiones, pero no podemos dibujarlas todas en un trozo plano de papel y esta simplificación no impedirá la comprensión del nuevo método para medir la distancia que separa dos puntos A y B en el espacio-tiempo. Adviértase que, al señalar un punto A en este diagrama, se está describiendo la ubicación de un *suceso* en el espacio *y* el momento temporal en que acontece. Lo mismo se aplica a B. De modo que con este gráfico se mide tanto la distancia espacial entre ambos eventos como el intervalo temporal que los separa.

Ahora, al igual que en el sistema de avenidas y calles, imaginemos el diagrama de la figura 5.9 atravesado por líneas horizontales y verticales, en donde las primeras representen líneas correspondientes a un momento temporal constante y las últimas representen una ubicación espacial constante. Una línea horizontal que pase por A intersectará una línea vertical que pase por B en el punto C, tal como se observa en la figura 5.3. Al igual que antes, ahora obtenemos un triángulo ABC que en apariencia forma un ángulo recto en el punto C. Pero solo «en apariencia», porque en realidad no hemos definido cómo medir un ángulo formado por una línea temporal y por una línea espacial. De hecho, el nuevo procedimiento para medir la distancia AB diferirá del teorema de Pitágoras, mucho más familiar. Se trata del método que sigue.

Multipliquemos todos los intervalos temporales por la velocidad de la luz para poder medirlos en unidades de distancia. El cuadrado de AB se define como la diferencia entre el cuadrado de AC y el cuadrado de CB. La separación entre dos eventos así definida es invariante con respecto a los sistemas de referencia espaciotemporales que pueda emplear un observador cualquiera en movimiento relativo uniforme con respecto a otro.

Recuperemos los dos observadores O_1 y O_2 en movimiento relativo uniforme. Supongamos que la figura 5.9 representa el diagrama espaciotemporal del observador O_1. ¿Cómo se mostrará el diagrama espaciotemporal del observador O_2 comparado con él? En el ejemplo de los dos sistemas de trayectorias de las figuras 5.2 y 5.4, nos encontramos con que las líneas de tiempo constante y de espacio constante del observador O_2 estarán inclinadas con respecto a las de la figura 5.9. No obstante, *si aplicamos el método anterior para medir la separación AB, obtendremos la misma respuesta en ambos casos.*

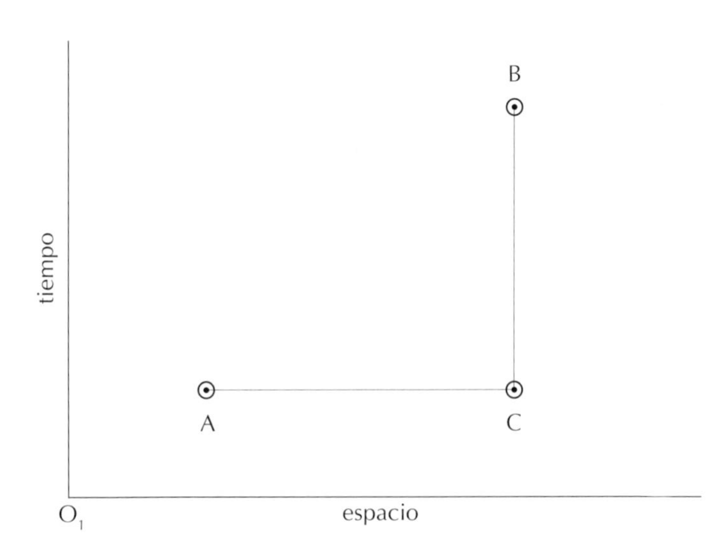

Figura 5.9.
Diagrama espaciotemporal en el que se indican tres sucesos. Los sucesos A y C ocurren en el mismo punto temporal, mientras que B y C ocurren en el mismo punto espacial según registra el observador O_1.

Ahora bien, si se recurre a esta noción de combinación entre el espacio y el tiempo y se define una separación invariante del modo recién mencionado, resulta que las ecuaciones de Maxwell sobre la teoría electromagnética parecen ser idénticas para todos los observadores que mantengan dicho movimiento. Es decir, todos los observadores que se encuentren en movimiento relativo uniforme unos con respecto a otros, deducirán la misma estructura formal para esas ecuaciones a partir de sus experimentos. Esa simetría *solo* ocurrirá si se aplica la modificación comentada del teorema de Pitágoras. Eso fue lo que motivó a Einstein a aplicar la novedosa variante de combinar el espacio y el tiempo en una entidad única. De aquí en adelante aludiremos a esta entidad combinada con la expresión *espacio-tiempo*, la cual consta de cuatro dimensiones, una temporal y tres espaciales.

La velocidad de la luz

La línea de pensamiento anterior atribuye una relevancia muy singular a la velocidad de la luz, ya que una consecuencia de las ecuaciones de Maxwell consiste en que las perturbaciones electromagnéticas viajan a esa velocidad. Esto significa que todos los observadores que mantienen un movimiento relativo uniforme con respecto a otros, perciben idéntica la velocidad de la luz.

Una vez que se acepta la premisa fundamental de la «igualdad» de las ecuaciones electromagnéticas para todos esos observadores, el resultado antes mencionado parece natural. En cambio, también conlleva algunas consecuencias que contradicen la intuición. Un ejemplo típico de la experiencia cotidiana servirá para ilustrar la dificultad que eso plantea.

Imaginemos que viajamos en un tren que circula a la velocidad de 100 kilómetros por hora. Si otro tren se dirige hacia nosotros a una velocidad de, digamos, 110 km/h, nos parecerá que avanza muy deprisa, pues su velocidad efectiva de acercamiento hacia nosotros será de 100 + 110, es decir, 210 km/h. El tren pasa tan veloz que no se llegan a captar sus detalles a través de las ventanas, ni la gente que va en su interior. En cambio, si ese mismo tren se nos acerca desde atrás y nos adelanta, veremos con claridad todos los detalles de su interior a medida que se vaya aproximando y que nos vaya rebasando lentamente. En este caso, la velocidad efectiva con la que adelanta a nuestro tren solo es de 10 km/h, la diferencia entre las velocidades de cada convoy. Por consiguiente, en un caso la velocidad del tren parece muy alta y en el otro caso parece muy baja. Se trata de un ejemplo típico, puesto que la velocidad aparente del segundo tren depende de si circula o no en nuestro mismo sentido.

Sustituyamos ahora el segundo tren por luz y repararemos en el problema, puesto que hace un instante hemos llegado a la conclusión de que *la velocidad de la luz será la misma ¡nos acerquemos o nos alejemos de ella!*

Los físicos se encontraron con este comportamiento extraño de la luz mediante un experimento de trascendencia histórica, pero el significado del mismo no se asimiló plenamente hasta la aparición de la relatividad especial. Resumimos a continuación los acontecimientos. Durante el siglo XIX imperaba la creencia general de que las ondas de luz necesitan un medio por el que propagarse, una idea basada en otros ejemplos cotidianos relacionados con el desplazamiento de ondas, como las olas del mar, que se propagan por el agua, las ondas sónicas, que también precisan un medio por el que viajar, como el aire, el agua, etc. Se esperaba que dicho medio fuera el *éter*, una sustancia presente en todo el espacio y que quedaría perturbada cuando las ondas lumínicas viajaran a través de ella. ¿Podría detectarse su presencia midiendo, por ejemplo, la velocidad relativa de la Tierra con respecto a dicha sustancia?

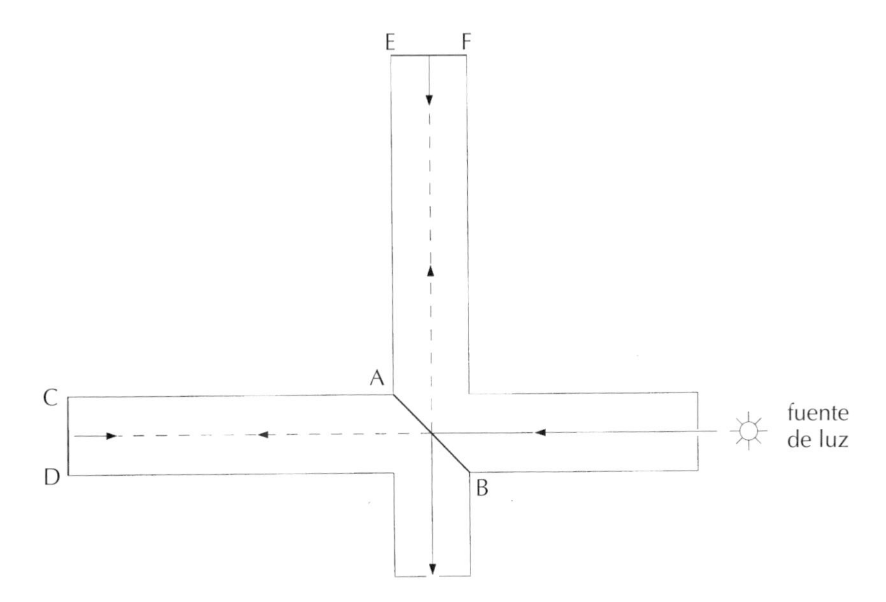

Figura 5.10.
En el experimento Michelson-Morley, un rayo de luz (procedente de una fuente que se halla a la derecha) incide sobre el espejo semirreflectante *AB*. La fracción de luz reflejada asciende y se refleja de vuelta en el espejo *EF*. La fracción transmitida continúa en la dirección original y se refleja de vuelta en el espejo *CD*. Ambas fracciones se recombinan y son recibidas por un observador situado en el hueco inferior. En el caso extremo de que coincidan las crestas de dos ondas, la intensidad de la luz recibida se dobla; mientras que en el caso extremo opuesto, la cresta de una onda anula el valle de otra. En general, el observador percibe una serie de franjas claras y oscuras. El patrón de interferencia de dos ondas depende de la distancia que ha recorrido cada onda, así como de la velocidad de la luz. Como ambos brazos del interferómetro miden lo mismo, las variaciones en las franjas de interferencia pueden emplearse para detectar cambios minúsculos en la velocidad de la luz. Michelson y Morley recurrieron a esta técnica para medir la diferencia esperada entre la velocidad de la luz que viaja en dirección norte-sur y la que viaja en dirección este-oeste. No encontraron diferencia alguna.

Recurriendo a un razonamiento similar al del ejemplo de los trenes, los científicos A. A. Michelson y E. W. Morley llevaron a cabo una experiencia muy delicada para detectar dicha velocidad. (Véase la figura 5.10 para seguir un esquema del experimento.) Como la Tierra rota de oeste a este, se esperaba que un rayo de luz que hiciera un recorrido de ida y vuelta en dirección este-oeste tardaría algo más en cubrir cierta distancia, que lo que tardaría un rayo de luz desplazándose en dirección norte-sur pero cubriendo el mismo espacio. De manera similar, puede demostrarse que un barquero que reme a una velocidad fija con respecto a la superficie del agua, tarda menos tiempo en cruzar un río de anchura *d* y regresar a la orilla de partida que en cubrir la misma distancia *d* a lo largo del río y regresar. A pesar de los muchos esfuerzos que se dedicaron a detectar esa diferencia insignificante, no se encontró nada. Ahora sabemos, gracias a la relatividad especial, que la velocidad de la luz se muestra idéntica en todos esos recorridos con independencia del sentido en que se produzca el giro de la Tierra.

El hecho de que la luz posee un carácter especial en la teoría de la relatividad queda también manifiesto mediante la figura 5.9. Supongamos que los sucesos *A* y *B* se encuentran vinculados entre sí mediante un rayo de luz. Es decir, un rayo de luz que parte de *A* pasa a través de *B*. Entonces, según nuestra premisa, las longitudes *AC* y *CB* son idénticas y, por tanto, la medida de *AB* equivale a cero. Pero como además es invariable para cualquier observador, todos los observadores verán moverse la luz a la misma velocidad con independencia de la dirección en que se desplacen.

La figura 5.11 describe este resultado a través del concepto de *cono de luz*. Si emitimos cierta cantidad de señales luminosas en diferentes direcciones desde un punto espaciotemporal *A*, todas ellas viajarán hacia el exterior siguiendo trayectorias contenidas en un cono que recibe el nombre de *cono de luz futuro* de *A*. De manera similar, todos los rayos luminosos que se acerquen a *A* procedentes de cualquier dirección están contenidos en el *cono de luz pasado* de *A*. Como la teoría de la relatividad establece además que ninguna partícula material puede viajar a la velocidad de la luz, todas las partículas que salgan del punto *A* seguirán trayectorias contenidas dentro del cono de luz futuro de *A*. Por lo general se espera que los procesos físicos estén regidos por principios de causalidad, es decir, que las causas precedan a los efectos. Como no existe ninguna acción física capaz de actuar más rápido que la luz, podemos llegar a afirmar que todos los efectos causales derivados de *A* yacerán dentro del cono de luz futuro de *A*. Es decir, no hay efecto físico de ningún tipo capaz de viajar más veloz que la luz.

Las trayectorias de las partículas materiales presentes en el diagrama espaciotemporal se denominan *líneas del mundo*. Los rayos de luz viajan a través de los puntos de separación nula y por tanto se denominan *líneas nulas*.

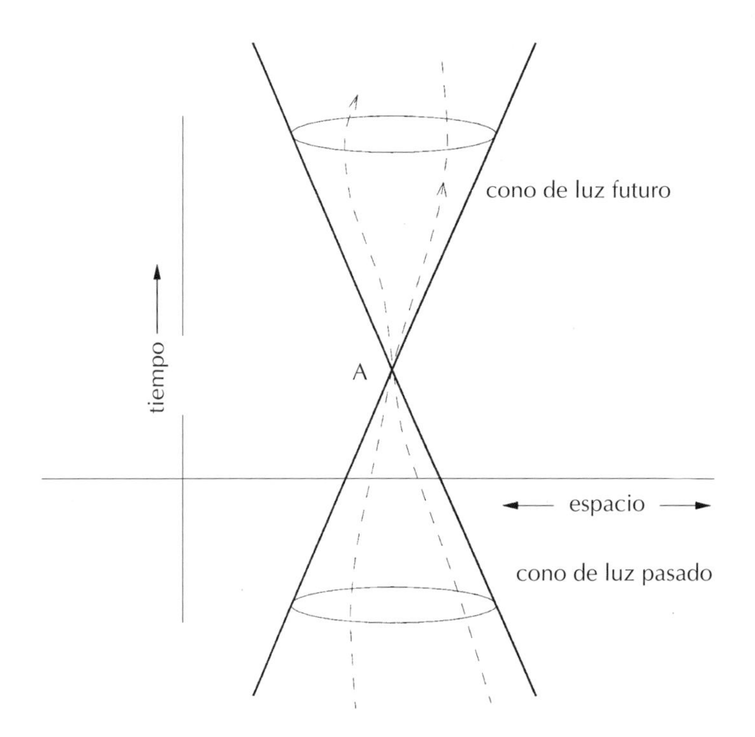

Figura 5.11.
Se ilustran aquí los conos de luz futuro y pasado a partir de un punto cualquiera *A* del espacio-tiempo. La trayectoria de cualquier partícula material enviada desde *A* caerá *dentro* del cono de luz futuro, tal como muestra la línea discontinua.

Este límite en la velocidad de la luz resultó muy difícil de comprender en un principio, puesto que las ideas newtonianas no imponían ningún límite semejante. Sin embargo, la adopción de los métodos propuestos por la relatividad especial para medir el movimiento y el espacio-tiempo permitieron demostrar que si se tolerara una transmisión de información más veloz que la luz aparecerían situaciones paradójicas. Una célebre quintilla expone una de esas situaciones:

Como a la luz adelantes
vas a llegar muy temprano
porque a ese estilo einsteniano
tú te marchas cuando partes
y vuelves el día antes.

La paradoja de los relojes

Queda por aclarar un aspecto de nuestros observadores en movimiento relativo uniforme. Según la teoría especial de la relatividad, pertenecen a una categoría especial de observadores llamados *inerciales*. ¿En qué consisten los observadores inerciales?

Al formular sus hipótesis sobre el movimiento en el siglo XVII, Isaac Newton propuso tres leyes. La primera ley, la que nos concierne aquí, establece que un cuerpo material se mantiene en estado de reposo o con un movimiento uniforme cuando ninguna fuerza externa actúa sobre él. De modo que nuestros observadores inerciales se definen como aquellos sobre los que no actúa ninguna fuerza externa. Seguirán moviéndose a velocidades uniformes unos respecto de los otros.

Una paradoja planteada en los albores de la relatividad especial puso bien de manifiesto el papel que desempeñan los observadores inerciales. La *paradoja de los relojes* o la *paradoja de los gemelos*, como se la conoce, generó numerosas discusiones entre científicos y filósofos y merece una mención breve.

Un par de gemelos A y B llevan a cabo el siguiente experimento. A se queda en casa mientras que B emprende un trayecto cósmico a una velocidad muy cercana (pero, por supuesto, no igual) a la de la luz que, según su reloj, dura varios días. Durante el viaje recorre una distancia enorme a la misma velocidad, luego va frenando hasta detenerse, y más tarde invierte su velocidad para cubrir el camino de regreso. Durante la mayor parte de ambos trayectos, el de ida y el de vuelta, ha viajado a una velocidad muy cercana a la de la luz, según ha medido su gemelo A, y por tanto el reloj del gemelo B funciona muy despacio comparado con el reloj de A. De modo que, a su regreso, B se encuentra con que A ha envejecido varios años (como le ha ocurrido de hecho al resto de habitantes de la Tierra).

¿Qué paradoja surge de todo esto? Bien, observemos el experimento completo desde el punto de vista de B. Este ve alejarse y luego acercarse a su gemelo A con una velocidad muy alta. De modo que, según el mismo argumento, ¿no tendría que haber envejecido B respecto de A? Al finalizar el experimento deberían ser capaces de decidir si el resultado del experimento ha sido uno u otro. Así que, ¿qué gemelo es al final más joven que el otro y por qué?

De entrada, pudiera parecer que las experiencias de A y de B son simétricas. Pero lo cierto es que no lo son: el gemelo A encaja con el criterio de observador inercial, pero no el gemelo B. En un principio, B acelera para alcanzar una velocidad alta, luego desacelera hasta reducir a cero su velocidad, después vuelve a ganar velocidad en sentido opuesto hasta adquirir una velocidad igual de elevada que la anterior y al final desacelera hasta quedar en reposo cuando arriba a la Tierra. *Luego B no es un observador inercial*. En la figura 5.12 se representan las líneas del mundo de ambos gemelos y se muestra esta diferencia.

Para saber qué le ocurre al gemelo B e incluso poder mirar a través de sus ojos, hay que considerar estos cambios de velocidaad. Con independencia del método empleado para efectuar los cálculos, la respuesta siempre es la misma: el gemelo A envejece más que el gemelo B.

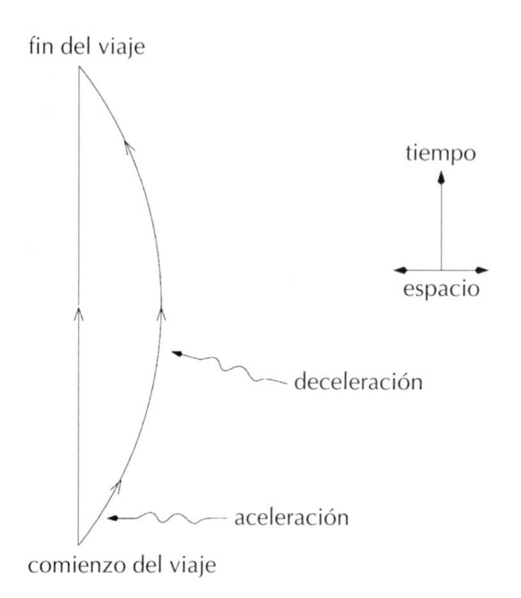

Figura 5.12.
Paradoja de los gemelos. La línea del mundo del gemelo *A* es recta y vertical mientras que la línea del mundo del gemelo *B* es curva, lo cual indica que *no* es un observador inercial.

Espacio, tiempo y gravedad

Diez años después de proponer la relatividad especial, Einstein planteó un ejercicio teórico aún más intrincado y que se hizo conocido como la *teoría general de la relatividad*. En esta teoría estudió algunas cuestiones relacionadas con la gravitación que aún no estaban resueltas.

La ley de la gravitación propuesta por Isaac Newton en el siglo XVII tenía el sello de una gran teoría: era sencilla en sus planteamientos y extensa en cuanto a aplicaciones. Había demostrado su eficacia para explicar fenómenos a escala terrestre, fenómenos del Sistema Solar y en el mundo estelar. En cambio, durante la primera década del siglo XX fue evidenciándose que la teoría newtoniana representaba, como mucho, una aproximación a una teoría mucho más extensa sobre la gravitación, y que adolecía de lagunas que debían resolverse.

Dos de esos problemas eran los siguientes. El primero de ellos situaba la teoría newtoniana en conflicto directo con la teoría especial de la relatividad. Recordemos que la teoría especial establece un límite de velocidad para el traslado de un efecto físico cualquiera de un punto a otro del espacio, la barrera de la velocidad de la luz. La ley de la gravitación de Newton no respeta dicho límite. De acuerdo con ella, el efecto de la atracción gravitatoria se propaga a través del espacio de manera *instantánea*. Hermann Bondi ofreció un ejemplo sobre este conflicto relacionado con la gravedad mediante un experimento mental.

Imaginemos una situación en la que el Sol se desvanezca de repente por arte de magia. ¿Cuándo percibiríamos en la Tierra esa catástrofe? Como la luz del Sol tarda en llegar a la Tierra unos 500 segundos, notaríamos la ausencia del Sol en el firmamento 500 segundos después del acontecimiento. En cambio, si la gravitación newtoniana fuera correcta, notaríamos de inmediato la ausencia de la atracción gravitatoria del Sol. Tal como muestra la figura 5.13, la Tierra dejaría de recorrer su órbita elíptica y seguiría una dirección tangencial. De modo que repararíamos en el cambio sufrido por el movimiento de la Tierra mientras que el Sol aún nos fuera visible.

Por supuesto que en realidad el Sol no puede desvanecerse por completo en un instante. La ley de conservación de la materia y la energía afirma que nada puede dejar de existir sin más. No obstante, cabría replantear la situación suponiendo que el Sol sufriera un cambio de forma o una colisión con una estrella interpuesta en su camino. Ocurra lo que ocurra, las consecuencias gravitatorias se notarían en la Tierra 500 segundos antes de contemplar el evento. Una teoría más coherente consideraría que los efectos gravitatorios viajan a la velocidad de la luz, de modo que ambos efectos, los visuales y los gravitatorios, se precibirían al mismo tiempo.

El segundo problema aparece en la definición misma de observador inercial, un observador que nunca está sometido a ninguna fuerza. Pero ¿existe en realidad este tipo de observador? Al estudiar la cuestión con mayor detalle nos encontramos con que existe una fuerza que actúa siempre y en todas partes. Aunque ejerza una influencia minúscula, no hay modo de eliminarla ni de impedirle el paso. Se trata de la fuerza de la gravedad. El universo

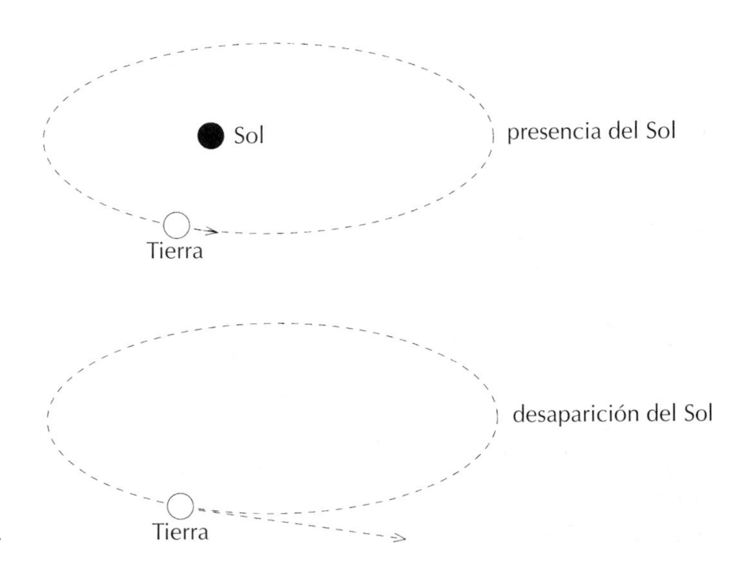

Figura 5.13.
Si el Sol dejara de existir de repente, la Tierra saldría disparada siguiendo una trayectoria tangencial a su órbita.

real no conoce el vacío, contiene materia y radiación y estos ejercen una fuerza gravitatoria sobre cualquier cosa y en todo lugar. Por tanto, los obsevadores inerciales, tan fundamentales para la relatividad, no existen.

Llegado este punto, conviene recordar imágenes como la de un astronauta flotando dentro del Transbordador Espacial (veáse la figura 5.14). ¿Es este un ejemplo de ausencia de gravedad? No. Se trata de un caso de *microgravedad*, lo cual significa que sigue actuando una fuerza gravitatoria insignificante. Por ejemplo, las paredes del transbordador ejercen un empuje gravitatorio pequeño, pero no nulo, sobre el astronauta. De hecho, se puede demostrar que la fuerza de la gravedad no puede eliminarse por completo en ninguna circunstancia. Este comportamiento de la gravedad contrasta con la electricidad o el magnetismo. Puede concebirse una habitación en la que no se aprecie ninguna fuerza eléctrica ni magnética; las paredes de tal habitación actúan como escudos que impiden el acceso de fuerzas electromagnéticas provinientes del exterior. Pero ese tipo de parapeto no sirve frente a la gravedad, que accede siempre a todas partes y constituye una propiedad permanente del espacio y el tiempo.

He subrayado este aspecto de la gravedad porque supuso la propiedad clave para que Einstein se atreviera a dar el paso de identificar la gravedad con la geometría del espacio-tiempo.

Según acabamos de explicar, la gravedad constituye una característica permanente del espacio-tiempo, pero lo mismo le ocurre a la geometría, la cual determina cómo medir las longitudes, las separaciones y los ángulos en el espacio y en el tiempo, así con qué teoremas son válidos para las diversas figuras dibujadas en el espacio-tiempo. Sin embargo, limitarse a afirmar que la «gravedad es geometría» no nos llevará demasiado lejos. Para dotar de cierta estructura cuantitativa a esa identificación hay que proceder como sigue.

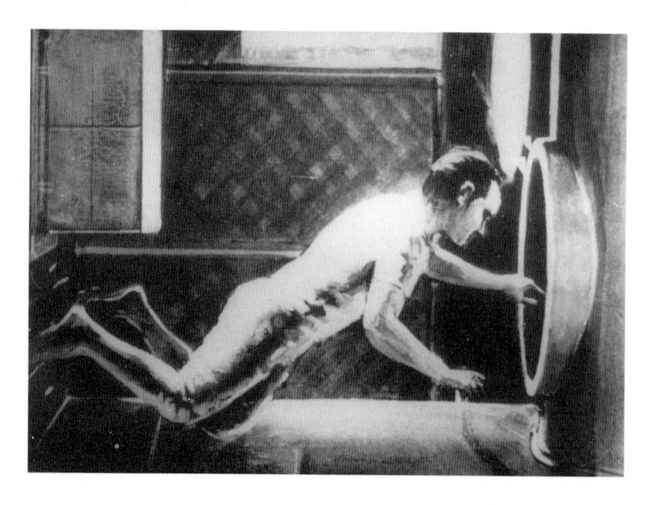

Figura 5.14.
Astronauta flotando dentro del Transbordador Espacial (dibujo cedido por la NASA).

Geometrías no euclídeas

Los diccionarios definen la geometría como la «ciencia de las propiedades y las relaciones de las magnitudes en el espacio». El primer tratado sistemático sobre geometría lo confeccionó Euclides alrededor del año 300 a.C. La geometría de Euclides se ha enseñado hasta nuestros días y es la que más se utiliza en la vida cotidiana, por ejemplo, en la construcción de edificios, puentes, túneles, etc.

La geometría euclídea (como cualquier otra rama de las matemáticas) parte de un número reducido de axiomas o postulados, es decir, de afirmaciones cuya veracidad se considera garantizada y sobre las cuales descansa toda la materia al igual que un edificio sobre sus cimientos. Si los postulados varían, la materia basada en ellos también cambia.

Los matemáticos tardaron muchos siglos en darse cuenta de que los axiomas de Euclides no eran intocables: podían modificarse para formular otras geometrías diferentes a la euclídea, lógicas y coherentes consigo mismas. Las obras de Lobatchevsky (1793–1856), Bolyai (1802–1860), Gauss (1777–1855) y Riemann (1826–1866) derivaron en muchas geometrías no euclídeas. Unos pocos ejemplos servirán para apreciar la diferencia entre estas y la geometría euclídea.

Consideremos en primer lugar qué significado atribuimos a la «línea recta». En la figura 5.15 (*a*) vemos una línea (dibujada en un plano) que no es recta. Al trazar la tangente a la curva en un punto, esta cambia de dirección a medida que el punto considerado se desplaza a lo largo de la curva. En cambio, si se tratara de una línea recta, dicha dirección no cambiaría. En la figura 5.15 (*b*) se ilustra otro modo de decidir cuál es la línea recta. De las líneas que enlazan los puntos A y B, solo la discontinua es recta, pues suma la longitud más corta entre A y B. Si se tensa una gomilla entre A y B, tenderá a ocupar la longitud más corta entre ambos puntos y caerá sobre la línea discontinua.

A nosotros, que estamos habituados a dibujar líneas sobre un papel plano, estas propiedades de las líneas rectas nos parecen aceptables desde un punto de vista intuitivo. También podemos aceptar el postulado euclídeo sobre las líneas paralelas, el cual afirma que dada una línea recta l y un punto P exterior a ella, podemos dibujar una y solo una línea recta que pase por P y que sea paralela a l. De hecho, esta conclusión se consideró tan acertada que muchos matemáticos intentaron demostrarla como un teorema a partir del resto de postulados de Euclides. Pero su esfuerzo fue en vano.

Con el tiempo, empezaron a comprender que se trata de un postulado que hay que añadir a los demás para obtener los teoremas habituales de Euclides. Es más, no hay necesidad de conservar este postulado para desarrollar una geometría coherente consigo misma. Así, por ejemplo, podemos elaborar una geometría a partir de la afirmación de que no hay ninguna línea

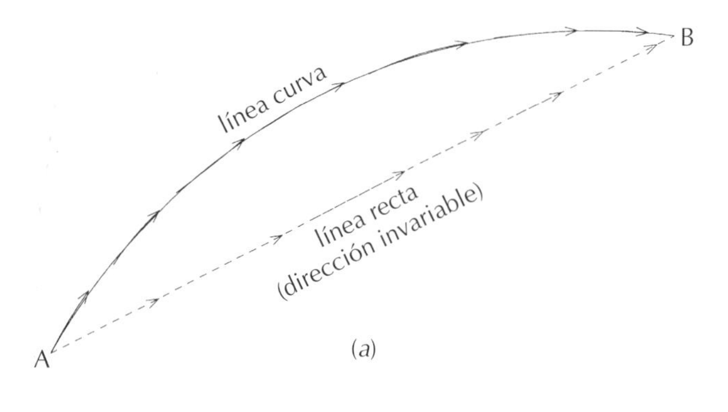

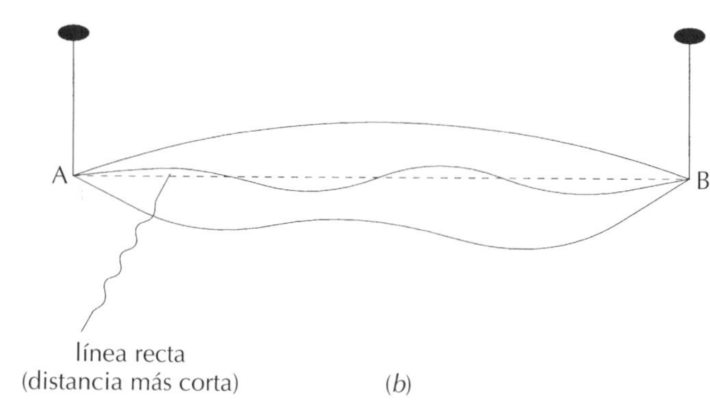

Figura 5.15.
Hay dos modos de definir una línea recta: (*a*) como la línea que siempre conserva la misma dirección a medida que la recorremos, y (*b*) como la línea más corta entre dos puntos.

que atraviese *P* y sea paralela a *l*. Pero también podemos proceder del modo opuesto y asumir que podemos dibujar más de una línea que pase por *P* y sea paralela a *l*. Estas alternativas se tornan aceptables si prescindimos de la noción intuitiva del *espacio plano* como el espacio bidimensional del papel plano recién descrito.

Imaginemos en su lugar la superficie curva y bidimensional de una esfera. ¿Qué geometría resultaría si las líneas se vieran limitadas a transcurrir por la esfera? Tal como muestra la figura 5.16, podemos trazar una «línea recta» entre dos puntos cualesquiera *A* y *B* de la esfera tendiendo una gomilla entre ellos. Dicha línea equivale en realidad a un arco del círculo máximo que pasa a través de *A* y *B*. (Un círculo máximo es el círculo que resulta de cortar la superficie esférica mediante un plano que atraviese el centro de la misma.)

Pues bien, todos los círculos máximos se cruzan de modo que todas las líneas «rectas» de la superficie esférica se cortan entre sí. Este resultado nos pone en conflicto con el concepto habitual de líneas paralelas. Dos líneas rectas dibujadas en una superficie plana se consideran paralelas si jamás llegan a cruzarse ni aun prolongando hasta el infinito cualquiera de sus extremos. Resulta evidente que este concepto no se sostiene al considerar la superficie de una esfera. En otras palabras, en este caso no existen líneas paralelas, y así hallamos un ejemplo del primer tipo de violación del postulado de las líneas paralelas euclídeas. Las demostraciones euclídeas que recurrían a las líneas paralelas dejan de ser válidas naturalmente en la geometría de superficies esféricas. Por ejemplo, los tres ángulos de un triángulo cualquiera *ABC* no sumarán 180º, como habría pensado Euclides, sino más de 180º. En el triángulo contenido en la figura 5.16, la suma de los tres ángulos es $\hat{A} + \hat{B} + \hat{C} = 270º$.

Las superficies curvas de este tipo se denominan superficies de *curvatura positiva*. Pero si por el contrario hubiéramos preferido modificar el postulado de las líneas paralelas del segundo modo mencionado, habríamos llegado a la geometría que se aplica a las superficies de *curvatura negativa*. Una silla de montar o la superficie del borde de un frasco constituyen ejemplos de superficies de curvatura negativa. Todo triángulo *ABC* que tracemos sobre una superficie tal dará el resultado $\hat{A} + \hat{B} + \hat{C}$ menor que 180º.

Cabe recurrir a un experimento sencillo para dilucidar si una superficie presenta una curvatura nula, positiva o negativa. Tomemos un trozo de papel e intentemos cubrir con él la superficie en cuestión. Si el papel queda liso sobre la superficie, entonces esta presenta una curvatura nula, es decir, es plana. Si al intentar cubrirla el papel se pliega y se frunce, entonces se trata de una superficie de curvatura positiva. Si se da la tercera posibilidad de que el papel se quiebra en el intento, entonces la superficie posee una curvatura negativa. Recomendamos realizar este experimento sobre la superficie de una mesa, la de una esfera y la de una silla de montar.

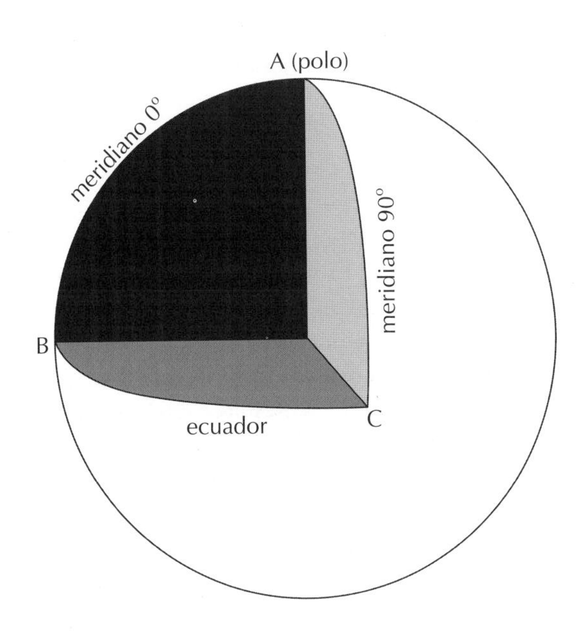

Figura 5.16.
Los ángulos de un triángulo *ABC* trazado sobre la superficie de una esfera suman más que dos ángulos rectos. Los tres ángulos de este triángulo esférico concreto son rectos. Adviértase que las líneas «rectas» pueden trazarse tendiendo una gomilla entre *A*, *B* y *C*.

Pero ¿qué relación guarda todo esto con la gravedad? Los conceptos de espacio plano y curvado pueden extenderse a espacios de dimensiones superiores. Así, por ejemplo, la geometría de las tres dimensiones espaciales y una dimensión temporal a la que se aplica la teoría especial de la relatividad de Einstein es la geometría del espacio plano. En cambio, según Einstein, la gravedad omnipresente convierte esa geometría plana del espacio-tiempo en una idealización. La geometría del espacio y el tiempo tiene que ser en realidad de un tipo curvado no euclídeo. Esta significativa conclusión de Einstein suele constatarse diciendo que el «espacio-tiempo está curvado».

El efecto de la materia sobre la geometría del espacio-tiempo

A partir de los ejemplos recién mencionados sobre las geometrías del espacio debemos extraer ahora una generalización para las geometrías del espacio-tiempo. Todo quedará más claro con la ayuda de un ejemplo conocido: el lanzamiento vertical de una pelota hacia arriba.

La figura 5.17 contiene un diagrama espaciotemporal que muestra la línea del mundo de la pelota. En el eje horizontal se indica la altura desde el nivel del suelo, mientras que el eje vertical representa el tiempo transcurrido desde el momento en que se lanza la pelota.

En resumen ocurrirá lo siguiente. La pelota se lanza hacia arriba con una velocidad determinada, digamos 12 metros por segundo. Pero a medida que asciende va perdiendo velocidad hasta que al fin se detiene a una altura de 7,5 metros. A continuación inicia el descenso. Cuanto más baja, más aumenta su velocidad de descenso, hasta alcanzar 12 metros por segundo cuando llega al punto desde el que se arrojó. En la figura, la línea del mundo adopta la forma de una curva denominada *parábola* en matemáticas. La curva comienza con una pendiente que depende de la velocidad inicial de lanzamiento, y la cual poco a poco va creciendo a medida que desciende la velocidad. En la altura máxima que alcanza la pelota, la curva se vuelve vertical por un instante y a partir de ese punto comienza a precipitarse hacia el eje temporal (lo cual equivale al movimiento de descenso de la pelota).

¿Cómo interpretan este movimiento las leyes del movimiento y gravitatorias de Newton? El comportamiento de la pelota se debe a que la gravedad de la Tierra atrae la pelota hacia abajo, lo cual desacelera su velocidad. De hecho, si no existiera la fuerza de la gravedad, la bola habría continuado desplazándose hacia arriba con una velocidad uniforme. (La primera ley del movimiento de Newton establece que en ausencia de una fuerza externa todo cuerpo conserva su velocidad y su dirección.) La línea discontinua de la figura 5.17 ilustra ese comportamiento hipotético.

La línea discontinua representa un ejemplo de línea recta en el espacio-tiempo tetradimensional. O sea, en el espacio-tiempo descrito por la relatividad especial (véase la figura 5.9) podría considerarse «recta».

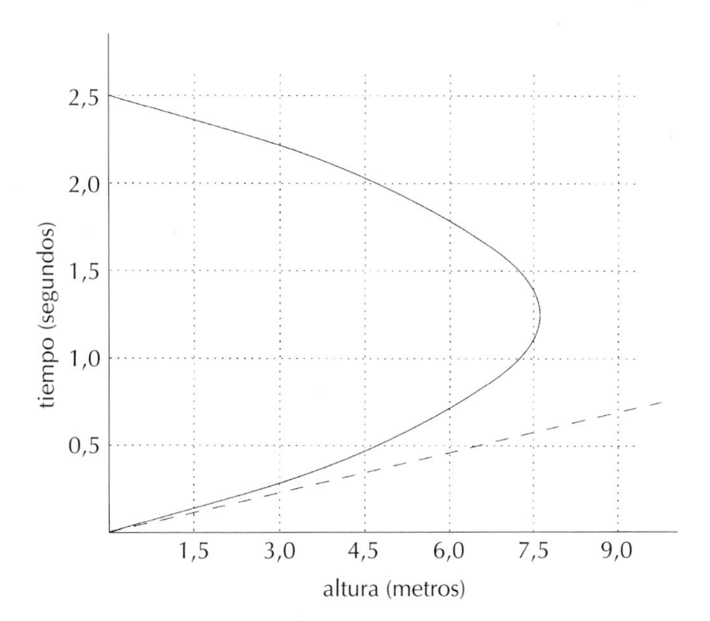

Figura 5.17.
Línea del mundo real de una pelota lanzada al aire en vertical (línea curva continua) y línea del mundo en caso de que no actuara la gravedad (línea recta discontinua).

Tal como se ha comentado arriba, en una superficie curva como la de una esfera podemos definir las «líneas rectas» de este espacio-tiempo curvado aplicando la técnica de tender una gomilla entre dos puntos. La formulación matemática rigurosa de esta idea resulta demasiado compleja como para describirla aquí.

Consideremos ahora las dos líneas de la figura 5.17 en términos einstenianos. Einstein aduciría que, en este caso, la cuestión hipotética de cómo se movería la pelota en «ausencia de gravedad» carece de toda relevancia. Tal estado no puede darse en la realidad, en tanto que la gravedad es indestructible. Solo la línea del mundo curvada posee una naturaleza real y es ella la única que debemos estudiar e interpretar, eso sí, del modo más simple posible.

Por consiguiente, la argumentación de Einstein consideraría que *la curva continua de la figura 5.17 es la línea recta real*, la cual representa un movimiento uniforme no sometido a ninguna fuerza. «Ninguna fuerza» porque la fuerza de la gravedad ha sido reemplazada por un espacio-tiempo no euclídeo.

Ahora bien, tal afirmación se nos antojaría claramente errónea: no cabe duda de que se trata de una línea curva y por tanto no podemos considerarla una línea recta. Es más, la velocidad de la pelota tampoco se mantiene uniforme durante todo el recorrido.

Sin embargo, el carácter de línea recta depende de los principios de cada geometría. En la figura 5.17 hemos recurrido de manera tácita a la geometría de Euclides al plantear el ejemplo. *Einstein argumentaría que no se trata de una geometría euclídea: la presencia de la gravedad terrestre convierte la geometría espaciotemporal en no euclídea.* Por ese motivo, por el cambio de parámetros geométricos, la línea continua trazada en la figura 5.17 puede calificarse de «recta». El mismo argumento se aplica al cambio aparente que experimenta la velocidad. Al aplicar los principios de la geometría no euclídea a la trayectoria continua, se descubre que su velocidad, interpretada en cuatro dimensiones, presenta un valor y una dirección constantes.

Tal vez ayude a comprenderlo una comparación con los mapas geográficos de un atlas. Los mapas suelen representar la latitud mediante líneas rectas aun cuando en la superficie curva de la Tierra dichas líneas *no* son rectas. El hecho de que no constituyen las líneas de unión más cortas entre dos puntos puede comprobarse con facilidad tendiendo una gomilla entre dos puntos del globo que se encuentren en la misma latitud.

Pues bien, para desarrollar su teoría de la gravitación, Einstein se basó en la siguiente estrategia fundamental. Cualquier distribución de materia y energía en el espacio da lugar, necesariamente, a una geometría espaciotemporal no euclídea. En una geometría tal, las líneas del mundo de los cuerpos que se mueven dentro de ella dibujan líneas rectas, es decir, recorren trayectorias calculadas sobre el supuesto de que el cuerpo se mueve con una velocidad uniforme y en una dirección constante dentro del espacio-tiempo. Esas líneas rectas reciben la denominación técnica de líneas «geodésicas».

En este sentido, Einstein aduciría que un cuerpo sobre el que no actúe más fuerza que la gravedad seguirá un movimiento geodésico, *si se calcula de acuerdo con los principios de la geometría imperante*. Einstein elaboró una serie de ecuaciones que permiten determinar la geometría que impera en caso de conocer la distribución de la materia y de la energía.

Todo ello conforma en esencia el contenido de la teoría general de la relatividad.

El Sistema Solar puesto a prueba

La teoría general de la relatividad se aplicó por primera vez en 1916 al problema del movimiento de los planetas dentro del Sistema Solar. Karl Schwarzschild (figura 5.18) empleó el método recién comentado para resolver el problema, a saber, admitiendo que el espacio alberga una esfera con la masa del Sol, y recurrió entonces a las ecuaciones einstenianas para dilucidar qué tipo de geometría espaciotemporal impera en él.

Por fortuna, el problema se resuelve con exactitud a pesar del carácter más bien complejo de las ecuaciones de Einstein. Las conclusiones de Schwarzschild se consideran fundamentales para la relatividad y se han aplicado en muchos contextos diversos, incluido el Sistema Solar. La geometría resultante difiere, por supuesto, bastante de la euclídea y, por tanto, las líneas geodésicas de esta geometría no se identifican con las líneas rectas euclídeas.

Figura 5.18.
Karl Schwarzschild.

Sobre la base del ejemplo de la pelota lanzada al aire, pueden calcularse esas líneas geodésicas de la geometría de Schwarzschild para conocer cómo se desplazan los planetas alrededor del Sol. En la figura 5.19 se describe una línea del mundo típica. Si la proyectamos en la parte espacial del diagrama espaciotemporal, obtendremos una órbita planetaria. *A todos los efectos prácticos, se trata de casi la misma órbita que resultaría al aplicar las leyes del movimiento y gravitatorias de Newton.*

¡Casi, pero no exactamente! Existen diferencias minúsculas, imperceptibles al observar todos los planetas a excepción de Mercurio. En el capítulo anterior ya aludimos a este efecto diminuto (consúltese la figura 4.18). La órbita de Mercurio precesiona despacio, de forma que la línea que une el Sol con el punto más cercano a él de la órbita (denominado perihelio) experimenta un giro insignificante en el espacio de 43 segundos de arco por siglo. Tal como se mencionó entonces, este efecto relativista esclareció el viejo misterio del comportamiento anómalo que se había detectado en Mercurio desde mediados del siglo XIX.

Pero además se han efectuado otras pruebas con el Sistema Solar, de las que una relacionada con la «desviación de la luz» ha tenido grandes conse-

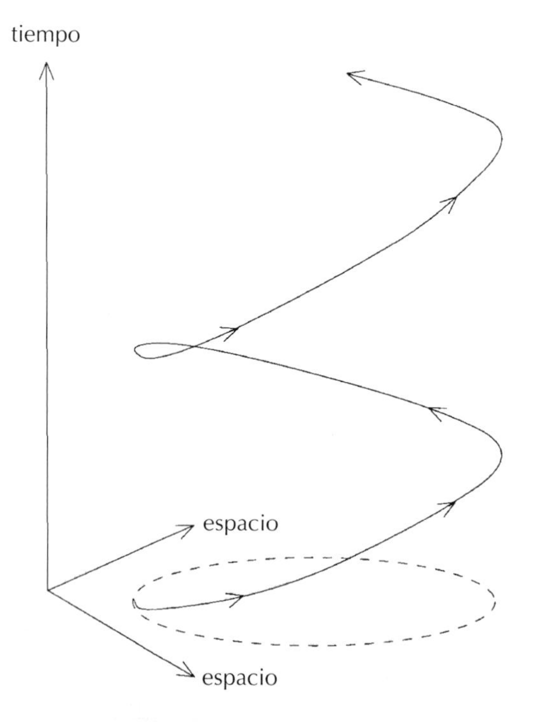

Figura 5.19.
La línea del mundo de un planeta asciende en espiral de tal modo que su proyección en el espacio describe la órbita elíptica del planeta.

cuencias. Esta prueba y el modo espectacular en que se anunciaron sus resultados han consagrado la teoría general de la relatividad como algo muy revolucionario ante el público general. Pero continuaremos esta historia en el próximo capítulo.

Un experimento más reciente al que también se aludió en el capítulo anterior, solo fue posible con la llegada de la tecnología espacial. Guarda relación con la demora del eco de una señal de radar cuando pasa cerca de la superficie del Sol.

Todas estas pruebas pretenden demostrar que la geometría euclídea simple, considerada antes como obvia y autoevidente debido a la utilidad que ha demostrado tener en la Tierra, tal vez no describe la realidad con exactitud. De manera similar, las leyes del movimiento y gravitatorias de Newton, que tan buen servicio han ofrecido, podrían no ser del todo correctas. Al comparar el universo real con las predicciones newtonianas y con las einstenianas, resulta que estas últimas encajan mejor con la realidad y, por tanto, debemos adoptar el método einsteniano para describir el fenómeno de la gravedad.

Esta conclusión puede expresarse de un modo figurativo diciendo que habitamos en un espacio-tiempo curvado. Como la gravedad induce unos efectos muy modestos sobre la geometría espaciotemporal de nuestro entorno, podemos arreglarnos bastante bien con las leyes de Newton y la geometría de Euclides, pero el cosmos alberga otros lugares que soportan efectos gravitatorios muy intensos, en donde el espacio-tiempo puede presentar un comportamiento muy peculiar si se le aplican los conceptos euclídeos. A continuación describiremos estos ejemplos singulares.

Colapso gravitatorio

La intuición sugiere que la gravedad induce efectos grandes allí donde existe gran concentración de materia y energía. ¿Cómo pueden llegar a formarse esas grandes concentraciones? Antes de responder a la cuestión, estudiemos un modo de saber si en una región actúa una fuerza gravitatoria intensa o débil. Para ello, consideraremos el concepto de velocidad de escape.

Velocidad de escape

Retomemos el ejemplo de la pelota lanzada al aire en vertical. Hemos apuntado que si se arroja con una velocidad inicial de 12 metros por segundo, llegará hasta una altura de 7,5 metros. ¿Qué altura alcanzará si le imprimimos el doble de velocidad inicial? Los cálculos revelan que subirá cuatro veces más arriba.

Dichos cálculos toman en consideración la fuerza con la que la Tierra atrae un cuerpo de acuerdo con la ley de la gravitación de Newton. Aunque acabamos de afirmar que esta teoría quedó superada por la relatividad general, las respuestas que proporcionan las leyes newtonianas resultan lo bastante buenas para resolver esta cuestión.

Pero ampliemos el planteamiento de partida. ¿Podemos imprimirle a la pelota tal velocidad que no regrese más? En un primer momento tenderemos a negar esa posibilidad, porque una interpretación ingenua de la situación podría inducir a pensar que, con independencia de la altura a la que mandemos la pelota, esta siempre volverá. Pero hay un problema. A medida que la pelota asciende, a medida que se aleja de la Tierra, la fuerza gravitatoria del planeta va perdiendo intensidad. A una altura equivalente al radio de la Tierra, unos 6.400 km, esta fuerza solo conserva un cuarto del vigor con que actúa sobre la superficie terrestre, y continúa debilitándose a alturas mayores. Por tanto, existe una velocidad límite a partir de la cual la pelota se irá alejando y alejando para no regresar jamás. Esa velocidad, que recibe el nombre acertado de *velocidad de escape*, resulta ser de unos 11,2 kilómetros por segundo, o sea, unos 40.000 kilómetros por hora.

Este umbral de velocidad mínima rebasa con creces los máximos alcanzados por los aviones en la Tierra, pero no queda fuera de la capacidad de los potentes cohetes que fabricamos. Nuestra tecnología espacial ha permitido escapar de la Tierra, y hasta hemos podido lanzar sondas como la *Voyager I* y *II*, que han franqueado los confines del Sistema Solar.

La velocidad de escape de un lugar revela, por tanto, la intensidad de la fuerza de la gravedad en ese lugar. Consideremos, por un lado, la Luna. La velocidad de escape desde la superficie de la Luna es de tan solo 3,4 kilómetros por segundo, por eso resultó tan sencillo que los astronautas emprendieran el viaje de regreso desde ella. Esa circunstancia les permitió despegar en su pequeña nave con cohetes incorporados en lugar de necesitar unas grandes instalaciones de despegue como las de Cabo Cañaveral.

Por otro lado, la velocidad de escape sobre Júpiter es mucho mayor, de unos 60,8 kilómetros por segundo, diez veces menor que desde el Sol, donde vale unos 640 kilómetros por segundo, mientras que en la superficie de una estrella de neutrones puede ascender hasta la extraordinaria cifra de ¡160.000 kilómetros por segundo! Esto indica que habitando en la Tierra soportamos un ambiente gravitatorio moderado, aunque en el escenario cósmico podemos encontrar gravedades de una intensidad inimaginable aquí.

Ahora que hemos adquirido una idea sobre cómo estimar la intensidad de la gravedad, veamos cómo tienden a formarse en el entorno cósmico las regiones que soportan una gravedad intensa.

La formación de objetos muy compactos

Sea cual sea la interpretación que se elija para considerar la gravedad, la newtoniana o la einsteniana, esta fuerza constituye un tipo curioso de interacción. Cuando a Newton le preguntaron si había indagado en cuestiones más profundas acerca del origen de esta ley de la gravitación, como por ejemplo la razón de que una ley tal actuara en la naturaleza, Newton observó: «*Non fingo hypotheses* (Yo no concibo hipótesis).» Había seguido un enfoque esencialmente empírico, había observado los fenómenos naturales, había buscado unas pautas y había indagado si de ellas se derivaba una ley simple pero general. Einstein llegó más lejos al encontrar un vínculo entre la gravedad y la geometría del espacio-tiempo. Pero todavía no hemos llegado a conocer la causa última de que exista dicha conexión. En particular, continúa siendo esquiva la comprensión de la gravedad al nivel microscópico de la materia, cuando la gravitación se entreteje con los principios de la teoría cuántica.

Pero, sobre la base de lo que se sabe hasta el momento, es posible extrapolar hasta lo desconocido y eso haremos para describir un objeto masivo que mantiene una lucha vana por conservar su equilibrio a pesar del empuje hacia el interior de la gravedad. Como veremos bien pronto, un objeto tal nos llevará hasta un estado de gravedad intensa.

La figura 5.20 ilustra un objeto masivo esférico. De manera simbólica hemos señalado con A, B, C, etc., las partes de que consta, las cuales se atraen entre sí. Todo ello induce un efecto neto que contrae el objeto sobre sí mismo a menos que lo impida alguna fuerza de acción opuesta. En el capítulo 2 vimos que las estrellas se ven obligadas a enfrentarse a este problema

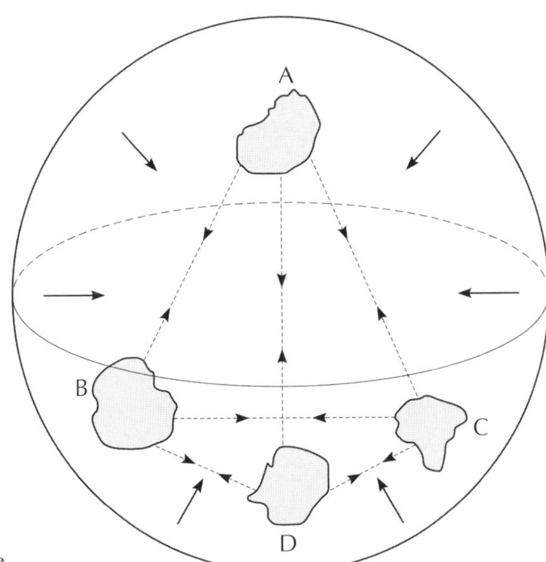

Figura 5.20.
Las diversas partes de un cuerpo, *A*, *B*, *C*...
ejercen entre sí una atracción gravitatoria que
resulta en una tendencia general del objeto a contraerse.

de forma permanente y que logran mantener su equilibrio en virtud de la presión interna, *siempre que la generen mediante reacciones nucleares en su centro*. Cuando agotan el combustible nuclear, las estrellas disponen de otra posibilidad, a partir de las presiones de degeneración que se derivan de la intensa compresión de su materia. Las estrellas pueden sobrevivir así en la forma de enanas blancas o estrellas de neutrones. Pero en ambos casos existe un límite para sus masas. Las enanas blancas no pueden superar la masa del Sol en más de un 40%, mientras que las estrellas de neutrones presentan un límite de masa algo superior, pero que apenas alcanza las dos masas solares. ¿Qué le ocurre a una estrella cuya masa sobrepasa esos límites cuando se agota su combustible nuclear?

En el capítulo 3 contemplamos la posibilidad de que una estrella masiva sufriera una explosión de supernova y dejara tras de sí un núcleo. Podríamos formularnos la misma pregunta pero aplicándola solo al núcleo mismo.

En este punto retomamos la controversia entre Eddington y Chandrasekhar referida en el capítulo 2. Eddington se negaba a creer el resultado de Chandrasekhar que establecía el límite máximo de masa permitido para una enana blanca, porque lo inquietaba el destino de las estrellas de masas muy superiores a esa frontera. Ahora nos encontramos con la circunstancia de que, tal como Eddington temía, esas estrellas tienen que continuar contrayéndose sin que ninguna presión se oponga a la gravedad.

En 1938, un relativista hindú, B. Datt, estudió por primera vez una solución de este problema para el caso de esferas pulverulentas en contracción.

En este contexto, el término «pulverulento» alude a materia carente de cualquier presión interna. Como estamos considerando ejemplos carentes de presiones internas significativas capaces de oponer resistencia a la contracción gravitatoria, la consideración de materia pulverulenta no queda lejos de la realidad. Este modelo pone de manifiesto un comportamiento inusual de la gravedad que no se ha detectado en ninguna otra fuerza conocida.

La figura 5.21 ilustra dos situaciones diferentes. En (*a*) se observan dos esferas conectadas por un muelle en tensión, lo cual le confiere mayor longitud de la normal. La elasticidad del muelle tenderá a contraerlo y ambas esferas se acercarán entre sí. Si dejamos que se vayan acercando despacio, la fuerza de atracción va declinando hasta desaparecer del todo cuando el muelle recupere su longitud natural. En (*b*) se muestran dos esferas que se atraen entre sí en virtud de la gravedad mutua. En cambio, a medida que se acercan, la fuerza de atracción no disminuye, sino que aumenta siempre.

Una fuerza de tipo resorte pierde intensidad si se produce un desplazamiento en el sentido exigido por la fuerza. En cambio, la gravedad aumenta si el desplazamiento sigue su dictado. Por esta razón, Hermann Bondi ha

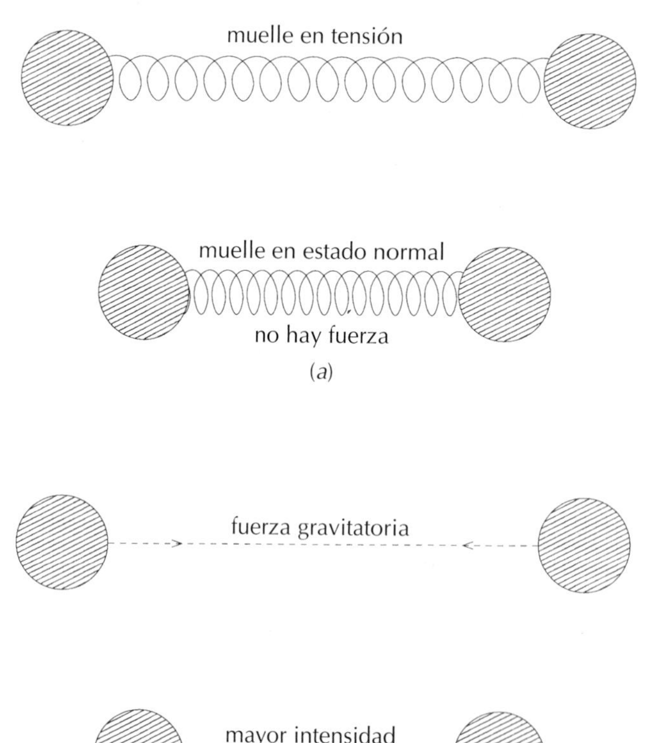

Figura 5.21.
Se ilustra el contraste entre el comportamiento de una fuerza elástica y el de la fuerza de la gravedad (consúltese el texto para más detalles).

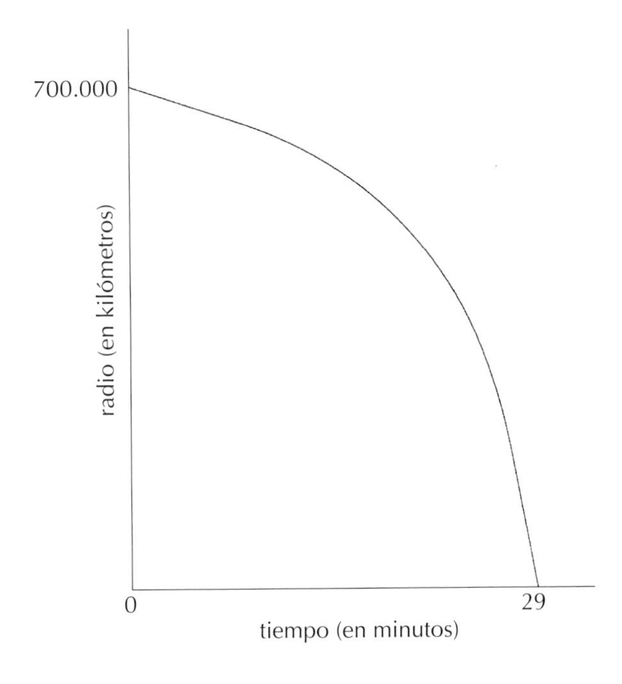

Figura 5.22.
Contracción de una esfera pulverulenta de una masa solar. La contracción se produce con lentitud en un principio, pero después aumenta veloz hasta concentrar toda la esfera en un solo punto en cuestión de 29 minutos.

comparado la gravedad con un dictador que exige más cuantas más de sus demandas se vean satisfechas.

Así pues, los recelos de Eddington estaban bien fundados. Tal como demostró la solución de Datt, las estrellas con presiones insuficientes para resistirse a la contracción se contraen cada vez a un ritmo más veloz. La figura 5.22 ilustra el modo en que se contrae una esfera pulverulenta si parte de un estado de reposo. Nótese que el ritmo de contracción es lento al principio, pero asciende rápidamente hasta desembocar en un colapso catastrófico. Por esta razón, los científicos emplean la expresión «colapso gravitatorio» para describir este proceso.

En la figura 5.22 hemos considerado una esfera pulverulenta de masa igual a la del Sol, para fijar ideas. Nótese que toda la esfera se contrae hasta convertirse en un punto en cuestión de 29 minutos. Con todo, debemos emitir dos advertencias prudentes a la hora de considerar la figura 5.22. En primer lugar, el propio Sol jamás arribará a ese destino. Con una masa inferior al límite de Chandrasekhar, se estabilizará como enana blanca. La segunda advertencia posee un carácter más fundamental. Recordemos que la teoría de la relatividad no admite un tiempo absoluto. Por consiguiente, ¿qué tiempo estamos empleando al trazar esta figura? ¿De acuerdo a qué reloj tarda la esfera 29 minutos en contraerse? Aclararemos esta cuestión en el próximo apartado.

Dilatación del tiempo inducida por la gravedad

Según Einstein, los efectos de la gravedad no repercuten tan solo en el espacio, sino también en el tiempo, lo cual se traduce en discrepancias en el ritmo al que funcionan los relojes en distintas regiones. Para concretar algo más consideremos dos observadores *A* y *B* (figura 5.23) en zonas diferentes del espacio. Cerca de *A* existe un influjo gravitatorio débil (de suerte que impera una geometría espaciotemporal casi euclídea), en tanto que cerca de *B* actúa una fuerza gravitatoria intensa. Admitamos además que no se produce ningún cambio de situación con el tiempo, es decir, las posiciones se mantienen estáticas. Supongamos que *A* y *B* se comunican entre sí mediante rayos de luz y que deciden utilizar relojes atómicos en sus ubicaciones respectivas como mecanismos para registrar el tiempo. Entonces, según se deduce de nuestra experiencia cotidiana, cabría esperar que si el observador *A* enviara señales a intervalos de un segundo medidos por su reloj, el observador *B* recibiría una por segundo, y viceversa. Pero no ocurre así. Al observador *B* le parecerá que las señales procedentes de *A* llegan a intervalos más cortos de un segundo y, al contrario, al observador *A* le parecerá que las señales procedentes de *B* llegan a intervalos mayores de un segundo.

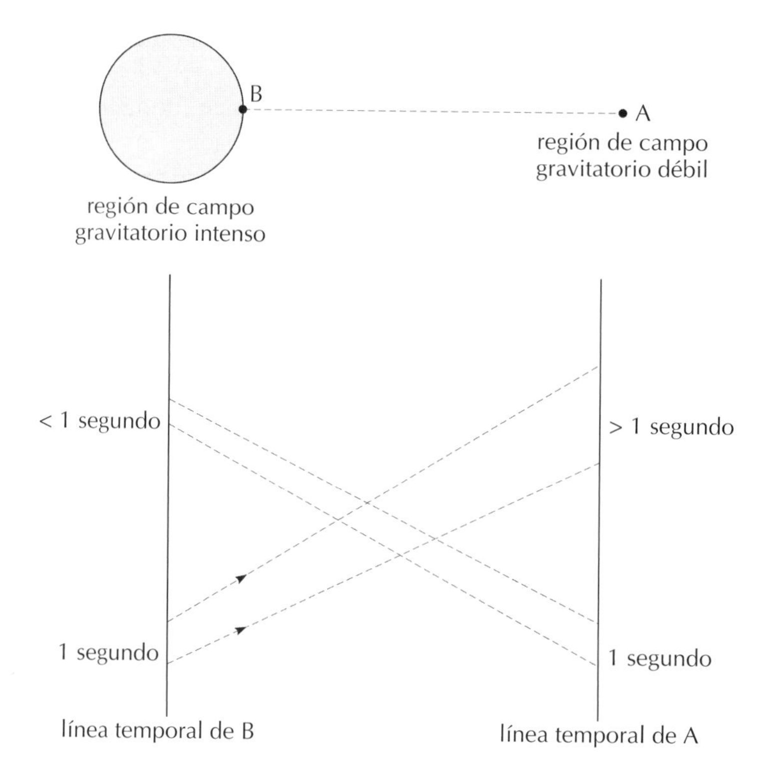

Figura 5.23.
Tal como muestra el intercambio de señales luminosas, las escalas temporales de dos observadores difieren si uno de ellos se encuentra sometido a un campo gravitatorio intenso y el otro no.

Este tipo de circunstancia puede darse en astronomía. Podemos identificar la región próxima a *A* con la Tierra y la región cercana a *B* con los alrededores de un objeto compacto masivo. A los observadores que se hallan en la Tierra, les parecerá que los relojes del objeto masivo retrasan. En la práctica, por supuesto, no vemos relojes que atrasan o adelantan, sino que apreciamos cambios de frecuencia en las líneas espectrales porque estas reflejan con exactitud las variaciones temporales en los mecanismos atómicos de la fuente emisora. Por tanto, en el ejemplo anterior, percibiríamos una disminución en la frecuencia de la luz procedente de un objeto masivo compacto, mientras que su longitud de onda mostraría un aumento equivalente. Como la región visible del espectro abarca desde el violeta en las ondas cortas hasta el rojo en las ondas largas, el crecimiento de todas las longitudes de onda causaría un desplazamiento de todo el espectro hacia el extremo del rojo. Este fenómeno se denomina *corrimiento hacia el rojo* y, como se debe a la acción de la gravedad, también recibe la denominación más genérica de *corrimiento hacia el rojo gravitatorio*. Podemos afirmar, por tanto, que en la narración que inició este capítulo Brahma habitaba un lugar afectado por un fuerte corrimiento hacia el rojo, o lo que es igual, ¡por una intensa dilatación temporal!

Pero también podemos contemplar este fenómeno desde un enfoque microscópico. La luz se considera asimismo una multitud de partículas llamadas *fotones*. Tal como se vio en el capítulo 2, la energía de un fotón es proporcional a su frecuencia. Con un corrimiento gravitatorio hacia el rojo la frecuencia disminuye y, por consiguiente, el fotón pierde energía. Esto se debe a que el fotón ha tenido que invertir energía para huir del intenso campo gravitatorio de una masa enorme.

Supongamos que un objeto esférico de densidad uniforme experimenta un proceso de colapso. Consideremos una partícula normal *B* sobre la superficie de dicho objeto y observemos su viaje hacia el interior. Para disponer de una referencia ubicaremos a un observador externo *A* lejos del cuerpo en cuestión, apartado de sus efectos gravitatorios. A medida que el objeto se contrae, la intensidad gravitatoria aumenta en las proximidades del mismo y el corrimiento gravitatorio hacia el rojo comienza a adquirir relevancia. Supongamos además que *A* y *B* se mantienen en contacto por la misma vía que antes. Solo que la situación actual difiere un tanto de la anterior, puesto que *A* se encuentra en reposo y *B* se desplaza hacia el interior del objeto, alejándose de *A*. Esto conlleva unas consecuencias impresionantes.

Al igual que en el caso estático, *A* percibe que el reloj de *B* atrasa. Pero en esta ocasión, el efecto se intensifica debido a la conjunción de dos razones: en primer lugar, por el corrimiento gravitatorio hacia el rojo, y, en segundo lugar, por el efecto Doppler, puesto que *B* se aleja de *A*. El efecto Doppler se aplica a todos los movimientos ondulatorios en general. Lo percibimos de inmediato cuando se trata de ondas sonoras. Así, el pitido de una locomotora que se acerca parece muy agudo y en cambio desciende de tono cuando el vehículo pasa y comienza a alejarse. Aplicado a la luz, ese efecto conlleva la disminución de la frecuencia de una fuente que se aleja, y un aumento de su longitud de onda. De modo que nos volvemos a encontrar con un corrimiento hacia el rojo.

Por tanto, el corrimiento hacia el rojo que provocan la gravedad y el efecto Doppler se reúnen y afectan a las señales que recibe *A* desde *B*. En cambio, el observador *B* se halla en una situación diferente. Para él, el efecto Doppler tiende a reducir la frecuencia de las señales procedentes de *A*, mientras que el efecto gravitatorio tiende a aumentarla. De modo que, visto desde la posición de *B*, el reloj de *A* parecerá adelantar o retrasar dependiendo de si los efectos gravitatorios tienen mayor o menor repercusión que el efecto Doppler. Resulta evidente, por tanto, que *A* y *B* se rigen por escalas temporales diferentes. Pero sigamos estudiando la situación desde ambos puntos de vista, el de *B* y el de *A*.

En la posición de *B* se está produciendo un colapso progresivo que acabará derivando en un estado de densidad infinita. Eso da como resultado curioso que, en la escala temporal de *B*, el ritmo de contracción del objeto sigue los mismos parámetros que establece la teoría newtoniana. Por tanto, según el reloj de *B*, una estrella de masa y radio iguales a los del Sol (pero con menor presión y formada por una materia de densidad uniforme) se encogería hasta llegar a un radio nulo en cuestión de 29 minutos. Esto responde la pregunta surgida al final del apartado anterior. No obstante, las semejanzas con la teoría newtoniana terminan aquí. A *B* lo aguardan consecuencias muy drásticas. A medida que el objeto en contracción adquiere más y más densidad, las propiedades geométricas del espacio-tiempo se vuelven más y más singulares (es decir, no euclídeas), hasta alcanzar al fin un estado de densidad infinita. En esa fase, toda descripción geométrica fracasa, en tanto que cualquier descripción tal incluye operaciones matemáticas en las que intervienen el cero y el infinito, operaciones que no pueden definirse con propiedad. Se trata de un estado de «singularidad», una singularidad muy semejante a la del universo de la Gran Explosión, el cual abordaremos en el capítulo 7, solo que en ese caso el universo sufre una *explosión* a partir de un estado de densidad infinita, mientras que, aquí, el cuerpo sufre una *implosión* hasta alcanzar un estado de densidad infinita.

¿Qué percibe *A* durante este periodo? ¿Ve caer a *B* en la singularidad? La respuesta es *no* y la razón radica en lo siguiente. Al principio, las señales de *B* llegan hasta *A* a intervalos, digamos, algo mayores de un segundo. Esos intervalos se tornan cada vez más largos (véase la figura 5.24) a medida que *B* va cayendo hacia el interior del objeto masivo, hasta alcanzar el momento crítico en que *B* llega al límite que conocemos como «barrera de Schwarzschild». Cuando *B* alcanza esa barrera, sus señales dejan de llegar a *A* por

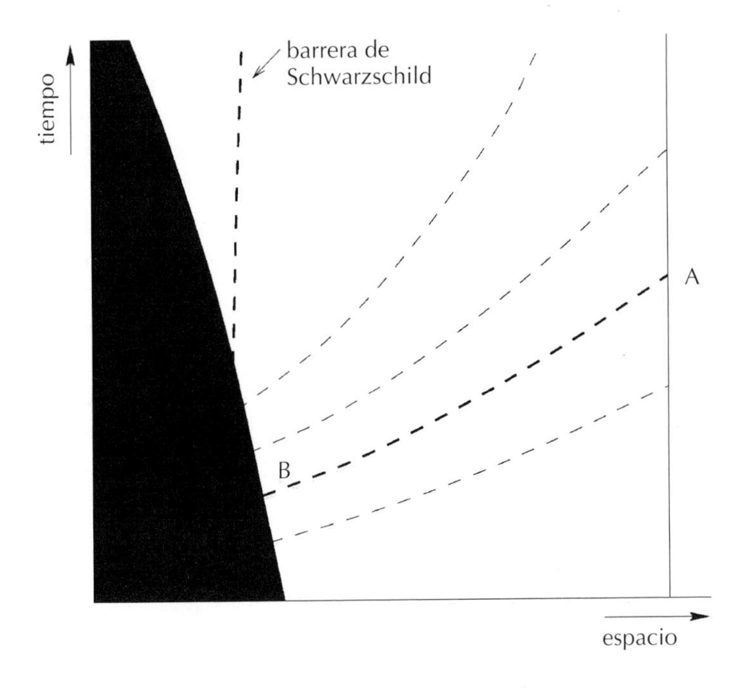

Figura 5.24.
Este diagrama espaciotemporal ilustra la detención progresiva que percibe *A* en el reloj de *B*, con respecto al reloj local de *A*. Las señales luminosas procedentes de *B* llegan hasta *A* a intervalos cada vez más largos.

mucho que *A* siga esperando. En ese momento, y después de atravesar la barrera de Schwarzschild, toda información sobre *B* queda inaccesible para *A*. Cabe subrayar que al atravesar esa barrera, *B* no percibe ninguna peculiaridad en la geometría espaciotemporal. Según el reloj de *B*, todo transcurre con suavidad uniforme hasta alcanzar el estado de singularidad.

Reparemos en que la barrera de Schwarzschild solo actúa en un sentido: impide que las señales procedentes de ella salgan al exterior, pero *B* continuará recibiendo las señales de *A* después de atravesar dicho límite, y así seguirá hasta el último momento.

Agujeros negros

El radio de Schwarzschild (es decir, el radio de la barrera esférica de Schwarzschild) para un cuerpo de una masa M viene determinado por la expresión sencilla $2GM/c^2$, donde G representa la constante de la gravitación universal y c se corresponde con la velocidad de la luz. El radio de Schwarzschild para el Sol solo asciende a 3 km. Una cifra muy inferior al «radio» real del Sol, que suma unos 700.000 km. Solo si el Sol redujera su tamaño actual hasta tener un radio del orden de 3 km, se volvería invisible a nuestros ojos.

Los objetos de tamaños algo más parecidos a su radio de Schwarzschild son casi invisibles, porque la luz procedente de ellos acusa un corrimiento hacia el rojo muy alto y ha perdido la mayor parte de su energía. Tales objetos se denominan *agujeros negros*[8]. Por definición, no pueden «verse», pero pueden detectarse a partir de su influencia gravitatoria. Por ejemplo, si el Sol se convirtiera en agujero negro, dejaría de verse pero continuaría atrayendo a la Tierra. Así que la Tierra seguiría recorriendo una órbita elíptica ¡sin ninguna fuente de gravedad aparente!

La búsqueda de agujeros negros en el universo constituye uno de los estudios astronómicos más fascinantes. Un agujero negro representa la negación última de esa verdad convencional según la cual exigimos «ver para creer». Como se trata de objetos no visibles, solo podemos deducir su presencia de manera indirecta. Comentaremos este asunto en breve.

Tal vez la cuestión más relevante acerca de los agujeros negros consista en «qué tipo de objeto puede convertirse en agujero negro», y es aquí donde encontramos las mayores diferencias entre las teorías de la gravitación de Newton y de Einstein.

Consideremos un objeto cuya masa supera en un millón de veces o más la del Sol. ¿Cómo mantendrá el equilibrio? Las reacciones nucleares que se producen en el Sol generan presiones internas que oponen resistencia a la gravedad intrínseca del astro. En cambio, en un objeto cada vez más masivo, esas presiones nucleares tienden a aumentar en proporción con la masa, mientras que la fuerza de la gravedad propia aumenta de manera proporcional al *cuadrado* de la masa. Así pues, las reacciones nucleares de un objeto con una masa equivalente a un millón de soles se vuelven incapaces de generar las presiones necesarias para contrarrestar la fuerza de la gravedad. Por tanto, ese objeto se contraerá y convertirá en un agujero negro a menos que durante la contracción la naturaleza intervenga para evitar ese desenlace, tal como Eddington presentía que ocurriría, y el objeto se desmorone y se descomponga en fragmentos menores.

Entonces, ¿hay algo capaz de evitar la contracción gravitatoria de un objeto masivo? La teoría newtoniana permite concebir un «nuevo» agente generador de presiones lo bastante intensas para detener el colapso. La teoría einsteniana plantea una situación diferente. Aun cuando lográramos concebir un agente semejante, las presiones siempre deben proceder de alguna energía. Y la energía, que en relatividad equivale a la masa, se atrae a sí

---

[8] En términos matemáticos, un objeto se convierte en un auténtico agujero negro cuando su radio *iguala* el radio de Schwarzschild. Sin embargo, tal como se acaba de comentar, los observadores externos (de tipo-*A*) como nosotros jamás llegan a divisar un objeto que acceda a tal estado.

misma y por tanto favorece el colapso. A finales de la década de 1960, la labor de teóricos como Roger Penrose y Stephen Hawking demostró que en general, y a menos que introduzcamos nuevos agentes con *energía negativa*, la contracción hasta la singularidad resulta inevitable para la mayoría de los sistemas físicos cuya contracción haya sobrepasado cierto límite. Así, en el ejemplo aquí comentado, el colapso de *B* hacia la singularidad no puede detenerse una vez que el objeto sobrepasa la barrera de Schwarzschild.

¿Son deseables las singularidades en una teoría física? Los físicos y matemáticos suelen repudiarlas y considerarlas como indicadores de imperfecciones en la teoría. De acuerdo con eso, cabe pensar que las singularidades son poco deseables dentro de la relatividad general y que deberíamos buscar teorías «mejores». Pero existe una interpretación alternativa (tal vez porque no disponemos de teorías mejores a la vista) según la cual esas singularidades yacen en los límites de la física y su existencia no debe debatirse, por tanto, desde la física. Volveremos al tema hacia el final de este libro.

¿Alberga Cygnus X-1 un agujero negro?

Cygnus X-1 tal vez constituya la fuente más interesante entre todos los sistemas binarios de rayos X, porque muy probablemente contiene un agujero negro. Esta fuente de rayos X se ha identificado como un sistema binario cuyo miembro visible está representado por la estrella supergigante HDE 226868. La otra componente no se ve, pero podemos deducir su existencia a partir del movimiento observado en su compañera visible, la cual describe una órbita elíptica, y eso solo es posible si cuenta con una compañera invisible que la atraiga hacia sí. A juzgar por sus propiedades ópticas, este sistema binario posee un periodo de 5,6 días.

En 1971, tanto L. Braes y George Miley como Campbell Wade y R. Hjellming detectaron una fuente radioeléctrica débil en las proximidades de Cygnus X-1. Las variaciones del flujo de radio coincidían con las del flujo de rayos X, lo cual llevó a la conclusión de que la fuente de rayos X y la fuente de radio eran una y la misma cosa. De hecho, aquella circunstancia afortunada ayudó a identificar la fuente de rayos X con el sistema binario óptico, ya que, a diferencia de la escasez comparativa que muestran las fuentes de radio, las estrellas visibles (incluidas las binarias) abundan. Así, a menos que se conozca con gran exactitud la posición de la fuente de rayos X, resulta muy difícil identificar el objeto óptico concreto al que va asociada. Aunque los telescopios de rayos X actuales están capacitados para localizar una fuente con la precisión de un ángulo de varios segundos de arco, en 1971 el satélite de rayos X UHURU solo consiguió ubicar la fuente Cygnus X-1 dentro de una superficie angular de 4 minutos de arco cuadrados. En cambio, la superioridad de las técnicas de radio entonces disponibles permitió localizar la fuente radioeléctrica con mucha más exactitud dentro de un área angular de 1 segundo de arco cuadrado.

Aquello posibilitó identificar HDE 226868 y su compañera invisible como el sistema binario que emitía los rayos X procedentes de Cygnus X-1. El detector de rayos X del Observatorio Einstein, más preciso, confirmó con posterioridad la identificación.

La componente visible del sistema binario consiste en una estrella de tipo B, una categoría de estrellas que, de acuerdo con el esquema de clasificación estelar, engloba objetos masivos y luminosos (véase el capítulo 2). A partir de la información general acerca de las masas de tales estrellas se estimó que la masa de HDE 226868 asciende *como mínimo* a 20 masas solares. El periodo del sistema binario es de 5,6 días. También cabe estimar la velocidad radial de la componente visible y aplicar luego la ley de la gravitación de Newton para calcular que la compañera invisible reúne un *mínimo* de cinco masas solares. La razón de que se trate de un valor «mínimo» estriba en que el plano orbital del sistema binario no tiene por qué coincidir con nuestra línea visual y en que, además, la masa estimada para la componente visible constituye asimismo una cota inferior. No podemos calcular con precisión la masa del objeto compacto, sino tan solo evaluar el valor mínimo que sin duda debe superar la masa del astro.

Esta cota modesta de cinco masas solares se encuentra, sin embargo, muy por encima del límite de masa para las estrellas de neutrones que comentamos en el capítulo 4. ¿Con qué tipo de objeto se corresponde la compañera compacta, si no se trata de una estrella de neutrones? También se sabe que la intensidad de los rayos X asociados a la binaria fluctúa con rapidez. La escala temporal de las fluctuaciones, 0,001 segundos, puede traducirse a una escala de distancia multiplicando por la velocidad de la luz, lo cual resulta en una longitud de 300 km. A partir de la teoría de la relatividad sabemos que ninguna perturbación física puede viajar más deprisa que la luz. Por consiguiente, el efecto físico de cualquier cambio a gran escala que se produzca dentro de la fuente deberá viajar a una velocidad inferior a la de la luz. Por tanto, cualquier proceso físico coherente que produzca fluctuaciones tan rápidas como una milésima de segundo no puede abarcar una región de un tamaño mayor que 300 km.

De acuerdo con la evolución de los sistemas binarios descrita en el capítulo 4, se sabe que la compañera invisible absorberá materia procedente de la estrella visible, y que esa materia caerá en la primera después de orbitar en torno a ella durante un instante (consúltese la figura 5.25). Esta materia que gira en espiral forma un disco que se denomina *disco de acreción*. Los rayos X proceden del calentamiento que experimenta dicho disco. Ahora bien, según acabamos de advertir, si el disco de acreción es el causante de las rápidas fluctuaciones que se observan en la intensidad de los rayos X, su tamaño no puede exceder los 300 km. El elevado valor que se observa en la intensidad de los rayos X también permite a los teóricos concluir que la fuente emisora debe albergar un objeto muy masivo.

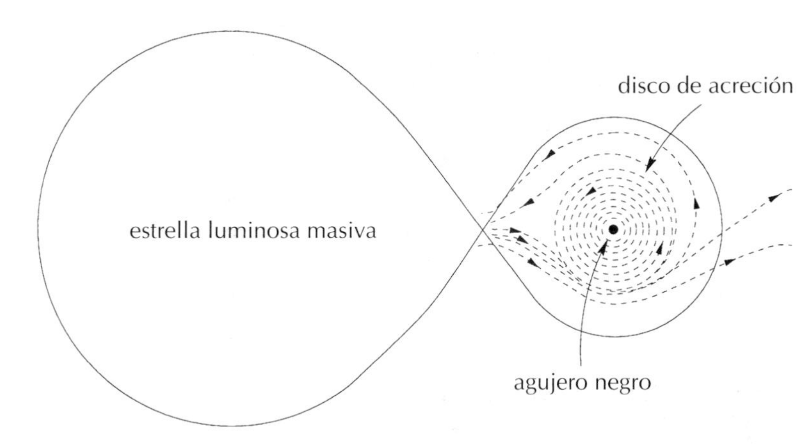

Figura 5.25.
Esta figura ilustra la situación que se da en Cygnus X-1. Véase el texto para ahondar en los detalles.

Evidencias de este tipo convierten a Cygnus X-1 en un objeto casi único entre las binarias de rayos X. Como no contamos con ningún otro tipo de estrella masiva que encaje con los datos, se ha llegado a la conclusión de que el miembro invisible de este sistema binario consiste en un agujero negro. Si ese resultado se mantiene, la astronomía de rayos X podrá reivindicar el mérito de haber descubierto ¡el primer agujero negro!

¿Agujeros negros supermasivos?

Las líneas que siguen bien podrían haber surgido de la pluma de Conan Doyle si su superdetective se enfrentara a un misterio cósmico:

> —Estoy convencido, querido Watson, de que el responsable de este hecho violento es un agujero negro.
> —¡Un agujero negro! ¿Está seguro, Holmes, de que no está yendo demasiado lejos? —exclamé incrédulo. Pero mi amigo negó con la cabeza.
> —Sí señor, un agujero negro y además supermasivo. ¿Cuántas veces le he dicho que lo que quede después de eliminar los imposibles, sea lo que fuera y aunque parezca improbable, tiene que ser la verdad?

Los teóricos modernos consideran que los improbables agujeros negros ofrecen una respuesta al problema de la energía cósmica[9] basándose en que no disponemos de una solución menos sensacional. De hecho, el verdadero despegue astronómico de la «industria de los agujeros negros» se produjo a partir de Cygnus X-1. Los astrofísicos se enfrentaron luego a otros acontecimientos astronómicos cuya mejor explicación observacional parecía radicar

[9] A menudo surge el problema de tener que buscar un mecanismo capaz de liberar cantidades ingentes de energía desde una fuente muy compacta.

en los agujeros negros. Y, a diferencia del agujero negro que se aloja en Cygnus X-1, en este caso se requería la presencia de agujeros negros *supermasivos* cuya materia superara en más de mil millones de veces la del Sol.

Tal como acabamos de mencionar, la cuestión esencial de aquellas observaciones tan espectaculares consistía en explicar de qué manera *se despide tanta energía desde un espacio tan limitado y de un modo tan explosivo*.

¿Qué eran aquellos eventos?

La primera pista llegó poco después de que concluyera la Segunda Guerra Mundial, no desde la antigua óptica astronómica, sino desde la nueva rama de la radioastronomía.

Radiofuentes cósmicas

En 1946, J. S. Hey, S. J. Parsons y J. W. Phillips descubrieron ondas de radio provinientes de la dirección en la que se encuentra la constelación del Cisne. Las técnicas disponibles en 1946 para efectuar mediciones de radio no eran lo bastante precisas como para señalar la ubicación de la fuente. En 1951, F. Graham Smith, de Cambridge, logró suficiente precisión en la localización de la misma para que los astrónomos ópticos iniciaran la búsqueda de una fuente de luz visible en ese lugar. Esta fuente de radio se denominó Cygnus A.

Desde los observatorios de Monte Wilson y de Monte Palomar, Walter Baade buscó y halló un objeto interesante en la posición de Cygnus A. La figura 5.26 muestra una fotografía de este objeto que ahora conocemos como *radiogalaxia*. De hecho, Baade pensó que en la fotografía aparecían dos galaxias en colisión y creyó que las galaxias en colisión podían generar el tipo de energía necesario para alimentar aquella radiofuente.

Será interesante recordar una apuesta entre Baade y Rudolf Minkowski, otro astrónomo destacado de los observatorios de Monte Wilson y de Monte Palomar. La apuesta surgió después de una reunión de equipo para tratar el tema de Cygnus A, cuando Minkowski manifestó su escepticismo ante la hipótesis de la colisión de galaxias formulada por Baade y Lyman Spitzer. A pesar de ello, Baade confiaba lo bastante en su teoría como para apostar por ella la friolera de mil dólares, aunque Minkowski prefirió rebajar el envite a una simple botella de whisky. Ambas partes estuvieron de acuerdo en que la aparición de líneas de emisión en el espectro de la fuente se consideraría una confirmación de que una colisión de galaxias guardaba relación con aquello. Varios meses después apareció aquella evidencia y Minkowski reconoció la derrota. En cambio, Baade se quejó más tarde de que fuera el mismo Minkowski quien acabó la botella de whisky que le había entregado para saldar la apuesta.

Figura 5.26.
Fotografía óptica de la galaxia identificada con la radiofuente Cygnus A (cedida por el Observatorio de Monte Palomar, Instituto de Tecnología de California).

El curso de los acontecimientos demostró que Minkowski hizo muy bien terminándose aquel whisky, ya que observaciones posteriores mostraron que la teoría de la colisión era errónea. Ahora se sabe que Cygnus A *no* debe sus emisiones de radio a la colisión de dos galaxias. De hecho, los procesos que tienen lugar en Cygnus A se muestran característicos de lo que acontece en la mayoría de las radiofuentes ubicadas fuera de nuestra Galaxia, las cuales se han venido detectando desde 1951. La información detallada que suministran tales ejemplos no apunta a una colisión, sino a una explosión en la región central de la radiofuente, una explosión que despide partículas con carga eléctrica en direcciones opuestas, tal como muestra la figura 5.27. Estas partículas veloces se alejan cierta distancia de la fuente y una vez allí irradian en interacción con el campo magnético de la zona. ¿Qué proceso provoca la emisión de partículas veloces desde una radiofuente? ¿De dónde obtiene la fuente cantidades tan ingentes de energía?

El problema energético

Consideraciones teóricas suscitaron las primeras dudas acerca de la hipótesis de galaxias en colisión para radiofuentes como Cygnus A. Los cálculos de Burbidge tomaron en cuenta todas las propiedades observadas en las

Figura 5.27.
Diagrama esquemático de una radiofuente extragaláctica típica. La región central despide partículas rápidas que emiten ondas radioeléctricas desde los dos lóbulos que ocupan dos flancos opuestos de la fuente central.

ondas de radio procedentes de Cygnus A, incluida su intensidad y espectro, y de ellos surgió la idea de que la radiación provenía de partículas en movimiento rápido y cargadas con electricidad, cuya aceleración se debía al campo magnético de la radiofuente.

A partir de los datos disponibles, Burbidge logró estimar la energía *mínima* que debían poseer las partículas y el campo magnético para emitir la radiación observada. Las energías totales típicas de ambos resultaron comparables y ascienden a una cantidad sobrecogedora, incluso para los cánones astronómicos. La energía requerida excedería con mucho aquella que suele albergar toda una galaxia normal como la nuestra. Traducido a términos terrestres, esa energía equivale a unos diez mil sextillones (10^{40}) de veces la energía liberada por la explosión de una bomba de hidrógeno de un megatón.

¿Qué cantidad de energía puede producir el choque de dos galaxias? La hipótesis de la colisión dependía de la conversión de la energía gravitatoria del par de galaxias implicadas en ondas de radio. Es decir, en el proceso de colisión, la energía gravitatoria se invertiría en que las partículas cargadas experimentaran una aceleración hasta alcanzar altas velocidades que les permitieran irradiar. Sin embargo, cálculos minuciosos demostraron que este proceso solo llegaría a producir ¡una milésima parte de la energía necesaria! Por tanto, por espectacular que consideremos una colisión entre galaxias, tales eventos no poseen energía suficiente para impulsar radiofuentes como Cygnus A.

Observaciones posteriores, de comienzos de la década de 1960, revelaron la situación que ilustra la figura 5.27. Las emisiones de radio no proceden de la galaxia central, sino de dos lóbulos que distan de ella cientos de miles de años-luz. ¿Qué tipo de máquina energética es capaz de enviar las partículas a distancias tan lejanas y hacer que irradien?

Toda teoría moderna de radiofuentes debe tener en cuenta esta doble estructura, la explosión central y la inmensa reserva energética que se precisa para mantener las fuentes radiando. Antes de considerar las posibilidades, tomemos nota de otra clase de objetos aún más extraordinarios.

Objetos cuasiestelares

El ejemplo de Cygnus A dejó bien claro, ya desde los albores de la radioastronomía, que la identificación óptica de las radiofuentes podía aportar progresos considerables al conocimiento de estos objetos. La detección visual requiere servirse de telescopios ópticos para localizar un objeto en una región lo bastante próxima a la radiofuente como para afirmar que el objeto de radio y el objeto óptico guardan relación con el mismo sistema. Para lograrlo, las posiciones de ambos objetos deben conocerse con una buena precisión.

A comienzos de la década de 1960, se intentó aprovechar la ocultación de las radiofuentes por la Luna para medir la posición de las mismas. La órbita de la Luna se conoce con gran exactitud y la ocultación ayuda a localizar la posición de la fuente detrás de la Luna porque ese proceso induce un descenso brusco de su intensidad. Este fue el método empleado en 1962 con el radiotelescopio de Parkes, Australia, por Cyril Hazard. Él y sus compañeros M. B. Mackey y A. J. Shimmins lograron localizar la posición precisa de la radiofuente 3C 273 (la fuente número 273 del tercer catálogo de Cambridge). Se trató de una observación crucial y, como los astrónomos repararon en su posible relevancia, transportaron los datos *por duplicado* en dos vuelos distintos desde Parkes hasta Sydney, ¡por si acaso...! Entonces se consiguió la identificación óptica de 3C 273 y el objeto óptico que se localizó en las proximidades de la fuente presentaba aspecto estelar (véase la figura 5.28).

De hecho, la fuente se había confundido con anterioridad con una radioestrella de nuestra Galaxia. Su naturaleza extraordinaria solo se tornó manifiesta cuando Maarten Schmidt examinó su espectro desde los Observatorios Hale de California. El espectro *difería bastante del de una estrella normal*, en tanto que presentaba unas líneas de emisión con un corrimiento considerable hacia el rojo y por tanto, basándose en su análisis, Schmidt concluyó que 3C 273 se hallaba más allá de nuestra Galaxia y era *al menos* un millón de veces más masiva que una estrella típica como el Sol. Aplazaremos hasta el capítulo 7 la mención de la ley de Hubble de la cual se sirvió Schmidt para relacionar el corrimiento hacia el rojo con la distancia.

Ese objeto y otra radiofuente conocida como 3C 48 constituyeron los primeros ejemplares de una nueva especie de objetos astronómicos descubiertos en 1963. Ambos presentaban un aspecto estelar, pero se mostraban mucho más masivos que las estrellas, sus rasgos espectrales los situaban mucho más alejados que las estrellas pertenecientes a la Galaxia, y ambos emitían ondas de radio. A estos objetos se los denominó *radiofuentes cuasiestelares*, una designación que acabó abreviándose como cuásares. Aunque ahora también se los nombra como *objetos cuasiestelares* por la siguiente razón.

Aunque la radioastronomía fue la primera que condujo al descubrimiento de los cuásares, pronto resultó evidente que no todos son radiofuentes,

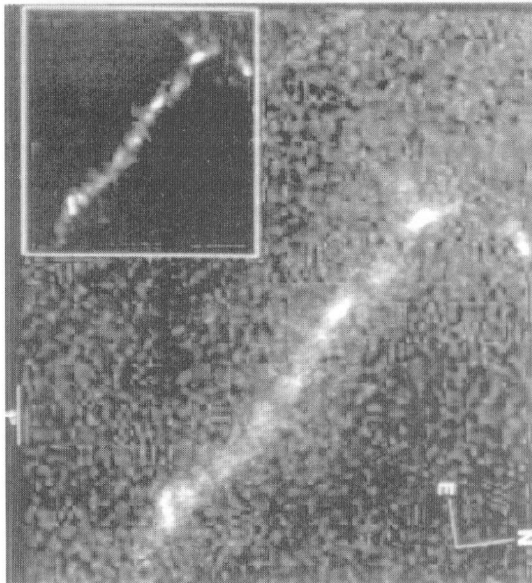

Figura 5.28.
3C 273, el primer objeto que se identificó como cuásar, posee una luminosidad excepcional. Este montaje presenta la fotografía original de las placas obtenidas durante el reconocimiento del cielo de Monte Palomar (Palomar Sky Survey), las cuales mostraban indicios de un chorro; una imagen más reciente realizada por el Telescopio de Nueva Tecnología (NTT) del ESO en La Silla, Chile, que muestra con claridad el chorro y el fulgor borroso alrededor del núcleo brillante; y las imágenes del telescopio espacial Hubble en las que se aprecia en detalle la compleja estructura del surtidor (imagen cedida por Herman-Joseph Roeser).

puesto que se detectó cierta cantidad de objetos que no emiten ondas de radio, aunque se muestren semejantes en otros aspectos a los cuásares previos 3C 273 y 3C 48. De los más de 7.000 cuásares que se conocen en la actualidad, se estima que solo un pequeño porcentaje emite ondas radioeléctricas.

Con todo, el estudio de los cuásares ha revelado que también tienden a presentar emisiones intensas de rayos X. En general, se cree que la emisión de rayos X procede de la región más compacta, la más interna, que la emisión óptica proviene de una región intermedia y que la emisión de radio (en caso de existir) surge de una amplia zona exterior al objeto. De lo cual se deduce, por tanto, que la principal fuente energética se encuentra en el centro, que debe ser muy compacto. Podría tratarse de un *agujero negro supermasivo* formado en un colapso gravitatorio.

No se trata de una conclusión nueva. Ya en 1963, F. Hoyle y W. A. Fowler propusieron la idea de que el colapso gravitatorio de un objeto supermasivo pudiera dar lugar a una fuente de radio intensa. A finales de la década de 1960, Philip Morrison y Alfonso Cavaliere sugirieron la posibilidad de que se tratara de una nueva categoría de cuerpos exóticos, un objeto supermasivo en rotación, similar a una estrella de neutrones pero mucho más masivo, y cuya energía gravitatoria se hubiera transformado en energía de rotación y magnética y, luego, en radiación.

Se sabe que la gravedad *puede* procurar la energía necesaria. El problema teórico consistía en concebir un curso verosímil de acontecimientos en el que la energía gravitatoria se convirtiera de manera eficaz en radiación electromagnética.

En 1974, Martin Rees y Roger Blandford propusieron otra versión del proceso que contemplaba un proceso de acreción sobre un agujero negro supermasivo en rotación. Las estimaciones que se derivan de los datos obtenidos sobre la radiación muestran que la masa del agujero negro rondaría los mil millones de masas solares. La eficacia necesaria en la transformación energética de la gravedad en radiación electromagnética se calcula en el 20%. (Compárese este dato con la eficacia de conversión energética que precisa una estrella de la secuencia principal durante la fase de consumo de hidrógeno, que solo asciende al 0,7%.) Parece dudoso que sea posible una eficacia tan elevada.

La dificultad consiste en esclarecer de qué modo se obtiene la alineación exacta y la estructura doble que muestra la figura 5.27. A mediados de la década de 1970, Rees y Blandford propusieron el modelo de «escape doble» que ilustra la figura 5.29. En este modelo, el plasma sale despedido desde el disco plano en las direcciones que ofrecen una resistencia mínima, que en un sistema de rotación se corresponden con la prolongación de su eje de rotación. El patrón del flujo de ambos chorros en la figura 5.29 se asemeja al de

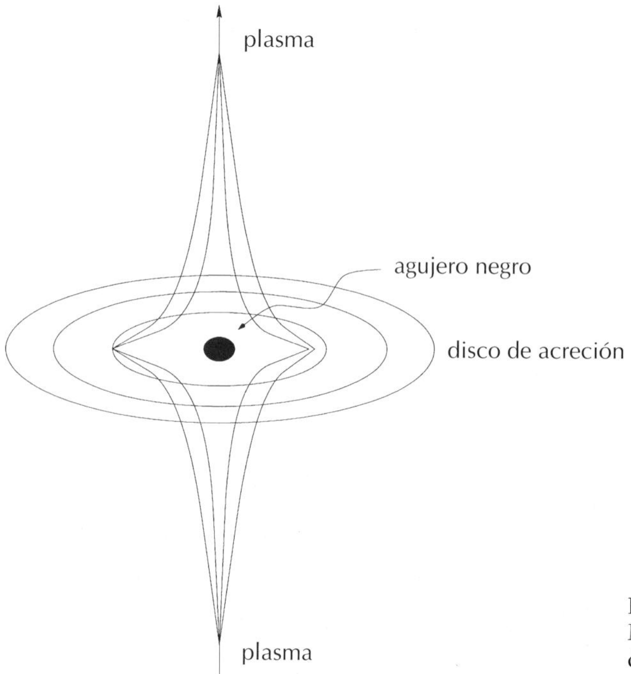

Figura 5.29.
Modelo de doble chorro. El plasma sale despedido en dos haces alineados con el eje de rotación.

los motores a reacción, conocido en aerodinámica como la tobera de Laval. El plasma sale expulsado en esas dos direcciones opuestas y continúa avanzando en dicha dirección hasta encontrar alguna resistencia en el medio interestelar; eso limita la distancia a la que puede llegar y, por tanto, el tamaño de la radiofuente doble. Los lóbulos radioemisores se interpretan como regiones en las que existe un campo magnético donde las partículas cargadas que se mueven dentro del mismo producen la radiación. Las imágenes procesadas por ordenador de radiofuentes observadas mediante telescopios modernos muestran estos chorros (véase la figura 5.30).

Una hipótesis aceptada por muchos astrofísicos considera que los cuásares se encuentran conectados con las regiones nucleares centrales de galaxias que atraviesan un proceso evolutivo. Como ejemplo de *galaxia activa*, la figura 5.31 muestra el núcleo de M 87, cuyo brillo supera con mucho el de las zonas más externas. En esta figura se percibe asimismo un chorro que sobresale. Hay otro tipo de galaxias, conocidas como *galaxias Seyfert* (véase, por ejemplo, la figura 5.32), en donde el contraste entre el brillo del núcleo y la palidez de sus alrededores se muestra más marcado aún que en M 87. Los cuásares podrían representar un paso más en esta secuencia, ya que si yacieran a distancias muy lejanas solo veríamos el brillo del núcleo central y no percibiríamos nada en absoluto de la tenue periferia (si la hubiera).

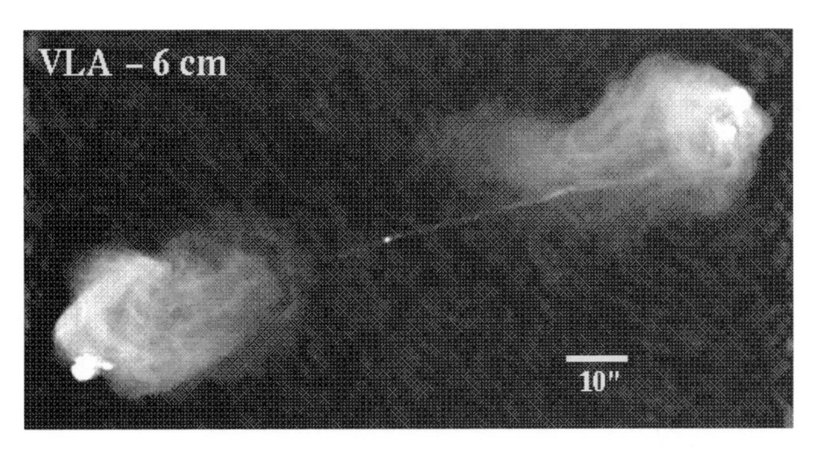

Figura 5.30.
Este mapa de emisión radioeléctrica procedente de Cygnus A obtenido por la Red Muy Grande (Very Large Array, VLA), Nuevo Méjico, muestra la estructura de doble lóbulo y delgados chorros débiles que sobresalen del centro (imagen cedida por R. Perley, C. Carilli y J. Dreher, Observatorios Nacionales de Radioastronomía).

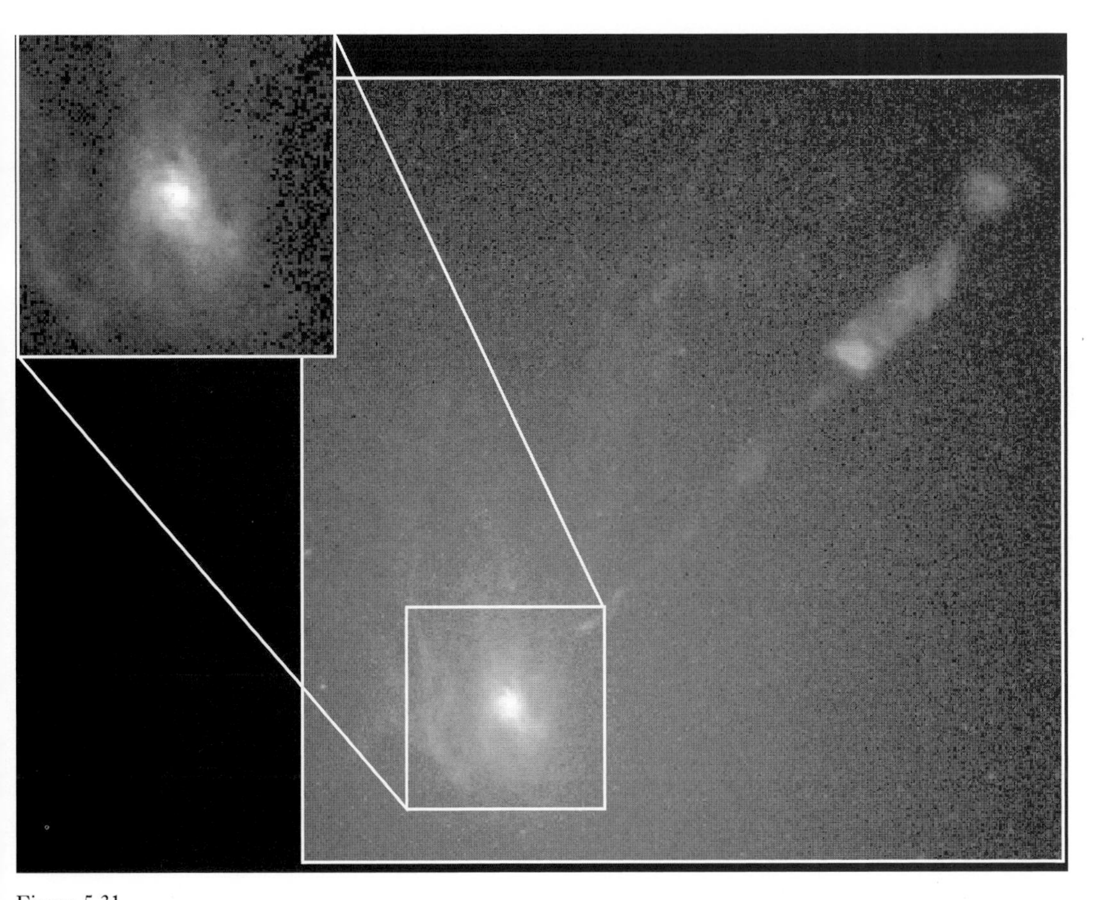

Figura 5.31.
A la izquierda se aprecia la galaxia M 87 con su núcleo activo de intenso brillo. El plano de la derecha muestra una región extensa que contiene el chorro despedido por el núcleo (fotografía tomada con la Cámara Planetaria y de Campo Amplio 2 del telescopio espacial Hubble por Holland Ford *et al.*, NASA, STScI).

Conclusión

Aquí termina la exposición de la quinta maravilla, la cual abarca el papel destacado del fenómeno de la gravedad a escala cósmica. A escala atómica, la gravedad se debilita hasta valores insignificantes, tanto que los físicos teóricos y de partículas no necesitan tomar en cuenta su existencia para formular sus teorías acerca de la estructura del átomo. En cambio, a escala cósmica, la gravedad se erige en *el* agente controlador, ya se trate de estrellas, de radiofuentes o de cuásares. Cuando la materia se concentra en una región más allá de cierta densidad crítica, se desencadena un colapso gravitatorio que da lugar a objetos muy compactos, como los agujeros negros. La gravedad deja sentir su presencia por doquier en el cosmos en forma de explosiones colosales de alta energía. A nosotros nos concierne el reto de desvelar los detalles.

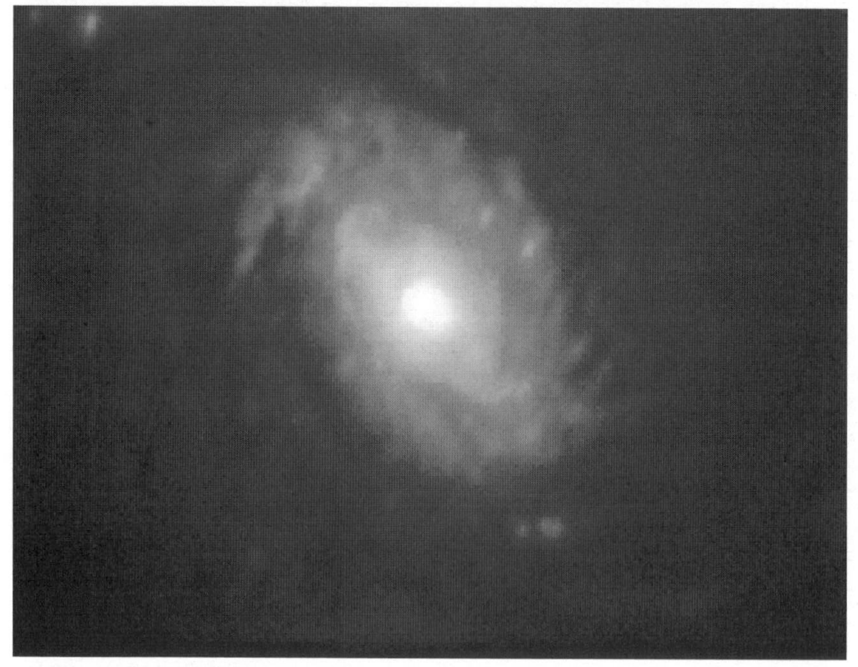

Figura 5.32.
Galaxia Seyfert NGC 1068, con un núcleo activo muy brillante (imagen digital obtenida por Joel Aycock empleando el anteojo-guía del telescopio Keck).

Sexta maravilla
Espejismos en el espacio

¿Ver para creer?

La ciencia de la astronomía ha evolucionado a través de la observación del cosmos. Los movimientos planetarios, el Sol luciente y las estrellas titilantes, las supernovas cataclísmicas, la precisión cronométrica de los púlsares, las potentes fuentes energéticas contenidas en los cuásares, todo ello ha constituido el material cotidiano de trabajo de los observadores del cielo y un reto para los astrofísicos, pues estos últimos deben explicar las observaciones de los anteriores. La ley de la gravitación, el fenómeno de la fusión termonuclear, el funcionamiento de la fuerza electromagnética a altas energías, el comportamiento de los agujeros negros, etc., forman parte de las respuestas dadas por los astrofísicos a esos desafíos, teorías que a su vez generan nuevas predicciones que deberán contrastarse escudriñando el cielo desde los observatorios.

Mientras se prolonga este ciclo interminable de observación ⟶ teoría ⟶ observación ⟶..., consideremos otro aspecto de la materia que nos ocupa, un aspecto que complica lo que otrora pudo constituir una premisa muy simple de la astronomía: «Ver es creer.»

Es decir, parecería que los astrónomos deberían creer todo lo que muestran los telescopios; que no es posible que las placas fotográficas o las imágenes informáticas contengan «errores».

Desde comienzos de la década de 1970 se viene cuestionando esta premisa simple: se requiere no poca *cautela* a la hora de interpretar las imágenes astronómicas. En el presente capítulo mencionaremos ejemplos de «espejismos» que advierten al astrónomo sobre la posibilidad de que en los objetos observados haya algo más que lo que perciben los ojos.

De hecho, en el capítulo 3 ya aludimos a uno de esos ejemplos. Al observar una estrella o una galaxia en una fotografía astronómica no contemplamos el objeto tal como es *ahora*, sino que lo vemos *tal como era* cuando emitió esa luz que hoy alcanza las cámaras.

Atiéndase a la fotografía de la gran galaxia de la constelación de Andrómeda contenida en la figura 6.1. Se supone que las fotografías nos muestran los objetos tal y como son. *¿Ocurre así en la figura 6.1?*

La galaxia de Andrómeda se encuentra a una distancia de unos dos millones de años-luz, de modo que ahora vemos el aspecto que ofrecía hace dos millones de años, no el actual. Pero este aserto tampoco es del todo cierto, ya que una galaxia como la de Andrómeda mide unos 100.000 años-luz de diámetro, por lo que cada uno de sus extremos se halla a diferentes distancias de nosotros. Dependiendo de la orientación de la galaxia con respecto a nuestra visual, algunas de sus zonas podrían encontrarse con facilidad 50.000 años-luz más alejadas de nosotros que otras. Por tanto, no las observamos en la misma época: vemos la parte más próxima tal como era 50.000 años *más tarde* que la zona más lejana. En esta fotografía contemplamos, pues, una mezcla de diversas partes de la galaxia en épocas diferentes. (Recuérdese la fotografía madre-hija del capítulo 3.)

Movimiento superlumínico en los cuásares

En el capítulo 5 se vio que la relatividad especial impone una limitación fundamental a la velocidad de todo cuerpo material. Ningún objeto puede alcanzar la velocidad de la luz, y mucho menos superarla. En cambio, observaciones detalladas de la estructura interna de los cuásares empezaron a revelar algunos

Figura 6.1. Galaxia de Andrómeda. Cada extremo de la galaxia se encuentra a una distancia diferente de nosotros y, por tanto, los estamos contemplando en distintas épocas.

casos que presentaban movimientos más veloces que el de la luz (superlumínicos). Tomaremos este caso como ejemplo siguiente de ilusiones cósmicas.

Interferometría de muy larga base

Los radiotelescopios fueron apareciendo durante la década de 1960 en muchos países de varios continentes. Se trataba de instrumentos aislados diseñados para proyectos independientes. Pero la comunidad radioastronómica sabía que podría avanzar mucho más si se aunaban esfuerzos. La interferometría con línea de base muy larga (VLBI, del inglés, *very-long-baseline interferometry*) surgió como resultado de aquella fusión.

Un interferómetro es un instrumento basado en el fenómeno de la *interferencia* de ondas. Las ondas normales constan de crestas y de valles. Cuando un telescopio capta dos series de ondas procedentes de la misma fuente que no han recorrido la misma distancia por haber seguido caminos distintos, sus crestas y valles no coinciden. Esa diferencia de distancia, o *diferencia de camino óptico*, permite que las crestas de una de las ondas caigan en los valles de la otra. En ese caso resultará una onda debilitada, como ilustra la línea discontinua I+II de la figura 6.2 (*a*), debido a la cancelación mencionada entre las crestas y los valles. Si la diferencia de camino aumentara en media longitud de onda, las crestas de una serie caerían sobre las crestas de la otra. Tal como muestra la figura 6.2 (*b*), la resultante (la oscilación ondulatoria neta) de dos ondas casi iguales puede anular (crestas sobre valles) o duplicar (cresta sobre cresta) los movimientos ondulatorios aislados. La técnica de la interferencia resulta muy útil, por tanto, para indagar en los detalles estructurales de la fuente, en tanto que revela los diferentes caminos ópticos seguidos por las ondas.

La figura 6.3 muestra que la línea de base formada por un par de telescopios combinados puede aportar una idea más clara acerca de la fuente. En la figura, los telescopios A y B reciben ondas procedentes de la misma fuente S. Si tanto A como B consiguen registrar el instante de llegada del mismo frente de onda, también podrán ubicar la fuente con mayor precisión. Cuanto más se extienda la «línea de base» AB, más precisión se obtiene.

No obstante, sería de esperar que A y B estuvieran conectados mediante cables para poder cotejar sus observaciones. Pero este tipo de conexión no es posible si A y B distan demasiado entre sí. En cambio, los relojes atómicos de máxima precisión permiten prescindir de los enlaces por cable. Los observadores en A y B pueden registrar con precisión el momento en que las crestas y los valles pasan por sus ubicaciones y obtener así el mismo resultado. Esta característica ha permitido concebir la interferometría de muy larga base, cuando A y B se encuentran separados por miles de kilómetros de distancia. Esta técnica logra una resolución muy alta de las fuentes de tipo cuásar, tanto que permite distinguir detalles internos que, vistos desde la

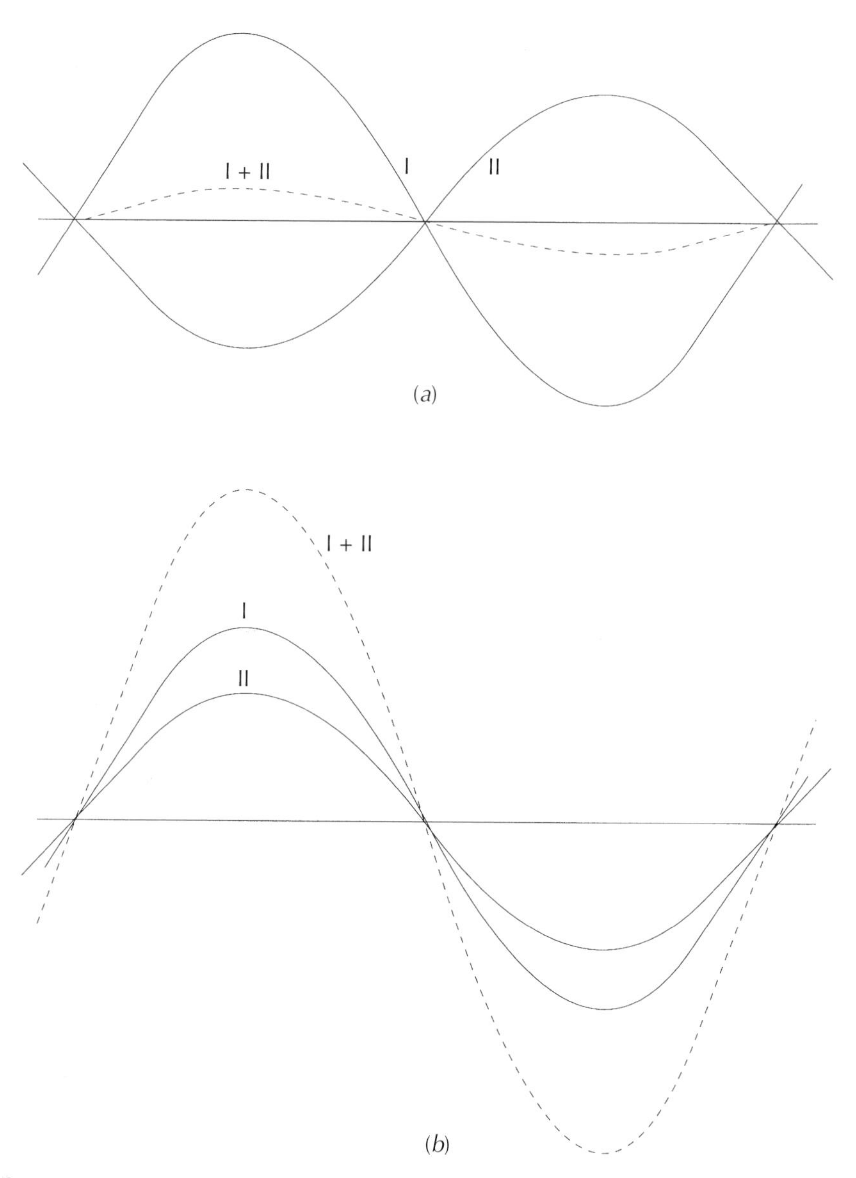

Figura 6.2.
En (*a*) se ilustra la interferencia destructiva de dos ondas, la cual da como resultado un movimiento ondulatorio pequeño, como muestra la línea discontinua. Si las ondas fueran idénticas y opuestas, se anularían. En (*b*), las crestas de ambas ondas coinciden y la resultante será amplia, aproximadamente el doble que cada onda original por separado.

Tierra, muestran una separación angular inferior a la *milésima parte de un segundo de arco*.

La precisión de dicha resolución es comparable a distinguir separados los extremos de un lápiz ¡desde una distancia de 2.000 kilómetros!

A la vista de tan alta resolución, los científicos han aplicado la técnica VLBI a los cuásares que aparecen como potentes emisores de ondas radioeléctricas. (Solo el 10% de la población total de cuásares emite con intensidad en longitudes de ondas de radio.) Esa aplicación ha revelado detalles sobre la estructura de los cuásares a escalas de varios años-luz.

Detengámonos un instante para conocer cómo han ido ganando resolución los astrónomos mediante diferentes técnicas.

La figura 6.4 contiene una serie de mapas de la radiofuente vinculada a la galaxia NGC 6251. El esquema superior muestra el tamaño de la fuente a una escala gigantesca de *un millón de años-luz*. El mapa del centro, de mayor resolución, revela la existencia de un chorro de unos 500.000 años-luz de longitud, pero también resuelve su estructura a una escala de 10.000 años-luz. Abajo se muestra un mapa con mayor resolución aún de esos detalles, obtenido mediante la técnica VLBI, y que reproduce la estructura a una escala de un año-luz. (¡La estructura conjunta del mapa inferior no llega a medir 10 años-luz de largo!)

Esta serie cartográfica puede compararse con el mapa de un país, el plano de una ciudad y el de una casa. Cada mapa muestra una resolución mayor que el anterior.

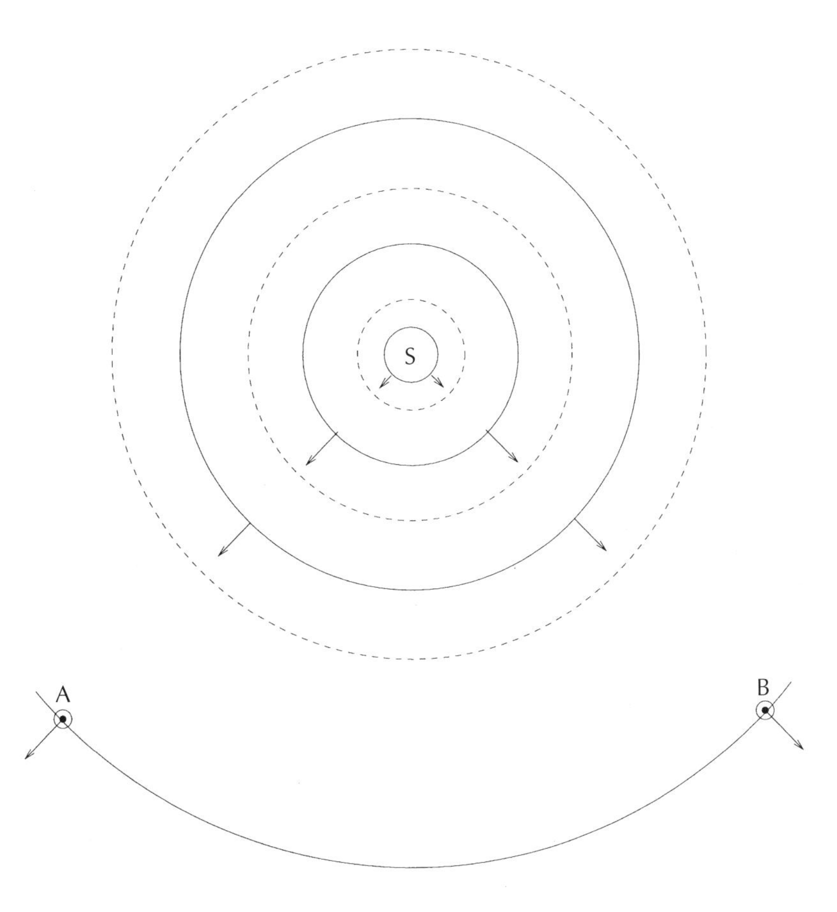

Figura 6.3.
La fuente *S* envía ondas esféricas que viajan hacia el exterior formando esferas en expansión. Los círculos alternos de líneas continuas y discontinuas señalan respectivamente las crestas y los valles de las ondas. Dos telescopios distantes *A* y *B* pueden llegar a detectar el mismo frente de onda.

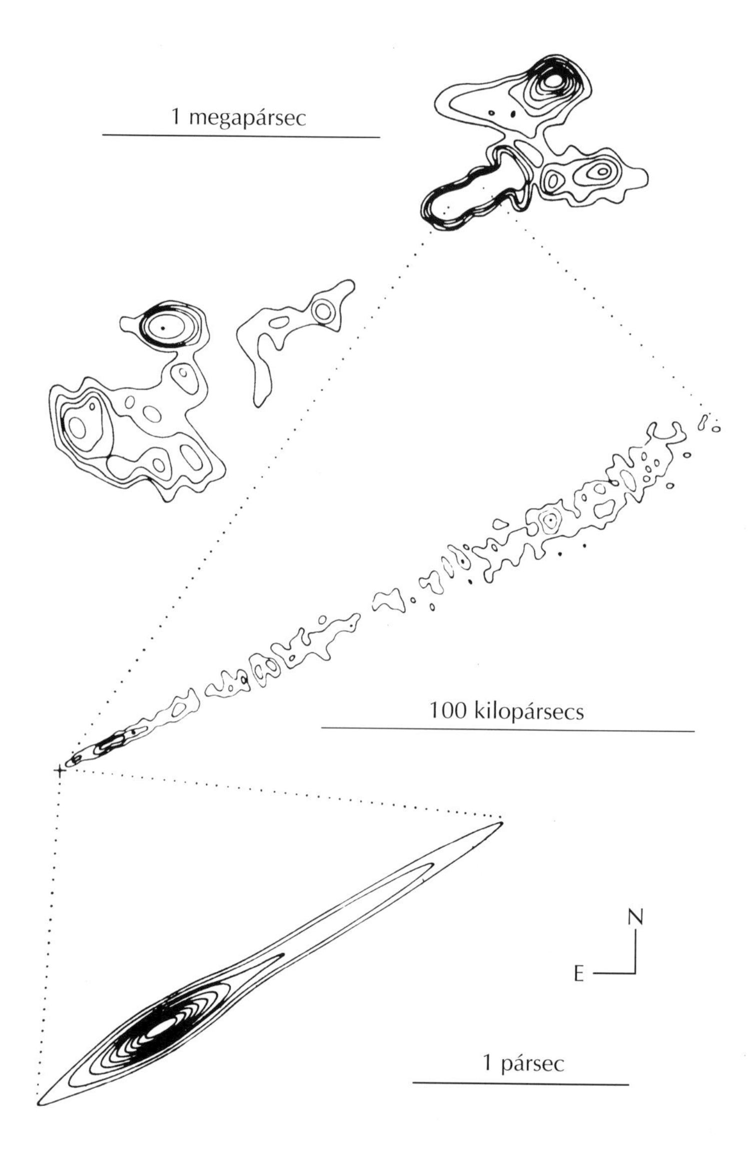

Figura 6.4.
Esta serie de imágenes de resolución cada vez mayor muestra la estructura de la radiofuente vinculada a NGC 6251 a diversas escalas. Un pársec equivale aproximadamente a tres años-luz (figura basada en el trabajo de A. C. S. Readhead, M. H. Cohen y R. D. Blandford, *Nature*, núm. 272, 1978, pág. 131).

Movimiento de las componentes VLBI de un cuásar

A principios de la década de 1970, los astrónomos ya disponían de mapas de cuásares de gran resolución y trazados en diferentes momentos. La figura 6.5 muestra un mapa del cuásar 3C 345 obtenido en 1974. Esos mapas se han ido realizando a intervalos casi anuales y contienen estructuras parecidas.

Se trata por lo general de mapas de curvas de nivel formados por líneas de intensidad constante. Comparados con los mapas de un atlas geográfico, donde las montañas de diferentes alturas se indican mediante curvas seme-

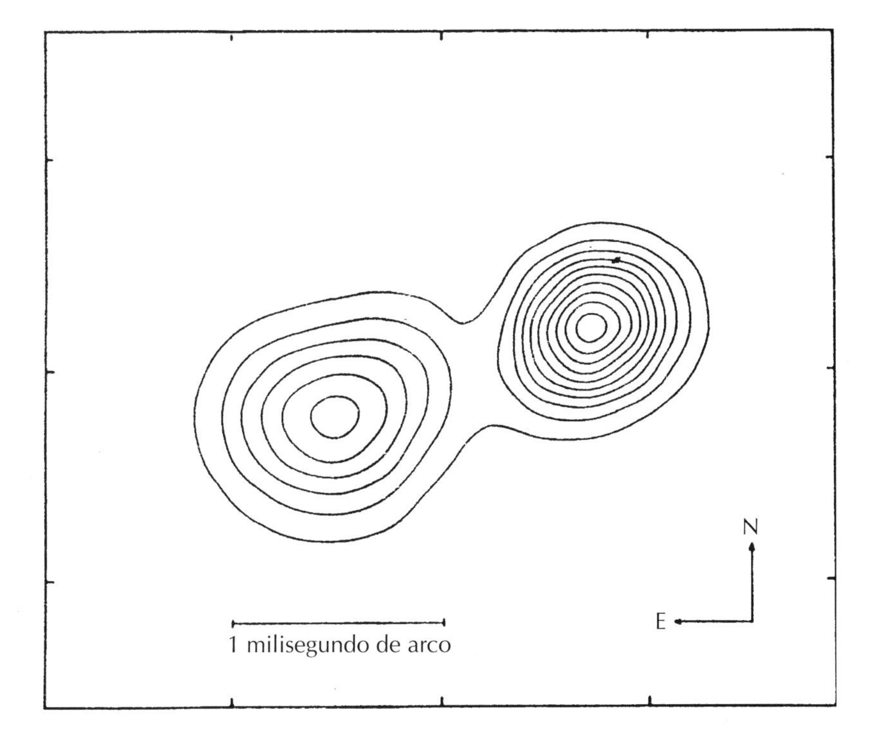

Figura 6.5. Perfiles de brillo de 3C 345 observado a una longitud de onda de 2,8 cm hacia mediados del año 1974 (extraído de la obra de D. B. Shaffer *et al.*, 1977). Los máximos de intensidad se han designado como A y B en el texto.

jantes, el mapa de la figura 6.5 muestra dos «máximos», digamos A y B, de alta intensidad. Además, al observar los mismos máximos en mapas que siguen un orden cronológico, se concluye que A y B se van separando. ¿A qué velocidad se produce ese desplazamiento relativo?

Veamos a continuación cómo se mide esa velocidad. Para ello hay que conocer la longitud que corresponde a AB en cada observación. El astrónomo puede medir de manera directa el ángulo que subtiende el arco AB para un observador O. La figura 6.6 ilustra esta idea.

Consideremos ese círculo con centro en O sobre el que yacen A y B. El ángulo AOB, el que forman las posiciones de A y de B vistas desde O, puede medirse. Una vez conocido el radio de la circunferencia, calcularemos la *longitud* del arco AB. Supongamos que el radio mide R.

Sabemos que la circunferencia del círculo es igual a $2\pi R$ y que el ángulo subtendido por todo el perímetro del círculo con centro en O mide 360º. Y si solo pretendemos conocer una parte del perímetro, la que se corresponde con el arco AB, entonces el ángulo que dicho arco subtiende en O mantiene la misma proporción con respecto a 360º que la longitud AB con respecto a $2\pi R$. Por tanto, empleando proporciones simples, AB equivale a $2\pi R \times$ el ángulo $AOB/360^{\circ}$.

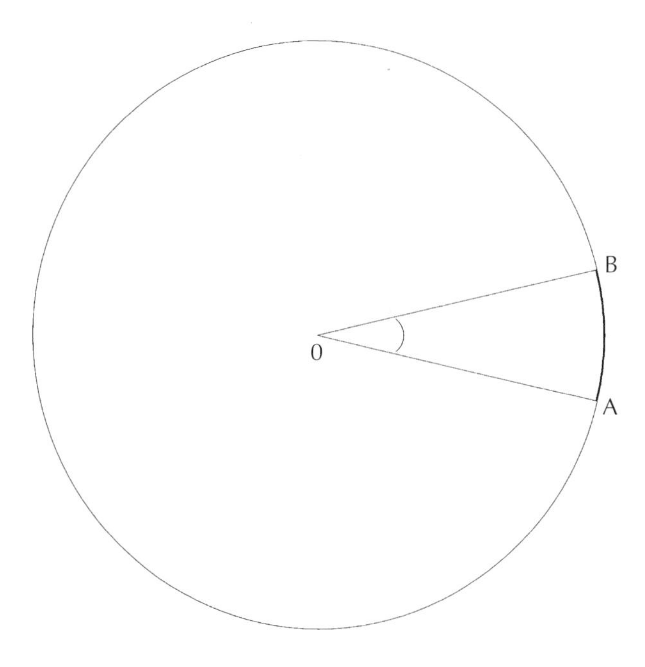

Figura 6.6.
La relación entre la longitud del arco *AB* y el ángulo *AOB* depende del radio del círculo.

Así, si conocemos la distancia *R* a la que se encuentra el cuásar, podemos deducir la longitud *AB*. La distancia *R* viene proporcionada por el corrimiento hacia el rojo *z* del cuásar y por la ley de Hubble sobre la expansión del universo, para cuyos detalles remitimos al lector al capítulo 7. Pero por el momento solo daremos por supuesto que el corrimiento hacia el rojo del cuásar puede medirse a partir de su espectro y que la distancia que separa el cuásar de nosotros se obtiene multiplicando el corrimiento hacia el rojo por un valor fijo que ronda los 10.000 millones de años-luz. Por consiguiente, en el caso de 3C 345, cuyo corrimiento hacia el rojo es de 0,595, dicha distancia asciende a unos seis mil millones de años-luz.

Aplicando este método, los astrónomos pudieron medir *AB* en cada mapa sucesivo de 3C 345 y encontraron que la distancia ha ido aumentando año tras año. La figura 6.7 contiene una gráfica de la separación *AB* a lo largo del tiempo medido en años.

Y entonces se obtuvo por primera vez un resultado pasmoso. Se observó que la longitud *AB* aumenta a un ritmo entre 3 y 8 veces superior a la velocidad de la luz. Pero aquel *movimiento superlumínico* contradecía claramente los dictados de la relatividad especial.

3C 345 no resultó un caso aislado. Los estudios VLBI de algunos otros cuásares revelaron situaciones similares, de modo que los astrónomos no pudieron rechazarlos como errores casuales o experimentales. Había que explicarlos.

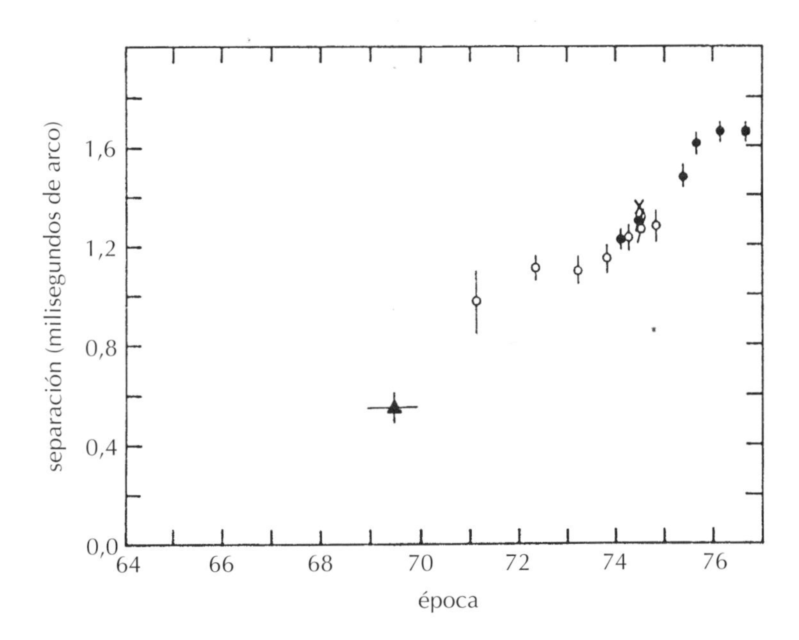

Figura 6.7.
Gráfica cronológica del aumento del ángulo *AOB* en 3C 345 entre 1969 y 1977. Las medidas se efectuaron en las siguientes longitudes de onda: x, 2,0 cm; •, 2,8 cm; ○, 3,8 cm; ▲, 6,0 cm (basada en el trabajo de K. I. Kellermann y D. B. Shaffer, publicado en *Proceedings of the Colloquium on Evolution of the Galaxies and Its Cosmological Implications*, en C. Balkowski y B. E. Westerlund (eds.), CNRS, París, 1977).

Tres explicaciones del movimiento superlumínico

Por supuesto, hay una salida fácil e inmediata que parece evidente: el valor enorme de la velocidad de alejamiento de *AB* se debe a que la longitud *AB* se ha sobrestimado. La longitud AB puede haberse sobrestimado si se ha hecho lo mismo con la distancia *R* del cuásar. Así, por ejemplo, si *R* midiera cien veces menos, la velocidad de alejamiento entre *A* y *B* descendería otro tanto y eso eliminaría todo conflicto con la teoría especial de la relatividad.

Pero esta interpretación tan sencilla no goza de la aceptación de la comunidad científica, pues implicaría que el método empleado para deducir la distancia del cuásar a partir de su corrimiento hacia el rojo es erróneo. En el epílogo retomaremos la controversia que existe con respecto a las distancias que nos separan de los cuásares. Aquí nos limitaremos a aceptar, al igual que la mayor parte de la comunidad científica, que la distancia de los cuásares guarda relación con sus corrimientos hacia el rojo, tal como establece la ley de Hubble. En resumidas cuentas, el método utilizado para calcular *R* es correcto y por tanto descarta esa salida fácil.

El modelo del árbol de Navidad

Imaginemos un árbol de Navidad con minúsculas luces eléctricas pendiendo de él. Las luces pueden instalarse de manera que al ponerlas en marcha se enciendan y se apaguen unas detrás de otras y den una impresión de movimiento para un observador que las contemple desde cierta distancia. El

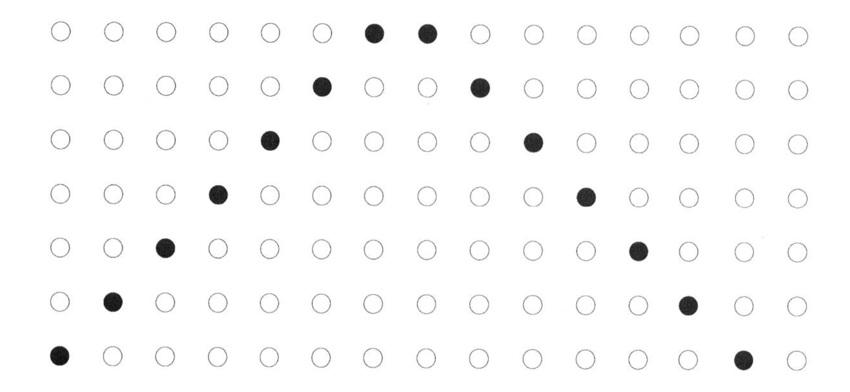

Figura 6.8.
Este esquema representa una secuencia temporal en la que los círculos cada vez más alejados del centro se van iluminando de manera progresiva. Aunque todos los círculos permanecen quietos, da la impresión de que solo hay dos círculos encendidos que se desplazan hacia los extremos inferiores. La secuencia temporal avanza hacia abajo.

mismo efecto crean las luces de neón de los largos paneles publicitarios que cuelgan en las esquinas de las calles.

Esos ejemplos sirvieron de base para pensar que tampoco en los cuásares vemos un movimiento físico de sus componentes, sino que presenciamos el encendido alterno de *diferentes* componentes, tal como muestra la secuencia de encendido de la figura 6.8.

Al mover el pequeño haz de una linterna por una habitación a oscuras, la luz se desplaza por la pared. Esos desplazamientos pueden producirse a cualquier velocidad (incluso superior a la de la luz) y no por ello contradicen la relatividad especial, puesto que no se trata de movimientos de cuerpos materiales.

No obstante, estos intentos por comprender los movimientos aparentemente superlumínicos de los cuásares a partir de estructuras geométricas complejas, empiezan a mostrarse más y más artificiales a medida que se acumulan datos sobre otras fuentes de ese tipo.

El modelo del haz

De acuerdo con este modelo, basado en una idea previa de Martin Rees, de Cambridge (Gran Bretaña), la ilusión del movimiento superlumínico surge del modo que sigue.

Imaginemos (a la vista de la figura 6.9) un emisor consistente en dos fuentes de luz A y B. La fuente A se encuentra fija con relación al observador O, mientras que B se aproxima a O siguiendo una dirección que casi coincide con la línea que va de AB hasta O. Esta alineación casi exacta a lo largo de una trayectoria recta, estrecha y bien definida es lo que justifica la designación del «modelo del haz». Según la representación en la figura, a *O* le parecerá estar contemplando *A* y *B* en la misma época (instante temporal).

Eso genera incorrecciones cuando se descubre que no distan lo mismo de *O*: *A* se encuentra más alejada que *B*. Así, el observador contempla *A* en una época anterior a *B* y, por tanto, la longitud *AB* que *O* calcule en cualquier instante resultará mayor que la real, y en estas circunstancias, la velocidad aparente con la que *B* se aleja de *A* excederá asimismo el valor real.

Si aceptamos este método para resolver el problema, nuestra argumentación se basará en los mismos presupuestos que empleamos para interpretar la fotografía de la galaxia de Andrómeda. Recordemos que la imagen constituye en realidad un conjunto de diversas partes de la galaxia registradas en

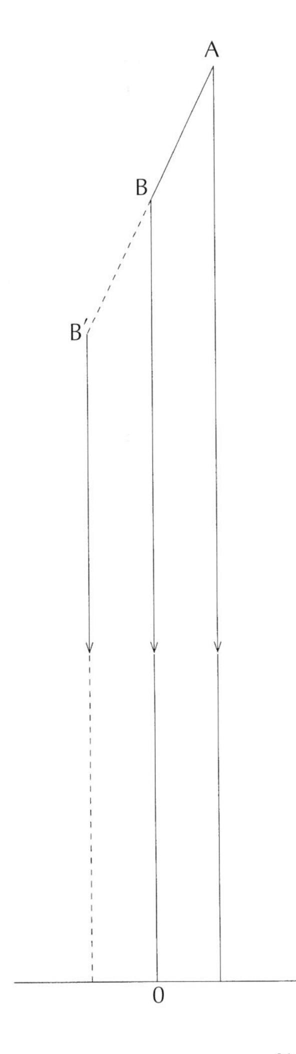

Figura 6.9.
Representación gráfica del modelo de haz. Consúltese el texto para saber en qué consiste esta hipótesis.

épocas diferentes. Del mismo modo, la explicación de Martin Rees se apoya en la posibilidad de que estemos observando A y B en distintos momentos temporales. Si partimos de que A se encuentra quieta y B se desplaza hacia nosotros, la luz que procede de B recorre cada vez menos distancia para alcanzarnos. Y por eso tenemos que considerar una diferencia temporal cada vez mayor entre las señales provinientes de A y de B. Esta es la razón de que obtengamos resultados erróneos al calcular a qué velocidad se alejan entre sí las dos fuentes: deducimos cantidades infladas que en algunas ocasiones especiales pueden exceder la velocidad de la luz.

Esas «ocasiones especiales» se dan cuando el segmento AB se encuentra casi alineado con respecto al observador O. Es decir, que el ángulo AOB es muy pequeño, del orden de pocos grados. Esto sirve de argumento para explicar que el movimiento superlumínico solo se aprecie en unos pocos radiocuásares de la vasta población que existe de ellos.

Hacia el final del capítulo volveremos a tratar el «espejismo» del movimiento superlumínico y consideraremos otra posible explicación.

Por el momento, atendamos a otra «ilusión» cósmica.

La desviación de la luz

Cuando Isaac Newton estudió cuestiones relacionadas con la luz, planteó la hipótesis de que la luz fuera atraída por la fuerza de la gravedad de los cuerpos materiales, y formuló la siguiente pregunta:

> «¿Acaso no actúan los cuerpos sobre la luz a distancia desviando los rayos mediante su influjo; y acaso no aumenta dicha acción (*caeteris paribus*) según disminuye la distancia?»
>
> *Óptica, Pregunta 1*

No sorprende que a Newton se le ocurriera la posibilidad de que la luz acusara los efectos de la gravedad, dado su genio intuitivo y su convencimiento de que la luz consiste en partículas (que él denominaba *corpúsculos*). Sin embargo, no disponía de medios experimentales ni observacionales para comprobar su conjetura, de modo que ahí concluyeron sus pesquisas.

Un cálculo «newtoniano»

En cambio, las ideas newtonianas permiten calcular la desviación que sufriría la luz (en caso de acusar alguna) si pasara cerca de un objeto masivo. La figura 6.10 ilustra la situación partiendo del supuesto de que los fotones, los paquetes de luz, sean atraídos por el cuerpo masivo de acuerdo con la ley de la gravitación de Newton. De modo que asignaremos una masa m a los fotones estableciendo que su energía equivale a mc^2.

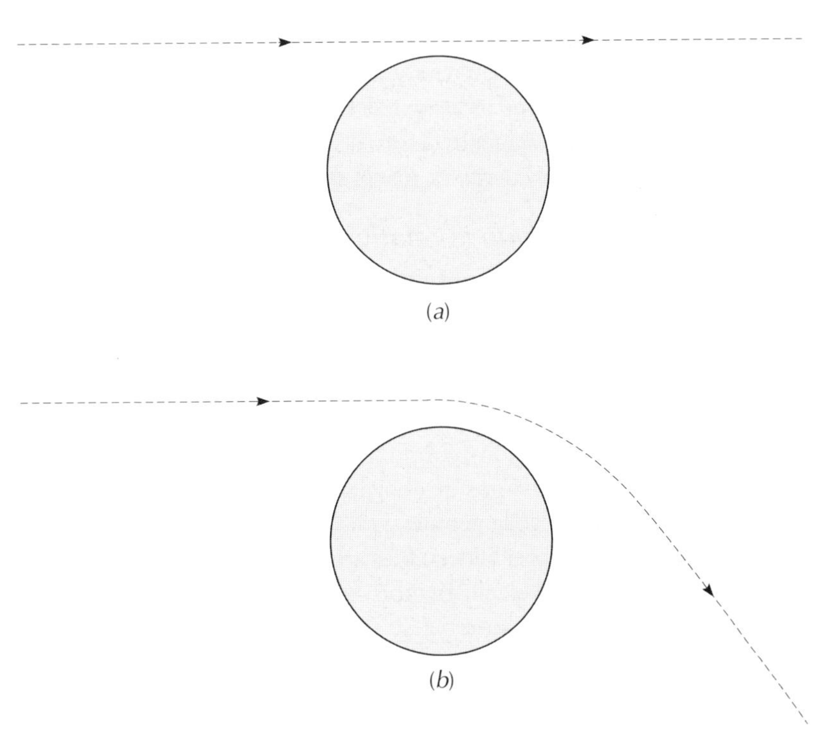

Figura 6.10. En (*a*) y (*b*) se muestran las dos direcciones que pueden seguir los rayos de luz, considerados como conjuntos de partículas, cuando pasan por las proximidades de una esfera masiva. En (*a*), la luz pasa sin acusar los efectos de la gravedad, al contrario que en (*b*).

La figura ilustra un conjunto de partículas que recorre grandes distancias a la velocidad de la luz. Al acercarse a una esfera masiva caben dos posibilidades. (*a*) Las partículas no se inmutan ante la fuerza gravitatoria de la esfera y pasan de largo en línea recta. (*b*) Acusan una atracción hacia la esfera, se desvían rodeándola y al rebasarla emergen con una trayectoria distinta.

Cabría considerar (*a*) y (*b*) como los dos resultados posibles de la conjetura de Newton sobre la luz. La desviación del segundo caso puede calcularse considerando el ángulo formado entre las trayectorias emergentes de (*a*) y (*b*). La solución sería $2GM/c^2$, donde G representa la constante gravitatoria newtoniana, M equivale a la masa de la esfera y c se corresponde con la velocidad de la luz. Esa operación arrojará como resultado un ángulo expresado en radianes[10].

[10] Un método tosco e inmediato para traducir radianes a segundos de arco consiste en multiplicarlos por 200.000. En la figura 6.6, la proporción AB/OA da un ángulo expresado en radianes. Si $AB = OA$, el ángulo resultante equivaldría a un radián.

Si aplicamos el mismo cálculo a un rayo de luz que se acerque rasante a la superficie del Sol, obtenemos un ángulo muy pequeño que ronda los 0,87 segundos de arco. Este valor sirve como indicativo del exiguo efecto que la gravedad newtoniana ejerce sobre la luz, al menos dentro de nuestro Sistema Solar, donde el Sol constituye con mucho el cuerpo de mayor intensidad gravitatoria.

La desviación de la luz según la relatividad general

Recuperemos ahora la cuestión que aplazamos en el capítulo anterior. ¿Cómo repercute la gravedad en la trayectoria de la luz según la teoría general de la relatividad de Einstein?

Recordemos que la teoría de la relatividad no considera la gravedad como una fuerza en el sentido newtoniano, sino que, a partir de sus efectos, la identifica con la geometría del espacio-tiempo. De modo que para resolver un problema idéntico al que acabamos de abordar siguiendo criterios newtonianos, averiguaremos primero la geometría no euclídea que impera en las cercanías de la esfera gravitatoria y luego buscaremos la trayectoria que sigue un rayo de luz dentro de ese espacio-tiempo.

La primera parte del problema ya se expuso en el capítulo 5. Karl Schwarzschild mostró cómo determinar la geometría espaciotemporal que rige en el exterior de una esfera masiva. A partir de ahí resultará sencillo resolver la segunda parte del problema. Habrá que determinar las *geodésicas nulas* en ese espacio-tiempo.

Ya hemos encontrado geodésicas como los equivalentes de las líneas rectas que conectan dos puntos en el espacio-tiempo curvado (consúltese el capítulo 5). Para las partículas materiales, las geodésicas equivalen a las líneas del mundo que describen «un movimiento uniforme en línea recta». Las partículas materiales siguen trayectorias tales cuando acusan los efectos gravitatorios provocados por el espacio-tiempo no euclídeo. Por consiguiente, la luz también debe seguir esas líneas del mundo, con la salvedad añadida de que deberá tratarse de líneas nulas[11].

A diferencia del caso newtoniano, aquí no hay ambigüedad posible. Al viajar por un espacio-tiempo en el que la geometría está regida por la gravedad, *la luz tiene que modificar su trayectoria*. Considerándolo según el criterio euclídeo de «rectitud», los rayos de luz se desvían. Una formulación más correcta diría que como rige una geometría no euclídea, la trayectoria de la «línea recta» que sigue la luz seguirá las pautas de dicha geometría, las cuales difieren de los parámetros euclídeos.

---

[11] Recordamos a los lectores que la separación entre dos puntos cualesquiera pertenecientes a una línea nula equivale a cero cuando se mide según las reglas de la relatividad (véase el apartado titulado «La velocidad de la luz» del capítulo 5).

No obstante, estamos comparando los resultados relativistas con la posibilidad (*b*) newtoniana (véase el apartado anterior), de modo que emplearemos la expresión más imprecisa, pero también más usual, que habla de «la desviación de la luz».

¿Cuánto se desvía la luz? Después de conocer la solución newtoniana resultará sencillo obtener la relativista: *el valor de la desviación dobla exactamente el valor newtoniano*. En otras palabras, la desviación de la luz que pasa cerca del Sol alcanza un ángulo de 1,74 segundos de arco.

Aunque la obra de Schwarzschild reveló en 1916 los detalles exactos de la geometría espaciotemporal que impera en los alrededores de una masa esférica, el propio Einstein ya calculó la desviación relativista de la luz en 1915, poco después de formular las ecuaciones referentes a la gravitación. En aquella época temprana, muy pocos científicos comprendieron realmente los contenidos de la relatividad general. La mayoría de ellos percibió extravagante y antiintuitiva la noción de una geometría no euclídea, aplicada al espaciotiempo real.

A. S. Eddington se contaba entre los pocos que entendieron la esencia de la relatividad general. Astrónomo que superó el rigor del *Tripos*[*] Matemático de Cambridge[12], Eddington no se limitó a apreciar la elegancia matemática de la relatividad general, sino que su formación astronómica le permitió idear una comprobación astronómica de la desviación de la luz.

La expedición del eclipse de 1919

La figura 6.11 contiene una adaptación de la segunda posibilidad ofrecida en la figura 6.10. En ella aparece la estrella *A*, cuya luz se acerca a la superficie del Sol antes de alcanzar al observador. En consecuencia, el observador ve la imagen de la estrella en el punto *A'*, en lugar de verla en *A*; o sea, la imagen de la estrella se aparta de su posición normal *si se encuentra justo detrás del Sol*.

El corrimiento esperado en la posición de la estrella no supera los 1,7 segundos de arco. Pero nos encontramos con una dificultad práctica: ¿cómo ver la estrella si tiene un Sol deslumbrante delante? Solo los eclipses totales de Sol permiten hacerlo.

Consciente de ello, Eddington propuso medir el fenómeno cuando ocurriera el eclipse total de Sol del 29 de mayo de 1919. Un proyecto que resultó viable gracias a las 1.000 libras que consiguió el astrónomo real, Sir Frank

---

[*] *Tripos:* exámenes honoríficos finales para obtener el grado de licenciatura en la Universidad de Cambridge. *(N. de los T.)*

[12] Eddington obtuvo las máximas calificaciones en el *Tripos* de matemáticas de la promoción de 1904.

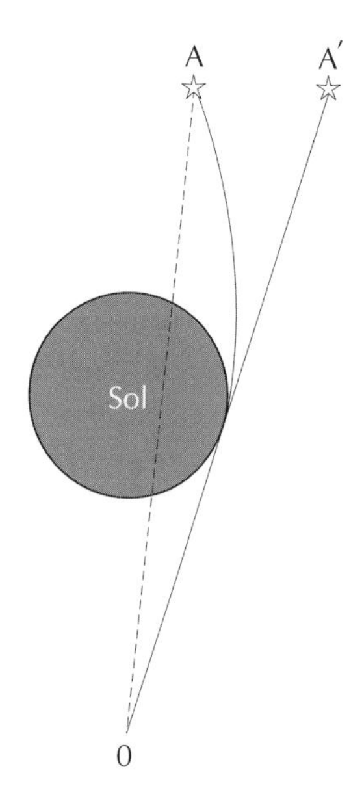

Figura 6.11.
El trazo discontinuo es la línea recta euclídea a lo largo de la cual viaja la luz de la estrella *A* hasta llegar al observador *O*, cuando el Sol no se encuentra cerca de esa línea de visión. En cambio, si el Sol se halla en el camino, su gravedad altera la geometría de su entorno y la convierte en no euclídea. Entonces, la luz procedente de *A* sigue la desviación que muestra la línea continua y el observador *O* ve la imagen de *A* en *A'*, a lo largo de la tangente a la trayectoria de la luz en *O*.

Dyson. La tarea la emprendieron dos equipos, uno, formado por el propio Eddington y E. T. Cottingham, se dirigió a la isla del Príncipe en el golfo de Guinea; el otro equipo, formado por C. R. Davidson y A. C. D. Crommelin, marchó a Sobral en Brasil.

Al final (la observación de los eclipses de Sol pueden convertirse en una cuestión de suerte), ambos grupos fueron recompensados con unas condiciones perfectas de visibilidad que les permitieron efectuar las medidas.

Los resultados observacionales fueron revelados por Sir Frank Dyson el 6 de noviembre de 1919 en una concurrida reunión conjunta de la Royal Society y la Royal Astronomical Society. Las conclusiones de la experiencia habían despertado gran entusiasmo y expectación. ¿Experimentaría la luz alguna desviación? ¿Lo haría según los cálculos basados en métodos newtonianos, o favorecería la respuesta a la relatividad? A. N. Whitehead acudió al encuentro y describió la escena de este modo tan gráfico:

> Aquel ambiente de máximo interés era idéntico al de las tragedias griegas: nosotros, cual coro, comentábamos el fallo del destino como si llegara revelado por el desarrollo de una escena suprema. Al fondo, la imagen de Newton recordaba a todos que la mayor de las generalizaciones científicas estaba a punto, más de dos siglos después, de modificarse por primera vez...

Los resultados favorecieron la relatividad general. Dentro del margen de error estimado, la desviación de la luz se acercaba más al valor de 1,74 segundos de arco que a la mitad de dicho valor, como predecían los cálculos acordes con la gravitación de Newton.

El éxito de la expedición del eclipse convirtió a Einstein en una celebridad de manera instantánea. Aunque la mayoría de la gente siguiera sin comprender el concepto de un espacio-tiempo curvado, aquellos datos confirmaban que la naturaleza parecía guiarse por esas ideas consideradas demenciales.

Y, por supuesto, para los astrónomos se trataba del primer signo revelador de que la luz se desvía al encontrar masas en su camino y, por tanto, las posiciones observadas de las imágenes celestes pueden no coincidir del todo con la realidad.

Pero tuvieron que pasar varias décadas antes de que se asimilara este hecho.

Una digresión

El propio Eddington quedó impresionadísimo con el eclipse total de Sol, el cual lo inspiró para emular las famosas Rubaiyat:

> Oh Luna de mi delirio, tan oscura, tan menguada
> que regresas a tu nodo justo en esta temporada.
> Pero acechan las nubes en el cielo de esta isla
> donde tanto trabajamos —¿para nada?—
> Confirmar lo que EINSTEIN planteó en su teoría
> o hacer saltar sus asertos yo podría
> observando las estrellas sumido en las tinieblas
> mejor que calculando a la luz de una bujía.
> ¡Oh amigos!, aseguremos con LLOYDS el celostato
> que demuestra ser tan inútil aparato,
> hagámoslo añicos y con el dinero resultante
> compremos un reloj que no atrase ni adelante,
> que registre en el próximo eclipse los contactos
> a un ritmo firme, sin deriva, constante.
> Pero, ¡mirad!, las nubes se alejan de esta playa
> y el Sol, cual delgada lúnula, asoma en la pantalla.
> Cinco minutos, no perdáis ni un momento,
> cinco minutos para fotografiar el evento.
> Que las estrellas ya brillan, se ve la luz coronal,
> fulgor vivo en las tinieblas, ¡corred raudos como el viento!
> Porque arriba y abajo, dentro y fuera, en todas partes
> se representa un guiñol de sombras mágicas, brillantes,
> atrapado en una caja alumbrada por el Sol,
> y alrededor nosotros, fantasmas danzantes.
> Guía, oh Sabiduría, esta empresa a buen puerto.
> Que la LUZ PESA, eso al menos parece cierto,
> eso es cierto aunque el resto aún se discuta:
> cuando la luz se acerca al Sol, TUERCE SU RUTA.

Pero en la expedición hubo otro aspecto relevante.

La expedición del eclipse solar de 1919 ofreció las primeras evidencias observacionales de la desviación de la luz por efectos gravitatorios, pero conllevó otra consecuencia: el problema de Eddington en teoría de la probabilidad.

Como acabamos de comentar, la toma de medidas durante el eclipse se delegó en cuatro observadores: Davidson y Crommelin se desplazaron hasta Sobral, en Brasil, mientras que Cottingham y Eddington marcharon a la isla del Príncipe, en el golfo de Guinea. De sus resultados dependía una gran empresa. ¿Acusaría la luz alguna desviación debida a la gravedad? ¿Coincidiría el efecto con las predicciones de la gravedad (híbrida) newtoniana, o doblaría aquel valor, tal como anunciaba Einstein?

En una conversación de sobremesa previa a la partida, Crommelin aludió a los cuatro observadores *C*, *C'*, *D* y *E* e insinuó que se encontrarían con el problema de no poder comprobar la veracidad de las declaraciones de cada cual, en vista de que había tanto en juego y dada la posibilidad de que cada uno de ellos se sintiera tentado a falsear la verdad en algún momento. Más tarde, Eddington volvió a plantear la cuestión del modo que sigue.

A, *B*, *C* y *D* solo son francos una de cada tres veces (por separado). *D* emite un enunciado y *A* afirma que *B* niega que *C* declare que *D* mienta. ¿Qué probabilidad existe de que *D* diga la verdad?

¿Qué respuesta daríamos?

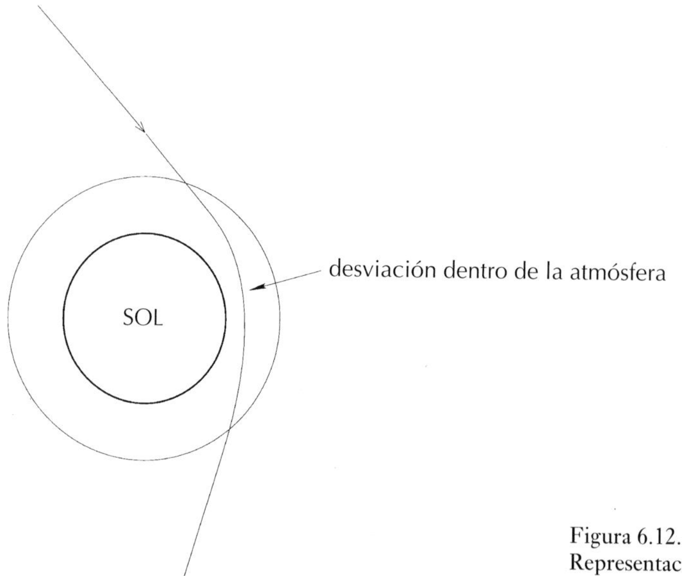

Figura 6.12.
Representación un tanto exagerada de la desviación que sufre la luz al atravesar la atmósfera solar debido a los efectos de la refracción.

La solución de este problema enmarañado se basa en la probabilidad condicionada. ¡Intenten resolverlo si gustan! La respuesta es que hay 25/71 de probabilidades de que *D* esté diciendo la verdad.

Una postdata

Hoy, no obstante, los astrónomos confiesan que los resultados de la expedición de 1919 no fueron tan definitivos como se afirmó en aquel momento, porque se subestimaron los errores experimentales.

En realidad, cualquier resultado experimental basado en mediciones varias se halla sujeto a inevitables incorrecciones experimentales imposibles de eludir. Estas imprecisiones pueden deslizarse por diversas razones. El aparato de medición posee una sensibilidad limitada. Por ejemplo, una regla de un metro dividida en milímetros no permite medir con una precisión superior a un milímetro. El equipo óptico que empleó la expedición de 1919 disponía de una precisión limitada.

Además deben tenerse en cuenta los errores aleatorios por los cuales se obtienen medidas individuales mayores o menores que la media. Esos errores surgen al comparar las fotografías del campo estelar con y sin el Sol. Pero también se cuentan varios errores sistemáticos causados por efectos adicionales que no se detectaron ni valoraron en la época del experimento.

Uno de los efectos sistemáticos que no se tuvo en cuenta en la expedición del eclipse de 1919 fue la desviación de la luz por causa de la refracción, la alteración de la misma cuando penetra en un medio de propagación distinto. (En el capítulo 1 ya se aludió a este efecto.) El Sol se halla envuelto en su propia atmósfera y si un rayo de luz la cruza en oblicuo, experimentará una desviación debido a los cambios de densidad y de temperatura del medio que atraviesa. En la figura 6.12 se muestra un tanto exagerado este efecto. Se trata de un efecto moderado en las longitudes de onda ópticas, pero la consideración del mismo resulta indispensable para valorar la desviación que sufre la luz por causa de la gravedad del Sol.

Otros experimentos ópticos realizados durante eclipses posteriores tampoco lograron una precisión absoluta. Aunque pudo demostrarse que la desviación de la luz se acerca más a los cálculos relativistas que a los newtonianos, no pudo confirmarse con gran precisión. Solo en la década de 1970 se encontró una solución para el problema: *recurrir a las microondas en lugar de la luz visible*, lo cual ofrecía tres ventajas.

En primer lugar, la desviación de la luz debida a la refracción de microondas puede calcularse y explicarse mediante mediciones simultáneas en dos longitudes de onda y, por tanto, evita errores en los resultados. En segundo lugar, el Sol no es brillante en longitudes de onda de microondas. De modo que si detrás de él hay una fuente intensa de microondas, el experimento puede llevarse a cabo *sin necesidad de esperar a un eclipse total de Sol.*

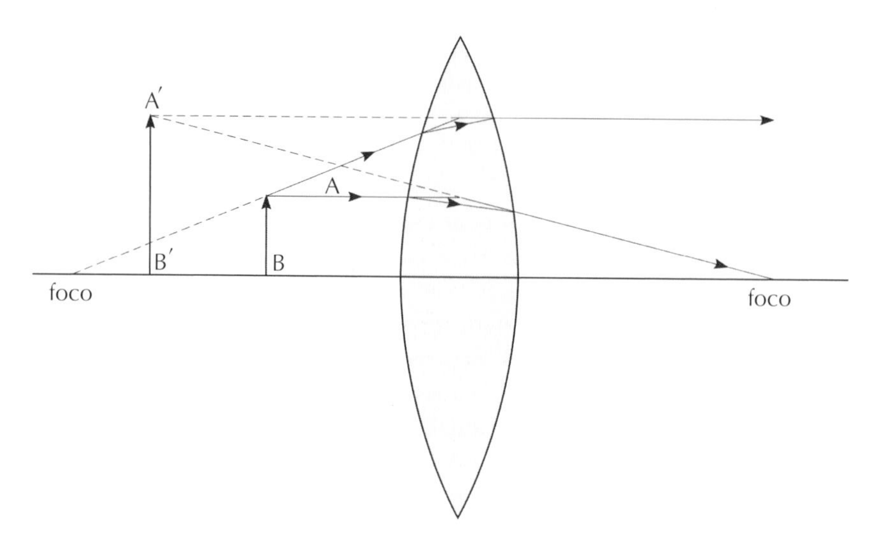

Figura 6.13. Lente convexa. Se han trazado rayos de luz para ilustrar la formación de una imagen virtual de *AB* en *A'B'*.

Considerando estas implicaciones, los radioastrónomos recurrieron al rango de longitudes de onda de 10 a 40 cm para observar el cambio de dirección que acusaba el cuásar 3C 279 cuando el Sol cruzó por la línea de visión de dicho objeto. El desplazamiento de la posición del cuásar pudo medirse comparándolo con la ubicación de otro cuásar cercano, 3C 273.

Por último, las técnicas de medidas radiointerferométricas se mostraron mucho más precisas que las que empleaban los astrónomos ópticos y, en consecuencia, permitieron realizar experimentos con errores muy pequeños. Los resultados favorecieron de manera inequívoca la relatividad general con un margen de error experimental del 1%.

Lentes gravitatorias

La figura 6.13 muestra una lente ordinaria como las que suelen emplearse en las lupas. Los rayos que despide el objeto *AB* parecen provenir de una fuente mucho mayor *A'B'* que constituye la imagen virtual de *AB*.

Existen varios tipos de lentes. La de la figura 6.13 presenta dos lados *convexos*. Otras poseen dos superficies *cóncavas* o una convexa y otra cóncava. Todas ellas dan lugar a imágenes de objetos reales desviando los rayos de luz según convenga. En este caso, la causa de la desviación radica, cómo no, en la *refracción*.

Si la gravedad también posee la capacidad de desviar los rayos de luz, ¿cabría encontrar situaciones en las que este fenómeno también diera lugar a lentes? Esta cuestión fue planteada por primera vez durante la década de 1930. En 1937, Fritz Zwicky, astrónomo del Instituto de Tecnología de California, escribió:

> El verano pasado, el doctor V. K. Zworykin (a quien el señor Mandl había sugerido la misma idea) me comentó la posibilidad de que los campos gravitatorios formen imágenes. En consecuencia realicé algunos cálculos que revelan que las nebulosas extragalácticas ofrecen las mejores condiciones para observar los efectos de las lentes gravitatorias.

Zwicky había propuesto emplear estas lentes para detectar materia oscura, es decir, materia que no se ve pero cuyo influjo gravitatorio puede desviar la luz procedente de materia visible. Volveremos a aludir a la materia oscura en el próximo capítulo. En algunas ocasiones ocurre que una idea muy aguda cae en el olvido porque la comunidad científica aún no está preparada para recibirla. Las ideas de Zwicky se adelantaron tres o cuatro décadas a su tiempo y fueron retomadas y valoradas mucho más tarde, después de su muerte.

Un destino parecido le aguardó a la obra que S. Refsdal y Jeno Barnothy realizaron durante la década de 1960. Ambos científicos exploraron de manera independiente la posibilidad de que las masas extragalácticas actuaran como lentes y ello repercutiera en las imágenes de los cuásares, los cuales empezaban a descubrirse por aquel entonces (consúltese el capítulo 5). Estas ideas fueron consideradas como curiosidades interesantes pero muy alejadas de las líneas contemporáneas de investigación.

Luego, entre 1978 y 1979, la cuestión resurgió de repente y catapultó las lentes gravitatorias al centro de la escena. Se cumplió la profecía vaticinada por Zwicky en 1937:

> Suponiendo que sean correctos nuestros cálculos actuales sobre las masas de los cúmulos de nebulosas extragalácticas, la probabilidad de que actúen como lentes gravitatorias se torna prácticamente en certeza.

Primer hallazgo de lentes gravitatorias

La notificación de lo que podía constituir el primer ejemplo de lente gravitatoria fue publicado en la revista *Nature* por tres astrónomos: Dennis Walsh de los Laboratorios Radioastronómicos Nuffield en Jodrell Bank, Reino Unido, Bob Carswell del Instituto de Astronomía de Cambridge y Ray Weymann del Observatorio Steward de la Universidad de Arizona. Aquel anuncio generó bastante polémica y revuelo. Tratándose del primer caso conocido, los astrónomos aceptaron naturalmente con cautela la interpretación propuesta por los autores.

Antes de ahondar en los detalles de aquella supuesta «lente» y su explicación teórica, consideremos con brevedad cómo se llegó a su descubrimiento.

Tal como relató Walsh, el sendero hasta su hallazgo no resultó lineal ni inmediato, sino que discurrió entre recovecos y desviaciones casuales innecesarias.

Según contó Walsh en un congreso sobre lentes gravitatorias celebrado algunos años después, la historia comenzó al principio de la década de 1970 tras la modernización del telescopio Mark I de Jodrell Bank (figura 6.14). Bernard Lovell, el director, pidió a los trabajadores de los laboratorios que pensaran nuevas propuestas de observación para el flamante reflector.

Por entonces, la ciencia de la radioastronomía se encontraba iniciando una nueva fase cuyas mejoras tecnológicas permitirían a los astrónomos estu-

Figura 6.14. Reflector de 76 metros del telescopio Lovell en Jodrell Bank (fotografía cedida por R. Davies, director de los Observatorios Radioastronómicos de Nuffield, Jodrell Bank).

diar en más detalle las radiofuentes, así como ubicar sus posiciones en el firmamento con mayor precisión. Como vimos en el capítulo anterior, una ocultación lunar permitió determinar la posición exacta de la fuente 3C 273 y eso favoreció que los astrónomos ópticos «vieran» la fuente, o sea, que la identificaran de manera visual. De este modo se descubrió una clase nueva de emisores denominados radiofuentes cuasiestelares. Por tanto, aún quedaba mucho por descubrir mediante la determinación de posiciones muy precisas para las muchas radiofuentes que quedaban por identificar.

El proceso de identificación óptica conlleva la búsqueda de una fuente óptica dentro del rectángulo de error de la posición revelada por los sistemas de radio. Por lo general, dicho rectángulo puede albergar varias fuentes y puden necesitarse datos adicionales, como sus espectros, para que los astrónomos ópticos se aseguren de que aluden a la misma fuente observada en radio. Cuanta más precisión se logre al establecer la posición de radio, menor será el rectángulo de error y más fácil y definitiva resultará la tarea de identificación de la fuente.

Dennis Walsh propuso utilizar el telescopio modernizado junto con el reflector Mark II, de 25 metros, para formar un interferómetro de mayor resolución. (En este mismo capítulo ya hemos tratado esta técnica en relación con la VLBI.) Aquello permitiría determinar con mayor precisión las posiciones de las radiofuentes en el cielo, lo cual favorecería a su vez la identificación óptica de las mismas.

Walsh comenzó a observar en noviembre de 1972 en compañía de Ted Daintree, Ian Browne y Richard Porcas, con una asignación inicial de tiempo de un mes. Sin embargo, surgieron varias dificultades y no lograron completar el trabajo dentro de plazo. Bernard Lovell, a quien habían entusiasmado muchísimo los resultados obtenidos hasta entonces, acudió en su ayuda y, en calidad de director del observatorio, les garantizó un mes más para continuar con el proyecto. Era la primera de una serie de circunstancias casuales que contribuyeron a encontrar la lente.

El 4 de enero de 1973 detectaron una radiofuente que catalogaron con el número 0958+56. La figura 6.15 muestra el pico de intensidad en los registros que sugirió a los observadores la existencia de una nueva radiofuente. Esa fuente estaba destinada a desempeñar un papel crucial en el descubrimiento de la primera lente gravitatoria.

El siguiente paso para la identificación óptica de la fuente consistió en precisar aún más su posición con el reflector de 90 metros del Observatorio Radioastronómico Nacional (National Radio Astronomy Observatory, NRAO) en Green Bank, Estados Unidos. La tarea correspondió a Richard Porcas, y la figura 6.16 muestra lo que encontró. En la figura 6.16 (*a*) se reproduce un fragmento de la fotografía obtenida en el reconocimiento del cielo de Monte Palomar (Palomar Sky Survey) que contiene el objeto ahora catalogado

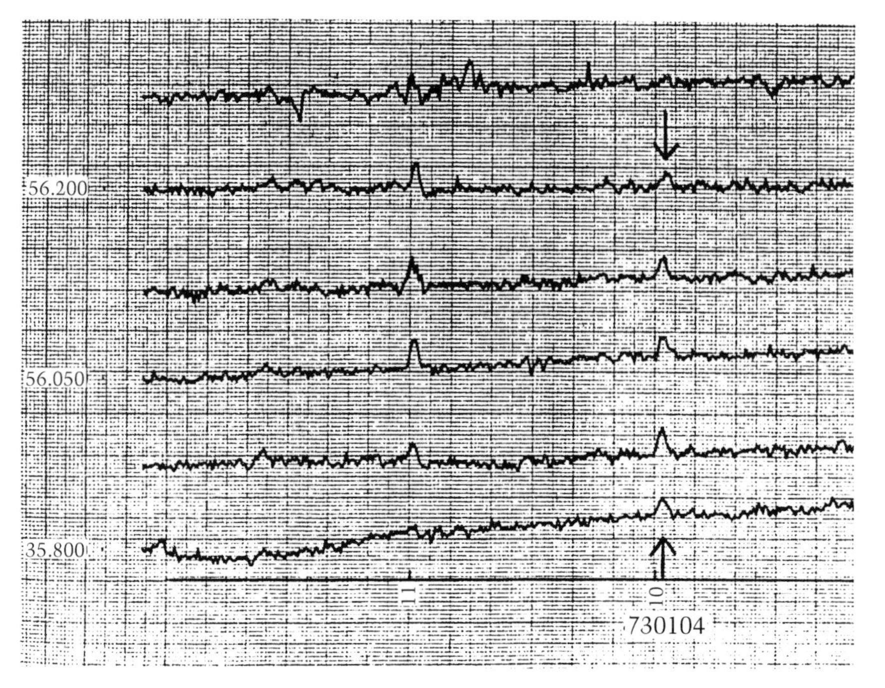

Figura 6.15. La primera detección de la radiofuente 0958+56 se produjo en estas gráficas (extraído del artículo de D. Walsh en *Gravitational Lenses*, en J. M. Moran, J. N. Hewitt y K. Y. Lo (eds.), *Lecture Notes in Physics*, núm. 330, primavera).

como 0957+561, señalado con dos líneas que forman un ángulo recto. Las imágenes del reconocimiento del cielo de Monte Palomar resultan de una utilidad extrema para identificar fuentes, en tanto que cubren una región muy extensa del cielo y contienen objetos de brillo superior a un límite determinado. El objeto más llamativo de esta figura es la galaxia catalogada como NGC 3079.

La figura 6.16 (*b*) reproduce un mapa radioeléctrico elaborado en 1986 por Condon y Broderick con el reflector de 90 metros del NRAO, que muestra el perfil de emisión de la zona. Ahí se observa que, en realidad, la fuente 0958+56 constituye la compañera débil de una fuente más intensa y muy cercana a la galaxia NGC 3079. Esta radiofuente más intensa ya se conocía con anterioridad y se había catalogado como 4C 55.19. Pero este panorama pertenece a 1986. ¿Cuál era la situación una década antes?

En 1976, Porcas ya conocía la existencia de la radiofuente 4C. Para localizar la fuente Jodrell 0958+56 se dedicó a observar hacia el norte y acabó dando con ella. Si hubiera apuntado hacia el sur no la habría detectado y, por supuesto, tampoco lo habría hecho en caso de toparse con la fuente más intensa 4C. Otra casualidad.

Walsh había mencionado asimismo la proximidad relativa que mantenían ambas radiofuentes y la extraña circunstancia de que durante su estudio del cielo en Jodrell Bank detectaran la fuente más débil de la pareja, ¡pero no la más brillante!

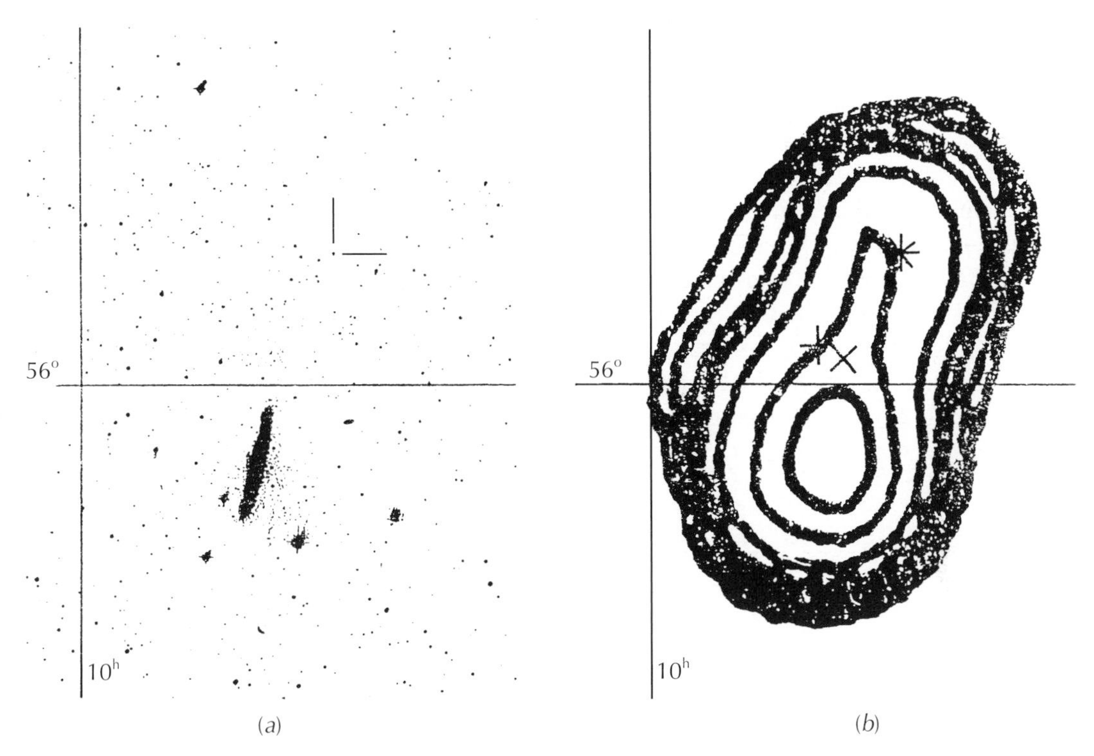

Figura 6.16.
En (*a*) se aprecia la radiofuente 0957+561 en la placa fotográfica del reconocimiento del cielo llevado a cabo en Monte Palomar (la fuente está marcada con dos líneas perpendiculares). Repárese en la prominente galaxia próxima NGC 3079. En (*b*) se observa una porción del (radio)atlas de Condon y Broderick a la misma escala que (*a*). La posición de 0957+561 se ha señalado mediante un asterisco (*). Los perfiles radioeléctricos alcanzan el máximo alrededor de la galaxia NGC 3079. La posición medida en Jodrell Bank de la radiofuente 0958+56 se indica mediante un signo positivo (+). En las cercanías se encuentra la radiofuente más intensa 4C 55.19, detectada con anterioridad por Richard Porcas y marcada con un signo de multiplicación (x). Nótese que la posición de Jodrell Bank para la nueva radiofuente se encuentra casi a medio camino entre su posición real (*) y la de la galaxia NGC (procedencia: la misma que la figura anterior).

A continuación se desarrolló el verdadero programa de identificación. Ann Cohen desde Jodrell Bank y Meg Urry en el NRAO trabajaron en ello de manera independiente y hacia 1977 ambas encontraron un objeto similar de aspecto estelar y de color azulado como posible contrapartida óptica de la fuente. Es más, el objeto parecía consistir en una fuente doble. En cambio, su distancia angular a la posición radioeléctrica revelada por Porcas era de unos 17 segundos de arco, lo cual no aseguraba la veracidad de la identificación. Con todo, un objeto azul de aspecto estelar aún podía consistir en un cuásar y Walsh y Carswell decidieron observarlo con mayor detenimiento desde el telescopio óptico de 2,1 metros del Observatorio Nacional de Kitt

Peak. El objeto doble fue catalogado como 0957+561 y cuando obtuvieron el espectro de las dos fuentes que lo componen (véase la figura 6.17) *se encontraron con que mostraban un parecido extremo*, tanto que llegaron a pensar que habían cometido el error de tomar dos veces el espectro de la misma fuente.

Sin embargo, una revisión detenida mostró que tal equivocación no se había cometido, que estaban contemplando un par de cuásares cercanos entre sí y que mostraban espectros idénticos e idénticos corrimientos hacia el rojo de 1,4. Ambas imágenes estaban separadas por un ángulo pequeño de seis segundos de arco. Esto ocurría en marzo de 1979, pero se precisaban observaciones adicionales para confirmar aquel hallazgo notable. En otro golpe de suerte, nuestros protagonistas se toparon con Ray Weymann, astrónomo que había acudido a Kitt Peak para efectuar otras observaciones con el telescopio Steward de 2,3 metros.

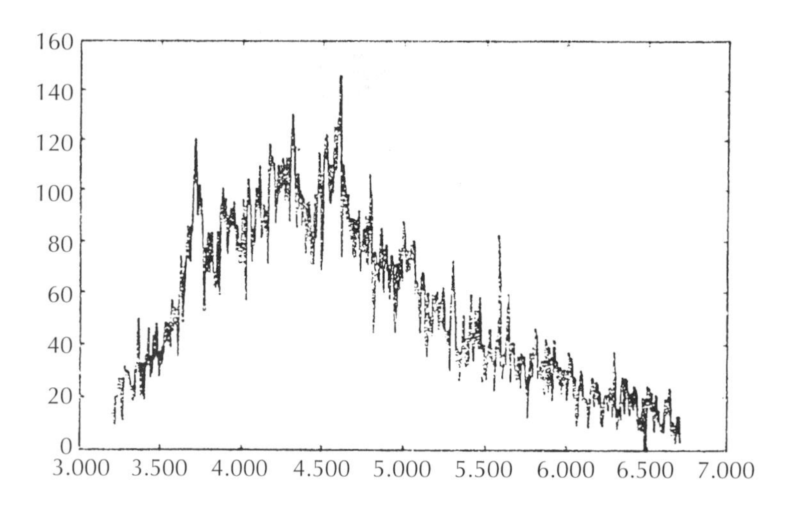

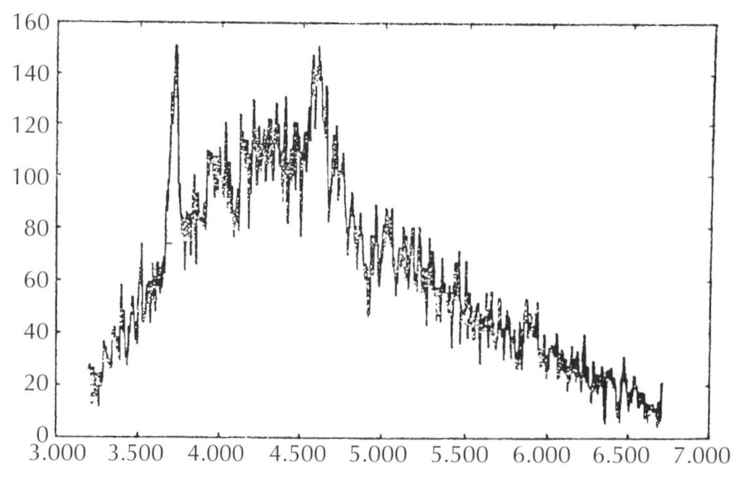

Figura 6.17.
Las dos fuentes *A* y *B* de 0957+561 presentan perfiles espectrales muy semejantes.

Pero ¿qué aportó Weymann? Con poco tiempo de antelación lo informaron de que podría emplear dicho telescopio durante una sola noche adicional. Como las noches en los grandes telescopios son muy preciadas entre los observadores, se prestó de buena gana a aprovechar aquella noche de más. Ocurrió además que Weymann había realizado estudios de cuásares con corrimientos hacia el rojo en un intervalo que incluía el valor 1,4. De modo que aceptó dedicar aquella noche al nuevo objeto. Disfrutó de unas condiciones observacionales magníficas y las conclusiones de Weymann confirmaron los hallazgos previos de Walsh y Carswell. La semejanza entre ambos objetos resultaba tan extraordinaria que, por primera vez, los tres consideraron la posibilidad de estar observando una *lente gravitatoria*.

En tono más desenfadado, Walsh recuerda una apuesta que hizo con Derek Wills, otro astrónomo experto en pares de cuásares cercanos. Esto sucedió antes de que se realizaran los estudios finales de 0957+561. Cuando Walsh preguntó a Wills su opinión acerca de la naturaleza de aquellos objetos estelares azules, él respondió que resultarían ser «estrellas» porque era lo más probable. Walsh entonces planteó su apuesta: pagaría a Wills 25 céntimos si aquella pareja resultaba ser estelar, mientras que si se descubría que consistían en un par de cuásares, Wills le pagaría un dólar. A aquellas alturas, Walsh consideró demasiado irreverente pedir que Wills pagara cien dólares en el caso aún más improbable de que ambos cuásares mostraran el mismo corrimiento hacia el rojo.

Cuando los espectros confirmaron que los objetos azulados eran realmente cuásares, Wills saldó su deuda con un dólar de plata. De modo que cuando sus hijos le preguntaron con escepticismo para qué sirven las lentes gravitatorias, Walsh respondió: «Bueno, gano dinero con ellas.»

Detalles de las imágenes

El descubrimiento del cuásar con lente gravitatoria 0957+561 recién mencionado fue sometido a varias investigaciones sobre diferentes aspectos de su funcionamiento, y en este apartado presentaremos algunos de los resultados más destacados.

La figura 6.18 contiene las imágenes ópticas A y B del cuásar doble. Ambas parecen idénticas a la vista, salvo una pequeña protuberancia en la imagen de la izquierda, B. Las técnicas de procesamiento de imágenes por ordenador permiten eliminar la parte «sobrante» de B para convertir en idénticas ambas imágenes. Pero ¿a qué se debía la protuberancia adicional?

Trabajos posteriores mostraron que la protuberancia es una galaxia con un corrimiento hacia el rojo de 0,36. Tal como se explica en el capítulo 7, el corrimiento hacia el rojo constituye una medida de la distancia de la galaxia hasta nosotros. De acuerdo con la ley de Hubble ahí descrita, podemos calcular la distancia de un objeto extragaláctico multiplicando su corri-

Figura 6.18.
Imagen obtenida por el telescopio espacial Hubble del cuásar 0957+561*A*, *B*, el cual se considera un ejemplo de lente gravitatoria (observaciones de Jean-Paul Kneib y Richard Ellis, ilustración cedida por el Instituto Científico del Telescopio Espacial).

miento hacia el rojo por una distancia de alrededor de 10.000 millones de años-luz[13]. Por tanto, el corrimiento hacia el rojo de 1,4 de las imágenes *A* y *B* indica que el cuásar se encuentra a una distancia de unos 14.000 millones de años-luz, mientras que la galaxia de la protuberancia se halla bastante más próxima a nosotros, unos 3.600 millones de años-luz.

De modo que dicha galaxia yace entre el cuásar y nosotros, aunque algo apartada de la línea de visión, y eso alimentó la emocionante posibilidad de que pudiera tratarse de la galaxia que actuaba como lente. Los modelos teóricos sobre la formación de imágenes por lentes gravitatorias apoyan esa hipótesis. Además, otros detalles de la estructura radioeléctrica de la fuente exigen que en este caso intervenga no solo esta galaxia, sino una cierta cantidad *adicional* de masa debida a todo un cúmulo de galaxias entre las cuales se cuenta la que estamos viendo.

La figura 6.19 muestra la estructura radioeléctrica. En ella vuelve a apreciarse la similitud entre las imágenes *A* y *B*. Los lóbulos radioeléctricos en esos lugares se muestran idénticos. En cambio, en la imagen aparecen rasgos

[13] Tal como se verá en el capítulo 7, la fórmula exacta que relaciona la distancia con el corrimiento hacia el rojo depende del valor de la constante de Hubble y del modelo cosmológico adoptado para describir el universo.

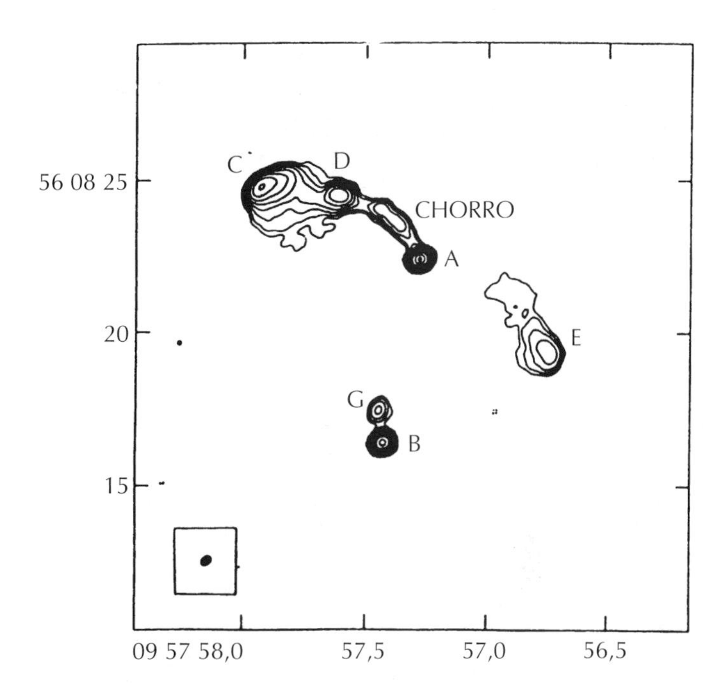

Figura 6.19.
Mapa radioeléctrico de 0957+561 obtenido por el conjunto de radiotelescopios Red Muy Grande (Very Large Array, VLA) en la longitud de onda de 6 cm. En él se aprecia que las componentes *A* y *B* coinciden con las componentes ópticas. Pero además aparecen otras componentes *C*, *D* y *E* vinculadas a la componente *A*. El eje vertical equivale a la declinación y el eje horizontal representa la ascensión recta (extraído de D. Roberts *et al.*, *Astrophysical Journal*, núm. 293, 1985, pág. 356).

adicionales que no se parecen unos a los otros. La explicación de estos rasgos requiere la existencia de una segunda lente, el cúmulo de galaxias, el cual incluya la galaxia que actúa como primera lente.

La figura 6.20 reproduce un diagrama teórico de un rayo de luz procedente de 0957+561. Adviértase que un observador situado en la Tierra contempla ambas imágenes, *A* y *B*, gracias a la luz emitida por la fuente original, la cual ha seguido dos trayectorias diferentes. Por tanto, *ni A ni B yacen en la posición real de la fuente*, ambas imágenes son ilusorias. No obstante, puede emplearse un modelo matemático del sistema de lentes para calcular el brillo relativo de las imágenes observadas. Por ejemplo, la imagen *A* es un cuarto más brillante que la imagen *B* tanto en observaciones ópticas como en las radioeléctricas, lo cual significa (véase la figura 6.20) que los rayos que forman la imagen *A* adquieren y concentran una parte mucho mayor de la luz procedente de la fuente original que los rayos que crean la imagen *B*. El modelo matemático también tiene que encajar con la separación angular observada en las imágenes, que en este caso equivale a seis segundos de arco.

Pero existe una prueba decisiva para saber con toda seguridad si esa lente gravitatoria es en verdad la responsable de lo que se ve o si ambas imágenes constituyen simplemente dos fuentes distintas que por casualidad tienen espectros y formas muy semejantes. Se trata de la *prueba del retardo temporal* y funciona como sigue.

Supongamos que la fuente no presenta un brillo constante, sino que muestra una luminosidad variable irregular con incrementos y descensos cuando se observa durante un periodo bastante largo. En *A* y en *B* deberían apreciarse las mismas subidas y bajadas, aunque no al mismo tiempo puesto que la luz que forma cada imagen no ha recorrido la misma distancia. Por tanto, la luz tardará tiempos distintos en recorrer cada tramo, de modo que no observamos *A* y *B* al mismo tiempo. Las subidas y bajadas en el brillo de la fuente se apreciarán, por tanto, en momentos diferentes en *A* y en *B*.

Así, la prueba del retardo temporal consiste en comprobar si esas fluctuaciones de brillo en las imágenes *A* y *B* coinciden transcurrido el intervalo de tiempo pertinente. Así, si el modelo predice que la luz que forma la imagen *B* recorre una distancia un año-luz mayor que la que crea la imagen *A*, entonces el patrón de fluctuación de *A* deberá aparecer repetido en *B un año más tarde*.

Las pruebas de la demora temporal aplicadas a 0957+561 han resultado hasta ahora poco concluyentes. Los modelos teóricos preveían una demora temporal de alrededor de un año y cuarto según las características geométricas del fenómeno. Pero está claro que hay que realizar un seguimiento más prolongado de la fuente para convencer a los escépticos.

Para resumir, diremos que el primer ejemplo de un par de imágenes causadas por una lente gravitatoria a partir de una sola fuente lleva ocupando a los astrónomos casi dos décadas.

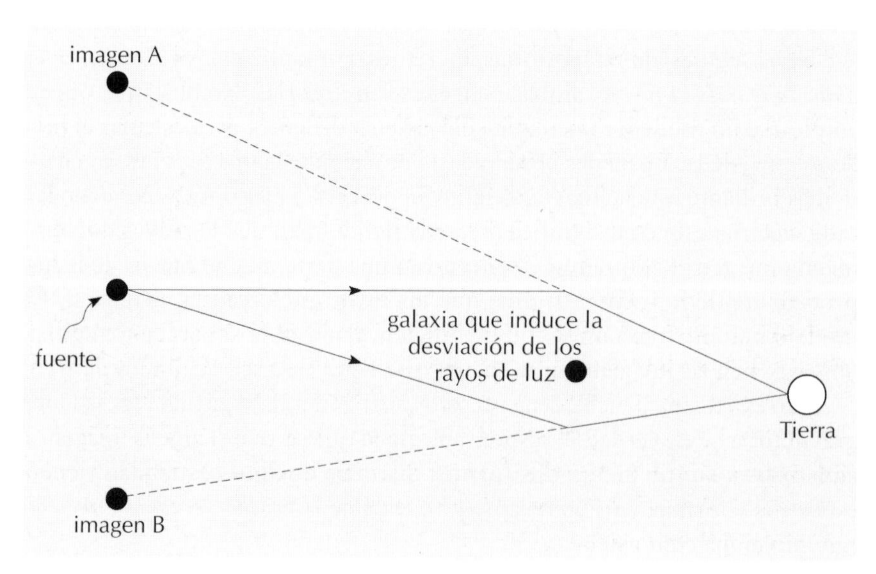

Figura 6.20. Diagrama de rayos procedentes del cuásar doble 0957+561*A*, *B*, afectado por una lente gravitatoria.

(*a*)

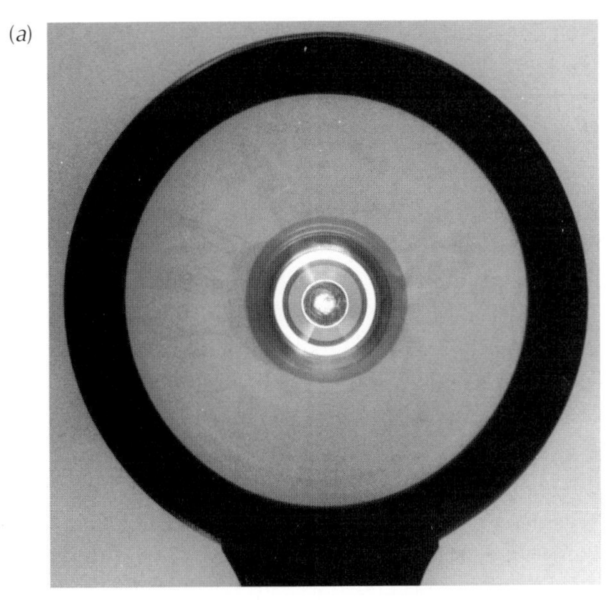

(*b*)

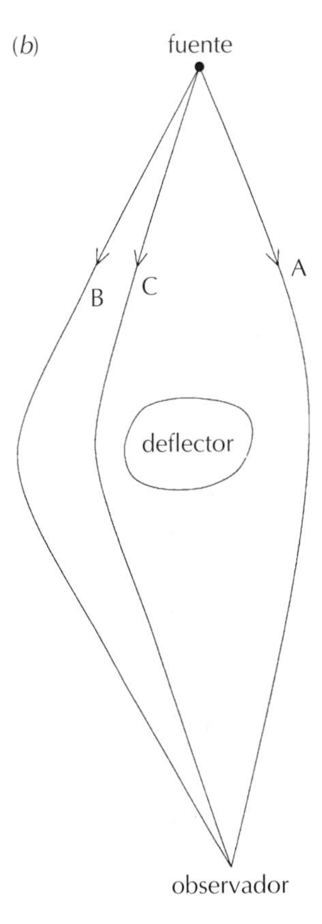

Figura 6.21.
En (*a*) se muestra un anillo de Einstein debido a los efectos de una lente gravitatoria sobre una fuente ubicada en el eje que forma el observador con el centro de la masa esférica de la lente. Esta imagen se ha obtenido empleando un simulador de lentes gravitatorias. En (*b*) se ha representado el caso general de una lente asimétrica que daría lugar a tres imágenes. Los rayos de luz que parten de la fuente hacia el observador solo cuentan con tres recorridos posibles, *A*, *B* y *C*. Si en un caso semejante la tercera imagen es muy tenue, solo alcanzaremos a divisar dos componentes.

Más lentes gravitatorias

El hallazgo de 0957+561 y la posibilidad creciente de que revelara la existencia de una lente gravitatoria inspiró estudios observacionales para buscar más candidatos a lentes gravitatorias. Pero antes de detenernos en ellos, conoceremos qué descubrimientos auguran los teóricos basándose en la teoría general de la relatividad de Einstein.

La figura 6.21 (*a*) muestra una lente muy simétrica basada en la solución de Schwarzschild. Tenemos una fuente ubicada en el eje de unión entre el observador y el centro de una masa gravitatoria esférica. En tal caso, los rayos que emita una fuente formando un ángulo particular con respecto al eje emergen de ella siguiendo un número infinito de direcciones que caigan dentro de un cono con vértice en la fuente. Todos ellos acusarán la misma desviación debida a la masa gravitatoria y llegarán al observador desde direcciones que yacen en otro cono. Así, el observador *verá un número infinito de imágenes que siempre caerán dentro de un anillo* denominado *anillo de Einstein*. Pero en la naturaleza real no impera, por supuesto, una simetría tan exacta, de modo que no contamos con divisar un anillo de Einstein perfecto, sino un conjunto de varias imágenes en las que puede «descomponerse» el anillo. La figura 6.21 (*b*) ilustra un ejemplo típico que crearía tres imágenes.

Los teoremas matemáticos generales que tratan sobre la incidencia de lentes gravitatorias en fuentes astronómicas ordinarias, sugieren que en condiciones normales divisaríamos un número *impar* de imágenes. En cambio, tal como vimos en el caso de 0957+561, no todas ellas presentan la misma intensidad de brillo. Por tanto, puede ocurrir que la palidez de una imagen solo nos permita distinguir dos de las imágenes. De hecho, hay más casos con una cantidad par de imágenes (dos o cuatro) que con una cantidad impar.

Las figuras 6.22 y 6.23, con tres y cuatro imágenes respectivamente, ilustran dos ejemplos de candidato a lente gravitatoria. En ninguno de los dos casos se ha identificado la galaxia que induce el efecto de lente, pero los teóricos han elaborado «modelos» basados en ellos y han revelado las posibles masas y distancias de las galaxias interpuestas en cada caso. La separación angular máxima entre las tres imágenes de la primera figura es de 3,8 segundos de arco.

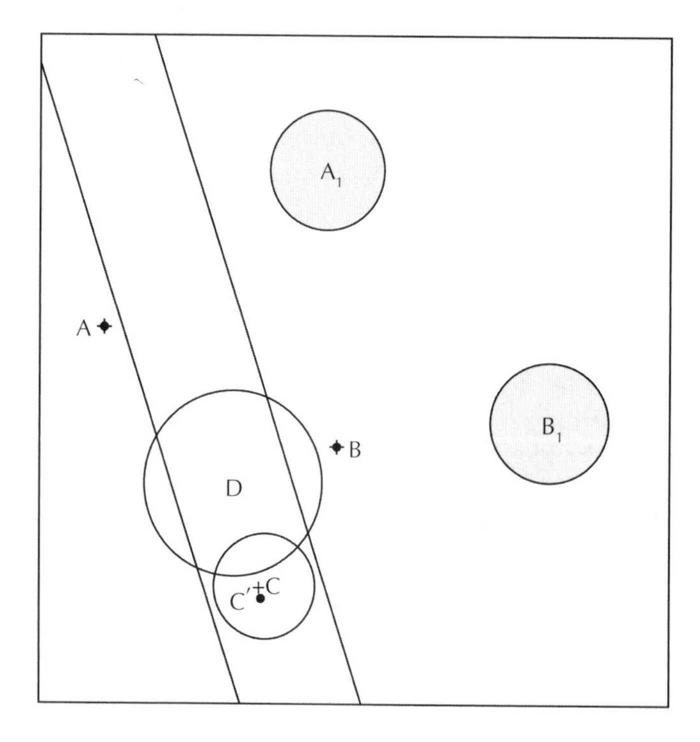

Figura 6.22.
Con sus tres imágenes *A*, *B* y *C*, la radiofuente 2016+112 ha sido considerada una buena candidata a ejemplo de lente gravitatoria. Sus equivalentes ópticos A_1 y B_1 conforman fuentes ópticas de aspecto estelar con corrimientos hacia el rojo que rondan el valor 3,27, de las cuales *A* se muestra un 30% más brillante que *B*. La imagen *C*' se descubrió con posterioridad y se halla muy próxima a *C*, la cual podría ser una galaxia elíptica. La fuente óptica *C*+*C*'es alrededor de cuatro veces más tenue que *B*. Las fuentes A_1 y B_1 no guardan ninguna relación con el cuásar original. *D* constituye una galaxia interpuesta cuyo corrimiento hacia el rojo ronda la unidad y a ella puede deberse el efecto de lente. Existen modelos sobre este sistema pero su naturaleza aún no se conoce por completo (extraído de D. P. Schneider *et al.*, núm. 294, 1985, pág. 66).

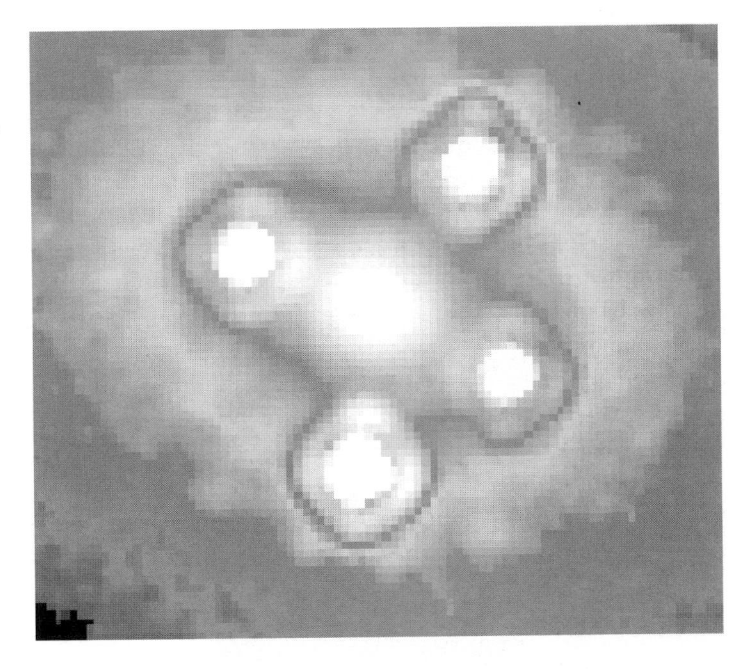

Figura 6.23.
Imagen de la Cruz de Einstein obtenida por el telescopio espacial Hubble. Fotografía de J. Lehar *et al.*, del CFA-Arizona Space Telescope Lens Survey.

En ocasiones puede ocurrir que solo se divise una imagen. Esto significaría que la mayor parte de la luz que se dirige hacia el observador proviniente de la fuente se concentra en una sola imagen y que la luz restante es muy tenue. Así, la imagen única observada puede mostrar un brillo excepcional debido a la concentración lumínica.

Pero también cabe la posibilidad de que la masa que actúa como lente resulte del todo invisible porque consista en un agujero negro o en una concentración inmensa de materia oscura del tipo que proponen los cosmólogos (véase el capítulo 7).

Las lentes gravitatorias no se limitan a incrementar el brillo de las imágenes tal como acabamos de mencionar, también pueden aumentar el tamaño del objeto actuando a modo de lupa, y podrá tratarse de un aumento pequeño o grande dependiendo de la disposición geométrica de la fuente, de la lente y del observador.

La figura 6.24 muestra un *simulador* de lentes gravitatorias de Schwarzschild fabricado en un laboratorio con material transparente, cuyo perfil radial se aprecia en la figura 6.24 (*b*). El grosor de la lente disminuye con brusquedad desde el centro hacia los extremos y en ellos se vuelve muy delgada. La refracción provocará la desviación de los rayos de luz que la atraviesen (como ocurre con las lentes normales de cristal), pero, con esta forma, se producen los mismos efectos de desviación que produciría la atracción gravitatoria de una masa esférica situada en el centro.

Figura 6.24.
(*a*) Simulador de lentes gravitatorias de Schwarzschild creado en laboratorio. (*b*) Perfil radial de la superficie curva de la lente de (*a*) (modelo realizado por P. K. Kunte del Instituto de Investigación Fundamental Tata, en Mumbai, India).

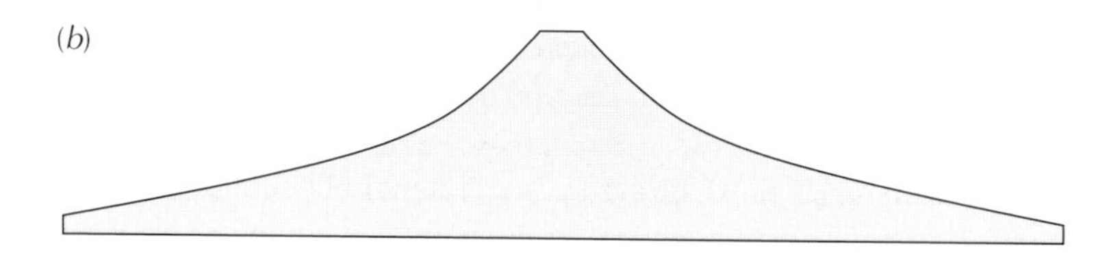

Resulta muy instructivo ver que, en este simulador, el anillo de Einstein solo se forma cuando se da una alineación muy simétrica entre la fuente y el observador. La pérdida de la simetría conduce a la descomposición del anillo en dos imágenes.

Arcos y anillos

La figura 6.25 contiene dos ejemplos de imágenes con forma de arco ¡de galaxias! ¿Se trata de fragmentos de anillos de Einstein? Explicarlo de este modo sería tentador, pero no correcto. Echemos una mirada breve a la historia.

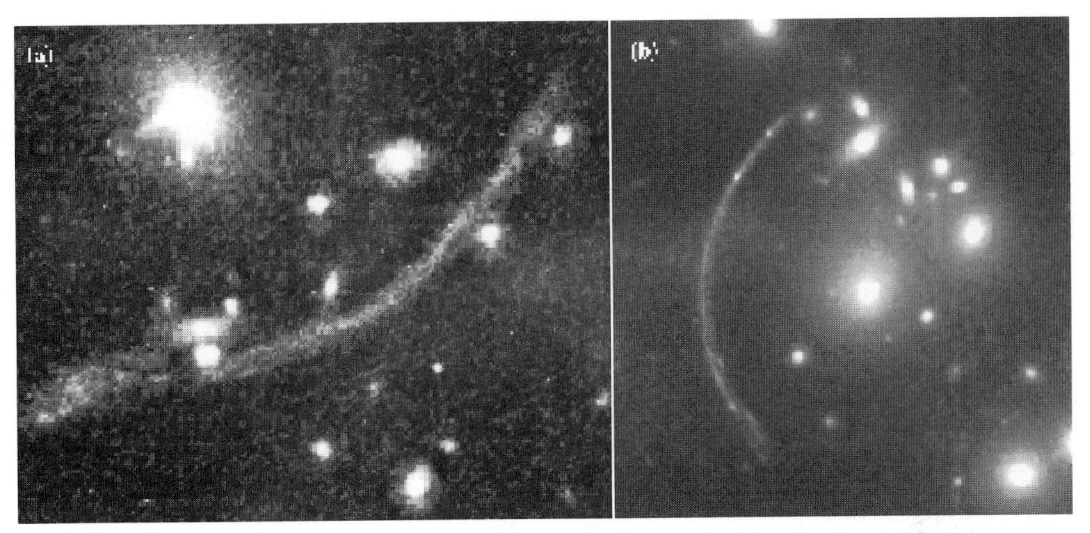

Figura 6.25.
(*a*) Arco en el cúmulo de galaxias Abell 370; (*b*) arco en el cúmulo de galaxias CL 2244. Imágenes CCD obtenidas por Jean-Paul Kneib y Richard Ellis (cedidas por J. P. Kneib y el Instituto Científico del Telescopio Espacial).

A finales de la década de 1970, las investigaciones sobre cúmulos de galaxias aportaron indicios de extensas estructuras arqueadas, pero la calidad de los datos no permitió extraer conclusiones definitivas. En cambio, a mediados de la década de 1980, la existencia de estructuras arqueadas se tornó innegable aunque no se las buscara de manera expresa. Durante 1986 y 1987 los arcos en los cúmulos de galaxias quedaron bien demostrados. Roger Lynds y Vahe Petrosian de Estados Unidos y el grupo de Toulouse de G. Soucail, Y. Mellier, B. Fort y J. P. Picat informaron por separado sobre el hallazgo de arcos en cúmulos de galaxias.

El arco que muestra la figura 6.25 (*a*) se encuentra en el cúmulo Abell 370 y posee una longitud de 21 segundos de arco. Presenta un grosor máximo de dos segundos de arco y un radio de 15 segundos de arco. El corrimiento hacia el rojo medido en él es de 0,724. Empleando la relación distancia-corrimiento hacia el rojo (véase el capítulo 7) dicho arco debe encontrarse a una distancia aproximada de 7.000 millones de años-luz, pero como el cúmulo se encuentra mucho más próximo a nosotros, el arco no forma parte del mismo.

¿A qué se debe entonces este arco? Se propusieron muchas explicaciones, varias basadas en diversos efectos astronómicos, pero no sirvieron. Al final prevaleció el concepto de lente gravitatoria. *En la figura 6.25 no se aprecia un arco circular real, sino una visión distorsionada de una galaxia que presenta un corrimiento hacia el rojo de 0,724, imagen formada por un cúmulo de galaxias que yace en primer plano.*

Se trata de algo similar a la imagen que arroja un espejo curvo o al aspecto de un objeto extenso visto a través de una lente. Los modelos del arco que aparece en Abell 370 han demostrado ahora que tales imágenes distorsionadas se forman por el efecto de lentes gravitatorias.

En otros cúmulos de galaxias se han encontrado imágenes distorsionadas parecidas, como en los cúmulos Abell 963 y Abell 2390, y todos estos casos advierten a los astrónomos que las cámaras no siempre muestran la realidad.

Consideremos, por último, un ejemplo de anillo Einstein real. Cuando la radiofuente MG 1131+0456 se estudió desde los radiotelescopios de la Red Muy Grande (Very Large Array, VLA), se obtuvo el mapa hipsométrico de la figura 6.26. Las líneas muestran una forma global similar a un anillo elíptico grueso con ejes mayor y menor de 2,2 y 1,6 segundos de arco, respectivamente. Aparecen además otras cuatro fuentes (*A*1, *A*2, *B* y *C*), pero no se detecta radiación procedente del interior del anillo.

Se trata de una morfología muy inusual para una radiofuente y vuelve a sugerir que no estamos contemplando la realidad, sino una versión distorsionada de la misma. Los teóricos han obtenido un modelo bastante satisfactorio de este anillo suponiendo que la fuente en sí es extensa. Aunque no conocemos la distancia que nos separa de la fuente, los detalles geométricos imponen abundantes limitaciones al modelo de la lente, cuya validez puede estimarse según concuerde o no con las imágenes observadas.

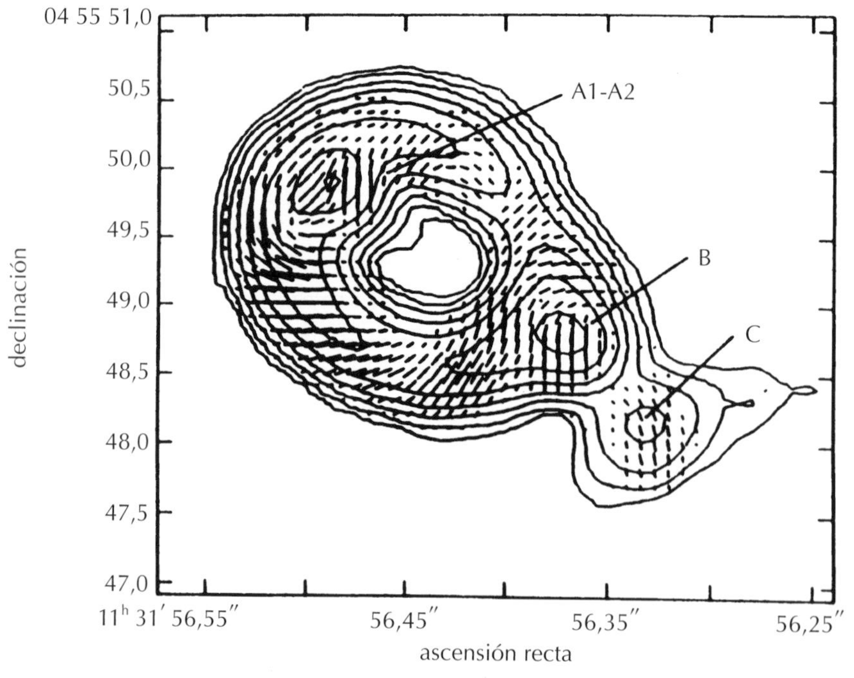

Figura 6.26. El mapa de la fuente MG 1131+0456 en la longitud de onda de 6 cm presenta el mismo aspecto que un anillo de Einstein (cedido por J. Hewitt).

De vuelta al movimiento superlumínico

Retomemos la detección de movimientos superlumínicos (más veloces que el de la luz) observados mediante interferometría de líneas de base muy largas, la cual se comentó con anterioridad en este mismo capítulo. Entonces apuntamos tres explicaciones posibles de este fenómeno, pero solo comentamos dos de ellas. Ahora expondremos la tercera hipótesis, aquella que se basa en un efecto de lente gravitatoria. De hecho, esta explicación fue propuesta por S. M. Chitre y el autor de este libro en 1976, *tres años antes* de que la idea de las lentes gravitatorias cobrara relevancia.

Para entender la explicación nos detendremos a observar dos esferas pequeñas poco distantes entre sí a través de una lupa ordinaria (véase la figura 6.27). Las esferas se divisan más separadas de lo que lo están en realidad. Imaginemos ahora que las esferas, además, van alejándose poco a poco. Al observarlas a través de la lupa, su alejamiento, que se muestra mayor, parecerá aumentar a un ritmo también mayor que el real.

Ahí radica la base de la explicación. La figura 6.28 ilustra la misma situación aplicada a un cuásar. Supongamos que una galaxia se interpone entre nosotros y el cuásar induciendo un efecto de lente sobre sus dos componentes VLBI. Si la galaxia se encuentra a una distancia intermedia adecuada entre ambas fuentes y nosotros, veremos incrementada la distancia que separa ambos lóbulos VLBI y, al igual que ocurría con la lupa de la figura 6.27, podremos lograr un gran aumento si la lente se encuentra a la distancia apropiada de la fuente. Pero, además, a medida que los lóbulos se separan, también observaremos ampliada su velocidad de alejamiento.

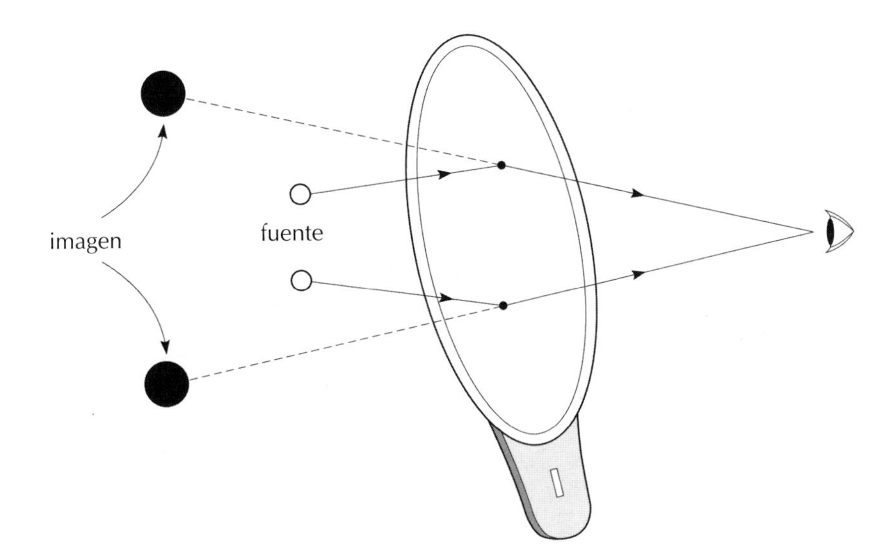

Figura 6.27. Cuando las dos esferas *A* y *B* se observan a través de una lente, parecen hallarse más apartadas entre sí.

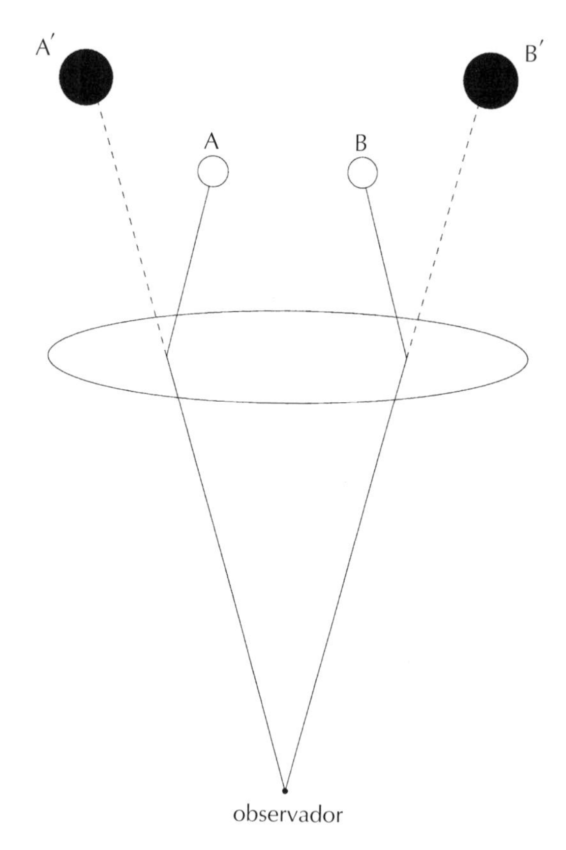

Figura 6.28.
Una galaxia interpuesta puede actuar como lente y aumentar la separación entre las dos componentes VLBI *A* y *B* del cuásar. En esta figura se aprecia que la galaxia provoca la desviación de las ondas de radio procedentes de *A* y *B*, las cuales parecen provenir de *A'* y *B'*. Lo que vemos en realidad son las imágenes de *A'* y *B'* alejándose entre sí y podrá parecernos que su velocidad de separación excede la velocidad de la luz, aun cuando las fuentes reales se estén separando a velocidades inferiores a la de la luz.

Los cálculos con modelos de lentes muestran que cuando se produce un aumento grande de este tipo, puede ocurrir que un movimiento sublumínico parezca ocurrir a velocidades superlumínicas. Pero esta hipótesis basada en las lentes conlleva una aportación adicional. Vista a través de una lente, la imagen principal aumenta de brillo y eso facilita la identificación observacional de los casos superlumínicos. Esta circunstancia favorece el hallazgo de estos casos a pesar de que este alineamiento especial de cuásares y galaxias sea poco frecuente. Teniendo en cuenta estos dos factores contradictorios, la posibilidad de la explicación del fenómeno mediante lentes gravitatorias se vuelve, cuando menos, tan verosímil como la basada en el modelo del haz. Estudios observacionales futuros, como evidencias directas de chorros materiales o la existencia de galaxias interpuestas que puedan actuar como lentes, acabarán revelando cuál es la explicación correcta (en caso de serlo alguna). En el momento presente solo se conocen alrededor de 25 fuentes de este tipo y, por tanto, disponemos de estadísticas muy pobres.

Au revoir a los espejismos

Aquí nos despedimos de estos espejismos extraordinarios, capaces de confundir a astrónomos incautos. Hemos indagado en algunas fuentes aisladas y en la posibilidad de que sus apariencias queden distorsionadas por los efectos de lentes gravitatorias. También puede suceder que toda una categoría de fuentes sufra una distorsión por lente gravitatoria y genere errores en el recuento de las mismas y en otras estadísticas a gran escala, como si midiéramos la altura de los seres humanos basándonos en imágenes distorsionadas de los mismos. Los astrónomos deben tomar en cuenta estos efectos a la hora de interpretar lo que ven.

No obstante, aún no hemos visto el último fenómeno de lente gravitatoria que aparece en el presente libro. En el próximo capítulo volveremos a encontrarlo en diferentes contextos a medida que vayamos avanzando hasta considerar la maravilla más vasta y grandiosa de todas, la expansión del universo.

Séptima maravilla
El universo en expansión

En este capítulo final trataremos el aspecto más grandioso del cosmos, la estructura del universo a gran escala. Por definición, el universo engloba *todo* lo que se puede observar de manera física. Por consiguiente, la séptima maravilla comprende el comportamiento del propio universo dentro del espacio y del tiempo. ¿Cuándo y de qué manera comenzó a existir? ¿Qué tamaño tiene en la actualidad? ¿Cuándo acabará, si es que llega a hacerlo? ¿Esconde algo más allá de los límites de nuestra visión?

Cuestiones que parecen filosóficas y, de hecho, han ocupado a los filósofos de las diferentes civilizaciones durante milenios. El estudio de la literatura antigua revela que, en el pasado, los seres humanos formularon especulaciones y encontraron respuestas para sus interrogantes. Si faltaban evidencias reales se las sustituía por los mitos pertinentes. Pero no cabe ninguna duda de que alguno de esos mitos manifiesta gran madurez de pensamiento.

Los científicos actuales intentan abordar esas mismas cuestiones siguiendo métodos basados en los hechos observables y vinculados a modelos matemáticos, pero aún no puede eliminarse por completo la especulación. La cosmología versa sobre estas tentativas.

Tal vez resulte más positivo conocer esos intentos modernos por comprender nuestro entorno desde el telón de fondo de las mitologías antiguas.

Las creencias de los antiguos

Las antiguas escrituras de los arios de la India, las escrituras *Rigveda*, dicen lo siguiente:

> En aquel tiempo (cuando el universo aún no había nacido) no había «existencia» ni «no existencia». En aquel tiempo no había espacio ni el cielo existía tras él... No había modo alguno de distinguir entre el día y la noche... ¿Cómo aconteció la aparición de la existencia? ¿Quién puede contarlo en detalle? ¿Quién lo sabe con seguridad si también los dioses llegaron después

> de la existencia? Esta aparición (de la existencia), su causa, si fue creada o no, tal vez la conozca, o tal vez no, el Uno que preside los grandes cielos...

Vemos aquí que los eruditos de los tiempos védicos (previos al 1500 a.C.) se plantearon cuestiones esenciales cuyas respuestas siguen buscando en la actualidad los cosmólogos modernos.

Con posterioridad, los mitos empezaron a cubrir los huecos de la ignorancia: había que encontrar respuestas para saciar hasta cierto punto la curiosidad humana. Los mitos que narran los *Purāna* hindúes contienen ideas muy diversas e imaginativas.

Las figuras 7.1 y 7.2 ilustran algunas de ellas. La idea de «Brahmanda», el huevo cósmico, concebía que todo el universo surgió de un huevo gigantesco y que la Tierra descansaba sobre una estructura jerarquizada sostenida por cuatro elefantes dispuestos en cuatro direcciones, que a su vez se mantenían erguidos sobre una tortuga gigante posada sobre una serpiente que se mordía la cola. Más adelante habrá ocasión de aludir a la figura 7.2 dentro de un contexto moderno.

La figura 7.3 muestra una concepción procedente de otra parte del orbe. Se trata del «árbol cósmico» germánico, el cual representa todo el universo visible (en aquel entonces), dentro de diferentes partes del árbol. Dice un mito germánico que data del 1200 d.C.:

Figura 7.1. Según los antiguos *Purāna* hindúes, la creación surgió de un huevo cósmico llamado *Brahmanda*.

Figura 7.2. Modelo jerárquico que sostiene la Tierra. La serpiente divina *Shesha Naga* soportaba todo el peso.

> No había arena ni mar, ni existían las apacibles olas... La Tierra no ocupaba ningún lugar, ni tampoco el cielo... no había simas abiertas ni hierba en parte alguna. Entonces los dioses Odín y Tor crearon el mundo. La Tierra era plana y de su centro surgió el gran árbol de la vida, Yggdrasil. Aquel fresno regado por tres fuentes mágicas que jamás se secaban, conservaba su follaje siempre verde y frondoso.

En lo que atañe a aspectos más tangibles del cosmos, como los movimientos del Sistema Solar, durante el siglo IV a.C. los pitagóricos griegos creían que la Tierra giraba alrededor de un fuego central (figura 7.4) al que siempre muestra la misma cara (tal como hace la Luna ante la Tierra, véase el capítulo 1) y que el Sol no ocupa ningún lugar dentro de la supuesta órbita de la Tierra. Cuando los escépticos preguntaban por qué no vemos el fuego central, los pitagóricos mencionaban la existencia de una «anti-Tierra» que se movía en sincronía con la Tierra y siempre eclipsaba la visión del mismo, tal como muestra la figura 7.4. Pero persistían las preguntas de los incrédulos: «Entonces, ¿por

Figura 7.3. Árbol cósmico germánico, en el cual se describe el universo dentro del espacio y del tiempo. Las tres Hadas que sostienen la trenza de la vida representan el pasado, el presente y el futuro.

qué no divisamos la anti-Tierra?» A lo cual los defensores de la teoría respondían que Grecia se hallaba en el lado opuesto de la Tierra, el que no encaraba la anti-Tierra. Sin embargo, esta hipótesis quedó descartada cuando algunos exploradores acudieron al lado de la Tierra que presuntamente encaraba el fuego central y no vieron ni el fuego ni la anti-Tierra.

Fue uno de los primeros casos en que la observación pudo derribar una teoría. Eran los albores del método científico, que no aceptaría meras especulaciones, sino que exigiría pruebas experimentales u observacionales como justificación de toda teoría.

En 1609 se dio un paso aún mayor en la observación del cosmos, cuando Galileo Galilei (véase la figura 7.5) empleó un telescopio para contemplar el cielo. La invención del telescopio se había producido pocos meses antes y la capacidad de aquel instrumento para «acercar» las «lejanías» de la Tierra incitó a Galileo a adaptarlo para observar el Sol, la Luna y los planetas. Galileo desarrolló un telescopio muy modesto para los patrones modernos (véase la figura 7.6), pero fue el heraldo de una era nueva. De hecho, los primeros descubrimientos que aportó el telescopio, como los cráteres de la Luna, las manchas del Sol y cuatro satélites de Júpiter, fueron bastante inesperados, aunque también mal recibidos.

Mal recibidos porque en ocasiones ocurre que los nuevos hallazgos tambalean las viejas creencias. Los cráteres de la Luna (véase la figura 7.7) o las manchas solares (figura 7.8) se consideraron errores de la creación divina y, como tales, contradecían el dogma de que la creación es perfecta. Asimismo,

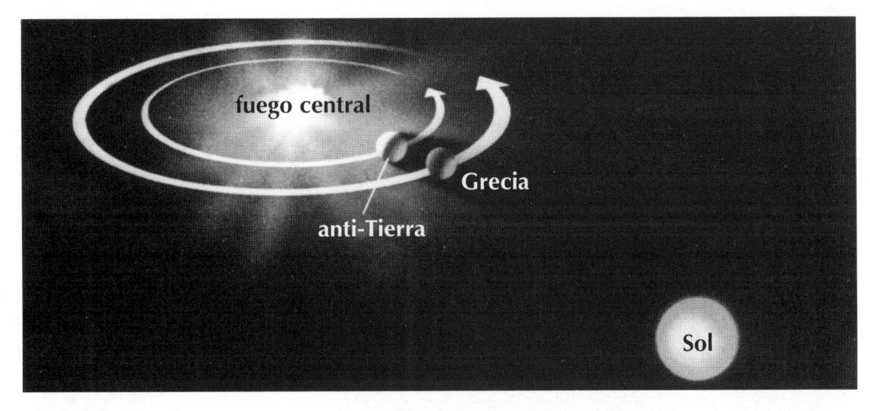

Figura 7.4.
Idea pitagórica del sistema Sol-Tierra (consúltese el texto para ahondar en detalles). Extraído de D. Layzer, *Constructing the Universe*, Scientific American Books, 1984. Uso autorizado por W. H. Freeman & Co.

el descubrimiento de cuatro lunas orbitando Júpiter (figura 7.9) amenazaba la creencia de que todo gira alrededor de la Tierra.

Con el transcurso de los siglos, la concepción del universo fue adquiriendo la forma actual y en el camino fueron quedando las muchas ideas erróneas a medida que aumentó la nitidez de la figura. Sortearemos esos pasos intermedios para acceder ya a la concepción moderna del universo.

Visión general del universo

El tamaño del universo puede concebirse a partir de una serie de estructuras jerárquicas cuyos tamaños y masas van en aumento de manera progresiva. Las figuras 7.10 y 7.11 ilustran dichos estadios, la primera representando el tamaño lineal y la segunda, la masa. Las cifras adjuntas a cada ilustración se han redondeado hacia arriba o hacia abajo a partir de los valores exactos, con la intención de procurar una idea acerca de las magnitudes involucradas.

Partimos de la Tierra. Sabemos que el radio de nuestro planeta mide 6.400 km y que su masa asciende a 6.000 trillones de toneladas. El Sol tiene un radio 110 veces mayor que el de la Tierra y una masa que supera en 300.000 veces la de la Tierra.

El Sol constituye una estrella típica y, como vimos en el capítulo 2, con relación a otras estrellas presenta un tamaño intermedio, ni grande ni pequeño. Pero nuestra Galaxia alberga entre 100.000 y 200.000 millones de estrellas. La imagen de la Galaxia que contiene la figura 7.12 se ha obtenido apuntando con la cámara hacia varias direcciones de la Vía Láctea y uniendo las tomas entre sí. Repárese en que contemplamos la Galaxia desde su interior y por tanto no podemos obtener una imagen completa de ella. No obstante, la figura 7.13 muestra el aspecto de nuestra Galaxia observada desde diferentes ángulos. Presenta forma de disco con una protuberancia en

Figura 7.5.
Galileo Galilei.

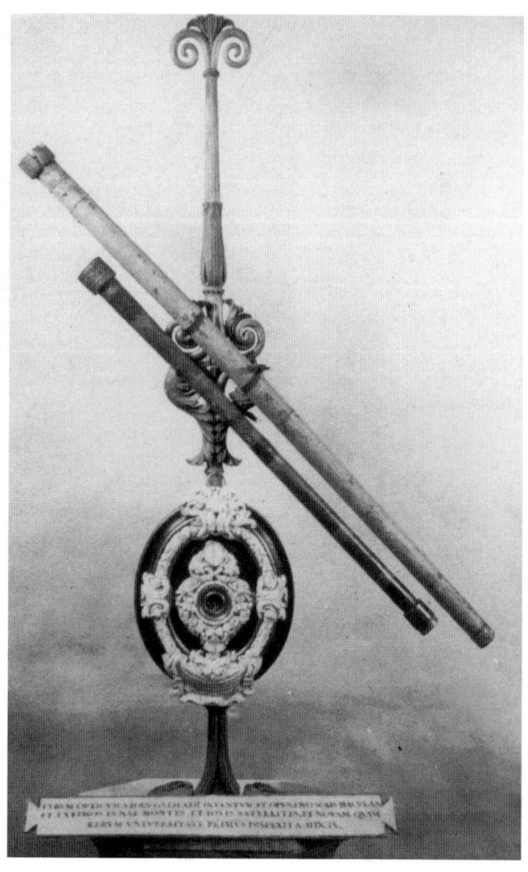

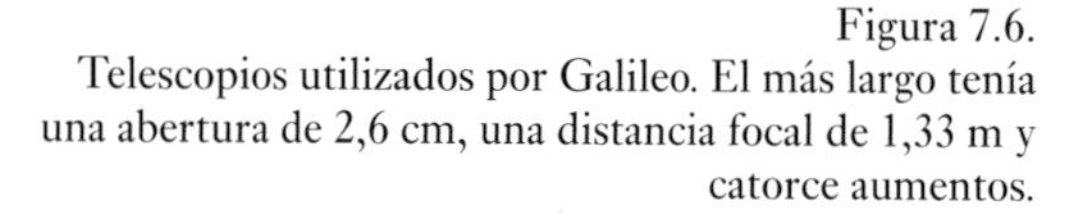

Figura 7.6.
Telescopios utilizados por Galileo. El más largo tenía una abertura de 2,6 cm, una distancia focal de 1,33 m y catorce aumentos.

el centro. El disco en sí cuenta con brazos espirales donde existe una concentración mucho más densa de estrellas. El Sol y su sistema planetario se hallan a dos tercios de distancia del centro del disco. Tal como se aprecia en la figura, el diámetro del disco ronda los 100.000 años-luz.

El siguiente nivel estructural dentro de la jerarquía lo conforma el grupo al que pertenece una galaxia. Nuestra Galaxia forma parte del Grupo Local, consistente en unas veinte galaxias. No obstante, no todas ellas poseen el mismo tamaño. La Galaxia y la galaxia de Andrómeda (catalogada como M 31 en el Catálogo de Messier) destacan en el Grupo Local. La distancia que separa nuestra Galaxia de la de Andrómeda es de unos dos millones de años-luz. La figura 7.14 muestra una fotografía de esta galaxia vecina.

Aunque se trata de una fotografía óptica, es decir, que reproduce ondas de longitudes visibles, algunas galaxias, como ya se ha visto, irradian en longitudes infrarrojas, de radio o de rayos X más que en las longitudes de onda ópticas. En el capítulo 5 se habló de las radiogalaxias.

Figura 7.7.
Fotografía moderna de los cráteres de la Luna que descubrió Galileo por primera vez con ayuda del telescopio (cortesía de la NASA).

La figura 7.15 muestra un *cúmulo* de galaxias. Un cúmulo ordinario de estos objetos puede llegar a contener cientos de galaxias. El diámetro de estos cúmulos varía entre 5 y 10 millones de años-luz y puede albergar una masa equivalente a varios cientos de billones de masas solares.

Durante mucho tiempo se creyó que el universo no contenía estructuras mayores que los cúmulos de galaxias y que, entonces, a escalas mayores, digamos de unos 30 millones de años-luz, sería homogéneo. Sin embargo, a lo largo de las tres últimas décadas la cartografía sistemática de galaxias en el espacio y los estudios minuciosos de los cúmulos de galaxias han revelado la heterogeneidad del universo a escalas aún mayores, tal como se observa en la figura 7.16. En ella se aprecian *supercúmulos* a una escala de 150 millones de años-luz con masas del orden de entre diez y cien veces la de los cúmulos. Es más, estos supercúmulos presentan una estructura filamentosa y se encuentran separados entre sí por *huecos* que también superan los 100 millones de años-luz de extensión.

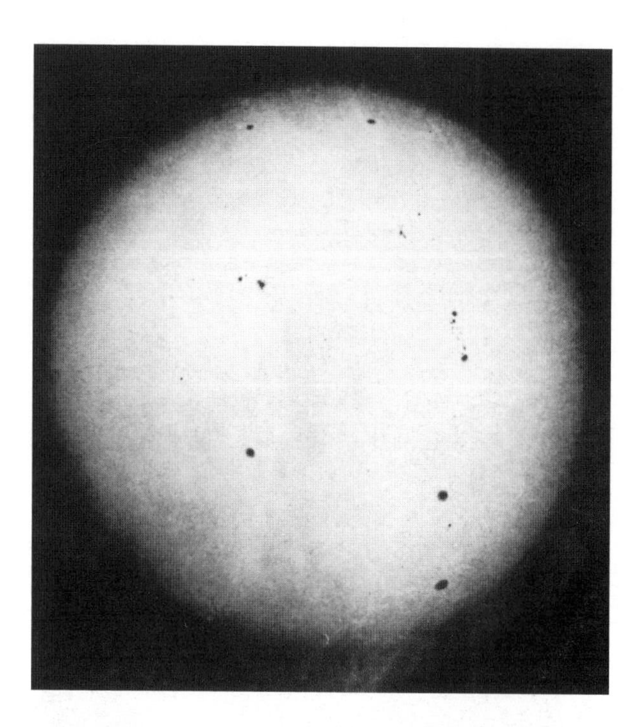

Figura 7.8.
Manchas solares fotografiadas con equipos modernos (cortesía de los Observatorios Nacionales de Astronomía Óptica).

¿Continúa la jerarquía en niveles superiores? Hasta el presente no disponemos de evidencia alguna, pero es justo decir que los astrónomos aún no han logrado analizar de manera sitemática regiones del tamaño de 500 millones de años-luz para comprobar si hay agrupamientos a tales escalas.

El último escalafón de mayor tamaño representado en la figura 7.10 es el del propio universo. En realidad, el universo podría ser ilimitado, pero los mejores telescopios de que disponemos solo nos permiten llegar hasta una distancia de 10.000 millones de años-luz y, como ilustra la figura 7.11, la masa contenida en una esfera de ese tamaño puede alcanzar varios miles de trillones de masas solares.

El análisis de esta estructura compleja y gigantesca permite apreciar la verdadera insignificancia de nuestro entorno terrestre. Vivimos en un planeta diminuto que gira alrededor de una estrella inmersa en una galaxia que contiene cien mil millones de estrellas similares y forma parte de un grupo de galaxias más bien pequeño y perteneciente a un cúmulo contenido en un supercúmulo que a su vez constituye uno de los muchos supercúmulos existentes en un universo vastísimo y tal vez hasta infinito. Esta composición jerárquica recuerda en cierto modo la jerarquía puránica hindú mencionada con anterioridad.

Eddington describió el reto desalentador que desafía a los cosmólogos con las siguientes palabras:

> El ser humano en pos del conocimiento del universo es como un escarabajo de la patata que, inmerso en un tubérculo alojado en la bodega de un barco, intentara descubrir la naturaleza del vasto océano a partir del movimiento del buque.

Ahora los cosmólogos han asumido el reto, y les confiere crédito el éxito significativo que han logrado al encajar al menos algunas piezas del rompecabezas del universo que permiten un conocimiento parcial del mismo. Como dijo Albert Einstein en una ocasión:

> Lo más incomprensible del universo es que sea comprensible.

Nuestra séptima maravilla versa sobre el universo mismo, sobre sus características sobresalientes que ya conocemos y todos los sugerentes secretos que aún guarda sin descubrir.

Figura 7.9. Fotografías de las cuatro lunas jovianas vistas por primera vez por Galileo. Se sabe que Júpiter posee un mínimo de 16 satélites. Estas imágenes fueron tomadas por la sonda espacial *Voyager 1* en marzo de 1979 (fotografía cedida por la NASA).

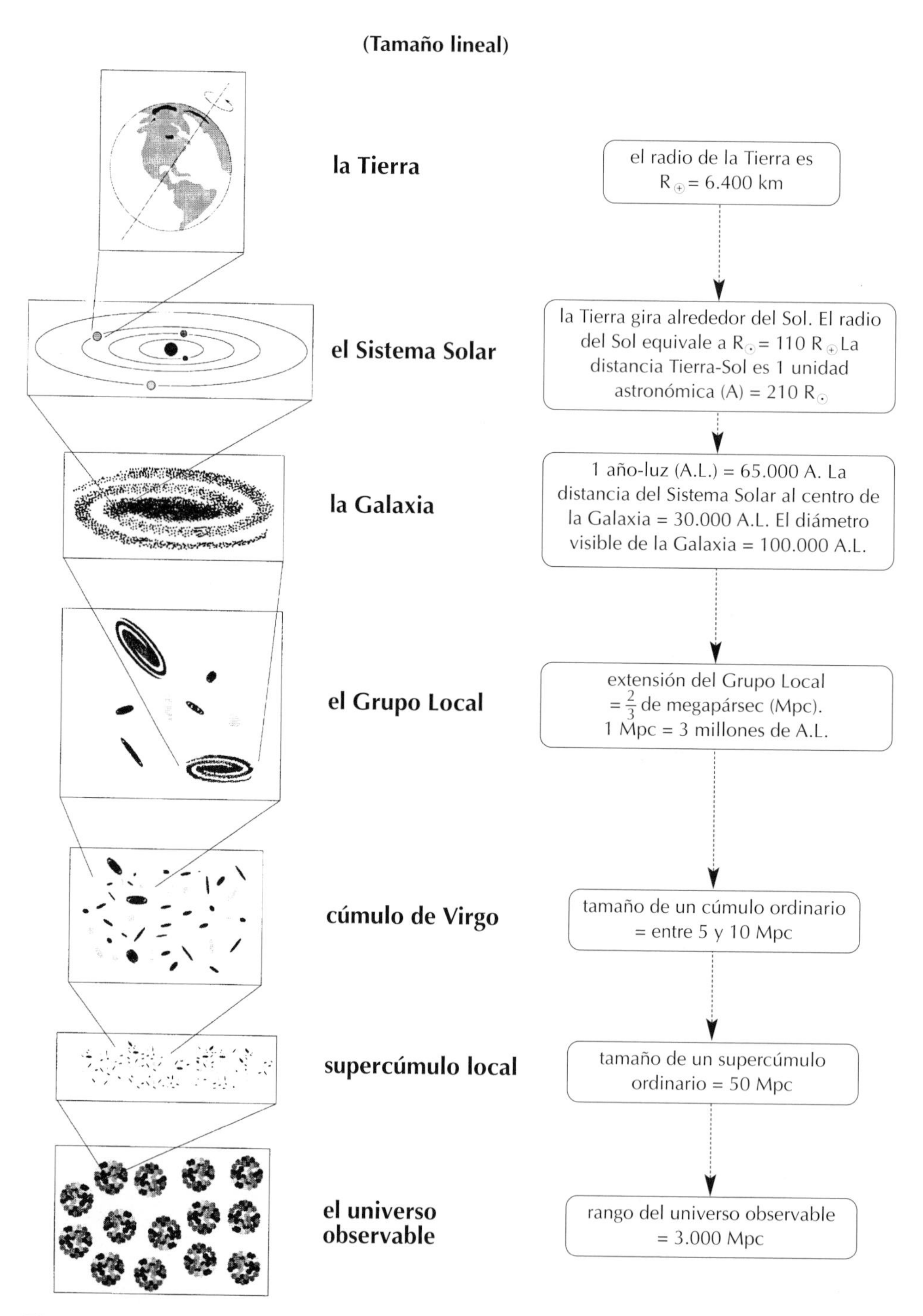

Figura 7.10.
Tamaños característicos de las diversas estructuras que conforman la jerarquía cósmica.

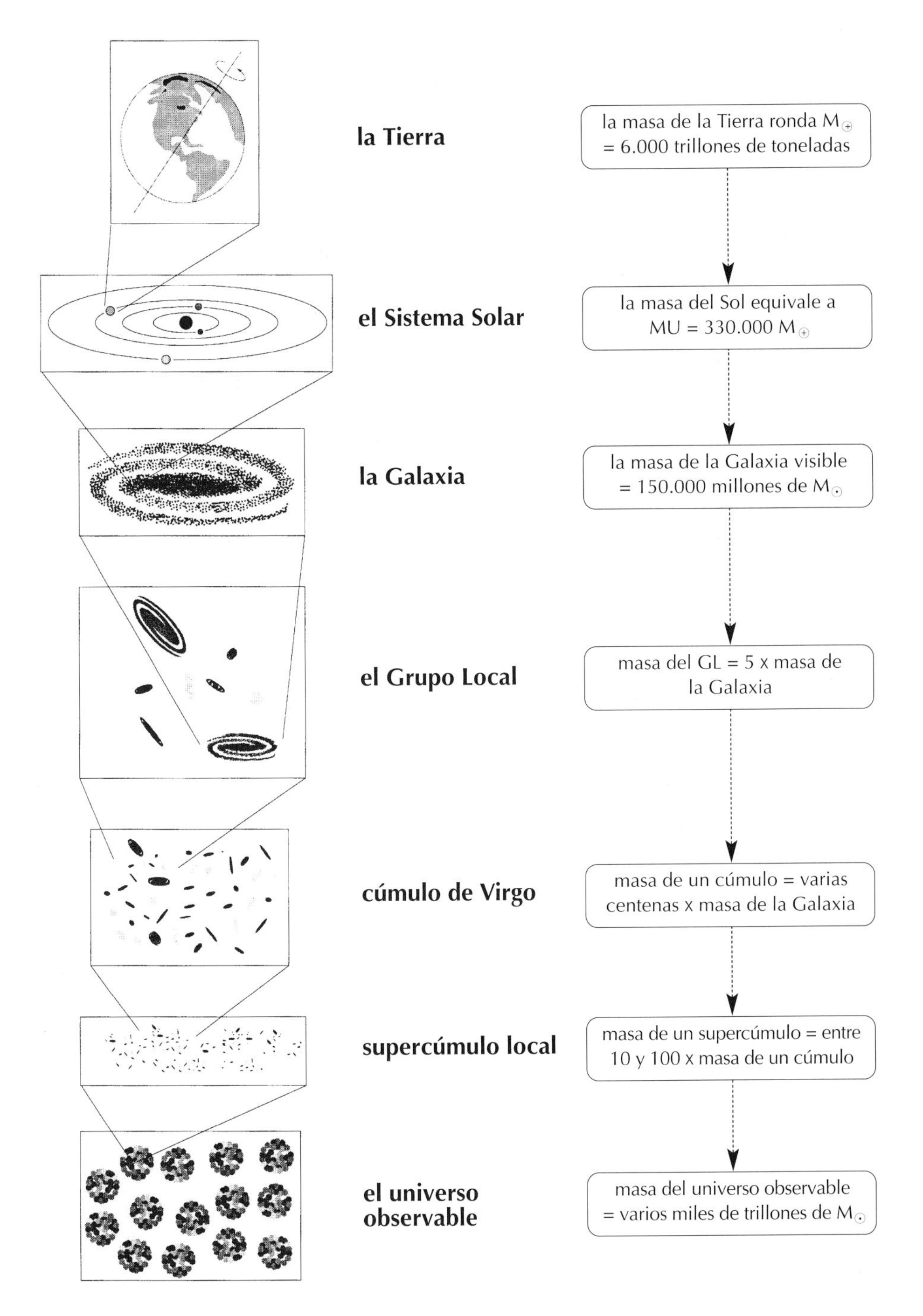

Figura 7.11.
Masas características de las diversas estructuras que conforman la jerarquía cósmica.

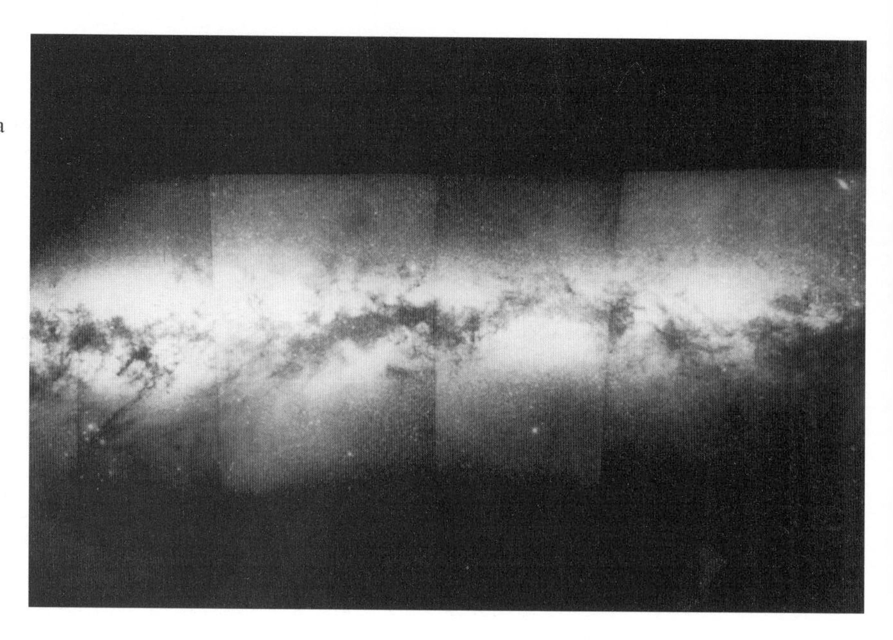

Figura 7.12. Mosaico fotográfico de la Vía Láctea obtenido mediante la superposición de varias imágenes tomadas en diferentes direcciones (ilustración cedida por el Observatorio de Monte Palomar, Instituto de Tecnología de California).

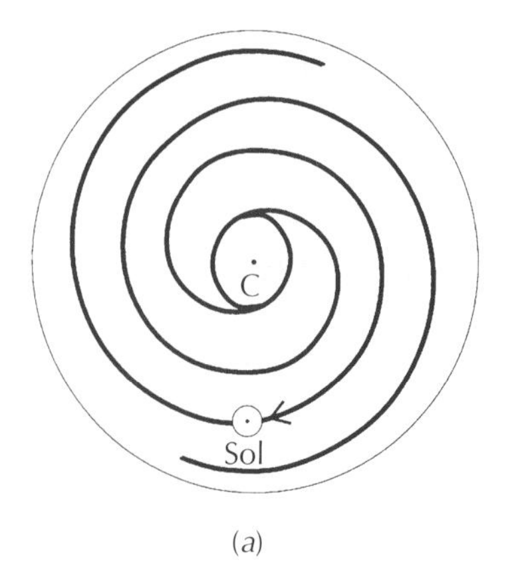

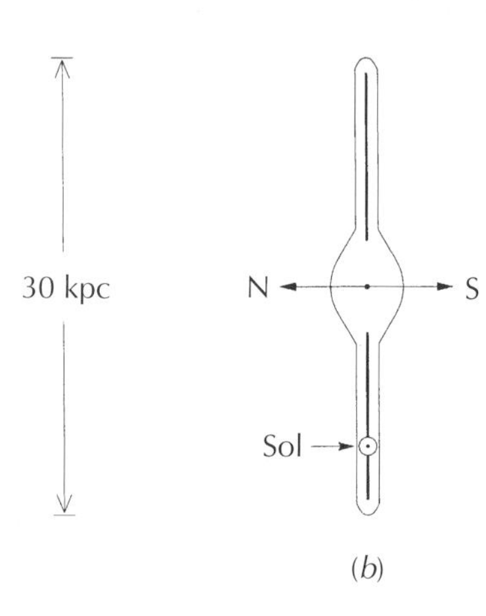

Figura 7.13. Esquema de la Galaxia observada de frente (*a*) y de costado (*b*). Como unidad de distancia se ha empleado el kilopársec (kpc), que aproximadamente equivale a tres mil doscientos cincuenta años-luz. El diámetro de la Galaxia ronda los 30 kpc o 100.000 años-luz.

¿Por qué es oscuro el firmamento nocturno?

Partiremos de esta cuestión sencilla que cuesta considerar relevante para la cosmología. Se trata de una mera experiencia cotidiana que evidencia que la Tierra completa un giro sobre su eje a intervalos de 24 horas y que la zona de la superficie opuesta al Sol a lo largo de ese giro queda en tinieblas o experimenta la caída de la noche. ¿No bastaría con esto para contestar a la pregunta?

El astrónomo alemán Heinrich Olbers no quedó satisfecho con esa respuesta. Los cálculos que ejecutó en 1826 daban unos resultados tan sorprendentes que los astrónomos invirtieron un siglo y medio buscando algún error en la argumentación de Olbers, ya que si aquel hombre estuviera en lo cierto el cielo tendría que mostrar una claridad extrema en todo momento, con independencia del lado de la Tierra que mire al Sol.

En esencia, aquel argumento, conocido como la *paradoja de Olbers*, dice así.

Además del Sol, el firmamento aloja muchas otras estrellas que también emiten luz, parte de la cual arriba hasta nosotros. Por supuesto, la luz de una estrella ordinaria resultará bastante insignificante si la estrella se encuentra muy distante. Pero Olbers consideraba que hay tantas estrellas en el universo que la aportación lumínica conjunta de todas ellas no resultaría nada despreciable, de modo que se dispuso a calcularla basándose en un razonamiento sencillo.

Imaginemos que el universo posee una extensión infinita y que está uniformemente colmado de estrellas como el Sol. Tracemos ahora una esfera de radio R y consideremos una capa estrecha que cubra su superficie (véase la figura 7.17). El área de la superficie de la esfera será $4\pi R^2$ y, si la capa posee un grosor a, su volumen aproximado equivaldrá al área de la esfera multi-

Figura 7.14.
Galaxia de Andrómeda (fotografía de los Observatorios Nacionales de Astronomía Óptica).

Figura 7.15. Cúmulo de galaxias de Coma (fotografía obtenida por los Observatorios Nacionales de Astronomía Óptica).

plicada por el grosor, es decir, $4\pi R^2 a$ (hemos imaginado la franja esférica desplegada en una franja plana). Luego si el universo alberga N estrellas por unidad de volumen, entonces el número de estrellas contenidas en la franja ascenderá a $4\pi R^2 aN$. Si ahora atribuimos una luminosidad L a una estrella ordinaria contenida en dicha capa, entonces la fórmula $L/(4\pi R^2)$ revelará qué cantidad de radiación de esa estrella atraviesa una unidad de área ubicada en el centro O. (En el capítulo 2 se tratan en mayor detalle cuestiones como la radiación recibida desde una estrella.) Por tanto, multiplicando esa cantidad por el número de estrellas inmersas en la capa, se descubre que el flujo total de radiación conjunta que llega hasta nuestra posición equivale a LNa. Adviértase que el resultado *no depende de la distancia a la que se encuentran las estrellas que irradian la luz.*

Llegados a este punto, la última parte de la argumentación de Olbers resulta inmediata, ya que consiste en que el observador divida el universo entero en capas esféricas concéntricas de grosores idénticos. Como acabamos de ver, cada franja aporta el mismo flujo de radiación al observador. *Pero el número de tales franjas es obviamente infinito*. De lo cual se deduce, por tanto, que el flujo global procedente de *todas* las estrellas del universo ¡también es infinito!

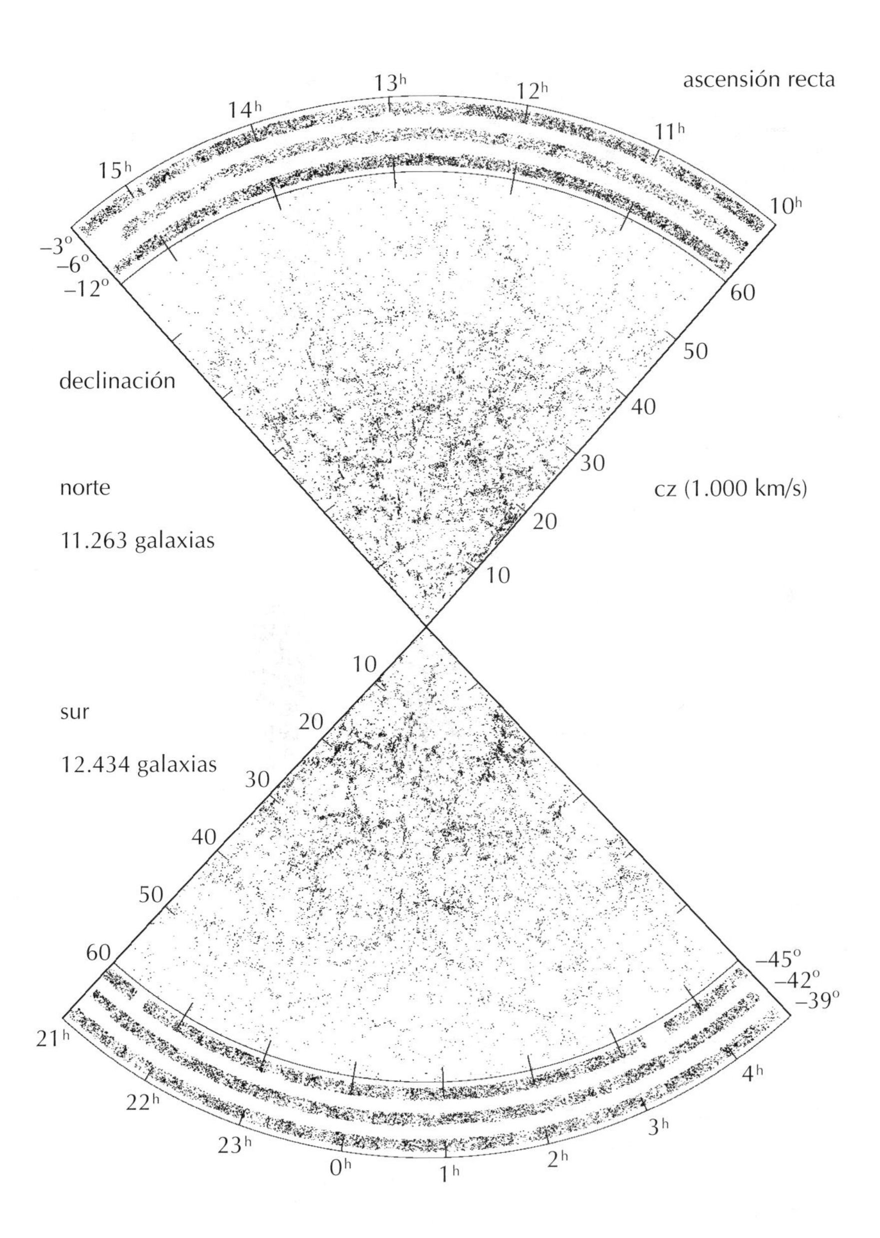

Figura 7.16. Mapa del universo que se extiende hasta las regiones más lejanas, en el que se aprecian huecos, cúmulos y filamentos en la distribución de las galaxias, las cuales aparecen como puntos en la figura. Esta ilustración reproduce el Estudio de Corrimiento hacia el Rojo de Las Campanas, que comprende unas 26.418 galaxias que muestran un corrimiento típico hacia el rojo del orden de 0,1 y se distribuyen a lo ancho de unos 700 grados cuadrados del firmamento. Los corrimientos hacia el rojo se han traducido a distancias empleando la ley de Hubble (imagen extraída de H. Lin *et al.*, *Astrophysical Journal*, núm. 471, 1996, pág. 617).

Sus argumentos básicos llevaron a Olbers a esta conclusión lógica. Ahora ya sabemos por qué el firmamento nocturno debería aparecer siempre brillante, nos encontremos o no de espaldas al Sol.

Sin embargo, el firmamento nocturno se muestra oscuro, de modo que debe haber algún error en los cálculos anteriores. Pero ¿cuál?

Un análisis cuidadoso de todo el razonamiento de Olbers revela una fisura. Las estrellas no son fuentes puntuales: poseen un tamaño finito. Por tanto, al ir colocando estrellas en franjas sucesivas alrededor de *O*, llegará un momento en que, naturalmente, cubran todo el cielo visible desde *O*. Puede que una comparación sirva de ayuda aquí. Al mirar a través de un hueco entre los árboles de un parque, podremos divisar los edificios del fondo. En cambio, si nos encontramos en un bosque lleno de árboles, no alcanzaremos a divisar nada más allá de una distancia limitada. Todos los huecos que quedan entre los árboles más cercanos acaban cubriéndose por las hileras de árboles que quedan más allá. De modo que aunque tracemos un número infinito de franjas para cubrir todo el universo, solo las estrellas contenidas en las franjas más próximas contribuirán al flujo total de radiación. Por tanto, no se trata de un flujo infinito, sino finito.

Pero aún no hemos salido del bosque, porque ese flujo finito de radiación total puede calcularse y se muestra similar al que existe en la superficie del Sol. Esto implica que el cielo no solo debería mostrarse brillante, sino que además en cualquier región del mismo, incluidas nuestras proximidades, debería imperar una temperatura de alrededor de 5.500 grados centígrados. Así que volvemos a llegar a una conclusión imposible.

En el pasado, los astrónomos han propuesto otras dos soluciones a esta paradoja. La primera de ellas considera que el universo puede no contar con una extensión infinita, como supuso Olbers, sino finita. Eso significaría que al trazar las capas esféricas habrá que detenerse en un punto más allá del cual ya no existe nada. Ese punto debe encontrarse como mínimo a la distancia

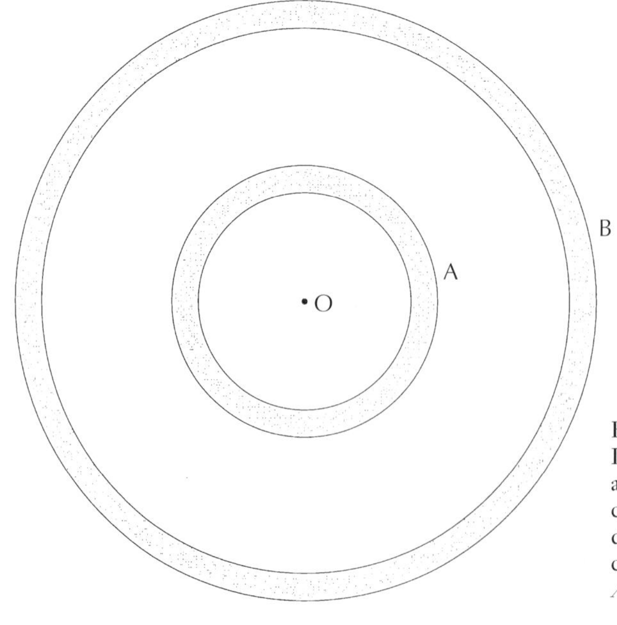

Figura 7.17.
Las estrellas inmersas en una capa determinada alrededor de un observador *O* ubicado en el centro, aportan a *O* un flujo de radiación que no depende de la distancia a la que se encuentra la capa. Por tanto, dos franjas del mismo grosor, *A* y *B* en la figura, aportan un flujo idéntico a *O*.

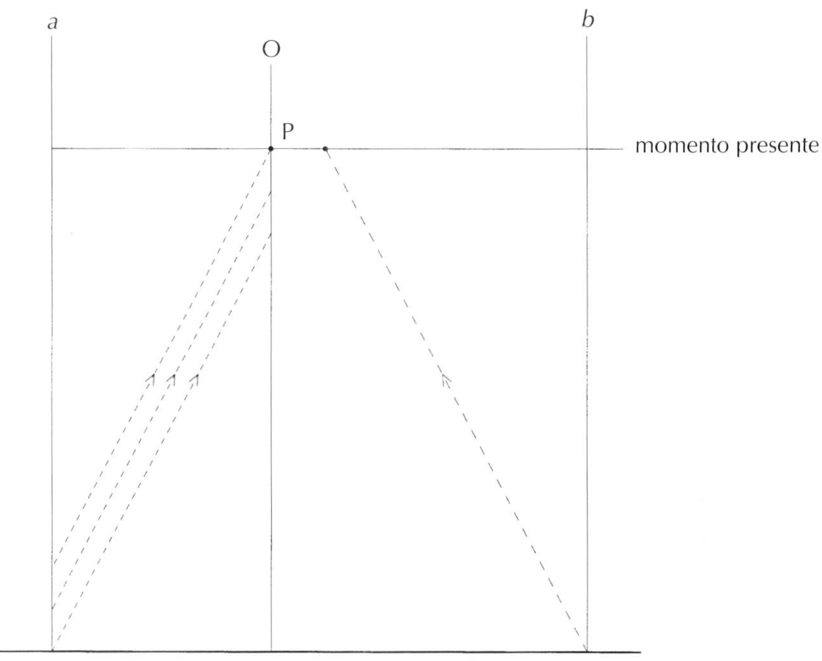

Figura 7.18. En este diagrama espaciotemporal se aprecian las líneas del mundo de dos fuentes de luz *a*, *b*, que distan 8.000 y 12.000 millones de años-luz del observador *O*. Las líneas discontinuas muestran la trayectoria de la luz. Nótese que las señales luminosas enviadas por *a* después del surgimiento del universo pueden alcanzar *O* antes del momento presente en el punto *P*, mientras que la señal procedente de *b* aún no ha llegado hasta *O*.

que alcanzan nuestros telescopios más potentes, ya que, de acuerdo con nuestro alcance de visión en el momento presente, no se aprecia ninguna ausencia de fuentes de luz hasta una distancia que ronda los diez mil millones de años-luz. En tales condiciones encontraríamos una resolución de la paradoja, ya que la aportación conjunta de las fuentes que hay entre nuestra Galaxia y esa distancia resulta verdaderamente insignificante comparada con la luz que recibimos del Sol.

La otra explicación de la paradoja afirma que las estrellas que vemos o que en principio podemos ver empezaron a existir hace un tiempo finito. Supongamos que el universo mismo hubiera surgido hace diez mil millones de años. En tal caso, hoy en día solo podríamos recibir la luz procedente de estrellas que disten de nosotros un máximo de diez mil millones de años-luz, puesto que la luz de las estrellas situadas más allá aún no habría tenido tiempo de alcanzarnos. La figura 7.18 ilustra esta situación.

Otra solución posible de la paradoja tiene en cuenta el hecho de que las estrellas inmersas en una capa determinada viven durante un tiempo finito. No pueden brillar eternamente. En el capítulo 2 ya vimos que toda estrella acaba agotando con el tiempo sus reservas energéticas. Por consiguiente, no podemos esperar que las capas contengan estrellas cuyo brillo dure siempre. Esto reduce, en efecto, la aportación neta al flujo total recibido.

Pero todas estas consideraciones presentan algún rasgo insatisfactorio. Así, por ejemplo, si todas las estrellas duran un tiempo limitado, entonces, en un universo infinitamente antiguo, ya no quedarían estrellas fulgurantes a menos que se produjera una formación continuada de estrellas nuevas. Un universo de edad finita plantea asimismo cuestiones filosóficas y conceptuales, y lo mismo ocurre con un universo finito en el espacio.

Con todo, los cálculos de Olbers obviaban un aspecto crucial que solo se tornó manifiesto a mediados del siglo XX, cuando Hermann Bondi estudió la cuestión al resucitar la paradoja de Olbers. A continuación veremos esa evidencia decisiva del universo real con la que Olbers no contó y en la cual se basa la cosmología moderna.

La ley de Hubble

El verdadero despegue de la cosmología observacional moderna se produjo a partir del descubrimiento que Edwin Hubble (figura 7.19) anunció en 1929

Figura 7.19.
Edwin Hubble de pie junto al telescopio Schmidt de Monte Palomar, cuyo espejo primario mide 122 centímetros. El telescopio estuvo listo poco antes de morir Hubble (fotografía cedida por los Observatorios de Monte Wilson y Las Campanas).

en un artículo titulado «A relation between distance and radial velocity among extragalactic nebulae», publicado en las actas de la Academia Nacional de Ciencias de Estados Unidos. El hallazgo de Hubble culminaba un trabajo de varios años relacionado con los espectros de galaxias, que había iniciado en compañía de V. M. Sliper en 1914. Observemos la figura 7.20 para comprender su significado.

Esta figura muestra fotografías de varias galaxias inmersas en cúmulos, ordenadas una tras otra en la columna de la izquierda. A medida que descendemos en la serie, las galaxias se tornan más tenues y pequeñas, señal de que se trata de galaxias cada vez más distantes. Las cifras que acompañan las fotografías indican sus distancias reales, que van desde 78 millones hasta 3.960 millones de años-luz, lo cual confirma esa hipótesis.

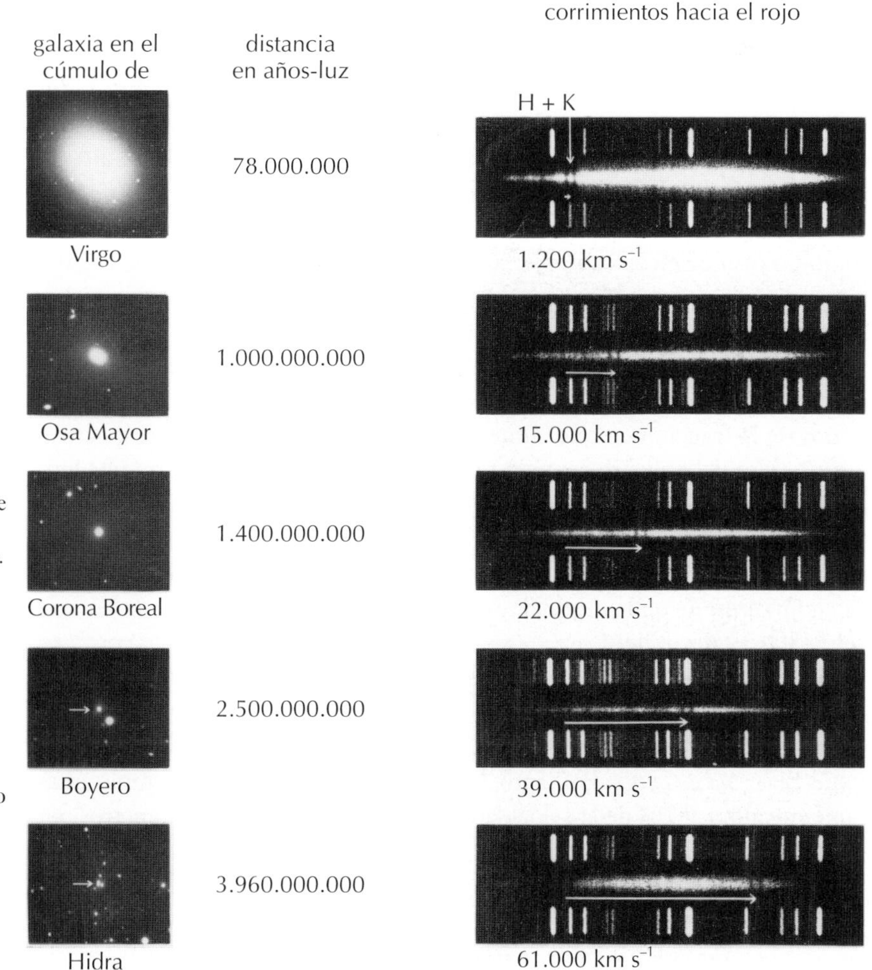

Figura 7.20. En cada par fotográfico se representa, a la izquierda, una galaxia perteneciente a un cúmulo y, a la derecha, su espectro. En la figura se dan las distancias a las que se encuentran las galaxias además de sus velocidades radiales (debajo de cada espectro) estimadas de acuerdo con el efecto Doppler (Observatorio de Monte Palomar, Instituto de Tecnología de California).

Al estudiar las estrellas en el capítulo 2 se comentó que el brillo aparente de las mismas podía emplearse para estimar la distancia a la que se encuentran. Pues bien, a las galaxias se aplica el mismo principio. Si asumimos que la luminosidad intrínseca de las galaxias no cambia demasiado de unas a otras, es de esperar que una galaxia débil sea más lejana que otra brillante, y la medición cuantitativa de su brillo aparente puede utilizarse para calcular su distancia. De modo similar, basándonos en el argumento de que si todos los objetos de una clase determinada presentan el mismo tamaño entonces el objeto más lejano se aprecia de tamaño menor, podemos verificar por partida doble la distancia estimada.

Como veremos más adelante, estas dos afirmaciones de apariencia razonable pueden tendernos trampas. Aunque, por el momento, aceptaremos su corrección.

A la derecha se muestra el espectro de cada galaxia. El espectro real, en el centro, va acompañado de un espectro comparativo a cada lado, el cual equivale al espectro de una fuente de laboratorio que muestra las líneas oscuras (de absorción). El espectro verdadero también presenta una o dos líneas oscuras, que aparecen desplazadas hacia el extremo del rojo (las longitudes de onda más largas) en relación con las mismas líneas del espectro comparativo. Es decir, estamos presenciando un ejemplo de *corrimiento hacia el rojo* con el que ya nos topamos en el capítulo 5. Si se interpreta como un caso de efecto Doppler, cabe calcular la velocidad a la que la galaxia se aleja de nosotros, y a ello corresponde la velocidad que aparece debajo de cada espectro.

La relación empleada para estimar este efecto resulta sencilla de comprender. El «corrimiento» hacia el rojo de una línea espectral se mide en términos de la fracción en que aumenta su longitud de onda con respecto al mismo valor del espectro comparativo. Por tanto, si la línea muestra una longitud de onda de 500 nanómetros[14] en el espectro de referencia, pero en el espectro de la galaxia aparece con una longitud de onda de 505 nanómetros, el corrimiento será de cinco nanómetros. Si se expresa como una fracción de su longitud de onda original, este corrimiento hacia el rojo de la línea es del 5/500, es decir, del 1%.

¿Cómo emplear esta información para calcular la velocidad de recesión? Pues aquí interviene el efecto Doppler, el cual establece un principio muy sencillo para obtener esa información: *multiplicar el corrimiento hacia el rojo por la velocidad de la luz*. Por tanto, la velocidad de recesión del ejemplo anterior equivaldrá al 1% de la velocidad de la luz, es decir, 3.000 kilómetros por segundo.

---

[14] Un nanómetro equivale a la milmillonésima parte de un metro (10^{-9}m).

Aunque la figura 7.20 no ofrece los datos iniciales que Hubble incluyó en su artículo de 1929, al menos sirve para hacerse una idea de su hallazgo, un descubrimiento notable, de hecho, pues de una ojeada ya se aprecia que las galaxias más distantes se alejan de nosotros a mayor velocidad. Hubble encontró una relación aún más precisa que puede enunciarse como sigue:

La velocidad de recesión que presenta una galaxia con respecto a nosotros es directamente proporcional a la distancia a la que se encuentra.

En pocas palabras, si consideramos dos galaxias, G_1 y G_2, de las cuales G_2 se encuentra al doble de distancia que G_1, entonces la velocidad de recesión de G_2 también doblará la velocidad de recesión de G_1.

Este principio se confirmó según se fue aplicando con posterioridad a galaxias cada vez más distantes y se conoce como *ley de Hubble*. Según esta, la velocidad de recesión de una galaxia se obtiene multiplicando su distancia por una constante fija denominada la *constante de Hubble*. Hubble calculó que una galaxia que se halle a, digamos, diez millones de años-luz, se aleja a una velocidad de 1.600 kilómetros por segundo. La figura 7.21 muestra el aspecto de esta relación entre la velocidad (radial de alejamiento con respecto a nosotros) y la distancia cuando se expresa en una gráfica. No obstante, como veremos más adelante, Hubble sobrestimó en demasía el valor de esta constante.

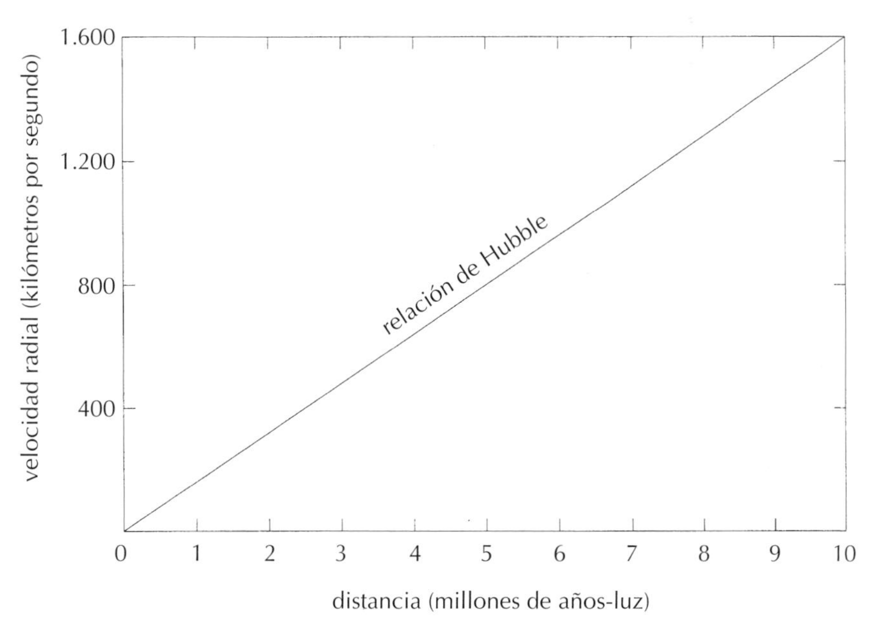

Figura 7.21.
La velocidad de una galaxia (calculada a partir de su corrimiento hacia el rojo) y la distancia que la separa de nosotros aparecen representadas respectivamente en el eje vertical y horizontal de esta gráfica. Los puntos caen en la línea recta, cuya pendiente sobre el eje horizontal indica el valor de la constante de Hubble. El valor que se muestra aquí es el que estableció el propio Hubble y hoy se sabe demasiado elevado.

El universo en expansión

Tomada en sentido literal, la ley de Hubble implica la siguiente conclusión. En cualquier dirección se observan galaxias que se alejan de nosotros, y las más remotas lo hacen a velocidades mayores. ¿Confiere esto un lugar privilegiado a nuestra Galaxia dentro del universo? No nos resistimos a la tentación de aportar una perspectiva histórica antes de responder a esta pregunta.

En la edad antigua, varios miles de años atrás, imperaba la creencia general de que la Tierra yace quieta en el centro del cosmos, mientras que todo el firmamento celeste gira en su derredor. Esta creencia en una importancia especial de la Tierra se mantuvo vigente hasta el siglo XVI, cuando la empresa iniciada por Nicolás Copérnico ubicó el Sol en el centro del sistema planetario. Dos siglos más tarde, Wilhelm Herschel se basó en sus estudios de las estrellas y en sus distancias estimadas para elaborar un mapa de la Galaxia, dentro del cual situó el Sol en el centro de la misma. La figura 7.22 reproduce el mapa de Herschel.

Por tanto, aunque la Tierra hubiera sido desterrada de su ubicación especial, la humanidad aún podía jactarse de que nuestro Sol y sistema planetario ocupaban un lugar privilegiado. Pero aquel status atribuido al Sol se desvaneció a comienzos del siglo XX al verificarse el esquema de la Galaxia que muestra la figura 7.13. Harlow Shapley, del Observatorio de Harvard College, introdujo la concepción correcta, según la cual el Sol se encuentra lejos del centro galáctico. La estimación actual de su distancia al mismo ronda los 30.000 años-luz.

Una vez rechazado aquel status del Sol dentro de la Galaxia, las ideas antropocéntricas pasaron a otro nivel. ¿Es nuestra Galaxia el objeto más importante del universo? Este interrogante recibió una respuesta afirmativa hasta los albores del siglo XX.

Immanuel Kant (1724–1804) propuso una interpretación opuesta hace ya dos siglos afirmando que el universo alberga otros sistemas estelares semejantes a nuestra Galaxia, solo que se encuentran tan lejanos que no pueden contemplarse en detalle. Él los denominó *universos-isla*.

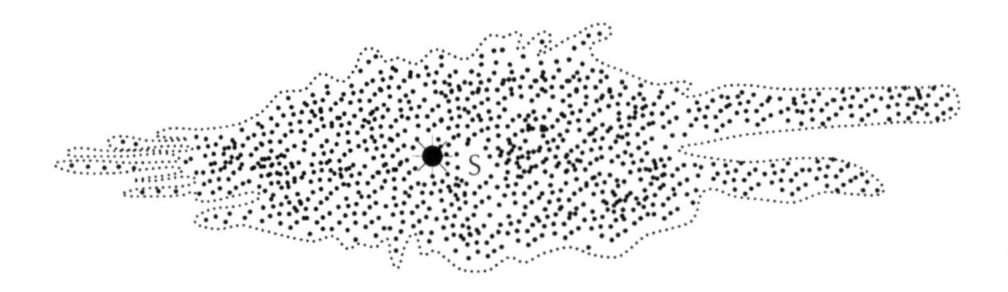

Figura 7.22.
En 1785, Wilhelm Herschel perfiló este mapa de la Galaxia. Adviértase que la estrella señalada en el centro de la misma representa el Sol.

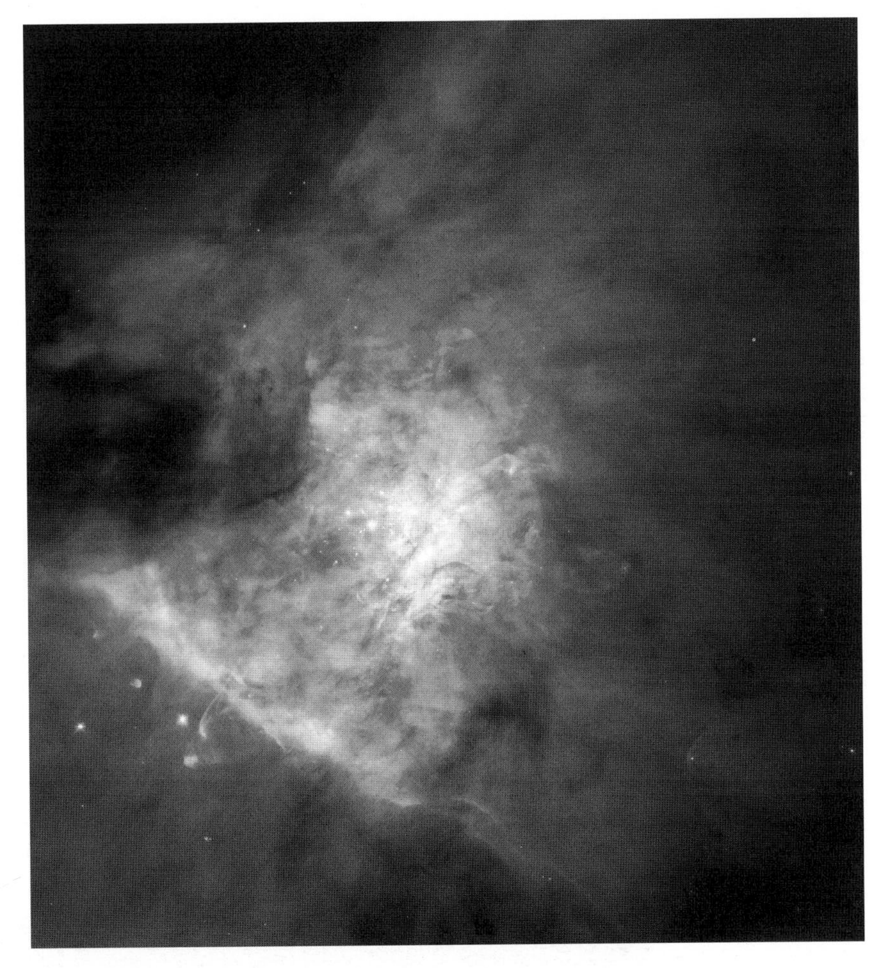

Figura 7.23. Mosaico de 45 imágenes individuales de la Nebulosa de Orión unidas para mostrar esta extensa región nubosa de la Galaxia (fotografía de C. R. O'Dell de la Universidad Rice, NASA e Instituto Científico del Telescopio Espacial).

Pero esta idea de Kant se adelantó demasiado a su tiempo y apenas encontró seguidores. Las figuras 7.23 hasta 7.25 muestran varias nebulosas, es decir, imágenes de objetos difusos y luminosos que no constituyen fuentes concentradas de luz como las estrellas. Hoy sabemos que las nebulosas de las figuras 7.23 y 7.24 pertenecen a nuestra Galaxia, mientras que la nebulosa de la figura 7.25 conforma en realidad una verdadera galaxia ajena a la nuestra, al igual que la Nebulosa de Andrómeda que muestra la figura 7.14.

Sin embargo, incluso a lo largo de los siglos XVIII y XIX se mantuvo una controversia acerca de las distancias a las que se encuentran algunas de estas nebulosas, en especial aquellas que no parecían yacer dentro del disco de la Galaxia. Al igual que Kant, el matemático Johann Lambert (1728–1777) sostenía que algunas de aquellas nebulosas eran extragalácticas y conformaban auténticas galaxias. R. A. Proctor (1837–1888) aportó una explicación en

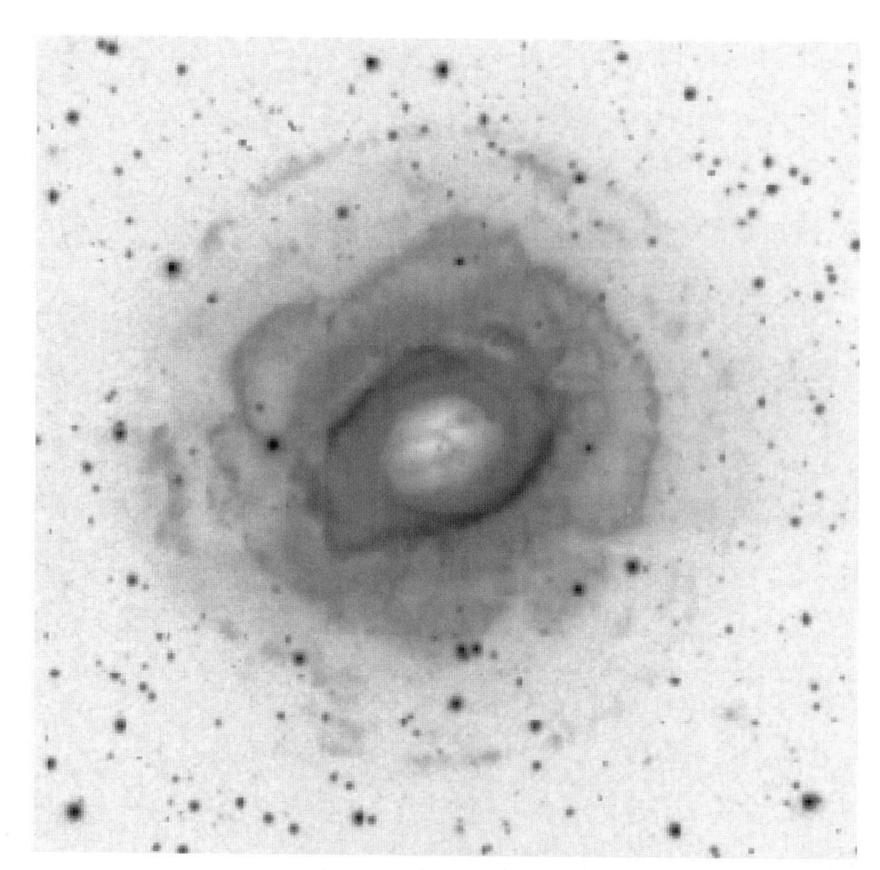

Figura 7.24. Imagen CCD de la nebulosa anular de la Lira obtenida por George Jacoby. Comparada con la fotografía tradicional de la nebulosa que muestra la figura 3.11, esta imagen revela bastantes más detalles (fotografía cedida por G. Jacoby).

Figura 7.25. Galaxia en Escultor, NGC 253 (Observatorio Monte Palomar/Instituto de Tecnología de California).

favor de las ideas de Kant y de Lambert. Adujo que la razón de que en el disco de la Galaxia no se hubieran detectado nebulosas semejantes radica en la presencia de polvo, el cual absorbe la luz que lo atraviesa. El polvo se concentra en el disco galáctico y bloquea el paso de la luz a través del plano del disco, mientras que la luz que se propaga perpendicular al disco apenas encuentra barreras a su paso. El tiempo acabó revelando el acierto de aquella explicación. En cambio, el mismo Harlow Shapley, que había relegado el Sol al lugar que le correspondía dentro de la Galaxia, llegó a afirmar ya en 1919:

> La observación y el estudio de las velocidades radiales, de los movimientos internos y la distribución de las nebulosas espirales, del brillo real y aparente de las novas, de la luminosidad máxima de las estrellas galácticas y cumulares y, finalmente, de las dimensiones de nuestro sistema galáctico se me antojan definitivamente contrarios a la hipótesis de los «universos-isla» para las nebulosas espirales...

La verdad volvió a emerger poco después, cuando la entrada en funcionamiento del telescopio de dos metros y medio del Monte Wilson permitió que Hubble confirmara la hipótesis kantiana y demostrara la naturaleza extragaláctica de nebulosas espirales como la que reproduce la figura 7.14. Nuestra Galaxia, por consiguiente, perdió su exlusividad y supremacía dentro del universo.

Dentro de este contexto consideremos ahora el hallazgo del propio Hubble, el cual parecía volver a situar nuestra Galaxia en un lugar especial, un lugar del que se aleja el resto de las galaxias. Pero aquella gloria recuperada se vivió durante poco tiempo. La naturaleza matemática de la ley de Hubble no tardó en revelar con claridad que consideraba en pie de igualdad todas las galaxias. Así, si residiéramos en otra galaxia y observáramos el universo desde ella, obtendríamos el mismo resultado: todas las galaxias restantes se alejarían de esa nueva posición privilegiada. La figura 7.26 ilustra cómo sucede esto.

De hecho, un modo correcto de interpretar la situación consiste en imaginar que todo el espacio en el que se hallan incrustadas las galaxias se está expandiendo. Un paralelismo gastronómico podría encontrarse en la cocción de un pastel de nueces. A medida que se hace, la masa se va expandiendo y las nueces inmersas en ella se separan unas de otras.

Así pues, como deducción natural de la ley de Hubble cabe afirmar que *el universo se está expandiendo*.

La relación corrimiento hacia el rojo-distancia

Se trató en realidad de una conclusión relevante según la cual el universo no solo es dinámico a gran escala, sino que presenta además un patrón de movimiento muy definido. Aunque las observaciones que realizó Hubble

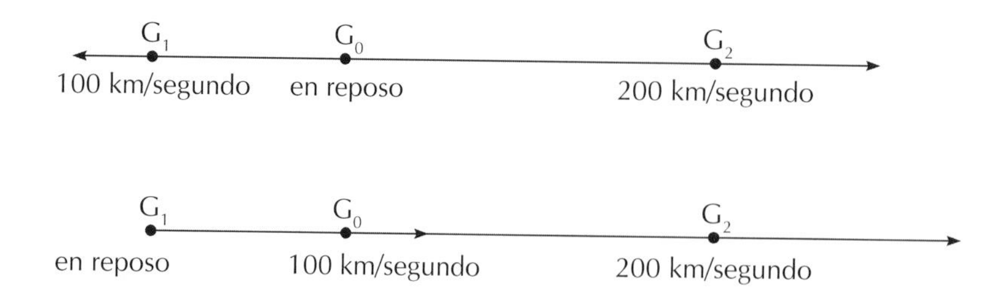

Figura 7.26.
Imaginemos que observamos dos galaxias G_1 y G_2 en direcciones opuestas desde nuestra posición, G_0. Supongamos que G_2 se encuentra al doble de distancia que G_1. Supongamos que la galaxia G_1 se aleja de nosotros a la velocidad de 100 km por segundo. En tal caso, de acuerdo con la ley de Hubble, G_2 se alejará de nosotros a la velocidad de 200 km por segundo, tal como se indica. Si ahora nos situáramos en G_1 y observáramos desde allí, tendríamos que descontar su movimiento con respecto a G_0. De modo que desde G_1 veremos que G_0 se aleja a la velocidad de 100 km por segundo y que G_2 lo hace a 300 kilómetros por segundo, tal como muestra la línea inferior de la figura. Pero desde G_1, G_2 se encuentra tres veces más distante que G_0. De modo que la ley de Hubble también sirve desde el nuevo punto de observación.

durante las décadas de 1920 y 1930 se limitaban a distancias poco superiores a los 100 millones de años-luz, astrónomos posteriores se dedicaron a ampliar el estudio con galaxias más lejanas y, desde la época de Hubble, los mejores telescopios del mundo se han destinado a comprobar si la ley de Hubble funciona con corrimientos hacia el rojo cada vez mayores. Es decir, se intentó verificar si las galaxias con grandes corrimientos hacia el rojo son más tenues, tal como Hubble había comprobado para galaxias cercanas. La figura 7.27 ilustra el aspecto que muestra la relación corrimiento hacia el rojo-brillo aparente en un tipo especial de galaxias. Estas galaxias constituyen los miembros más brillantes de los cúmulos a los que pertenecen. ¿Por qué elegir esta clase especial?

Recordemos del capítulo 2 que si las fuentes lumínicas de un tipo determinado, como las estrellas o las galaxias, se observaran desde diferentes distancias, las más tenues serían las más distantes. Sobre este principio esencial basan los astrónomos sus cálculos de distancia. Pero cuidado con esta afirmación, porque si el objeto *A* posee menor potencia intrínseca para irradiar energía que el objeto *B* entonces, a la misma distancia, *A* se apreciaría más débil que *B* y cabría concluir equivocadamente que *A* se encuentra más alejado que *B*. Para establecer una comparación correcta de distancias hay que asegurarse de que todas las fuentes consideradas poseen la *misma potencia intrínseca*.

Allan Sandage, que en su momento fue estudiante de investigación en Cambridge, ha desempeñado un papel relevante en la aplicación de la relación de Hubble a distancias cada vez mayores. Recurriendo a cúmulos cuyas

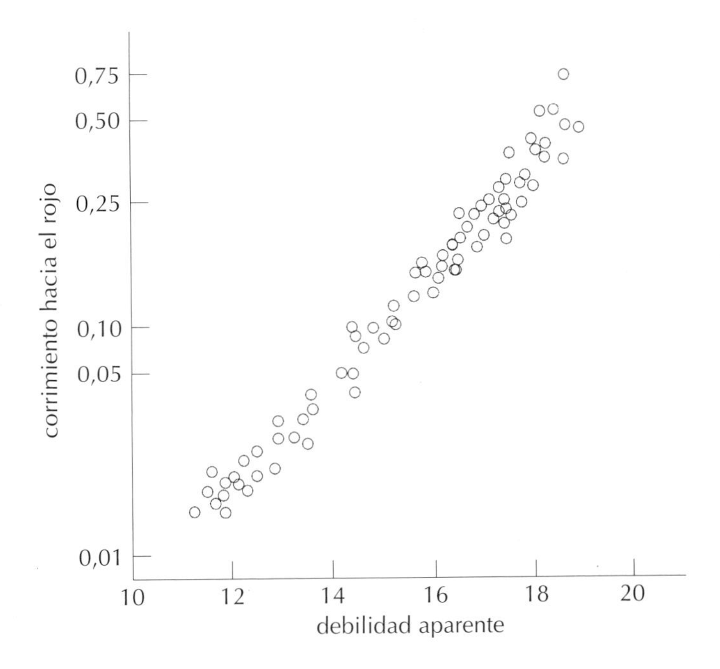

Figura 7.27.
La gráfica de corrimiento hacia el rojo frente al brillo aparente de las galaxias dibuja una línea casi recta cuando se toman como referencia los miembros más brillantes de cada cúmulo de galaxias (basada en el trabajo de Allan Sandage y sus colaboradores).

distancias se conocen, descubrió que la luminosidad de las galaxias más destacadas de cada cúmulo apenas se diferencia de la luminosidad de la galaxia equivalente perteneciente a otro cúmulo. Por tanto, si escogemos las galaxias más destacadas de varios cúmulos, el brillo aparente de cada una de ellas dará una estimación fiable de la distancia a la que se encuentra. La figura 7.27 confirma esta idea, ya que se observa muy poca dispersión alrededor de la línea que definen los círculos.

Por este motivo, los astrónomos han llegado a considerar el corrimiento hacia el rojo como un indicador de la distancia a la que se hallan los objetos extragalácticos, como las galaxias o los cuásares. La regla práctica para obtener una estimación de la distancia del objeto consiste en multiplicar el corrimiento hacia el rojo por una distancia patrón fija, que a su vez viene determinada por el valor de la constante de Hubble. Pero ¿cuál es esta distancia patrón?

Ya se ha advertido que el propio Hubble realizó una estimación incorrecta de esta distancia patrón. Las primeras mediciones adolecían de muchos errores sistemáticos que en buena parte condujeron a este fallo. El conocimiento progresivo de la naturaleza de los errores se tradujo en un descenso gradual del valor de la constante de Hubble con el transcurso de los años. ¿En qué se diferencia el valor moderno de la constante del valor original de Hubble empleado en la figura 7.21? Los valores actuales establecerían que para mostrar una velocidad aparente de recesión de 1.600 km por segundo, una galaxia debe hallarse a una distancia de entre 60 y 85 millones de años-luz, y no a 10 millones de años-luz, como estimaba Hubble.

Por desgracia, a pesar de haber pasado casi siete décadas desde el artículo original de Hubble, los astrónomos no han logrado fijar el valor de la constante de Hubble dentro de unos límites fiables, es decir, entre unas cotas que induzcan menos del 10% de error. Los cálculos imponen demasiadas condiciones y objeciones que impiden a los observadores establecer un valor para la constante de Hubble que pueda considerarse como el «verdadero».

Dividiendo la velocidad de la luz entre la constante de Hubble, se obtiene la distancia patrón. Pero dadas las incertidumbres anejas a la magnitud de la constante de Hubble, la distancia patrón también resulta un tanto imprecisa. De todos modos, y solo para fijar ideas, aquí adoptaremos el valor de diez millones de años-luz para la distancia patrón. Se trata de una cifra aproximada que expresa la enormidad de la escala de distancias cósmicas. Como ya se ha comentado, multiplicando la distancia patrón por el corrimiento hacia el rojo de una galaxia se adquiere una idea acerca de la distancia que la separa de nosotros.

Revisión de la paradoja de Olbers

Retomemos ahora la ingenua pregunta que planteó Olbers: ¿por qué es oscuro el firmamento nocturno? En la actualidad contamos con un elemento nuevo de información sobre el universo del que Olbers y sus coetáneos carecieron. Sabemos que el universo se está expandiendo y que la luz procedente de cualquier fuente extragaláctica acusa un desplazamiento hacia el rojo.

El corrimiento hacia el rojo reduce de dos maneras diferentes la aportación al fondo de radiación local de las fuentes más lejanas. En primer lugar, recordemos del capítulo 5 que el corrimiento hacia el rojo constituye una medida de la diferencia del ritmo al que transcurre el tiempo en la fuente emisora y en el lugar que ocupa el observador. Aunque el fenómeno se detectó en el contexto del corrimiento hacia el rojo gravitatorio, el efecto se produce con cualquier tipo de corrimiento hacia el rojo, como podría ser el descubierto por Hubble. Si el corrimiento hacia el rojo vale 0,5, el reloj del observador funcionará 1,5 veces más deprisa que otro reloj ubicado en la fuente. Es decir, si se emite una señal desde la fuente hasta el observador, un intervalo de un segundo en la fuente corresponderá a un intervalo de 1,5 segundos en el lugar que ocupa el observador. Por tanto, el ritmo al que el observador recibe la radiación deberá *reducirse* en un factor de 2/3 para estimar la aportación de dicha fuente.

En segundo lugar, la radiación en sí pierde energía a medida que se propaga a través del universo en expansión. La radiación consiste en cuantos de luz, denominados fotones, que poseen una energía proporcional a su frecuencia. El corrimiento hacia el rojo reduce la frecuencia del fotón en el momento en que llega al observador y, por tanto, el observador recibe cuantos menos energéticos. Volviendo al ejemplo anterior, el observador solo recibe dos tercios de la energía que la fuente confiere a cada fotón.

Al considerar ambos efectos juntos nos encontramos con que las fuentes de luz más distantes aportan mucha menos claridad al firmamento que la estimada por Olbers. Con un corrimiento hacia el rojo de 0,5, la reducción se verifica en un factor de 4/9; con un corrimiento hacia el rojo de 1, la reducción ocurre en un factor de 1/4, y con un corrimiento hacia el rojo de 9, la luminosidad observada llegaría tan solo al 1% de la original. Cuanto más dista la fuente, más desciende su aportación a la radiación de fondo que nos circunda. Ello torna despreciable la cantidad total de radiación que recibe un observador.

Así pues, la mayor razón de que el cielo se muestre oscuro durante las noches radica en que ¡el universo se está expandiendo!

Modelos de la Gran Explosión

La paradoja de Olbers evidencia que una pregunta más bien simple puede conducir a conceptos cosmológicos profundos tales como la expansión del universo. De hecho, la mayor parte de la gente encuentra pasmosa la idea de un universo en expansión. La consideración de este descubrimiento extraordinario plantea varias cuestiones como, por ejemplo, ¿hacia dónde se expande el universo?, ¿qué hay fuera de él?, ¿durará eternamente la expansión?, ¿se detendrá en algún momento para iniciar un proceso de contracción? Si el universo ha estado expandiéndose y tuvo un tamaño menor en el pasado, ¿hubo algún momento en que fuera mucho más pequeño y no pasara de ser un mero punto con un volumen nulo? ¿Fue así su estado inicial? En tal caso, ¿qué hubo antes que él?

Recordemos los interrogantes que se plantearon los eruditos védicos hace más de tres milenios y que mencionamos al principio del capítulo. Se trata de cuestiones que encuentran reminiscencias en las preguntas actuales acerca del universo.

La diferencia estriba en que para responderlas los cosmólogos modernos recurren a las leyes científicas ya establecidas, en particular aquellas que puedan relacionarse con las estructuras de mayor escala del universo. Las exposiciones que hemos venido introduciendo en esta obra revelan que la gravitación constituye la interacción más relevante de todas. Su efectividad aumenta con la masa y es del todo omnipresente. Asimismo hemos visto que la interpretación einsteniana de la gravedad resulta más adecuada que la de Newton.

De hecho, ya antes de que Hubble informara de sus resultados, los relativistas generales se afanaban por elaborar modelos del universo. El propio Einstein había realizado un primer intento en 1917 cuando propuso un modelo de universo estático, homogéneo e isotrópico. Con el adjetivo «homogéneo» se alude a un universo que muestra el mismo aspecto en todos los puntos del espacio. «Isotrópico» significa que el universo muestra el mismo aspecto en todas direcciones. En otras palabras, si nos desplazáramos hasta cualquier lugar del universo no hallaríamos ningún signo local que sirviera de indicativo para saber dónde nos encontramos, ni ninguna dirección local que indicara hacia dónde miramos. Estas afirmaciones simplificadoras ayudaron a resolver las complejas ecuaciones relativistas. Por fotuna, el universo se muestra homogéneo e isotrópico a escalas lo bastante grandes.

El universo de Einstein presenta otra propiedad: *es cerrado*. Es decir, si encendemos una linterna y enviamos un rayo de luz al espacio, el rayo recorrerá todo el universo sufriendo desviaciones gravitatorias y regresará al punto de partida ¡desde detrás! La figura 7.28 ilustra esta geometría. Un universo cerrado posee un volumen finito, pero no tiene límite alguno.

No obstante, el modelo de Einstein perdió popularidad cuando se supo que el universo no es estático, sino que se encuentra en expansión. Entonces, los cosmólogos pasaron a preferir los modelos que describían un universo en expansión. Pocos años antes del descubrimiento de Hubble, algunos teóricos habían propuesto modelos semejantes, que en principio fueron considerados meras curiosidades matemáticas. De modo que los modelos del cosmólogo soviético Alexánder Fridman, del belga Abbé Lemaître y del estadounidense Robertson se convirtieron en punto de partida para describir la cosmología.

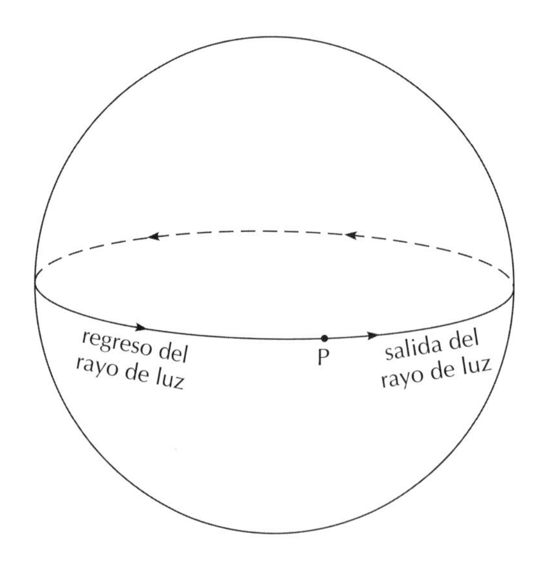

Figura 7.28.
Imaginemos un universo bidimensional confinado a la superficie de una esfera. La superficie posee un área finita, pero ningún límite. Una criatura plana podría desplazarse por él eternamente sin encontrar ningún borde ni frontera. Si desde el punto *P* se envía un rayo de luz hacia la derecha, este describirá un gran círculo y regresará a *P* desde la izquierda. El universo einsteniano era una versión tridimensional de este dibujo.

El más simple de esos modelos incorporaba tres tipos de universo. El universo de tipo I posee una curvatura espacial equivalente a cero, el universo de tipo II posee una curvatura espacial positiva, y el universo de tipo III posee una curvatura negativa. (Véase el capítulo 5 para estudiar las curvaturas del espacio.) El comportamiento dinámico de esos tres modelos presenta una característica común: todos revelan que el universo no se expandió a un ritmo más lento en el pasado que ahora.

De modo que en el pasado el tamaño del universo era cada vez menor y hubo una época especial en la que llegó a tener un tamaño nulo, la denominada época de la *Gran Explosión* (*Big Bang*). Durante la misma, el universo explotó con una velocidad infinita y atravesó un estado de densidad y temperatura infinitas. La expansión que hoy observamos forma parte de las consecuencias de aquella explosión colosal. ¿Queda algún otro residuo tangible? Abordaremos esta cuestión a su debido tiempo.

¿Qué había *antes* de la Gran Explosión? ¡Nada! Ni siquiera espacio ni tiempo. De hecho, en aquella época el universo se encontraba en un estado tan peculiar que elude toda descripción física. Podemos poner en marcha el reloj cósmico justo después de que aquel evento primordial iniciara la existencia del universo. En realidad se trató de un estado muy similar al singular final descrito para un objeto que sufre un colapso gravitatorio (véase el capítulo 5). Como entonces se mencionaba, la diferencia radica en que el universo *explotó* a partir de aquel estado, en lugar de *implosionar* hasta llegar a él.

En este reloj cósmico podemos calcular «la edad del universo» como el tiempo transcurrido desde el acaecimiento de la Gran Explosión. Pero se trata de un valor incierto, en tanto que no conocemos el verdadero valor de la constante de Hubble. Para el modelo tipo I, la edad oscila entre 8 y 10 mil millones de años. Para los modelos tipo II, se obtiene un valor menor, y para los modelos de tipo III, aparece un valor algo superior. Con todo, nótese que la duración que atribuían las antiguas escrituras hindúes al día y la noche de Brahma ascendía a 8.640 millones de años (consúltese el capítulo 5), ¡un valor muy parecido a los anteriores!

¿Un universo abierto o cerrado?

Los modelos recién mencionados comparten la misma historia pero no el mismo futuro. En concreto, todos los modelos del tipo III describen un universo que continuará expandiéndose para siempre. En tal universo, nuestra Galaxia acabará quedándose sin vecinos, los cuales se habrán dispersado hasta distancias infinitas. ¡Un estado de absoluta soledad! Pero tal vez fuera preferible al destino que nos depararía un universo del tipo II. Este universo seguiría expandiéndose durante algún tiempo, pero iría frenándose hasta detenerse por un tiempo y entonces empezaría a contraerse. La contracción seguiría reduciendo más y más el tamaño del universo hasta llevarlo a un estado de densidad y de temperatura infinitas. Como se trata de un estado opuesto al de la Gran Explosión, se le ha denominado la *Gran Implosión:* todo lo que reside en el universo quedaría comprimido hasta alcanzar una densidad infinita. La figura 7.29 muestra una concepción artística de la Gran Explosión, mientras que la figura 7.30 representa estos dos futuros posibles.

¿Y qué ocurre con el modelo de tipo I? Solo existe un modelo de esta clase y se encuentra en la frontera entre los modelos de tipo II y los de tipo III. Así, también se expande eternamente, como los modelos de tipo III, pero muy poco. Basta que su velocidad experimente un ligero descenso para que acabe contrayéndose como cualquier modelo de tipo II. El modelo de tipo I se conoce asimismo como el modelo Einstein-De Sitter, porque fue propuesto por Einstein y De Sitter en un artículo conjunto de 1932.

Como ya se ha mencionado (consúltese el capítulo 5), la teoría de la gravitación de Einstein relaciona la geometría del espacio-tiempo con el estado de sus contenidos. De modo que el futuro de un modelo depende de su geometría. *Todos los modelos cerrados en expansión acabarán contrayéndose hasta*

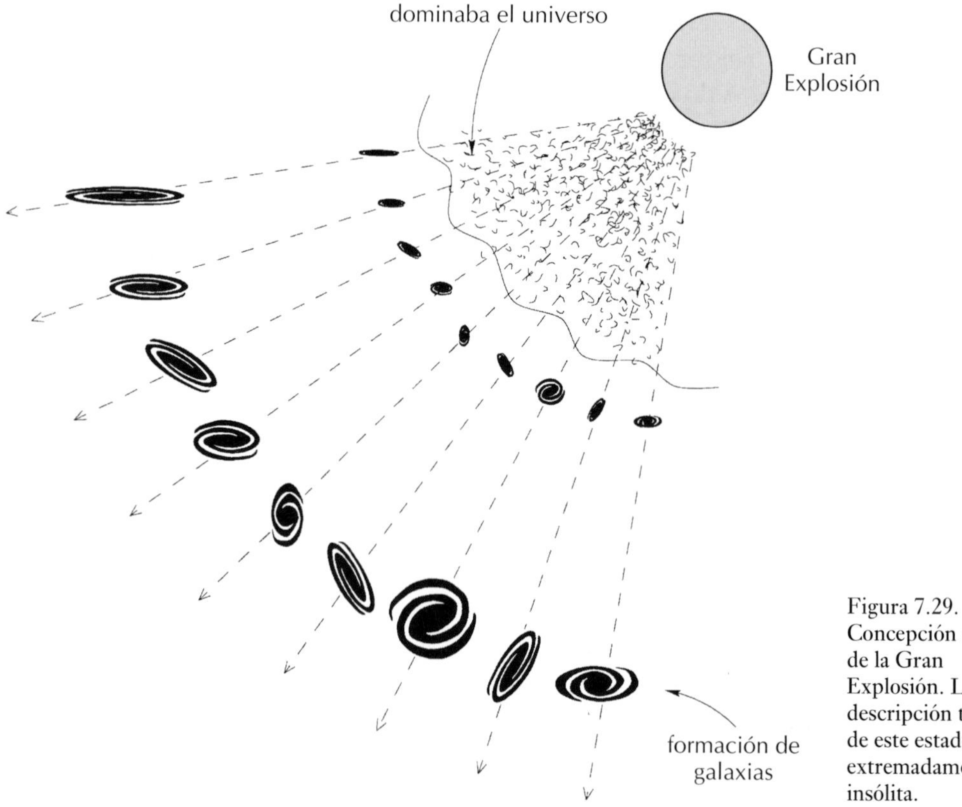

Figura 7.29. Concepción artística de la Gran Explosión. La descripción técnica de este estado resulta extremadamente insólita.

sufrir la Gran Implosión. De manera similar, todos los modelos abiertos dispersarán sus galaxias hasta el infinito.

Para distinguir entre las variedades abierta y cerrada de los modelos más simples, los que estamos considerando aquí, disponemos de un método ingenioso. La siguiente regla práctica. *Si al medir la densidad de la materia del universo obtenemos un valor superior a cierta cantidad límite, entonces se trata de un universo cerrado. Si no, se trata de un universo abierto.*

¿A qué equivale este valor crítico? Las ecuaciones einstenianas revelan que se trata de la densidad esperable en un universo de tipo I. Los teóricos podrían determinarla si conocieran el verdadero valor de la constante de Hubble, pero, como ya hemos apuntado, el valor real de dicha constante no se deja fijar con facilidad y su medición continúa enmarañada en controversias, de modo que desconocemos el valor exacto de esa cantidad crítica de densidad. De nuevo nos vemos obligados a recurrir a un valor aproximado, solo a título indicativo: equivale a una fracción ínfima de la densidad del agua, una fracción tan nimia como diez partes entre un quintillón. Aludiremos a ella como *densidad crítica* o *densidad de clausura*. Esta última acepción acentúa el hecho de que para «cerrar el universo» se precisa una densidad de materia superior a este valor.

No obstante, la densidad del universo tampoco es fácil de determinar. Existen complicaciones, que comentaremos en breve, que impiden una respuesta clara. De hecho, se trata de complicaciones que vuelven a subrayar la máxima «ver no es creer».

Un modo indirecto de comprobar si el universo es abierto o cerrado se basa en el efecto de la materia sobre la luz. Este método fue propuesto por Fred Hoyle en 1958 y revela una característica notable de la geometría no euclídea.

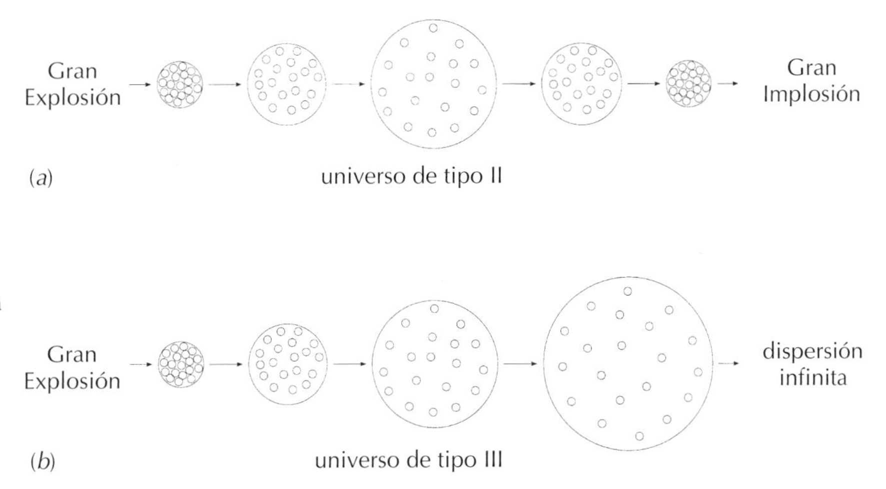

Figura 7.30. En (*a*) se representa el posible estado al que llegaría un universo de tipo II: todas las galaxias se aglomeran entre sí cuando el universo inicia la rápida contracción que lo conducirá a un estado de densidad infinita. En (*b*) se ilustra el futuro de un modelo de tipo III, donde cualquier galaxia acabaría sin vecinos, ya que estos se dispersarían hasta distancias infinitas.

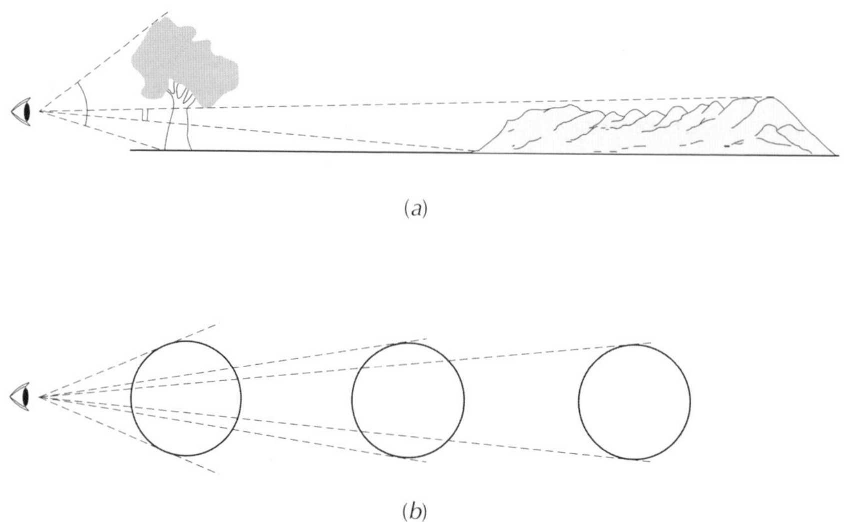

Figura 7.31.
En (*a*) se observa que un árbol cercano subtiende un ángulo mayor en el ojo del observador que unas montañas distantes mucho más altas. En (*b*) se expone la explicación geométrica de que el ángulo sea pequeño para objetos distantes. Si varios objetos del mismo tamaño se sitúan a distancias diferentes, el ángulo que subtienden decrecerá, tal como se muestra, con el aumento de la distancia.

¿Pueden parecer mayores los objetos distantes?

Revisemos en primer lugar una observación cotidiana. Cuanto más lejanos se encuentran los objetos que contemplamos, más pequeños nos parecen. Un edificio de dos pisos muy cercano a nosotros puede parecer mayor que un edificio de veinte plantas que se encuentre a dos manzanas de distancia. Un excursionista en las montañas puede pensar que las cimas distantes no parecen demasiado altas y solo verá que lo son realmente a medida que se acerque a ellas.

Este efecto tiene una explicación muy sencilla. La percepción del tamaño de los objetos se basa en el ángulo que subtiende el objeto en el ojo humano (véase la figura 7.31). Y como dicho ángulo es inversamente proporcional a la distancia, cuanto más lejos se halle el objeto, menor será el ángulo que subtienda. Supongamos, por ejemplo, que observamos un árbol desde una distancia de quince metros y que luego los contemplamos a quinientos metros. En el segundo caso, el tamaño del mismo parecerá diez veces inferior que en el primer caso.

Sin embargo, las cosas suceden de este modo solo en la geometría euclídea. No ocurre lo mismo, por ejemplo, en un universo en expansión donde impere una geometría espaciotemporal no euclídea[15]. Así lo apuntó Hoyle. Como hemos visto, la trayectoria que sigue un rayo de luz a través del espacio depende de la geometría espaciotemporal. También hemos visto que si

[15] Consúltese el capítulo 5 para adquirir una idea general de la geometría no euclídea.

la luz encuentra materia en su camino puede desviarse y acusar el efecto de una lente gravitatoria. De todo ello cabe esperar un comportamiento diferente al euclídeo recién descrito, y cuanta más materia albergue el universo, más diferirá dicho comportamiento.

Consideremos ahora los resultados que obtuvo Hoyle para el modelo de un universo en expansión. La figura 7.32 compara el comportamiento de una población de fuentes de luz idénticas situadas a diversas distancias dentro de un universo euclídeo en (*a*) y dentro de un universo en expansión, no euclídeo, en (*b*).

En el universo euclídeo, el tamaño aparente decrece de manera gradual a medida que las fuentes se encuentran más y más lejos. En la geometría no euclídea del universo en expansión, se produce un resultado inesperado. En un primer momento, el ángulo que subtiende la fuente disminuye, pero más tarde *aumenta con la distancia*.

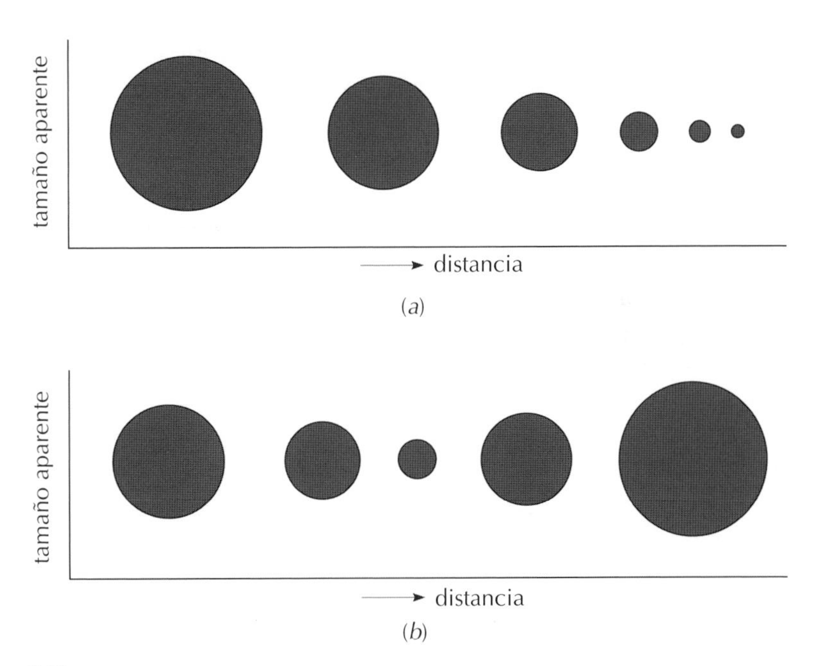

Figura 7.32.
En (*a*) se muestra una serie de fuentes de luz idénticas y circulares situadas a diferentes distancias del observador dentro de un universo euclídeo. Cuanto más lejos se encuentran, menores parecen. En cambio en (*b*) nos encontramos con que una serie de fuentes iguales dentro de un universo en expansión presentarán un comportamiento anómalo. En la figura se observa que, en principio, las fuentes se empequeñecen cada vez más según aumenta la distancia a la que se hallan; sin embargo, a partir de cierta distancia, las fuentes más alejadas ¡parecen cada vez mayores! El punto en el que la fuente muestra un tamaño menor puede denominarse *punto mínimo*.

Esto significa que, tal como muestra la figura 7.32 (*b*), las fuentes empiezan pareciendo cada vez menores, pero cuando pasan de cierta distancia, ¡comienzan a parecer mayores! Por consiguiente, cuanto más alejada se halle una fuente, mayor parecerá. Este descenso seguido de un incremento implicaría que a cierta distancia la fuente subtiende al observador un ángulo mínimo, y que ninguna fuente puede mostrarse más pequeña de lo que se mostraría al ubicarla en ese *punto mínimo*.

Cuando Hoyle examinó los diferentes modelos expansivos, reparó en que la distancia del punto mínimo se vuelve menor si aumenta la densidad del universo. Tomando el corrimiento hacia el rojo como una medida de distancia, obtuvo que el punto mínimo para el modelo Einsten-De Sitter se sitúa en un corrimiento hacia el rojo de 1,25, mientras que para los modelos de tipo II, el punto mínimo se establece en corrimientos hacia el rojo aún menores, y para los modelos de tipo III el punto mínimo radica más lejos, en corrimientos hacia el rojo superiores a 1,25.

Este engrandecimiento aparente de los objetos distantes constituye tan solo otro ejemplo de las lentes gravitatorias que consideramos en el capítulo anterior. Los rayos de luz provinientes de una fuente distante se desvían por la materia del universo que encuentran en su camino, de tal suerte que vemos ampliadas las imágenes de las fuentes más lejanas.

Aunque la comprobación del aumento de tamaños podría desvelar, en principio, qué tipo de universo habitamos, lo cierto es que no constituye un método tan definitivo. La razón estriba en que la naturaleza no ofrece a los astrónomos el lujo de disponer de una clase de fuentes de tamaños idénticos. Se trate de galaxias, radiofuentes o cuásares, los miembros de cada comunidad presentan una variedad enorme de tamaños intrínsecos, lo cual torna casi imposible apreciar esa tendencia esperada y determinar el punto mínimo.

A pesar de ello, esta prueba posee tal importancia potencial que los astrónomos siempre se sienten tentados a buscar poblaciones homogéneas de fuentes a las que poder aplicársela con éxito.

Restos de la Gran Explosión

La idea de un universo vasto que se extiende a lo ancho de varias decenas de miles de millones de años-luz y que además se expande ya resulta de por sí bastante extraordinaria. La implicación de que toda esta estructura surgió de una explosión colosal exige grandes dosis de imaginación adicional. Sin embargo, cuando el problema se aborda desde un punto de vista científico hay que efectuar una búsqueda desapasionada de evidencias que corroboren esta hipótesis.

En este sentido, a mediados de la década de 1940 se produjo un avance cuando el físico estadounidense George Gamow extrapoló hacia el pasado los modelos del universo en expansión y llegó a algunas ideas muy sugerentes.

En primer lugar, tras examinar las pruebas entonces disponibles sobre el estado del universo, descubrió que, en el presente, el universo consiste en su mayoría en materia y alberga muy poca radiación. En cambio, las extrapolaciones matemáticas hacia el pasado revelan un descenso de la importancia relativa de la materia comparada con la radiación. Como sabemos, cuando una bola de gas se comprime, se vuelve más densa. Pues bien, lo mismo le ocurre a una bola de radiación: la densidad de la radiación en su interior también crece. Sin embargo, la densidad de radiación aumenta a mayor velocidad que la densidad de materia. Los cálculos indican que en el pasado, cuando el tamaño del universo era diez veces menor que el actual, la densidad de la materia era mil veces mayor que ahora. Pero la densidad de radiación excedía *diez mil veces* la actual. Y esa tendencia continuaría si se siguiera la extrapolación hacia el pasado. Así, Gamow dedujo que si nos remontáramos a un pasado muy remoto del universo, cuando presentara una densidad elevadísima, apreciaríamos un predominio de la radiación en detrimento de la materia y, por consiguiente, unas temperaturas muchísimo más altas que las actuales.

En la siguiente extrapolación, Gamow estudió de qué modo se expandiría un universo dominado por la radiación y cómo iría perdiendo temperatura en aquella época primigenia. Le interesó en particular el momento temporal en que el universo contaba entre un segundo y tres minutos de edad, ya que durante ese intervalo la temperatura del universo cayó en un factor de cien y pasó de alrededor de diez mil millones de grados a solo algunos centenares de millones de grados. Según Gamow, a tales temperaturas pudieron combinarse las partículas subatómicas, los neutrones y los protones, para formar los núcleos de todos los elementos químicos que encontramos en el universo.

Recordemos que en los capítulos 2 y 3 nos topamos con un rango similar de temperaturas en los núcleos estelares. Vimos entonces que a esas temperaturas las estrellas actúan como reactores de fusión termonuclear y generan energía *mientras desarrollan núcleos atómicos*. Gamow confiaba en que se produjeran procesos semejantes en el universo temprano.

En compañía de sus colaboradores más jóvenes, Ralph Alpher y Robert Herman [figura 7.33 (*a*)-(*c*)], Gamow emprendió la ambiciosa tarea de calcular cómo se desarrollarían esas reacciones de fusión dentro de un universo en expansión muy rápida. De manera retrospectiva y disponiendo de datos ulteriores adicionales acerca de los núcleos atómicos, cabe afirmar que Gamow logró cierto éxito con aquel proyecto. Hoy sabemos que el universo primigenio pudo producir núcleos ligeros como el deuterio, el tritio o el

Figura 7.33 (*a*).
George Gamow.

Figura 7.33 (*b*).
Ralph Alpher.

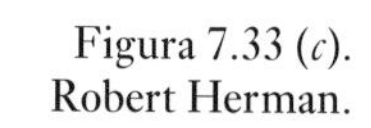

Figura 7.33 (*c*).
Robert Herman.

helio, pero no los más pesados, del carbono en adelante. El proceso de la nucleosíntesis primordial se detiene más o menos en el helio, el núcleo estable con dos neutrones y dos protones. A partir de ahí, el proceso se encuentra con núcleos inestables. La razón se parece a la comentada en el caso de las estrellas de tipo solar, donde existe el problema de rebasar una barrera de núcleos inestables que contienen entre cinco y ocho partículas. Entonces vimos que este problema estelar quedó resuelto mediante la solución dada por Hoyle, según la cual una reacción resonante genera carbono a partir de tres núcleos de helio. Por desgracia, el truco no funciona en el contexto del universo primigenio, de modo que solo cabía atribuir a las estrellas la creación de núcleos más allá del carbono.

El fondo de microondas

Con todo, Gamow, Alpher y Herman emitieron otra predicción relevante. Anunciaron que el proceso de nucleosíntesis primordial dejaría como residuo una radiación de fondo que en la actualidad ya se habría enfriado hasta adquirir temperaturas muy bajas. Como no disponían de un método preciso para calcular dicha temperatura, Alpher y Herman estimaron que rondaría los 5 K (cinco grados en la escala absoluta o –268°C) y Gamow propuso un valor algo superior a 7 K. No obstante, lo trascendente de aquella predicción estriba en que la radiación mostraría el espectro de un cuerpo negro (en el capítulo 2 se encontrará una descripción del mismo).

Aquel augurio cayó más o menos en el olvido durante la década de 1950 cuando se supo que la nucleosíntesis primordial no generó todos los elementos químicos observados en el universo, y que la mayor parte de los mismos tuvo que formarse en el seno de las estrellas. Pero en 1964, Arno Penzias y Robert Wilson detectaron por casualidad una radiación de fondo isotrópi-

Figura 7.34.
Penzias y Wilson junto a su antena en forma de bocina (fotografía cedida por los laboratorios Bell Telephone).

ca, que no pertenecía a ninguna fuente conocida, en la longitud de onda de 7,3 cm y no supieron qué origen atribuirle. De hecho, desde los laboratorios Bell Telephone de Holmdale, Nueva Jersey, habían estado probando su antena de bocina para medir la intensidad radioeléctrica en el plano de la Galaxia. Tras descartar todas las aportaciones posibles a la radiación descubierta, aún quedaba una fracción pequeña pero no nula. Para asegurarse de que no se debía a interferencias, Penzias y Wilson llegaron incluso a cerciorarse de que la antena no tenía ¡excrementos de palomas!

La noticia del descubrimiento viajó hasta Princeton, donde Bob Dicke y Jim Peebles ya planeaban el estudio de la radiación residual, aunque habían llegado a sus conclusiones con independencia del trabajo que previamente realizaran Gamow, Alpher y Herman. En los hallazgos de Penzias y Wilson reconocieron la radiación residual. Así, su artículo titulado «Measurement of excess antenna temperature at 4080 Mc/s», aparecido en la revista *Astrophysical Journal* en 1965, causó tal sensación entre los cosmólogos que parecería desproporcionada ante aquel título más bien trivial y modesto.

Penzias y Wilson atribuyeron a esa radiación sobrante una temperatura de entre 3 y 5 K en el supuesto de que se tratara de un tipo de radiación de un cuerpo negro. Los avances en la determinación del espectro completo de un cuerpo negro llegaron lentos, pero seguros, cuando varios grupos consiguieron medir la radiación en diferentes longitudes de onda. La figura 7.35 muestra el logro más espectacular, el del satélite COBE (Cosmic Background Explorer, explorador del fondo cósmico) lanzado en 1989. En realidad, la

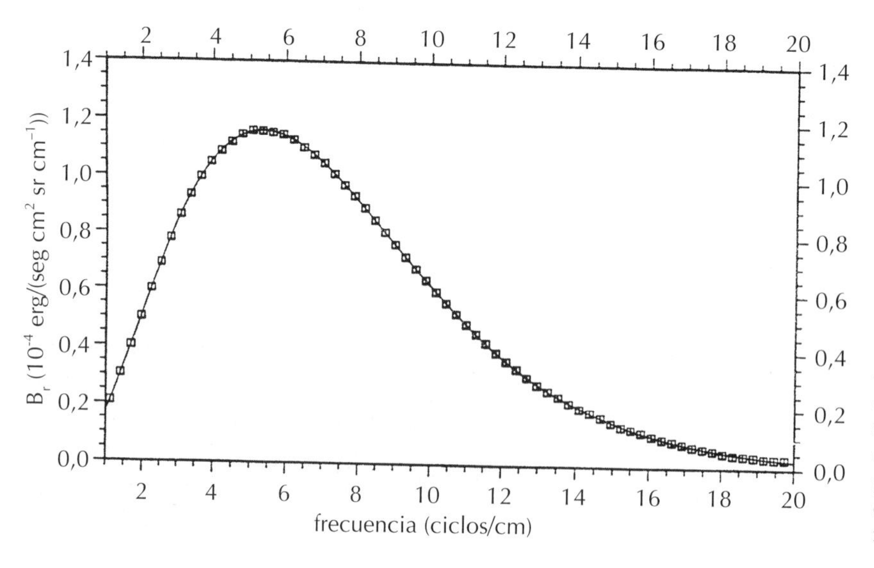

Figura 7.35. La curva de emisión de un cuerpo negro concuerda muy bien con la extensa cantidad de mediciones realizadas por el satélite COBE durante 1989. Aquí se muestra el espectro que presenta el fondo cósmico en el polo norte galáctico.

curva de un cuerpo negro de 2,7 K de temperatura concuerda muy bien con los datos. Como el grueso de la energía procedente de esta radiación cae en la región de las microondas, este fondo de radiación suele denominarse *fondo de microondas*.

La idea original de Gamow acerca de la nucleosíntesis primordial también recibió un fuerte estímulo durante la década de 1960 cuando se reparó en que la cantidad de helio que existe en el universo, alrededor de un cuarto de toda la masa observada, excede con mucho la cantidad que podrían haber generado las estrellas en el transcurso de su evolución. Por tanto, fue precisa una fuente adicional productora de helio y el universo primigenio ofrecía el ambiente idóneo para ello. La creación primordial de helio pudo ascender al 90% de la cantidad observada, mientras que las estrellas completan el resto. En 1967, un artículo de Robert Wagoner, William Fowler y Fred Hoyle dio una versión correcta y actualizada del trabajo anterior de Gamow y aumentó la credibilidad de aquel proceso de nucleosíntesis primordial.

Física de astropartículas

Desde la década de 1970 todas estas razones han convertido la idea de la Gran Explosión en la «teoría cosmológica más admitida» y los cosmólogos se han atrevido a extrapolar hasta momentos anteriores incluso a los estudiados por Gamow. Resulta un tanto irónico que la escuela de teóricos de partículas, que en las décadas de 1940 y 1950 consideraba las ideas de Gamow demasiado estrambóticas para ser creídas, se haya subido al carro de la Gran Explosión con el denominado *progama de física de astropartículas*, el cual descansa sobre la siguiente base.

Los físicos de partículas están interesados en hallar una teoría física unificada que comprenda todas las interacciones físicas conocidas pero distintas, como la interacción electromagnética, las interacciones que determinan el comportamiento de los núcleos atómicos y, cómo no, la gravedad. Los estudios teóricos sugieren que, en caso de existir realmente, tal conjunción aparecerá cuando las partículas materiales interactúen sometidas a energías extremas.

Los físicos utilizan los aceleradores descomunales y potentísimos del CERN o Fermilab (figura 7.36) para estudiar las interacciones que establecen las partículas altamente energéticas. Pero la energía máxima que alcanzan esos aceleradores no basta para lograr la ansiada unificación por un factor vastísimo de más de ¡mil billones! En otras palabras, los teóricos de partículas carecen de toda esperanza de disponer de un laboratorio donde probar sus teorías unificadas. A menos que...

A menos que consideren el universo en expansión como laboratorio. A medida que estudiamos el universo en épocas cada vez más cercanas al momento

Figura 7.36. Acelerador de partículas en Fermilab, Illinois, Estados Unidos.

de la Gran Explosión observando galaxias cada vez más distantes, nos encontramos con que aumenta su temperatura y, en consecuencia, todas sus partículas se vuelven más y más energéticas. Gamow descubrió temperaturas del orden de diez mil millones de grados un segundo después del acaecimiento de la Gran Explosión. Los físicos de partículas detectarían una temperatura un trillón de veces superior en una época anterior del universo, cuando solo contaba con una edad de la sextillonésima (10^{-36}) parte de un segundo. Ese momento concreto resulta relevante para los teóricos de astropartículas porque, en aquel entonces, las partículas poseían energías lo bastante elevadas como para que se hiciera realidad la unificación de todas las interacciones relevantes, a excepción de la gravedad. Por tanto puede afirmarse que los físicos de partículas también tienen intereses propios en los modelos de la Gran Explosión.

Formación de estructuras a gran escala

¿Cómo beneficiaría a los cosmólogos esta colaboración? Bueno, el problema fundamental que queda por resolver en cosmología estriba en desvelar cómo surgió la estructura a gran escala que conforma el universo (véanse las figuras 7.12 a 7.16) en el marco de los modelos de la Gran Explosión. Recordemos que para simplificar los cálculos hemos supuesto que el universo es *homogéneo*. Ahora, sin embargo, habrá que reexaminar la posibilidad de que en un principio no fuera homogéneo del todo, que en sus inicios albergara heterogeneidades insignificantes que se desarrollaron luego hasta convertirse en lo que conocemos como galaxias, cúmulos, supercúmulos, filamentos y huecos.

El físico de partículas Sheldon Glashow ha recuperado el concepto mitológico hindú de una serpiente que se muerde la cola (figura 7.2) uniendo las estructuras mayores y menores del universo con el dibujo de una serpiente similar, mostrada en la figura 7.37. Confiamos en que los físicos de astropartículas descubrirán condiciones de partida verosímiles de las cuales pudieran evolucionar las estructuras. Los mayores esfuerzos de investigación en la cosmología actual giran en torno a esta idea concreta. Y la mejor evidencia a la que asirse en medio de tanta especulación sería el descubrimiento de fluctuaciones minúsculas en la radiación de fondo de microondas, del mismo tipo que las detectadas por primera vez por el satélite COBE.

En 1992 el satélite COBE logró otro éxito espectacular cuando logró detectar una estructura muy sutil en el hasta entonces liso fondo de micro-

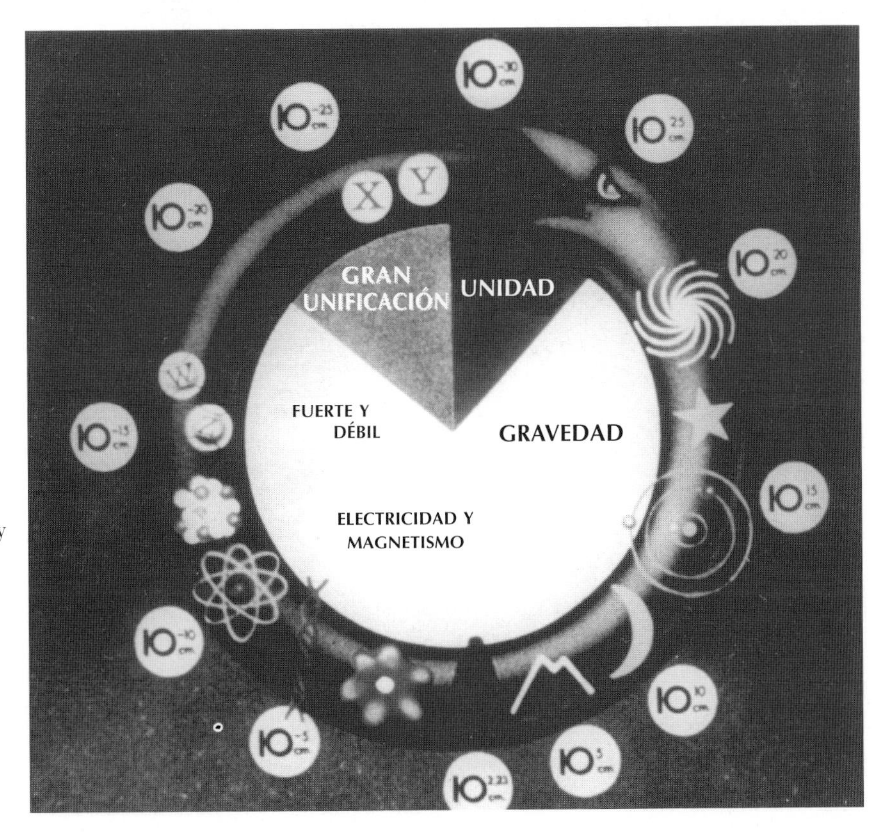

Figura 7.37. La serpiente de Glashow alberga las estructuras de partículas más pequeñas en la cola, y el resto se ubica en orden creciente en dirección a las fauces. El mordisco de la cola simboliza que las estructuras más grandes y más pequeñas mantienen un vínculo muy estrecho.

ondas. Aquella estructura (véase la figura 7.38) se manifestaba en forma de subidas y descensos de la temperatura local en diferentes direcciones del cielo. En zonas que subtendían un ángulo aproximado de 10 grados por 10 grados, el COBE detectó fluctuaciones de temperatura de ¡varias partes entre un millón!

De hecho, el hallazgo del COBE causó en principio gran alivio entre los teóricos que, desesperados, habían buscado algún signo de heterogeneidad en la radiación residual, pues parece lógico que cualquier fluctuación en la distribución de la materia (que aumenta hasta estructuras de gran escala) debería ir pareja a fluctuaciones similares en la radiación. Resultaría difícil imaginar que la materia se distribuyera de manera heterogénea y la radiación, en cambio, no. Antes de 1992, los estudios emprendidos desde la superficie terrestre no habían revelado ninguna heterogeneidad.

Pero la euforia inicial ante el hallazgo de esta evidencia definitiva relacionada con el universo dio paso a mayor cautela cuando se tornó manifiesto que el problema de la formación de estructuras no es tan sencillo. Una limitación importante consiste en que no conviene admitir que *toda* la materia interactúa con la radiación, puesto que entonces las irregularidades medidas por el COBE en la radiación de fondo habrían sido mucho más intensas. Así pues, los cosmólogos deben idear una forma especial de materia que *no* interactúe con la radiación. Y no solo eso, también deben considerar que ese tipo extraño de materia *constituye alrededor del 90% de toda la materia que conforma el universo*. Una materia tal no interactuaría con ningún tipo de radiación y, por tanto, se mostraría oscura en todas las variedades de luz.

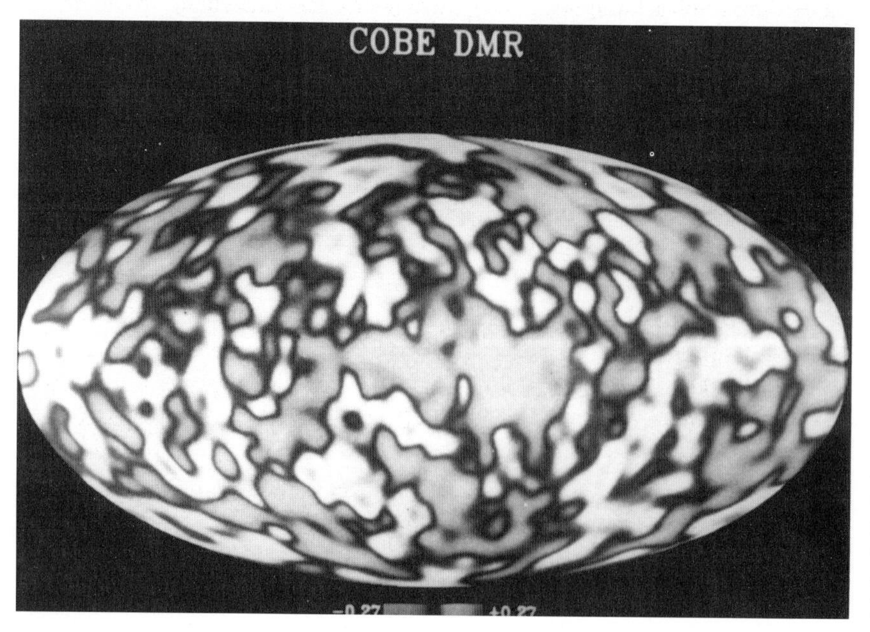

Figura 7.38. Patrón de heterogeneidad de temperaturas en el fondo de microondas que reveló el satélite COBE en 1992 (imagen cedida por George Smoot, el equipo COBE y la NASA).

A continuación nos detendremos a conocer las pistas que la astronomía extragaláctica ha venido reuniendo acerca de la materia oscura. Será interesante comprobar si es materia de la clase adecuada y si existe en la cantidad que exigen los modelos de formación de estructuras.

Materia oscura

La materia oscura constituye una cuestión fascinante que puede conllevar implicaciones muy variadas para la cosmología. Como se ha comentado con anterioridad, resulta complicado estimar la densidad de materia que posee el universo actual, pero, si se lograra, permitiría esclarecer si habitamos un universo abierto o cerrado.

En esencia, el problema estriba en que los astrónomos no saben con certeza si la materia que *ven* en el universo ofrece una buena estimación de la densidad total del mismo, ya que hay signos definidos de que el universo aloja cantidades considerables de materia oscura, la cual no suelen detectar los diversos tipos de telescopios existentes.

Los indicios aparecen en dos contextos diferentes: en las galaxias individuales y en los cúmulos de galaxias. Veamos ambos en este orden. La observación clave de las galaxias consiste en estudiar el movimiento de sus nubes de hidrógeno neutro. Estas nubes se desplazan de acuerdo con la atracción gravitatoria de cada galaxia, al igual que los planetas se mueven alrededor del Sol.

Consideremos en primer lugar un problema relacionado con nuestro propio Sistema Solar. Sabemos que la Tierra completa una vuelta alrededor del Sol en un año. ¿Puede deducirse la masa del Sol a partir de esa información? Sí, siempre que conozcamos además qué distancia separa ambos objetos. Disponiendo de ese dato, podemos inferir la masa del Sol recurriendo a la ley de la gravitación. Si a continuación se practica el mismo ejercicio con la órbita de Marte o de Júpiter, se obtiene un resultado idéntico.

Este hecho no sorprende en absoluto, pues todos los planetas se mueven de acuerdo con las leyes del movimiento y la gravitación de Newton. Tal como Kepler descubrió antes de Newton, los planetas se desplazan siguiendo pautas fijas que él definió en sus tres leyes del movimiento planetario. Las leyes de Kepler dicen que la velocidad con la que cada planeta se desplaza alrededor del Sol disminuye a medida que se consideran planetas más y más alejados del mismo. Así, por ejemplo, la velocidad media de la Tierra excede en poco más de seis veces la velocidad promedio de Plutón.

Los astrónomos confían en que las reglas keplerianas puedan aplicarse asimismo a las nubes de hidrógeno neutro que giran en torno a las galaxias. Se espera que las nubes más alejadas del centro galáctico se desplacen más lentas que las nubes bastante más próximas. Se sabe que el hidrógeno neu-

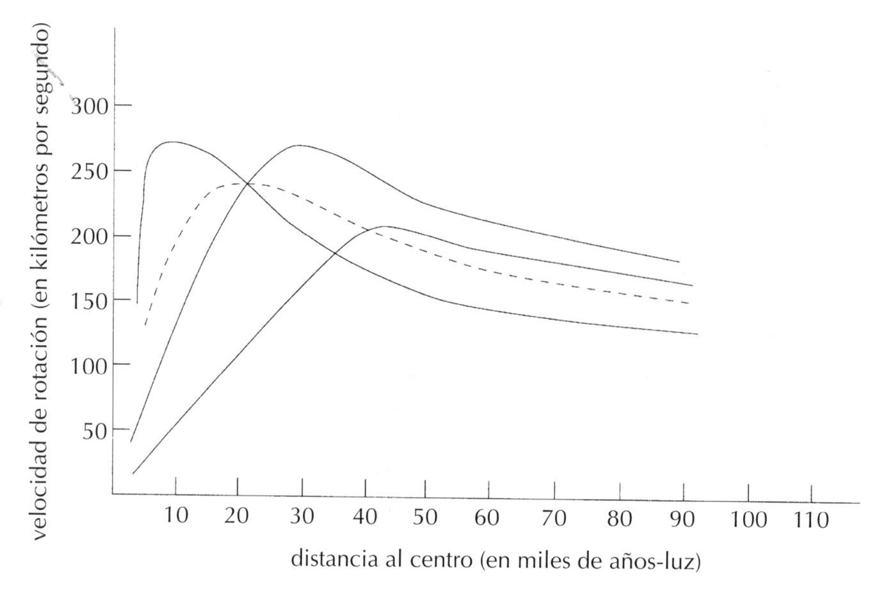

Figura 7.39.
Curvas de rotación de algunas galaxias.

tro emite radiación en la longitud de onda de 21 cm. Observando en esta longitud de onda los astrónomos empiezan ahora a medir las velocidades medias de tales nubes. Para su sorpresa, se toparon con resultados similares a los que muestra la figura 7.39. Las velocidades se mantienen casi constantes a distancias tan lejanas como tres veces el límite visible de la galaxia. ¿Por qué no disminuyen más y más las velocidades de las nubes lejanas?

A menos que rechacemos la credibilidad de las leyes newtonianas y la relatividad general, todo conduce a pensar que la materia gravitatoria que mueve esas nubes (como hace el Sol con los planetas que lo orbitan) se extiende mucho más allá de los límites visibles de la galaxia. Se trata de materia oscura que rodea las galaxias y cuya masa total no es nada despreciable, puesto que ¡puede llegar a superar la masa visible de las propias galaxias!

El segundo tipo de evidencia procede de los cúmulos de galaxias. Consideremos el cúmulo de Coma, reproducido en la figura 7.15. Las galaxias que lo conforman se aprecian en forma de puntos brillantes. El movimiento de las mismas dentro del cúmulo puede medirse, y también puede estimarse la cantidad de energía que reside en dicho movimiento. Si aceptamos que el movimiento de dichas galaxias ha dependido de la atracción mutua entre ellas durante el tiempo suficiente como para haber alcanzado un estado de equilibrio dinámico, entonces, también en este caso, puede calcularse cuánta masa gravitatoria reside en el cúmulo. Y la respuesta es que en ellos existe *una masa diez veces superior a la masa visible en forma de galaxias, solo que no se ve.*

La materia oscura ha planteado problemas a los astrónomos: deben esclarecer de qué está formada esa materia y para ello cuentan tanto con posibilidades convencionales como con opciones nada convencionales. Por ejemplo, podría pensarse que esta materia posee la forma de ciertas masas planetarias como, digamos, la del planeta Júpiter. Tal vez ocurra que tales objetos pueden poseer mayor tamaño pero sin llegar a ser tan masivos como para convertirse en estrellas. Una estrella como el Sol alberga en su centro temperaturas lo bastante elevadas como para desencadenar una reacción de fusión. Pero una bola de gas que solo cuente con una décima parte de la masa del Sol no puede contener suficiente calor en su centro. Objetos tan minúsculos, que solemos denominar *enanas marrones*, no se detectan mediante métodos observacionales normales. Pero también podría pensarse en estrellas muertas, es decir, estrellas de neutrones y enanas blancas que han consumido por completo su combustible nuclear, o incluso agujeros negros, objetos que, por supuesto, no pueden verse. Todos los objetos recién mencionados consisten en materia normal, en su mayoría formada por neutrones y protones. Esta materia recibe el nombre habitual de *materia bariónica* debido a que los neutrones y los protones se agrupan en general en una clase de partículas denominadas *bariones*.

Con todo, los cosmólogos de la Gran Explosión no consideran demasiado aceptables estas posibilidades convencionales. Sin entrar en detalles técnicos, cabe afirmar que la cantidad de materia bariónica en el universo no puede superar ciertos niveles más bien bajos. (Su densidad no puede superar un porcentaje pequeño de la densidad de clausura.) Si lo hiciera, surgirían problemas para explicar la abundancia de deuterio que se observa en el universo. El proceso de nucleosíntesis primordial no puede producir el deuterio pertinente si la materia bariónica excede ese límite de densidad. Otro contratiempo consiste en que la materia bariónica interactúa con la radiación y, si conformara más de una pequeña fracción de la materia oscura, entonces no podría entenderse que las galaxias y los cúmulos hayan aparecido en el universo sin perturbar el fondo tan uniforme de microondas.

Se trata de dos cuestiones demasiado técnicas para exponerlas aquí. Baste con decir que los cosmólogos de la Gran Explosión las consideran lo bastante serias como para devanarse los sesos en busca de candidatos alternativos a materia oscura. Se han propuesto varias opciones exóticas de *materia no bariónica*, como neutrinos masivos, fotinos, gravitinos, axiones, etc. Se trata de partículas cuya presunta existencia ha sido sugerida por quienes estudian la estructura ultramicroscópica de la materia. En ocasiones se alude a estas partículas con el apelativo WIMPs (del inglés *weakly interacting massive particles*, partículas masivas de interacción débil). Pero hasta el momento no se ha encontrado ninguna de ellas en los aceleradores de partículas de alta energía.

No obstante, cerraremos este apartado sobre materia oscura mencionando un método interesante para observar objetos planetarios de gran masa, enanas marrones, estrellas muertas, etc., pertenecientes todos ellos a la categoría de cuerpos bariónicos normales. Se trata de las *microlentes gravitatorias*.

La figura 7.40 ilustra un evento típico de microlente. Imaginemos que observamos una estrella que se encuentra atravesando el halo de nuestra Galaxia. Si un objeto oscuro se acerca a su línea de visión, ese cuerpo puede inducir en la estrella un efecto de lente gravitatoria. Este acontecimiento incrementará el brillo aparente de la estrella de manera transitoria, tal como muestra la figura 7.41. El seguimiento cuidadoso de estas estrellas permite detectar esos objetos oscuros gravitatorios.

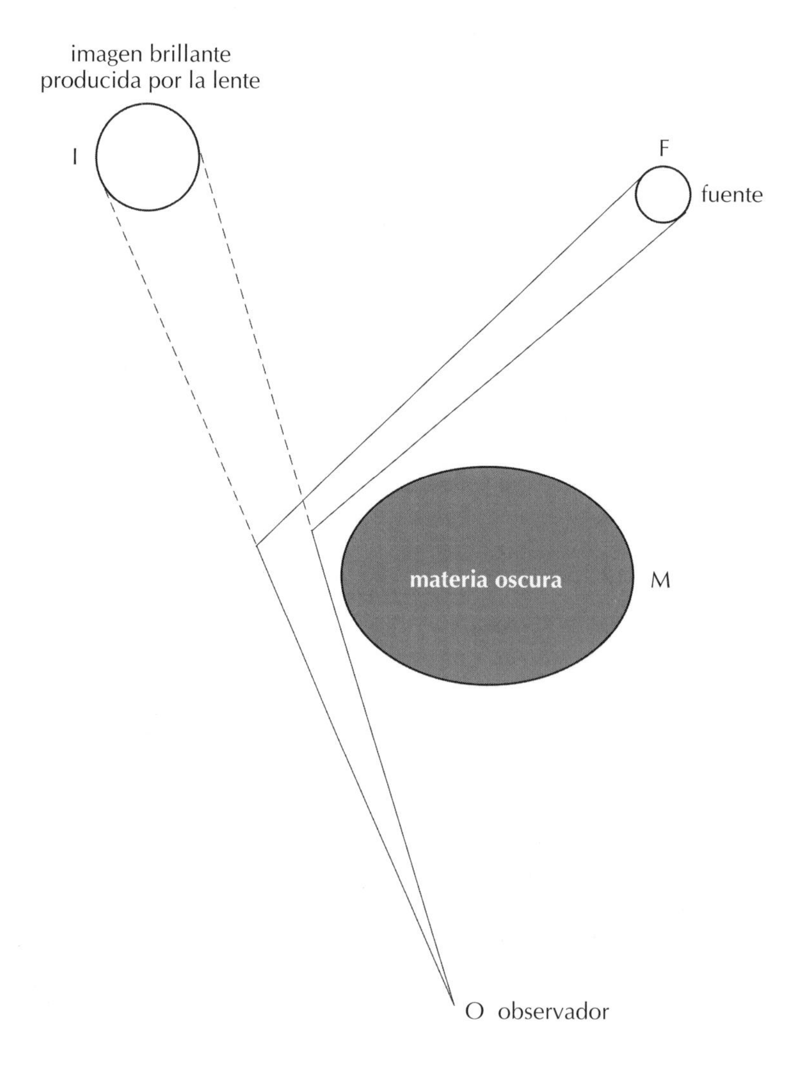

Figura 7.40. Geometría de una microlente típica.

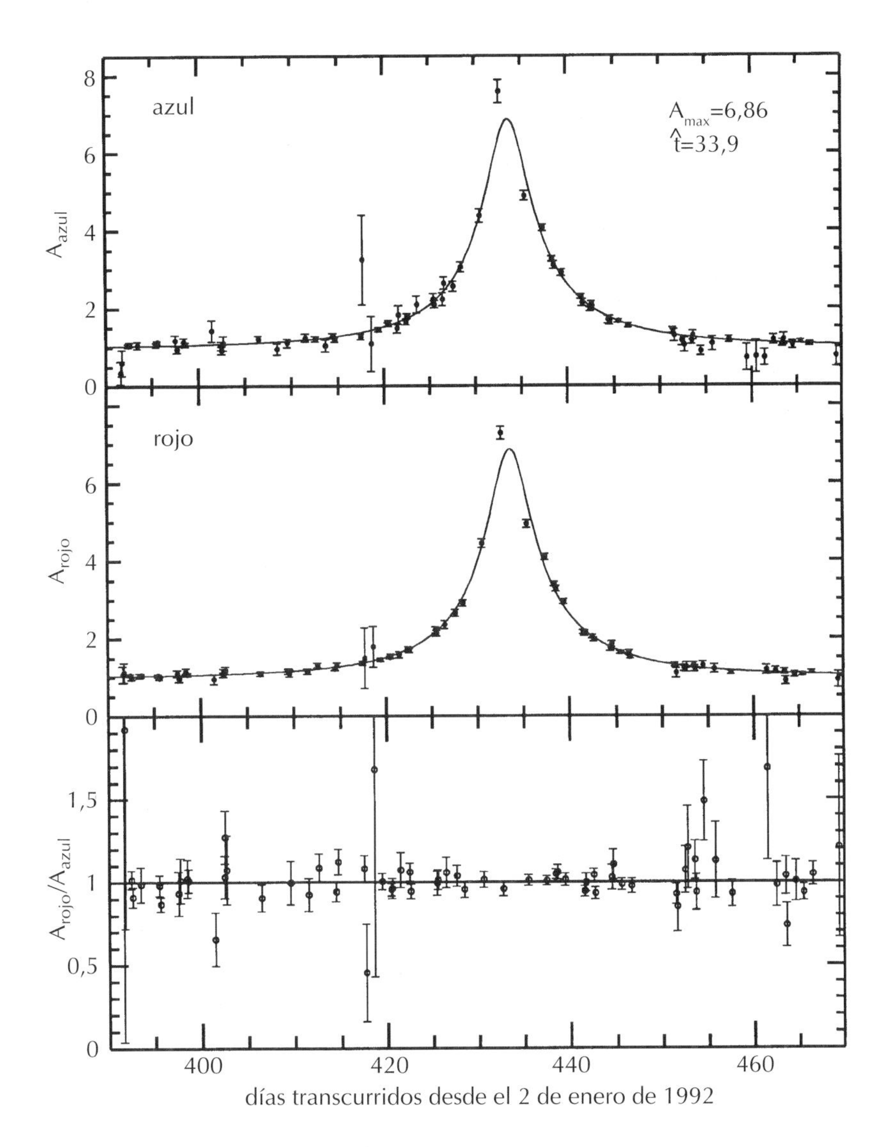

Figura 7.41. Aumento y descenso característico en la intensidad de una estrella cuando acusa los efectos de una microlente gravitatoria de materia oscura (imagen cedida por el proyecto MACHO).

Dos experimentos conocidos con los acrónimos MACHO (de Massive Compact Halo Objects, objetos compactos masivos del halo) y EROS (de Expérience de Recherche d'Objets Sombres, experimento de búsqueda de objetos oscuros) han trabajado y logrado cierto éxito en la localización de tales objetos. Las cuestiones fundamentales son: ¿qué cantidad hay de ellos?, ¿es posible que toda la materia oscura existente se encuentre en esta forma? O, ¿necesitamos materia exótica en abundancia, como la exigida por muchos modelos, de formación de estructuras?

El futuro guarda las claves para responder a estas cuestiones.

Conclusión

Hemos recorrido un largo camino desde la pregunta, en apariencia inocente, sobre la razón de que el firmamento nocturno sea oscuro.

La historia de la cosmología moderna parte de la oscuridad del cielo nocturno y llega hasta la búsqueda de materia oscura. En la actualidad, la cosmología depende en la misma medida de las evidencias halladas en las regiones más remotas del universo con las últimas herramientas tecnológicas y de osadas extrapolaciones de la ciencia conocida hacia el pasado desconocido, extrapolaciones que se acercan todo lo que permite la ciencia a la presunta época de la creación.

Pero, como advirtió en cierta ocasión J. B. S. Haldane, *el universo no es solo más extraño de lo que sospechamos, es más extraño de lo que podemos llegar a sospechar*. Quién sabe si nos espera alguna sorpresa que nos obligará a modificar nuestra idea actual acerca del origen del universo. Después de todo, si la historia de la astronomía sirve de orientación, puede decirse que estamos a punto de recibir la siguiente sorpresa.

Epílogo

A lo largo de este libro hemos echado una ojeada a siete maravillas del cosmos. En cuanto se abandonan los estrechos confines de este planeta, el universo que nos circunda se ofrece a nuestros ojos con perspectivas cada vez más grandiosas. El simple hecho de poder pensar sobre aquello que observamos ya constituye una maravilla de por sí.

Pero ¿por qué habría de servir la ciencia que hemos venido reuniendo en un lugar diminuto como la Tierra a lo largo de no más de tres siglos para aplicarla a fenómenos que abarcan miles de millones de años-luz en el espacio y miles de millones de años en el tiempo?

Aún cabría ahondar algo más y plantear una pregunta más filosófica: ¿por qué tiene que haber siquiera leyes científicas que rijan el devenir del universo?

No entraré a discutir estas cuestiones. Al plantearlas pretendo subrayar el éxito del esfuerzo humano ante la inmensidad y la complejidad del cosmos, pero también advertir que la ciencia conocida hasta ahora no está completa. El cosmos aún puede deparar sorpresas que requieran incorporarse a la comprensión misma de la ciencia.

No habrá que sorprenderse, por tanto, si encontramos rasgos del universo aún por descifrar. De hecho, resultaría decepcionante que no quedara ninguno más.

En este epílogo citaré algunos de los misterios que siguen desafiando nuestro intelecto y tal vez contribuyan al conocimiento de la ciencia más fundamental.

El misterio de los neutrinos solares

El Sol es la estrella más próxima y la que podemos observar y estudiar mucho más de cerca que cualquier otra. Ahora bien, el Sol plantea un enigma que hasta ahora ha eludido toda resolución.

Como vimos en el capítulo 2, el Sol genera energía de manera constante mediante una cadena de reacciones nucleares que producen un flujo abundante de neutrinos. Los neutrinos escapan con facilidad del interior más recóndito del Sol porque apenas los retiene la materia que los rodea. (Este comportamiento contrasta con el de los fotones, los cuales encuentran muchas trabas antes de acabar emergiendo del seno del Sol.)

La figura E.1 ilustra el experimento que R. Davis emprendió a gran profundidad, dentro de la mina Homestake, para detectar neutrinos procedentes del Sol. Aunque el experimento lleva realizándose desde 1970, los resultados obtenidos hasta el momento han decepcionado a los teóricos. El detector no está registrando tantos neutrinos procedentes del Sol como los anunciados por la teoría de fusión nuclear. Tan solo se ha detectado alrededor de un tercio de la cantidad prevista, de modo que se trata de una diferencia lo bastante seria como para resultar preocupante. ¿No funciona el detector como debe? ¿No es lo bastante correcta la teoría sobre la estructura interna del Sol? ¿Hay lagunas en la comprensión de las reacciones nucleares? ¿Tenemos un conocimiento todavía imperfecto de los neutrinos?

Durante el último cuarto de siglo se han investigado todas estas posibilidades, pero aún no hemos logrado ninguna explicación satisfactoria. Entretanto, han empezado a actuar las nuevas generaciones de experimentos con neutrinos solares. Uno de ellos se está llevando a cabo en Kamiokande, Japón, y se dedica a buscar neutrinos dispersados por electrones. El experimento Kamiokande II cuenta con 680 toneladas de agua hiperpura que hace las veces de detector. Los resultados de este experimento arrojaron alrededor de la mitad de la cantidad esperada de neutrinos procedentes del Sol. Se espera que el proyecto llamado Super-Kamiokande, más sensible aún, aporte más datos.

Existen otros dos detectores, conocidos por los acrónimos SAGE y GALLEX, que emplean galio y empezaron a producir resultados desde 1991–1992. También en estos casos se detectó un flujo de neutrinos solares muy inferior a los valores esperados, entre el 40 y el 60%.

Los neutrinos que buscan los diversos detectores caen en diferentes rangos energéticos. Todas las pruebas implican cierta incertidumbre estadística asociada a los errores experimentales, pero aun teniéndolo en cuenta, se trata de diferencias muy grandes.

De modo que la pelota se encuentra ahora en el tejado de los teóricos, en particular, los teóricos de partículas, y son ellos quienes se afanan por trazar un esquema conjunto con el cual concuerden los diversos tipos de neutrinos. Tal vez logremos comprender y explicar esas divergencias cuando entendamos verdaderamente qué son los neutrinos.

Durante la década de 1980 se realizó otra prueba provechosa relacionada con el interior del Sol en el campo de la *heliosismología*. Esta rama surgió del

Figura E.1. El experimento pionero en la detección de neutrinos, dirigido por R. Davis a gran profundidad, consiste en un tanque descomunal lleno de un fluido llamado percloroetileno (C_2Cl_4) y expuesto a los neutrinos provinientes del Sol. Los neutrinos interactúan con los núcleos de cloro contenidos en la solución y los convierten en argón, el cual podemos detectar. Midiendo los núcleos de argón se calcula, por tanto, el flujo de neutrinos (fotografía cedida por R. Davis hijo, Laboratorio Nacional de Brookhaven).

estudio minucioso de las alteraciones que experimenta la superficie solar. De hecho, ya en los años 60 se habían detectado perturbaciones periódicas cada cinco minutos según patrones que abarcan la mitad de la superficie solar. Estos cambios, conocidos como «oscilaciones de cinco minutos», resultaron no ser ¡sino la punta del iceberg! El Sol presenta además oscilaciones de periodos mucho más largos (entre 20 y 60 minutos, 160 minutos, etc.).

Las oscilaciones se deben a fluctuaciones internas del Sol. Partiendo de un modelo del interior solar se especula acerca del tipo de oscilaciones que se verán y después se compara con la observación real para comprobar, modificar o confirmar los postulados referentes al modelo. De este modo se ha sabido que el giro externo de la superficie del Sol (idéntico al giro de la Tierra alrededor de su eje polar) se prolonga hacia el interior pero no aumenta tan deprisa con la profundidad como algunos científicos esperaban. Además, en su interior aloja una cantidad bastante elevada de helio, mayor de lo que interesaría a los teóricos que pretenden resolver el problema de los neutrinos recién expuesto.

Todas estas cuestiones relacionadas con la comprensión del interior solar han convertido la heliosismología en un campo importante de investigación dentro de la física solar.

Formación de estrellas y planetas

Aunque ya se ha descrito el proceso de formación de las estrellas y el desarrollo de los sistemas planetarios alrededor de las mismas, solo se trató de un esbozo a grandes rasgos, pues quedan aún varios puntos por esclarecer.

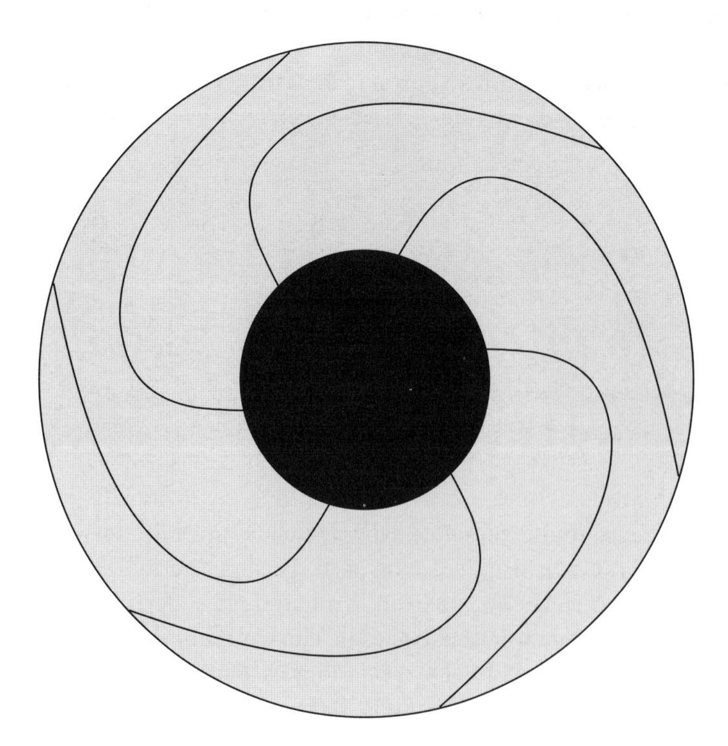

Figura E.2.
Representación de las líneas magnéticas de fuerza que unen la parte central de una nube en contracción (que se convertirá en estrella) con las zonas externas del disco protoplanetario. Estas líneas se enrollan a medida que la parte central intenta girar más deprisa, lo cual produce un par de torsión que empuja y frena la parte central al mismo tiempo que imprime más velocidad al giro del disco.

Como, por ejemplo, ¿qué función desempeñan los campos magnéticos en la escena, teniendo en cuenta que tanto estrellas como planetas poseen campos magnéticos? Hannes Alfven y Fred Hoyle dieron una respuesta aceptable sobre la posible importancia del campo magnético en la transferencia del Sol a los planetas del momento angular. Las líneas magnéticas de fuerza que unen la parte central de la nube en contracción con las partes externas del disco protoplanetario tienden a frenar la primera y hacen girar más deprisa a estas últimas (véase la figura E.2). Esto explicaría que el Sol gire más bien despacio pero los planetas presenten una velocidad de rotación alrededor del Sol mucho mayor que en cualquier otro caso.

Pero quedan otras dudas sin resolver. No todos los planetas giran alrededor de sus ejes en el mismo sentido en que lo hacen alrededor del Sol. Venus gira en un sentido opuesto al de la mayoría, mientras que el eje de giro de Urano casi cae perpendicular al sentido de su traslación alrededor del Sol. ¿Por qué? Y, ¿qué indica el cinturón de asteroides que hay entre Marte y Júpiter? ¿Se trata de los escombros de un planeta fragmentado o constituyen trozos y piezas que no lograron unirse para formar uno? Se han propuesto las dos hipótesis.

Pero existen cuestiones más complejas aún, relacionadas con los planetas que orbitan púlsares. ¿Cómo se formaron? Recordemos que los púlsares se consideran estadios tardíos de la vida de una estrella y que, por tanto, no concuerdan con la idea de que los planetas se gestan junto con el nacimiento de estrellas nuevas.

Por último, ¿son corrientes los sistemas planetarios? Como veremos al final, este interrogante posee una relevancia especial para la búsqueda de inteligencia extraterrestre.

La energía de los cuásares, las radiogalaxias y los núcleos de galaxias activas

Hasta la década de 1920 no se desveló el secreto de la energía estelar. Hoy puede decirse lo mismo de la ingente energía que emiten los cuásares, los núcleos de galaxias activas y las radiogalaxias (consúltese el capítulo 5). En general se cree que, en los tres casos, la reserva energética radica en el intenso influjo gravitatorio de un objeto muy compacto, teóricamente un agujero negro. Esta explicación ha cobrado una aceptación considerable, pero quedan escépticos que cuestionan su eficacia. Escuchemos su opinión (minoritaria).

En primer lugar, la dinámica del entorno de la región central no manifiesta ningún indicio de caída de materiales, como exigiría la presencia de un agujero negro. Más bien se aprecian evidencias de eyección de materiales.

Si en la región central actuara un agujero negro, su masa determinaría su radio de Schwarzschild. Así, el radio de Schwarzschild de un agujero negro de mil millones de masas solares se calcula en tres mil millones de kilómetros. Un disco de acreción alrededor del mismo contaría con un radio mil veces mayor, es decir, alrededor de un tercio de un año-luz. Para detectar un disco semejante que se encuentre a una distancia de, digamos, treinta millones de años-luz, se precisan telescopios con una resolución semejante a una milésima parte de un segundo de arco. Este grado de resolución rebasa con mucho la capacidad de los mejores telescopios ópticos actuales, incluido el telescopio espacial Hubble. De manera que los anuncios de supuestas observaciones del disco de acreción no pueden coincidir en realidad con el disco de acreción del agujero negro, sino con un disco o anillo mucho mayor que tal vez circunde el objeto central del mismo modo que los discos protoplanetarios circundan estrellas. Así pues, las evidencias de un agujero negro central resultan muy especulativas, ya que se basan en el acierto de una serie de afirmaciones.

Al calcular de qué modo se obtiene la energía del agujero negro y cómo se convierte en radiación, se supone que los procesos involucrados actúan con la máxima eficacia. Por ejemplo, la energía gravitatoria del agujero negro tiene que salir de él y pasar a las partículas que son despedidas en un chorro de rayos muy finos. Luego, la energía cinética de dichas partículas debe convertirse en ondas de radio y otros tipos de radiación. No se sabe si tales procesos pueden mantener una eficacia muy alta, ya que no se observa nada parecido en ningún otro campo de la astronomía. En cambio, si se admite una eficacia menor, aumenta la masa del agujero negro y resulta un modelo menos aceptable.

Los objetos con un rendimiento energético de variación rápida precisan un tamaño modesto, y este requisito no concuerda con el supuesto anterior, según el cual se requeriría un agujero negro mayor si se rebajara la eficacia de los procesos.

De hecho, a primera vista parece que la eyección de materiales se produce desde una región compacta que tal vez, o tal vez no, aloje un agujero negro. Una hipótesis relacionada con física «nueva» admite que la materia se crea y se eyecta desde esa región.

La manera en que algo así podría producirse *sin violar la ley de la conservación de la materia y la energía* puede expresarse mediante una descripción matemática. La clave consiste en tener en cuenta que en la región actúa una nueva interacción fundamental con energía negativa y tensiones negativas. Como se dijo en el capítulo 2, la gravedad en sí posee el caracter de una interacción de energía negativa. Este tipo de interacción deviene en la creación y eyección explosivas de materia procedente de la región compacta.

En breve, ralacionaremos esta idea de *miniexplosión* con la cosmología y el universo en expansión.

El enigma del corrimiento hacia el rojo

A lo largo de toda la obra hemos admitido que el corrimiento hacia el rojo de cualquier galaxia o cuásar o, para el caso, de cualquier objeto fuera de nuestra Galaxia, se debe únicamente a la expansión del universo. Pero, como es natural, al corrimiento hacia el rojo inducido por la expansión se le puede superponer un efecto Doppler derivado de movimientos aleatorios de las galaxias o de los cuásares inmersos en cúmulos, aunque se cree que tienen una incidencia menor y que el grueso del corrimiento hacia el rojo debe de ser de origen cosmológico. A esta afirmación la llamaremos *hipótesis cosmológica* (abreviado, HC).

Sin embargo, durante las tres últimas décadas se han reunido algunas evidencias que advierten que algo falla en esa hipótesis. Aunque la HC parece descansar sobre una base segura en lo que atañe a las galaxias, algunos astrónomos han cuestionado su validez al aplicarla a los cuásares.

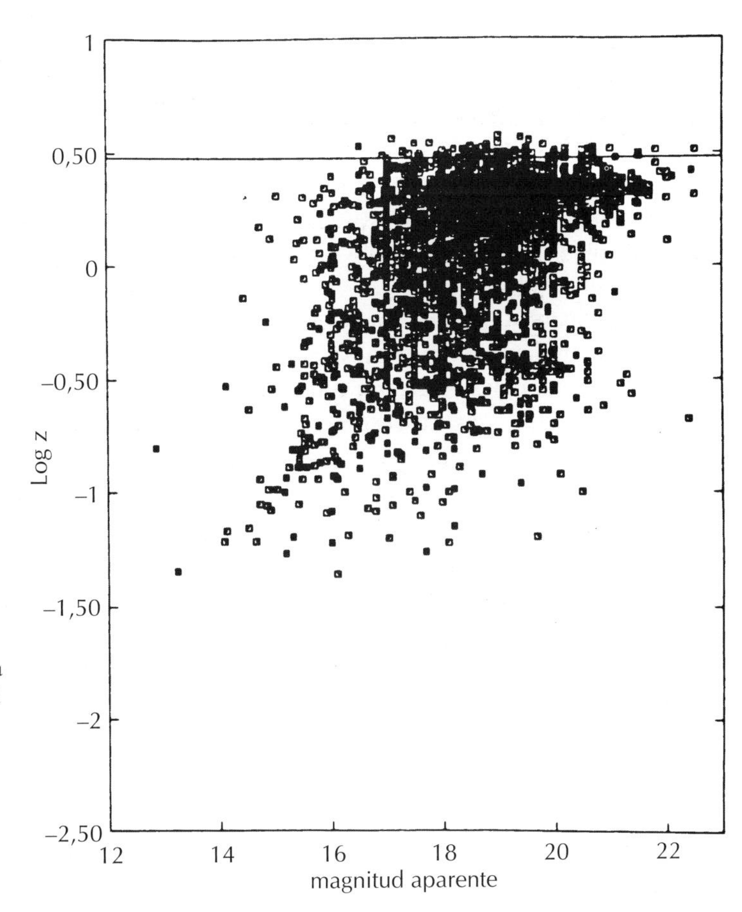

Figura E.3.
El diagrama de Hubble con alrededor de 7.000 cuásares muestra una relación más dispersa que la del tipo Hubble entre el corrimiento hacia el rojo y la distancia (imagen cedida por A. Hewitt y G. Burbidge). El eje vertical corresponde al logaritmo del corrimiento hacia el rojo y el eje horizontal representa la distancia.

Las dudas de que el corrimiento hacia el rojo de los cuásares tenga un origen cosmológico surgieron a comienzos de los años 70, cuando por primera vez se reparó en que, a diferencia de las galaxias, en los cuásares no se aprecia que a mayor corrimiento hacia el rojo se produzca un claro descenso del brillo. Hay demasiada dispersión en los datos para mostrar algún tipo de relación de Hubble. De hecho, resulta difícil imaginar que Hubble lograra deducir una relación entre la velocidad y la distancia si sus primeros hallazgos hubieran sido cuásares. Véase en la figura E.3 el diagrama de Hubble para los cuásares.

Chip Arp, pupilo directo de Hubble y destacado astrónomo por méritos propios, viene encontrando evidencias que no encajan con la ley de Hubble desde mediados de la década de 1970. Veamos ejemplos de tres tipos diferentes de evidencias[16].

La figura E.4 muestra tres cuásares cercanos a una Galaxia. ¿Mantienen una proximidad física a la galaxia o en realidad se encuentran lejos de ella pero por casualidad se proyectan en direcciones muy parecidas? Llamaremos a cada hipótesis (1) y (2), respectivamente.

Los cuásares son objetos bastante raros y, como tales, el cielo presenta una población muy escasa de ellos. Al calcular la probabilidad de que esos tres cuásares se proyecten cerca de la galaxia por azar, se obtiene una probabilidad inferior a uno entre un millón. O, expresado en otros términos, sería una casualidad semejante a que al lanzar una moneda al aire saliera cara veinte veces *seguidas*. Ante una probabilidad tan baja, un estadístico tendría que concluir que la segunda opción es improbable y que los cuásares guardan relación con la galaxia.

En cambio, la posibilidad (1) se opone a la ley de Hubble, la cual establece que el corrimiento hacia el rojo solo depende de la distancia. En este caso nos encontramos con una galaxia con un corrimiento hacia el rojo muy bajo, de 0,02, vinculada a cuásares con corrimientos hacia el rojo de 0,34, 0,95 y 2,20. ¿significa esto que la mayor parte del corrimiento hacia el rojo de cada cuásar no se debe a la expansión del universo? ¿Provienen los tres de una componente intrínseca adicional?

La figura E.5 muestra dos tríos de cuásares con distintos corrimientos hacia el rojo, pero cada trío presenta una alineación perfecta. Ambos tríos se detectaron en la misma placa fotográfica. Existe una probabilidad tan baja de que algo así se produzca por casualidad como la que hay de sacar doce caras seguidas al lanzar una moneda al aire (con unas 4.000 probabilidades

[16] Para quienes se interesen por los detalles, recomendamos una obra en la que Halton Arp enumera de manera muy accesible todos esos casos: *Controversias sobre las distancias cósmicas y los cuásares*, Barcelona, Tusquets, 1992.

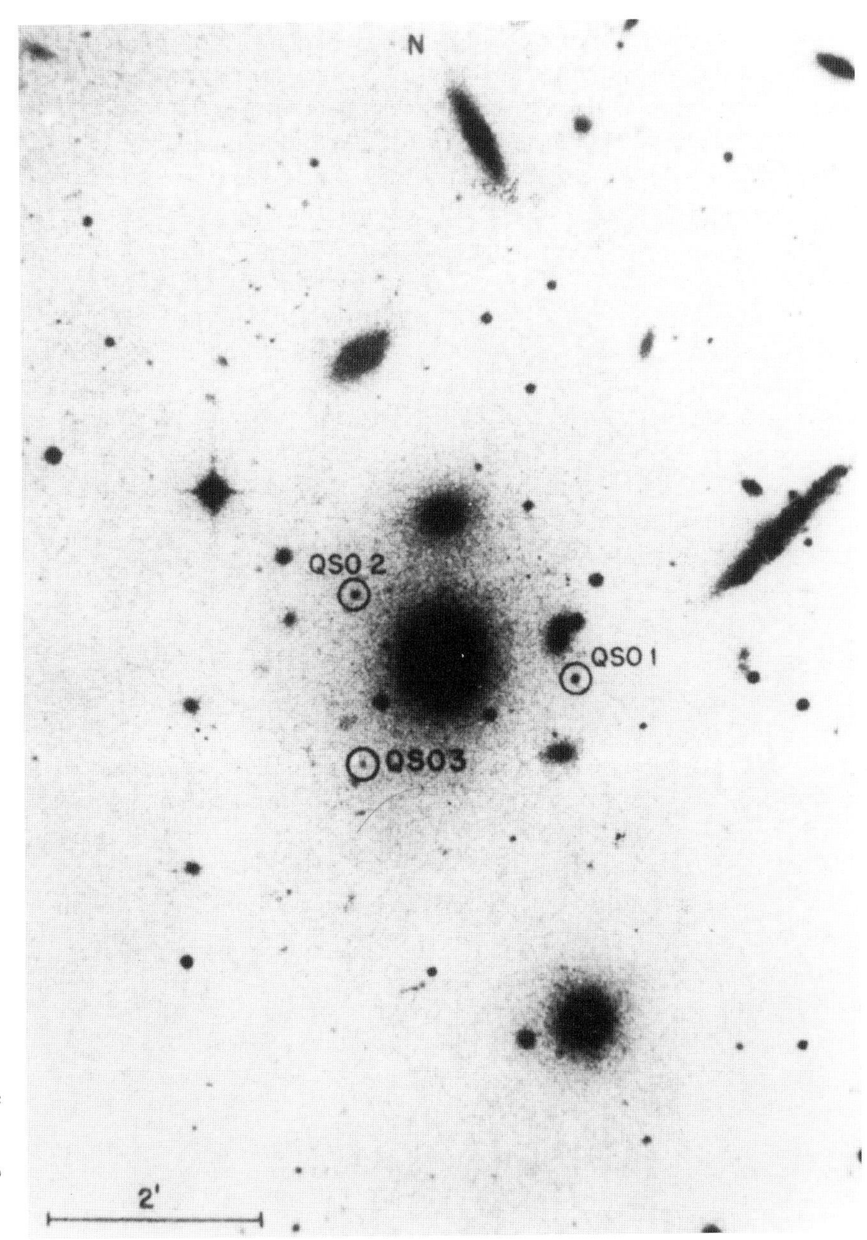

Figura E.4.
Tres cuásares cercanos a la galaxia NGC 3842. Sus separaciones angulares respecto de la galaxia ascienden a 73, 59 y 73 segundos de arco. ¿Se debe a la casualidad que aparezcan tan próximos a la galaxia? (imagen cedida por H. C. Arp).

a una en contra de que ocurra). Las probabilidades contrarias a que ese sistema se deba al azar aumentan si consideramos los corrimientos hacia el rojo de los cuásares que conforman ambos tríos: los corrimientos hacia el rojo de los cuásares situados en los extremos coinciden, y lo mismo sucede con los valores de los cuásares que ocupan las posiciones centrales. Por lo general se

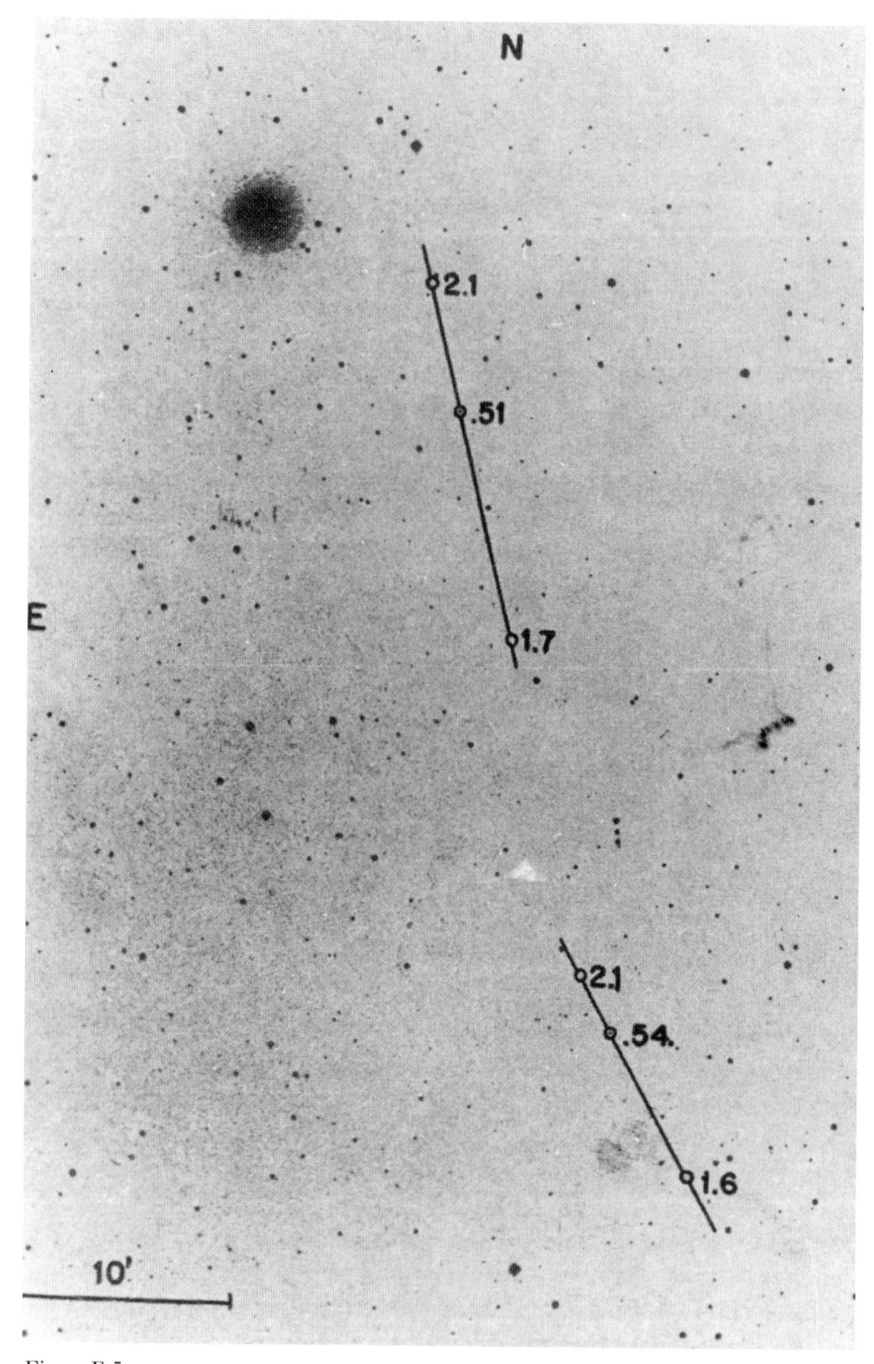

Figura E.5.
Dos tríos de cuásares perfectamente alineados con corrimientos hacia el rojo desiguales, tal como se indica. Si la ley de Hubble fuera correcta, estos alineamientos deberían deberse al mero azar (imagen cedida por H. C. Arp).

cree que estos sistemas tan bien alineados guardan una relación física. Recuérdese el ejemplo de los radiolóbulos alineados a los lados de galaxias en algunas radiofuentes. Por analogía, cabe pensar que los cuásares mantienen esta alineación debido a un proceso de eyección. Por ejemplo, el cuásar central de cada trío puede haber eyectado los otros dos en direcciones opuestas. Los corrimientos hacia el rojo pueden deberse, por tanto, al efecto Doppler de la eyección local.

Por último, en la figura E.6 se observa el caso de dos galaxias de diferentes corrimientos hacia el rojo que parecen estar conectadas a través de un delgado filamento. La galaxia más grande presenta un corrimiento hacia el rojo de 0,029, mientras que el de la pequeña, en la parte inferior izquierda de la fotografía, asciende a 0,057. Si aceptamos que mantienen un contacto real, entonces la galaxia pequeña posee una velocidad radial de alrededor de 8.300 km por segundo, un valor demasiado elevado para explicarlo como un movimiento relativo aleatorio. Por consiguiente, para salvar la ley de Hubble en este caso, habría que asumir que estas galaxias *no mantienen ningún vínculo*, ¡que la imagen de la galaxia pequeña se proyecta, por casualidad, justo al final del filamento que sobresale de la galaxia grande!

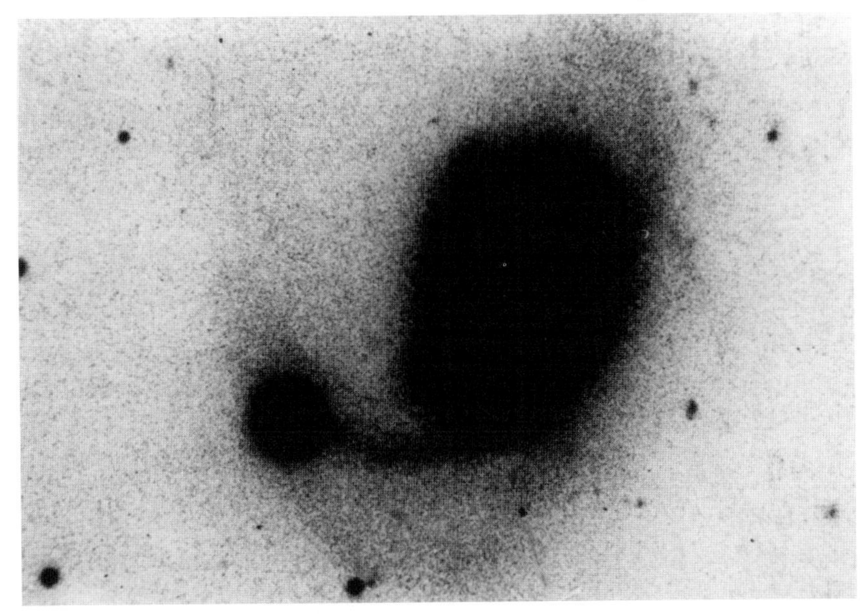

Figura E.6.
Fotografía de la gran galaxia NGC 7603 con una galaxia compañera (izquierda inferior) que en apariencia se mantiene unida a ella a través de un delgado filamento. Ambas presentan corrimientos hacia el rojo demasiado diferentes como para explicarlos mediante movimientos aleatorios (imagen cedida por H. C. Arp).

En todos estos casos, habría que aceptar proyecciones más bien artificiosas para explicar las observaciones. Se ha intentado argumentar que estas asociaciones de objetos de corrimientos hacia el rojo tan dispares constituyen ejemplos de lentes gravitatorias, pero este tipo de explicaciones tampoco resultan demasiado convincentes.

También cabría recordar las explicaciones de los movimientos superlumínicos aparentes observados en los cuásares que se dan en el capítulo 6. Allí ya se señalaba que el movimiento superlumínico no existiría si los cuásares se encontraran en realidad más cerca de lo que exige la ley de Hubble.

¿Se trata, entonces, de eventos muy singulares, como induce a pensar la ley de Hubble, o indican estas rarezas que necesitamos algún nuevo concepto físico para entenderlas? Permítanme volver a insistir en que la actitud mayoritaria ante estos fenómenos anómalos ha sido ignorarlos en lugar de continuar con su estudio.

¿Hubo una Gran Explosión?

La idea de la Gran Explosión surgió al extrapolar hacia un pasado muy lejano la expansión detectada en el universo siguiendo la teoría general de la relatividad de Einstein. Como evidencias de aquel evento primordial pueden citarse el fondo de microondas encontrado en la actualidad y la abundancia de algunos núcleos atómicos ligeros que no podrían explicarse mediante la nucleosíntesis estelar. Pero, a pesar de estos puntos positivos, la idea de la Gran Explosión podría no ser correcta. Varias razones animan a considerarla con escepticismo.

En primer lugar, el concepto mismo de la Gran Explosión, es decir, una época de singularidad espaciotemporal, elude cualquier estudio físico. En aquella época, la densidad y la temperatura de la materia y de la radiación se volvieron infinitas, todos los volúmenes se redujeron a cero y las propiedades del espacio-tiempo se tornaron indefinidas. De este modo, la Gran Explosión posee un aura mística que queda completamente fuera de lugar en una teoría científica. Por lo general, cuando una teoría física deriva en infinitudes y nulidades indeseadas en vez de cantidades físicas, despierta recelos y se procede a su perfeccionamiento para eliminar los elementos perturbadores. Es fundamental, por tanto, contar con una versión modificada de la teoría de Einstein que soslaye el problema de la singularidad. Si se logra una buena combinación entre la teoría cuántica y la relatividad general, la nueva teoría conseguirá resolver el problema de la Gran Explosión.

Si se admite que la física puede aplicarse tan solo en la era post-Gran Explosión, puede calcularse la edad del universo. Siguiendo el modelo Einstein-De Sitter y teniendo en cuenta la incertidumbre actual acerca del verdadero valor de la constante de Hubble, el resultado obtenido le atribuye una edad de entre 8 y 12 mil millones de años. Sin embargo, esta cifra entra en serio conflicto con las edades de algunas de las estrellas más viejas de la Galaxia, cuya antigüedad se estima entre 13 y 17 mil millones de años. ¿Cómo se entiende un universo más joven que los objetos que contiene? Las edades de los modelos de universo de tipo II (universo cerrado) resultan incluso menores. En la actualidad se intenta salvar esta dificultad recurriendo a los modelos de tipo III, de menor densidad. No obstante, siguen quedando restricciones impuestas por otras observaciones.

Entre dichas observaciones constan la abundancia de deuterio (un isótopo del hidrógeno más comúnmente conocido como «hidrógeno pesado») en el universo, las fluctuaciones registradas por el satélite COBE y otros detectores en el fondo de microondas, las observaciones actuales de estructuras a gran escala (galaxias, cúmulos, supercúmulos y huecos), la existencia de galaxias completamente formadas con grandes corrimientos hacia el rojo y la abundancia de cúmulos ricos (esto es, con una población más densa). La descripción y valoración de todos estos condicionantes nos llevaría a detalles demasiado técnicos. No obstante, puede decirse que, en general, los expertos coinciden ahora en que esas limitaciones exigen introducir parámetros adicionales en la teoría de la Gran Explosión. Uno de esos parámetros es la *constante cosmológica*.

Esta constante fue incorporada a la relatividad general en 1917 por el propio Einstein cuando precisó una fuerza cósmica que equilibrara la gravedad y le permitiera trazar un modelo estático del universo (consúltese el capítulo 7). En esencia, la constante cosmológica determina la magnitud de la fuerza de repulsión que actúa entre dos galaxias cualesquiera que mantienen una distancia determinada. Más tarde, cuando se aceptó que el universo no es estático sino que se encuentra en expansión, Einstein la consideró innecesaria. En la actualidad, esta constante se ha recuperado para apuntalar la teoría de la Gran Explosión.

Pero tal vez haya llegado el momento de prescindir de esos parcheados y, en su lugar, reconsiderar las evidencias para plantear un enfoque completamente distinto. Una idea de este tipo que se debate en la actualidad es la *cosmología del estado cuasiestacionario* (QSSC, del inglés *quasi-steady-state cosmology*), propuesta en 1993 por Fred Hoyle, Geoffrey Burbidge y el autor de este libro.

Esta cosmología no relega a un acontecimiento místico, como la Gran Explosión, la creación de materia en el universo. Volviendo a dejar de lado las cuestiones técnicas, puede decirse que en la QSSC la expansión del universo se debe a ciertos centros locales de creación dispersos, o *miniexplosiones*, alrededor de objetos masivos altamente compactos que atraviesan estados muy cercanos a agujeros negros, aunque no llegan a constituir verdaderos agujeros negros. La intensa gravedad que ejercen estos objetos favorece la creación de materia. Pero además, el campo que actúa como agente creador eyecta la materia con gran fuerza y provoca así eventos explosivos. Fenómenos como los cuásares, los núcleos de galaxias activas y las radiofuentes pueden muy bien recibir su energía mediante procesos como ese.

Dichos procesos provocan, como consecuencia cosmológica, la expansión del universo. Sin embargo, la actividad creadora no sucede de manera uniforme, sino que puede presentar altibajos que conduzcan a fluctuaciones en el ritmo de expansión del universo. Tal como muestra la figura E.7, la expansión se produce de manera cuasiestacionaria, alternando periodos de expansión y contracción muy similares a las subidas y bajadas del crecimiento económico. El universo en sí no posee principio ni fin, ni Gran Explosión, ni Gran Implosión: es eterno. Está libre de los problemas causados por las singularidades.

Esta cosmología carece, por supuesto, de incongruencias de edad. La existencia de estrellas muy viejas y muy jóvenes no crea ningún desconcierto.

Las partículas surgidas de las miniexplosiones son las llamadas *partículas de Planck*, cuya masa viene determinada por las tres constantes fundamentales, a saber, la velocidad de la luz, la constante de Planck y la constante gravitatoria newtoniana. Los núcleos ligeros se producen por la desintegración de productos de la partícula de Planck, y sus abundancias, calculada según la QSSC, concuerdan a la perfección con las observaciones.

El fondo de microondas se explica como un residuo tenue dejado por las estrellas de ciclos anteriores. El modelo predice con acierto la temperatura actual del fondo.

¿Cómo decidir entre esta cosmología y la cosmología de la Gran Explosión?

Existen varias pruebas decisivas. Por ejemplo, la búsqueda de fuentes pertenecientes a épocas pasadas de la QSSC, cuando el ciclo oscilatorio anterior casi alcanzaba su extensión máxima. En caso de detectarlas, estas fuentes mostrarían un *corrimiento hacia el azul*. Es decir, sus líneas espec-

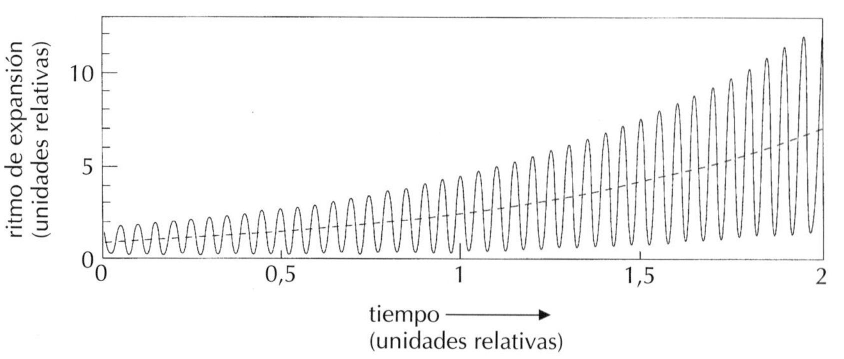

Figura E.7.
Esta figura muestra la variación que experimenta con el tiempo el factor de escala de la QSSC. La curva punteada indica la expansión constante que resulta de la superposición de las oscilaciones (línea continua).

trales presentarían frecuencias mayores de los valores de laboratorio. No es fácil encontrar casos semejantes porque las fuentes en cuestión deben de hallarse ya muy lejanas y lucir muy tenues. Este tipo de observaciones no podría explicarse, en cambio, mediante la cosmología estándar de la Gran Explosión.

También pueden buscarse estrellas de masa baja recién convertidas en gigantes rojas. Las estrellas con una masa de, digamos, media masa solar se consumirán muy despacio y tardarán unos cuarenta o cincuenta mil millones de años en convertirse en gigantes. La QSSC admite el hallazgo de estrellas tales, nacidas en un ciclo previo, pero en la cosmología de la Gran Explosión estos astros no encuentran acomodo.

La QSSC no impone que la materia oscura surja de partículas exóticas como las WIMPs. Si en algún momento se descubriera que la materia oscura consiste en gran medida en partículas normales (bariónicas, por ejemplo), el hallazgo significaría otro punto en contra de la Gran Explosión.

Formación de estructuras a gran escala

Sea cual sea el modelo cosmológico elegido, deberá explicar la existencia y la jerarquía que impera en la estructura a gran escala que se perfiló en el capítulo 7. De hecho, los teóricos actuales consideran crucial esta cuestión dentro de la cosmología de la Gran Explosión. ¿Se formó dicha estructura siguiendo una secuencia jerárquica ascendente (de abajo hacia arriba) que creara en primer lugar las galaxias, estas luego se asociaran en cúmulos y luego surgieran los supercúmulos, o sucedió al revés (de arriba hacia abajo)? ¿Cuánta materia oscura no bariónica se precisa para formar las estructuras observadas? ¿Se trata de una materia «fría» o «caliente»[17]? La distribución de la materia oscura, ¿remedó (o remeda) la distribución de la materia visible? ¿Desempeñó alguna función la constante cosmológica en toda la escena?

Todas estas variaciones se están estudiando partiendo de que la fuerza de la gravedad desempeña un papel esencial en la formación de estructuras. Los modelos se ponen a prueba tratando de que reproduzcan las observaciones realizadas en la actualidad tanto para las galaxias como para la radiación. Pero el hecho de que ninguna alternativa haya logrado imponerse a las demás indica cuán complejo es el problema.

[17] Los tecnicismos «materia oscura caliente» y «materia oscura fría» se emplean para distinguir la velocidad de las partículas de materia oscura durante las etapas tempranas de la formación de la estructura. Las partículas calientes se moverían más deprisa que las frías.

O tal vez indique que el papel principal no se ha atribuido al agente adecuado o correcto. Así, por ejemplo, quienes proponen la QSSC pondrían los huevos del bizcocho en la cesta de la miniexplosión, basándose en que las estructuras se desarrollan a partir de la creación explosiva de materia alrededor de objetos compactos masivos.

Puede que estudios observacionales futuros del fondo de microondas y estructuras a gran escala aporten detalles adicionales que contribuyan a resolver la cuestión. Pero no cabe duda de que ¡también complicarán la vida de los teóricos!

Búsqueda de inteligencia extraterrestre (SETI)*

A lo largo de esta obra he preferido mantener al margen de las siete maravillas este tema interesantísimo. Tanto legos como científicos se plantean alguna vez si estamos solos en el universo. Lo cierto es que si nuestra Galaxia alberga alrededor de cien mil millones de estrellas semejantes al Sol y muchas de ellas pueden contar con planetas, la cuestión adquiere importancia. Nuestro relato sobre el cosmos quedaría incompleto, pues, si no hiciéramos mención al proyecto de búsqueda de inteligencia extraterrestre (SETI).

En el capítulo 3 se aludió a las nubes moleculares. La astronomía de ondas milimétricas ha logrado detectar en ellas moléculas orgánicas complejas idénticas a las registradas en formas terrestres de vida (incluida la humana). Así pues, existe la tentadora posibilidad de que algún otro lugar albergue vida formada por esas mismas piezas elementales. Como la vida precisa energía y un entorno agradable para desarrollarse, se cree que podría surgir en algún planeta propicio que orbite alrededor de una estrella, la cual actuaría como fuente energética.

Pero como es natural, también hay incrédulos. Por ejemplo, aún se desconoce cómo se gestó la vida en la Tierra, con qué posibilidades cuenta para desarrollarse en otros lugares, o si hay bastantes probabilidades que garanticen en cierta medida la existencia de otros tipos de vida en otro lugar. Los escépticos creen que tantas casualidades son muy improbables y prefieren pensar que estamos solos.

Pero están además quienes optan por emprender estudios empíricos en lugar de emitir juicios teóricos acerca de si la vida extraterrestre es o no posible. La tecnología actual está capacitada para captar señales de radio en caso de que alienígenas avanzados estuvieran enviando algún mensaje.

---

* La búsqueda de inteligencia extraterrestre suele citarse mediante sus siglas inglesas, SETI: *Search for Extraterrestrial Intelligence. (N. de los T.)*

Se cree que la longitud de onda más favorable para ese tipo de transmisión interestelar es la banda de 21 centímetros, próxima a la longitud de onda del hidrógeno neutro (véase el capítulo 7). El hidrógeno no solo se extiende por toda la Galaxia y resultaría familiar a posibles vecinos de tecnología avanzada (que ya conocerían la física implicada en todo esto), sino que además las transmisiones en esta longitud de onda no sufren demasiada atenuación.

Así, el estudio empírico SETI consiste en desplegar antenas y confiar en que llegue alguna señal enviada por seres inteligentes. Si algún día logramos una conexión, podremos emprender la primera conversación con extraterrestres.

Y si realmente damos con seres avanzados, tal vez puedan ayudarnos a resolver algunos de los enigmas expuestos en este capítulo.

Figura E.8.
Cerrar la puerta con innúmeros pestillos no evita que el intruso encuentre una vía de acceso insospechada.

Conclusión

Sea mediante extraterrestres o por nuestros propios medios, la astronomía avanza a través de lo desconocido, tal como ilustra la caricatura de la figura E.8. Las ideas nuevas siempre tropiezan con el prejuicio humano que considera suficiente el conocimiento contemporáneo para comprender todos los misterios del universo. Pero, a pesar de las trabas, las vanguardias terminan irrumpiendo por las vías más inesperadas. Ahí radica la magia de esta profesión. Las maravillas insospechadas son más prodigiosas que las ya barruntadas.

No especulemos, pues, sobre cuál será la octava maravilla.

Índice